DIE GRUNDLEHREN DER MATHEMATISCHEN WISSENSCHAFTEN

IN EINZELDARSTELLUNGEN MIT BESONDERER BERÜCKSICHTIGUNG DER ANWENDUNGSGEBIETE

GEMEINSAM MIT

W. BLASCHKE
HAMBURG

M. BORN
GÖTTINGEN

C. RUNGE
GÖTTINGEN

HERAUSGEGEBEN VON

R. COURANT
GÖTTINGEN

BAND VII

VORLESUNGEN ÜBER DIFFERENTIALGEOMETRIE II

VON

WILHELM BLASCHKE

BERLIN
VERLAG VON JULIUS SPRINGER
1923

VORLESUNGEN ÜBER

DIFFERENTIAL-GEOMETRIE

UND GEOMETRISCHE GRUNDLAGEN VON EINSTEINS RELATIVITÄTSTHEORIE

VON

WILHELM BLASCHKE

PROFESSOR DER MATHEMATIK AN DER
UNIVERSITÄT HAMBURG

II

AFFINE DIFFERENTIALGEOMETRIE

BEARBEITET VON

KURT REIDEMEISTER

PROFESSOR DER MATHEMATIK AN DER
UNIVERSITÄT WIEN

ERSTE UND ZWEITE AUFLAGE

MIT 40 TEXTFIGUREN

BERLIN
VERLAG VON JULIUS SPRINGER
1923

Softcover reprint of the hardcover 1st edition 1923

ISBN 978-3-642-47125-4   ISBN 978-3-642-47392-0   (eBook)
DOI 10.1007/ 978-3-642-47392-0

Vorwort.

Wer fähig ist, schafft, wer unfähig ist, lehrt.
B. Shaw, Mensch und Übermensch.

Erstens, zur Abschrift für Besprecher.

Während im ersten Bändchen dieses Lehrbuchs — von kleinen Seitensprüngen abgesehen — ausgetretene und wohlmarkierte Wege begangen wurden, wird hier der Versuch gewagt, einen neuen Pfad zu beschreiten. Es werden solche Eigenschaften der Figuren untersucht, die gegenüber Affinitäten, das heißt Kollineationen mit Erhaltung des Parallelismus, invariant sind. Dabei handelt es sich in der Hauptsache um differentialgeometrische Eigenschaften und um Aufgaben über Extreme, also Beispiele zur Variationsrechnung. Wir hoffen zeigen zu können: Der klassischen Differentialgeometrie weitgehend ähnlich läßt sich eine affine Differentialgeometrie aufbauen, die sich, was Buntheit ihrer Hilfsmittel und Ergebnisse angeht, neben der klassischen sehen lassen kann und ein weites Feld lohnender Untersuchungen darbietet.

Zweitens, Winke für Leser.

Wir haben versucht, die einzelnen Teile dieses aus Hamburger Vorlesungen entstandenen Buches möglichst unabhängig zu gestalten. Man kann sich also darauf beschränken, mittels der ausführlichen Verzeichnisse einzelne Rosinen herauszuholen. Insbesondere ist die Flächentheorie ohne Kenntnis der vorausgehenden Untersuchungen über Kurven lesbar, und wer das Allgemeine liebt, kann im fünften Kapitel gleich mit den Tensoren beginnen. Der Liebhaber des Speziellen sei insbesondere auf die Aufgaben verwiesen, die jedem Kapitel beigegeben sind.

Drittens, Ehrenbezeugungen.

Die erste, ehrfurchtsvollste Verbeugung Herrn *F. Klein*! Von ihm stammt die auf dem Begriff der stetigen Transformationsgruppen beruhende geometrische Denkart, die allem Folgenden zugrunde liegt. Der nächste, freundschaftlichste Gruß dem mathematischen Kränzchen in Prag! 1916 hat Herr *G. Pick* gemeinsam mit einem von uns die ersten Untersuchungen zur affinen Flächentheorie veröffentlicht, später haben sich *A. Winternitz* und *L. Berwald* dem affinen Verein beigesellt, und insbesondere Herrn *Berwald* haben wir beim Zustandekommen dieses Buches viel zu danken.

Dann der vielseitigste Knicks all den Herren, die mit uns zusammen die lange Schlange von Arbeiten „Über affine Geometrie" in den Leipziger Berichten, der Mathematischen Zeitschrift und den Hamburger Abhandlungen geschrieben haben! Hoffentlich sind alle mit unsrer zusammenfassenden Darstellung und der Fülle der Zitate zufrieden.

Bei der Korrektur haben uns insbesondere die Herren *E. Artin, L. Berwald, A. Duschek, G. Thomsen* unterstützt.

Ganz besondern Dank schulden wir dem Verleger, der die Tatkraft nicht eingebüßt hat, während der Vetter des berühmten französischen Geometers auf dem Leichnam des Deutschen Reiches seine Kriegstänze aufführt.

Hamburg und Wien, im Vorfrühling 1923.

W. Blaschke, K. Reidemeister.

Inhaltsverzeichnis.

4. Kapitel.

Flächentheorie, niederer Teil.

5. Kapitel.

Allgemeine Flächentheorie.

6. Kapitel.

Extreme bei Flächen.

Seite

7. Kapitel.

Besondere Flächen.

Anmerkungen und Formeln sind innerhalb eines jeden Kapitels durchnumeriert.

1. Kapitel.

Ebene Kurven im Kleinen.

§ 1. Affine Abbildung.

Wir wollen damit beginnen, an einige bekannte Tatsachen der analytischen Geometrie zu erinnern.

Es wird für unsere Zwecke meist nützlich sein, die Punkte einer Ebene durch sogenannte Parallelkoordinaten darzustellen. Wir wählen in der Ebene zwei sich schneidende Geraden, auf denen wir einen Durchlaufungssinn als den positiven auszeichnen und nennen sie die x_1- und x_2-Achse. Durch einen beliebigen Punkt der Ebene legen wir die Parallelen zu den beiden Achsen, ordnen den dadurch bestimmten Achsenabschnitten in bekannter Weise die Maßzahlen x_1 und x_2 zu und erreichen so, daß die Punkte der Ebene eineindeutig den Paaren reeller Zahlen x_1, x_2, ihren Koordinaten, zugeordnet sind (Fig. 1).

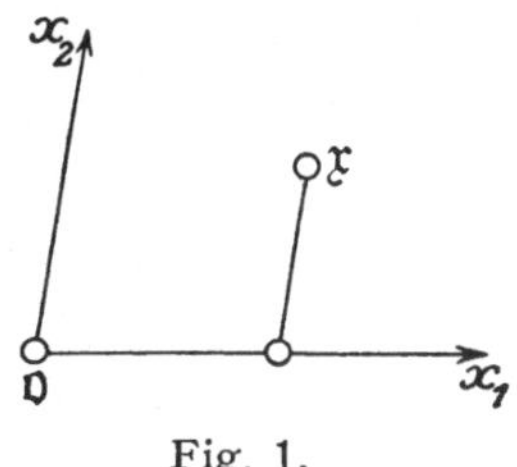

Fig. 1.

Dabei soll es sich im allgemeinen nur um „*reelle*" Punkte und Geraden handeln und auch darin wollen wir uns auf den elementaren Standpunkt stellen, daß wir nur die Punkte und Geraden in Betracht ziehen, die man unter dem umfassenderen Gesichtspunkt der projektiven Geometrie als „eigentliche" bezeichnet, zum Unterschied von den „uneigentlichen" oder unendlich fernen Elementen. — Statt des Zahlenpaares x_1, x_2 schreiben wir kürzer das Vektorsymbol $\mathfrak{x}$ und sprechen schlechtweg vom Punkt $\mathfrak{x}$.

Es sei eine Zuordnung $\mathfrak{x} \to \mathfrak{x}^*$ zwischen den Punkten einer Ebene durch ein System von linearen Beziehungen zwischen ihren Koordinaten

$$(1) \qquad \begin{aligned} x_1^* &= c_{10} + c_{11} x_1 + c_{12} x_2, \\ x_2^* &= c_{20} + c_{21} x_1 + c_{22} x_2 \end{aligned}$$

gegeben. Dieses Gleichungssystem soll nach den x auflösbar sein, d. h. wir setzen seine Determinante

$$(2) \qquad d = c_{11} c_{22} - c_{21} c_{12} = \begin{vmatrix} c_{11} & c_{12} \\ c_{21} & c_{22} \end{vmatrix}$$

als von Null verschieden ($\neq 0$) voraus. Dann entspricht auch jedem $\mathfrak{x}^*$ rückwärts ein und nur ein $\mathfrak{x}$. Eine derartige Zuordnung nennt man nach *L. Euler*[1]) und *A. F. Möbius*[2]) eine *„affine Abbildung"* oder *„affine Transformation"*, auch kurz eine *„Affinität"*.

Die *„inverse"* Abbildung, die man durch Auflösung der Gleichungen (1) gewinnt, hat wieder dieselbe Form

$$(3) \qquad \begin{aligned} x_1 &= c_{10}^* + c_{11}^* x_1^* + c_{12}^* x_2^*, \\ x_2 &= c_{20}^* + c_{21}^* x_1^* + c_{22}^* x_2^*. \end{aligned}$$

Darin ist

$$(4) \qquad \begin{aligned} c_{10}^* &= -\frac{c_{10}c_{22} - c_{20}c_{12}}{d}, & c_{11}^* &= +\frac{c_{22}}{d}, & c_{12}^* &= -\frac{c_{12}}{d}, \\ c_{20}^* &= +\frac{c_{10}c_{21} - c_{20}c_{11}}{d}, & c_{21}^* &= -\frac{c_{21}}{d}, & c_{22}^* &= +\frac{c_{11}}{d}. \end{aligned}$$

Die Determinante

$$(5) \qquad d^* = c_{11}^* c_{22}^* - c_{12}^* c_{21}^* = \frac{1}{d}$$

ist von Null verschieden und die inverse Abbildung somit ebenfalls eine Affinität.

Die Punkte $\mathfrak{x}$ einer Geraden $\mathfrak{g}$ gehen durch eine Affinität wieder in die Punkte $\mathfrak{x}^*$ einer Geraden $\mathfrak{g}^*$ über. In der Tat: eine Gerade $\mathfrak{g}$ wird durch eine lineare Gleichung (g_1, g_2 nicht beide $= 0$)

$$(6) \qquad g_0 + g_1 x_1 + g_2 x_2 = 0$$

dargestellt. Führt man hierin durch (3) die neuen Koordinaten x^* ein, so ergibt sich auch für diese eine lineare Gleichung, die wegen der vorausgesetzten Umkehrbarkeit der Abbildung nicht identisch erfüllt sein kann, also wieder eine Gerade als Ort für $\mathfrak{x}^*$.

Aus der Form der Gleichungen (1) folgt ferner sofort, daß die Affinitäten stetige Abbildungen sind. Das heißt, rückt ein Punkt $\mathfrak{x}$ in einen Punkt $\mathfrak{x}_0$ hinein, so rückt auch immer der entsprechende Punkt $\mathfrak{x}^*$ in den entsprechenden Punkt $\mathfrak{x}_0^*$ hinein.

Mit Hilfe der ⎮*Möbius*schen Netze[3]) kann man zeigen, daß die beiden letzten Eigenschaften, deren Abhängigkeit oder Unabhängigkeit dahingestellt sei, die Affinitäten kennzeichnen: *Die affinen Abbildungen sind die einzigen Punkttransformationen (in der Ebene), die ausnahmslos eineindeutig und stetig sind und Gerade wieder in Gerade überführen.*

Bei Affinitäten bleibt der Parallelismus erhalten. Denn parallele Geraden einer Ebene sind dadurch gekennzeichnet, daß sie keinen

---

[1]) *L. Euler*: Introductio in analysin infinitorum (1748), Bd. 2, Kap. XVIII, § 442.

[2]) *A. F. Möbius*: Der baryzentrische Calcul (Leipzig 1827), Abschn. II, Kap. 3; Werke I, S. 177.

[3]) *A. F. Möbius*: Der baryzentrische Calcul, Abschn. II, Kap. 6 u. 7; Werke I, S. 237.

Punkt gemeinsam haben. Weiter ergibt sich: Nehmen wir zwei Affinitäten $\mathfrak{x} \to \mathfrak{x}^*$ und $\mathfrak{x}^* \to \mathfrak{x}^{**}$, dann ist ihr „Produkt" $\mathfrak{x} \to \mathfrak{x}^{**}$ wieder eine Affinität; denn die kennzeichnenden Eigenschaften bleiben erhalten. Natürlich kann man dies auch aus den Formeln (1) heraus feststellen. Nun nennt man eine Menge von Transformationen, die mit je zwei Transformationen auch ihr Produkt enthält, eine Gruppe. *Die Affinitäten* (1) *bilden also eine Gruppe.*

Eine beliebige Affinität (1) kann man zerlegen in eine „*Schiebung*"

$$(7) \qquad x_1^* = c_{10} + x_1, \qquad x_2^* = c_{20} + x_2$$

und in eine vorausgehende „*homogene Affinität*"

$$(8) \qquad \begin{aligned} x_1^* &= c_{11} x_1 + c_{12} x_2, \\ x_2^* &= c_{21} x_1 + c_{22} x_2, \end{aligned} \qquad c_{11} c_{22} - c_{12} c_{21} \neq 0.$$

Offenbar bilden die Schiebungen oder „*Translationen*" für sich und ebenso die homogenen Affinitäten allein auch schon je eine Gruppe von Transformationen, zwei „*Untergruppen*" der früher betrachteten allgemeinen affinen Gruppe.

Für das Folgende ist eine weitere Untergruppe besonders wichtig, nämlich die der sogenannten „*flächentreuen Affinitäten*". Betrachten wir zunächst die Wirkung der homogenen Affinität (8) auf die Determinante

$$(9) \qquad (\mathfrak{x}, \mathfrak{y}) = \begin{vmatrix} x_1 & x_2 \\ y_1 & y_2 \end{vmatrix}.$$

Es wird

$$(10) \qquad \begin{aligned} x_1^* &= c_{11} x_1 + c_{12} x_2, & y_1^* &= c_{11} y_1 + c_{12} y_2, \\ x_2^* &= c_{21} x_1 + c_{22} x_2, & y_2^* &= c_{21} y_1 + c_{22} y_2. \end{aligned}$$

Daraus berechnen wir uns die Determinante $(\mathfrak{x}^*, \mathfrak{y}^*)$ und finden

$$(11) \qquad \begin{vmatrix} x_1^* & y_1^* \\ x_2^* & y_2^* \end{vmatrix} = \begin{vmatrix} c_{11} & c_{12} \\ c_{21} & c_{22} \end{vmatrix} \cdot \begin{vmatrix} x_1 & y_1 \\ x_2 & y_2 \end{vmatrix},$$

oder abgekürzt

$$(12) \qquad (\mathfrak{x}^*, \mathfrak{y}^*) = (\mathfrak{x}, \mathfrak{y}) \cdot d.$$

Die geometrische Bedeutung von $(\mathfrak{x}, \mathfrak{y})$ ist bekannt. Wir erklären:

$$(13) \qquad \tfrac{1}{2}(\mathfrak{x}, \mathfrak{y}) = \textit{Flächeninhalt des Dreiecks } \mathfrak{o}\,\mathfrak{x}\,\mathfrak{y}$$

(d. h. des vom Nullpunkt $\{0, 0\}$ und den Punkten $\mathfrak{x}$ und $\mathfrak{y}$ in dieser Reihenfolge gebildeten Dreiecks.) Die Dreiecksfläche ist danach positiv oder negativ zu nehmen, je nachdem der Umlaufssinn des Dreiecks $\mathfrak{o}\,\mathfrak{x}\,\mathfrak{y}$ positiv (Fig. 2a) oder negativ (Fig. 2b) ist. Diese Vorzeichenfestsetzung hängt von der Wahl des Achsenkreuzes ab. Wir werden uns die positive x_2-Achse immer wie in den Figuren links von der positiven x_1-Achse gelegen denken und haben dann den Umlaufssinn als positiv zu bezeichnen, bei dem die umlaufene Dreiecksfläche links gelegen bleibt.

Da man aus Dreiecksflächen mit einer Ecke in $\mathfrak{o}$ durch Addition und Grenzübergang jeden beliebigen Flächeninhalt aufbauen kann, so multiplizieren sich bei einer homogenen Affinität von der Determinante d alle Flächeninhalte mit dem Faktor d. Dabei ist unter dem Flächeninhalt des Gebietes, das von einer gerichteten und geschlossenen Kurve $\mathfrak{C}$ begrenzt wird, das Randintegral

$$(14) \qquad F = \tfrac{1}{2} \oint_{\mathfrak{C}} x_1 \, d x_2 - x_2 \, d x_1 = \tfrac{1}{2} \oint_{\mathfrak{C}} (\mathfrak{x}, d\mathfrak{x})$$

verstanden. Auch hieraus folgt

$$(15) \qquad \oint x_1^* \, d x_2^* - x_2^* \, d x_1^* = d \cdot \oint x_1 \, d x_2 - x_2 \, d x_1$$

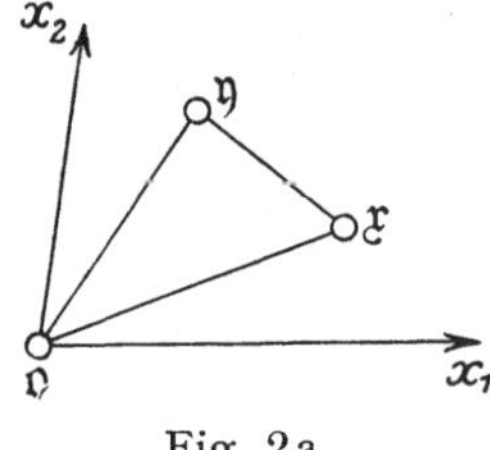

Fig. 2a.

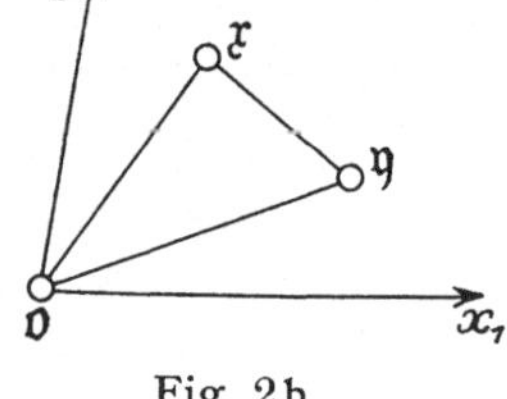

Fig. 2b.

und da bei jeder Schiebung die Flächeninhalte erhalten bleiben, so sieht man allgemein:

Bei einer beliebigen Affinität mit der Determinante d werden alle Flächeninhalte im Verhältnis d verändert; d. h. führt die Abbildung $\mathfrak{x} \to \mathfrak{x}^*$ eine Fläche vom Inhalt F über in eine vom Inhalt F^*, so ist

$$(16) \qquad F^* = F \cdot d.$$

Ist $d > 0$, so bleibt der Umlaufsinn erhalten, ist $d < 0$, so wird er umgekehrt.

Ist insbesondere $d = 1$, so bleiben alle Flächeninhalte unverändert, wir haben es mit einer flächentreuen Affinität zu tun, und man bestätigt leicht, daß die flächentreuen Affinitäten eine Gruppe, eine weitere Untergruppe der allgemeinen affinen Gruppe bilden.

Wir werden uns fast ausschließlich mit solchen geometrischen Eigenschaften der ebenen Kurven beschäftigen, die bei flächentreuen Affinitäten erhalten bleiben, also bei Transformationen von der Form

$$(17) \qquad \begin{aligned} x_1^* &= c_{10} + c_{11} x_1 + c_{12} x_2\,, \\ x_2^* &= c_{20} + c_{21} x_1 + c_{22} x_2\,, \end{aligned} \qquad c_{11} c_{22} - c_{21} c_{12} = 1\,.$$

§ 2. Rechenregeln.

Es hat sich als zweckmäßig erwiesen, einige Abkürzungen einzuführen, die die Schreib- und Rechenarbeit vermindern. Sind $\mathfrak{x}$ und $\mathfrak{y}$ zwei Punkte mit den Koordinaten x_1, x_2 und y_1, y_2, so soll mit $\mathfrak{x} + \mathfrak{y}$ der Punkt mit den Koordinaten $x_1 + y_1$, $x_2 + y_2$ bezeichnet werden.

Geometrisch findet man $\mathfrak{x} + \mathfrak{y}$, indem man die Strecken von $\mathfrak{o}$ nach $\mathfrak{x}$ und nach $\mathfrak{y}$ nach dem Parallelogrammgesetz der Mechanik aneinanderfügt. Dieser Schreibweise entsprechend, wollen wir gelegentlich statt „Punkt $\mathfrak{x}$" auch „Vektor $\mathfrak{x}$" sagen und darunter die gerichtete Strecke vom Ursprung $\mathfrak{o}$ nach dem Punkt $\mathfrak{x}$ hin verstehen.

Die strenge arithmetische Erklärung des Begriffes „*Vektor*" ist die folgende: *Ein geometrisches Gebilde $\mathfrak{x}'$ mit den „Komponenten" x_1' und x_2' heißt ein Vektor, wenn sich bei einer Affinität* (1) *die Komponenten so substituieren:*

$$(18) \qquad \begin{aligned} x_1'^* &= c_{11}\,x_1' + c_{12}\,x_2'\,, \\ x_2'^* &= c_{21}\,x_1' + c_{22}\,x_2'\,. \end{aligned}$$

Mit $(\mathfrak{x}, \mathfrak{y})$ haben wir schon früher die Determinante

$$(19) \qquad (\mathfrak{x}, \mathfrak{y}) = x_1 y_2 - x_2 y_1$$

bezeichnet. Dann gilt

$$(20) \qquad (\mathfrak{x}, \mathfrak{y}) = - (\mathfrak{y}, \mathfrak{x})$$

und wenn wir mit $k\,\mathfrak{x}$ den Vektor mit den Koordinaten $k\,x_1$, $k\,x_2$ bezeichnen,

$$(21) \qquad (k_1 \mathfrak{x}_1 + k_2 \mathfrak{x}_2, \mathfrak{y}) = k_1 (\mathfrak{x}_1, \mathfrak{y}) + k_2 (\mathfrak{x}_2, \mathfrak{y}).$$

Treffen wir dieselbe Festsetzung über die Lage des Achsenkreuzes wie in § 1, so bedeutet

$$(22) \qquad (\mathfrak{x}, \mathfrak{y}) > 0,$$

daß der Vektor $\mathfrak{y}$ links vom Vektor $\mathfrak{x}$ liegt (Fig. 2a).

$$(23) \qquad (\mathfrak{x}, \mathfrak{y}) = 0$$

ist die Bedingung für gleiche oder entgegengesetzt gleiche Richtung der Vektoren. Man spricht in diesem Fall auch von der *linearen Abhängigkeit* der Vektoren $\mathfrak{x}$ und $\mathfrak{y}$, die sich so ausdrücken läßt: Es gibt zwei reelle Zahlen a und b, so daß $a\mathfrak{x} + b\mathfrak{y} = \mathfrak{o}$ ist, ohne daß a und b gleichzeitig Null wären.

Wie man mit den eingeführten Symbolen rechnet, ohne die Koordinaten einzeln sichtbar zu machen, möge an folgender Aufgabe gezeigt werden. Es seien zwei Punkte $\mathfrak{x}$ und $\mathfrak{y}$ gegeben und durch sie zwei Geraden parallel zu den Vektoren $\mathfrak{x}'$ und $\mathfrak{y}'$. Ist $\mathfrak{z}$ der Schnittpunkt dieser Geraden, so soll der Flächeninhalt f des Dreiecks $\mathfrak{x}\,\mathfrak{z}\,\mathfrak{y}$ berechnet werden (Fig. 3).

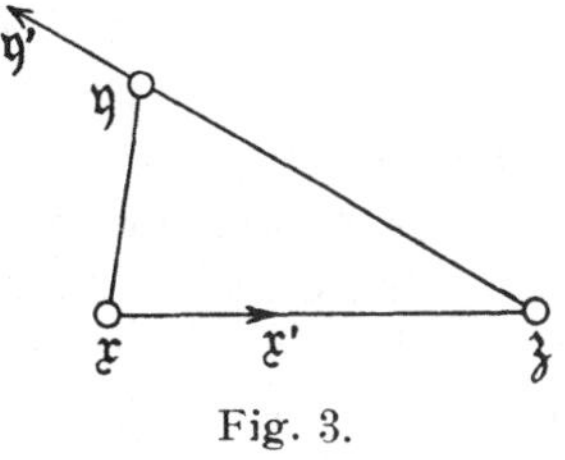

Fig. 3.

Da der Vektor von $\mathfrak{x}$ nach $\mathfrak{z}$ die Richtung $\mathfrak{x}'$ und der von $\mathfrak{y}$ nach $\mathfrak{z}$ die Richtung $\mathfrak{y}'$ hat, so ist

$$(24) \qquad \mathfrak{z} = \mathfrak{x} + \alpha\mathfrak{x}' = \mathfrak{y} + \beta\mathfrak{y}'$$

oder

$$(25) \qquad \mathfrak{z} - \mathfrak{x} = \alpha\,\mathfrak{x}' = (\mathfrak{y} - \mathfrak{x}) + \beta\,\mathfrak{y}'.$$

Für den gesuchten Flächeninhalt haben wir daraus

$$(26) \qquad f = \frac{1}{2}\,(\mathfrak{z} - \mathfrak{x},\ \mathfrak{y} - \mathfrak{x}) = \frac{\alpha}{2}\,(\mathfrak{x}',\ \mathfrak{y} - \mathfrak{x}).$$

Aus (25) folgt

$$(27) \qquad \alpha\,(\mathfrak{x}',\ \mathfrak{y}') = (\mathfrak{y} - \mathfrak{x},\ \mathfrak{y}')$$

oder

$$(28) \qquad \alpha = \frac{(\mathfrak{y} - \mathfrak{x},\ \mathfrak{y}')}{(\mathfrak{x}',\ \mathfrak{y}')}$$

und das gibt in (26) eingesetzt das gewünschte Ergebnis

$$(29) \qquad f = \frac{1}{2}\,\frac{(\mathfrak{x}',\ \mathfrak{y} - \mathfrak{x})\,(\mathfrak{y} - \mathfrak{x},\ \mathfrak{y}')}{(\mathfrak{x}',\ \mathfrak{y}')}.$$

§ 3. Affinabstand.

Wir wollen das Ergebnis der eben behandelten Rechenaufgabe noch einmal etwas anders fassen. Wir haben gesehen: Wenn uns zwei Punkte $\mathfrak{x},\ \mathfrak{y}$ und in ihnen zwei Richtungen $\mathfrak{x}',\ \mathfrak{y}'$, also kurz zwei „Linienelemente" gegeben sind, so können wir einem jeden solchen Gebilde eine Zahl $f(\mathfrak{x},\ \mathfrak{x}';\ \mathfrak{y},\ \mathfrak{y}')$ zuordnen, die bei allen flächentreuen Affinitäten unverändert bleibt, nämlich den Flächeninhalt des Dreiecks $\mathfrak{x}\,\mathfrak{z}\,\mathfrak{y}$ (Fig. 3).

Nun behaupten wir, daß $f(\mathfrak{x},\ \mathfrak{x}';\ \mathfrak{y},\ \mathfrak{y}')$ in gewissem Sinne die einzige Operation ist, die zwei Linienelementen eine solche Zahl zuordnet. Genauer: Ändert sich der Wert von $\varphi(\mathfrak{x},\ \mathfrak{x}';\ \mathfrak{y},\ \mathfrak{y}')$ nicht bei beliebigen flächentreuen Affinitäten, unter φ eine Funktion verstanden, die jedem Paar von Linienelementen eine Zahl zuordnet, so ist

$$\varphi(\mathfrak{x},\ \mathfrak{x}';\ \mathfrak{y},\ \mathfrak{y}') = \Phi\{f(\mathfrak{x},\ \mathfrak{x}';\ \mathfrak{y},\ \mathfrak{y}')\}.$$

Dies ergibt sich daraus, daß mittels der Transformationen (17) ein Dreieck in ein beliebiges flächengleiches verwandelt werden und somit φ von den besonderen Werten $\mathfrak{x},\ \mathfrak{x}';\ \mathfrak{y},\ \mathfrak{y}'$ nicht abhängen kann. Durch ganz ähnliche Überlegungen findet man in der Bewegungsgeometrie, daß die Bewegungsinvarianten zweier Punkte sich stets als Funktion des Abstandes ausdrücken lassen.

Aber es hatte dort einen Grund, gerade den Abstand r_{ik} der Punkte $\mathfrak{x}_i$ und $\mathfrak{x}_k$ vor den übrigen Invarianten auszuzeichnen, nämlich das Verhalten des Abstandes bei Punkten auf Geraden; es ist ja

$$r_{12} + r_{23} = r_{13},$$

wenn $\mathfrak{x}_1,\ \mathfrak{x}_2,\ \mathfrak{x}_3$ in dieser Reihenfolge auf einer Geraden liegen. Dies veranlaßt uns zu folgender Überlegung.

Durch die Linienelemente $\mathfrak{x}, \mathfrak{x}'; \mathfrak{y}, \mathfrak{y}'$ ist eindeutig eine Parabel festgelegt, die durch $\mathfrak{x}$ und $\mathfrak{y}$ hindurchgeht und dort die Tangentenrichtung $\mathfrak{x}'$ und $\mathfrak{y}'$ hat (Fig. 4). Denn durch vier Gerade — von denen hier je zwei „unendlich nahe" liegen — ist ja eine Parabel bestimmt. Sei etwa

$$(30) \qquad x_i = x_{0i} + \dot{x}_{0i} t + \frac{1}{2!} \ddot{x}_{0i} t^2, \qquad (i = 1, 2)$$

oder in vektorieller Schreibweise

$$(31) \qquad \mathfrak{x}(t) = \mathfrak{x}_0 + \dot{\mathfrak{x}}_0 t + \frac{1}{2!} \ddot{\mathfrak{x}}_0 t^2$$

ihre Gleichung in Parameterform, und

$$(32) \qquad \begin{aligned} \mathfrak{x}_0 = \mathfrak{x}(0) = \mathfrak{x}, \qquad & \left(\frac{d\mathfrak{x}}{dt}\right)_{t=0} = \text{konst. } \mathfrak{x}', \\ \mathfrak{x}_1 = \mathfrak{x}(t_1) = \mathfrak{y}, \qquad & \left(\frac{d\mathfrak{x}}{dt}\right)_{t=t_1} = \text{konst. } \mathfrak{y}'. \end{aligned}$$

Wir berechnen uns den Inhalt f des Dreiecks, das von den Linienelementen $\mathfrak{x}, \mathfrak{x}'; \mathfrak{y}, \mathfrak{y}'$ bestimmt ist. Bezeichnen wir wie in (31) die Ableitungen nach t durch Punkte, so findet man nach (29)

$$(33) \qquad f = \frac{1}{2} \frac{(\dot{\mathfrak{x}}_0, \mathfrak{x}_1 - \mathfrak{x}_0)(\mathfrak{x}_1 - \mathfrak{x}_0, \dot{\mathfrak{x}}_1)}{(\dot{\mathfrak{x}}_0, \dot{\mathfrak{x}}_1)}.$$

Setzt man hierin

$$\mathfrak{x}_1 - \mathfrak{x}_0 = \dot{\mathfrak{x}}_0 t_1 + \ddot{\mathfrak{x}}_0 \frac{t_1^2}{2!}, \qquad \dot{\mathfrak{x}}_1 = \dot{\mathfrak{x}}_0 + t_1 \ddot{\mathfrak{x}}_0,$$

so findet man wegen (21)

$$(\dot{\mathfrak{x}}_0, \mathfrak{x}_1 - \mathfrak{x}_0) = \frac{t_1^2}{2}(\dot{\mathfrak{x}}_0, \ddot{\mathfrak{x}}_0),$$

$$(\mathfrak{x}_1 - \mathfrak{x}_0, \dot{\mathfrak{x}}_1) = \frac{t_1^2}{2}(\dot{\mathfrak{x}}_0, \ddot{\mathfrak{x}}_0),$$

$$(\dot{\mathfrak{x}}_0, \dot{\mathfrak{x}}_1) = t_1 (\dot{\mathfrak{x}}_0, \ddot{\mathfrak{x}}_0)$$

und somit

$$(34) \qquad f = \tfrac{1}{8} t_1^3 (\dot{\mathfrak{x}}_0, \ddot{\mathfrak{x}}_0).$$

Offenbar hat darnach das durch zwei Punkte t_1, t_2 der Parabel in gleicher Weise bestimmte Dreieck den Flächeninhalt

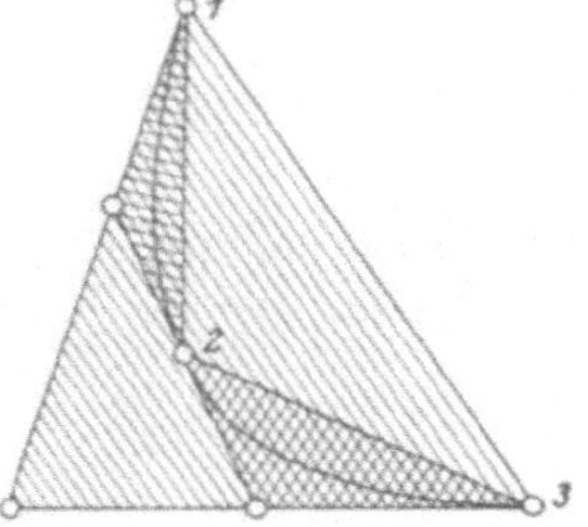

Fig. 4.

$$(35) \qquad f(t_1, t_2) = \tfrac{1}{8}(t_2 - t_1)^3 (\dot{\mathfrak{x}}_0, \ddot{\mathfrak{x}}_0).$$

Also hat man (Fig. 4)

$$(36) \quad f^{1/3}(t_1, t_2) + f^{1/3}(t_2, t_3) = \tfrac{1}{2}(\dot{\mathfrak{x}}_0, \ddot{\mathfrak{x}}_0)^{1/3}\{t_2 - t_1 + t_3 - t_2\} = f^{1/3}(t_1, t_3).$$

Die dritte Wurzel werde dabei reell ausgezogen. $f^{1/3}$ besitzt also ein ganz analoges Additionstheorem wie der Abstand der Bewegungsgeometrie. Wir erklären daher:

Der Affinabstand r der Linienelemente $\mathfrak{x}, \mathfrak{x}'$; $\mathfrak{y}, \mathfrak{y}'$ ist

$$r = 2 \cdot f^{1/3},$$

wobei f den Flächeninhalt des durch $\mathfrak{x}, \mathfrak{x}'$; $\mathfrak{y}, \mathfrak{y}'$ bestimmten Dreiecks bedeutet und die dritte Wurzel reell genommen werden soll.

Wir wollen nun die gefundene Eigenschaft der Parabel nochmals formulieren. — An Stelle von t werde ein Parameter s durch die Forderung

$$(37) \qquad \left(\frac{d\mathfrak{x}}{ds}, \frac{d^2\mathfrak{x}}{ds^2}\right) = 1$$

eingeführt. Diese Forderung ist invariant gegen flächentreue affine Transformationen, wie folgende Überlegung zeigt.

Denken wir uns eine Kurve in Parameterform

$$(38) \qquad x_1 = x_1(t), \qquad x_2 = x_2(t)$$

gegeben und unterwerfen wir sie der Transformation

$$(17) \quad x_i^* = c_{i0} + c_{i1} x_1 + c_{i2} x_2, \qquad (i = 1, 2; \; c_{11} c_{22} - c_{12} c_{21} = 1),$$

so erfahren die k-ten Ableitungen der Koordinaten die zugehörigen homogenen Substitutionen

$$(39) \qquad x_i^{(k)*} = c_{i1} x_1^{(k)} + c_{i2} x_2^{(k)}, \qquad (i = 1, 2).$$

Nach der in § 2 gegebenen Erklärung bilden also $x_1^{(k)}$, $x_2^{(k)}$ die Komponenten eines Vektors $\mathfrak{x}^{(k)}$ und nach (12) behalten die Determinanten $(\mathfrak{x}^{(k)}, \mathfrak{x}^{(l)})$ bei flächentreuen Affinitäten ihren Wert bei.

Der Parameter s für die Parabel ist also durch (37) affininvariant, und zwar bis auf Wahl des Punktes $s = 0$, festgelegt. Es ist

$$s = (\dot{\mathfrak{x}}_0, \ddot{\mathfrak{x}}_0)^{1/3} \, t + \text{konst.}$$

und daher nach (35)

$$(40) \qquad f(s_1, s_2) = \tfrac{1}{8}(s_2 - s_1)^3.$$

Wir haben also folgenden Satz gefunden:

Führen wir auf einer Parabel einen solchen Parameter s ein, daß

$$(37) \qquad \left(\frac{d\mathfrak{x}}{ds}, \frac{d^2\mathfrak{x}}{ds^2}\right) = 1$$

wird, so ist der Affinabstand zweier Linienelemente s_1 und s_2 der Parabel gleich $s_2 - s_1$. Statt dessen wollen wir auch sagen: *Der Parabelbogen zwischen den Punkten s_1 und s_2 hat die Affinlänge $s_2 - s_1$.*

Das Additionsgesetz (36) für die Flächeninhalte (Fig. 4) war schon *A. F. Möbius* bekannt.

§ 4. Affinlänge eines Kurvenbogens.

Im Anschluß an die Überlegungen des vorigen Abschnittes bieten sich zwei Möglichkeiten, die Affinlänge eines Kurvenbogens — unter geeigneten Voraussetzungen über Differenzierbarkeit — zu erklären.

Wir könnten ähnlich wie bei der Parabel verfahren und versuchen, einen Parameter s durch affininvariante Normierung auszuzeichnen. Dies ist in der Tat möglich. Ist $\mathfrak{x}(t)$ ein beliebiger Kurvenvektor, der zweimal differenzierbar ist, so ist den eben angestellten Überlegungen zufolge

$$\left(\frac{d\mathfrak{x}}{dt}, \frac{d^2\mathfrak{x}}{dt^2}\right) = (\dot{\mathfrak{x}}, \ddot{\mathfrak{x}})$$

invariant gegenüber flächentreuen Affinitäten. Es sei nun

$$(41) \qquad (\dot{\mathfrak{x}}, \ddot{\mathfrak{x}}) \neq 0$$

für alle Punkte unseres Kurvenbogens. Was hat das geometrisch zu bedeuten? — Sei etwa $(\dot{\mathfrak{x}}, \ddot{\mathfrak{x}}) > 0$; dann liegt die Kurve und der Vektor $\mathfrak{x}(t+h) - \mathfrak{x}(t)$ in der Nachbarschaft jedes Punktes t für genügend kleine $|h|$ stets links von dem (gerichteten) Tangentenvektor $\dot{\mathfrak{x}}(t)$. Um das einzusehen, haben wir nach § 2 nur zu zeigen, daß

$$D = (\dot{\mathfrak{x}}(t), \mathfrak{x}(t+h) - \mathfrak{x}(t))$$

für genügend kleines $|h|$ positiv ist. Nun sei

$$\Delta(t, \tau) = (\dot{\mathfrak{x}}(t), \mathfrak{x}(\tau)).$$

Dann ist nach (21)

$$D = \Delta(t, t+h) - \Delta(t, t),$$

und wenn wir Ableitungen nach τ durch Kreise andeuten, nach dem Taylorschen Lehrsatz

$$(42) \qquad D = h \Delta^{\circ}(t, t) + \frac{h^2}{2} \Delta^{\circ\circ}(t, t + \vartheta h) = \frac{h^2}{2} \Delta^{\circ\circ}(t, t + \vartheta h),$$
$$(0 < \vartheta < 1),$$

da $\Delta^{\circ}(t, t) = (\dot{\mathfrak{x}}, \dot{\mathfrak{x}}) = 0$ ist.

Wegen der Stetigkeit von $\dot{\mathfrak{x}}(t)$ ist auch $\Delta^{\circ\circ}(t, \tau)$ bei festem τ eine stetige Funktion von t; daher ist D beliebig wenig von

$$(43) \qquad \frac{h^2}{2} \Delta^{\circ\circ}(t + \vartheta h, t + \vartheta h) > 0$$

verschieden und somit positiv.

Wir finden also, daß ein Kurvenbogen mit $(\dot{\mathfrak{x}}, \ddot{\mathfrak{x}}) \neq 0$ ein im kleinen konvexer, ein wendepunktfreier Bogen ist. Wir werden uns meist auf Betrachtung solcher Kurvenbogen beschränken. Weiter setzen wir voraus, daß das Integral

$$(44) \qquad s_{12} = \int_{t_1}^{t_2} (\dot{\mathfrak{x}}, \ddot{\mathfrak{x}})^{1/3} \, dt$$

existiere. Dann läßt sich ein Parameter s durch die Forderung

$$(45) \qquad \left(\frac{d\mathfrak{x}}{ds}, \frac{d^2\mathfrak{x}}{ds^2}\right) = (\mathfrak{x}', \mathfrak{x}'') = 1$$

festlegen, der dadurch auch bis auf Wahl des Punktes $s = 0$ bestimmt ist. Denn es ist

$$(46) \qquad \mathfrak{x}' = \dot{\mathfrak{x}} \frac{dt}{ds}, \qquad \mathfrak{x}'' = \ddot{\mathfrak{x}} \left(\frac{dt}{ds}\right)^2 + \dot{\mathfrak{x}} \frac{d^2t}{ds^2}.$$

Hieraus folgt

$$(47) \qquad (\mathfrak{x}', \mathfrak{x}'') = (\dot{\mathfrak{x}}, \ddot{\mathfrak{x}})\left(\frac{dt}{ds}\right)^3$$

und daher nach (45)

$$(48) \qquad s = \int (\dot{\mathfrak{x}}, \ddot{\mathfrak{x}})^{1/3}\, dt.$$

Wegen (41) ist s eine monotone Funktion von t und umgekehrt.

Unter der *Affinlänge* eines Bogens $\mathfrak{x}(t)$ $(t_1 \leqq t \leqq t_2)$ würden wir danach das Integral (44) verstehen. Diese Erklärung stimmt mit der für die Parabel (§ 3) natürlich überein.

Aber es wäre ebenso naturgemäß, die Affinlänge folgendermaßen durch einen Grenzprozeß zu erklären: Sei (Fig. 5) $\mathfrak{x}_0\, \mathfrak{x}^0$ ein Bogen, der in jedem Punkte $\mathfrak{x}$ eine bestimmte Tangente besitzt; unter $(\mathfrak{x}_0, \mathfrak{x}_1, \mathfrak{x}_2, \ldots, \mathfrak{x}_{n+1} = \mathfrak{x}^0)$ seien aufeinander folgende Punkte des Bogens verstanden, und $\overline{\mathfrak{x}_k \mathfrak{x}_{k+1}}$ bedeute den Affinabstand der Linienelemente in $\mathfrak{x}_k$ und $\mathfrak{x}_{k+1}$. Lassen sich nun solche Einteilungen des Bogens angeben, daß $\overline{\mathfrak{x}_k \mathfrak{x}_{k+1}}$ beliebig klein wird, und konvergiert für alle solchen Einteilungen

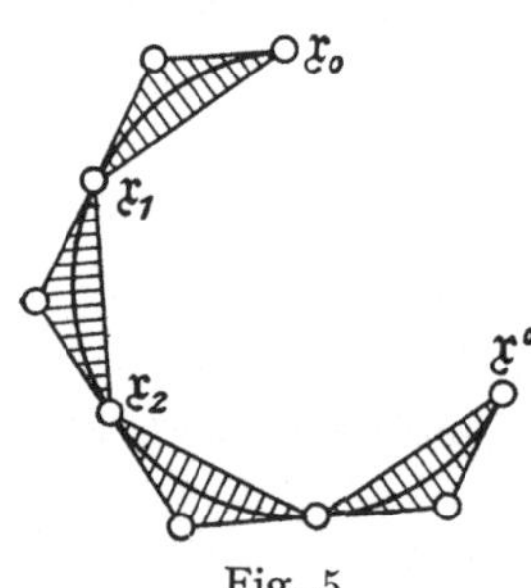
Fig. 5.

$$(49) \qquad \sum_{0}^{n} \overline{\mathfrak{x}_k \mathfrak{x}_{k+1}} = S_n$$

gegen einen bestimmten Grenzwert S, so heiße S die Affinlänge des Bogens $\mathfrak{x}_0\, \mathfrak{x}^0$.[4]

Es ist nun bemerkenswert, daß beide Erklärungen der Affinlänge im wesentlichen übereinstimmen. Man sieht zwar, daß die zweite Definition das Vorhandensein einer zweiten Ableitung nicht voraussetzt und mithin etwas weiter sein wird. Es läßt sich aber zeigen: *Wenn* $(\dot{\mathfrak{x}}, \ddot{\mathfrak{x}}) > 0$ *ist und das Integral* (44) *existiert, so führt der beschriebene Grenzprozeß zu demselben Ergebnis* $S_0{}^0 = s_0{}^0$.

Der Bogen $\mathfrak{x}_0\, \mathfrak{x}^0$ sei durch $\mathfrak{x}(t)$ $(t_0 \leqq t \leqq t^0)$ gegeben. Wir setzen etwa wieder

$$(50) \qquad (\dot{\mathfrak{x}}, \ddot{\mathfrak{x}}) > a > 0 \qquad (t_0 \leqq t \leqq t^0)$$

voraus. Es ist nach (33)

$$(51) \qquad f_k = \frac{1}{8}\left(\overline{\mathfrak{x}_k \mathfrak{x}_{k+1}}\right)^3 = \frac{1}{2}\frac{(\dot{\mathfrak{x}}_k,\, \mathfrak{x}_{k+1} - \mathfrak{x}_k)(\mathfrak{x}_{k+1} - \mathfrak{x}_k,\, \dot{\mathfrak{x}}_{k+1})}{(\dot{\mathfrak{x}}_k,\, \dot{\mathfrak{x}}_{k+1})},$$

und wenn wir wieder die Funktion

$$(52) \qquad \varDelta(t, \tau) = (\dot{\mathfrak{x}}(t), \mathfrak{x}(\tau))$$

---

[4] In ähnlicher Weise ist die Affinlänge 1914 durch *G. Pick* erklärt worden.

heranziehen, so finden wir durch ähnliche Überlegungen wie zu Anfang dieses Abschnittes

$$(53)\quad\begin{aligned}(\dot{\mathfrak{x}}_k, \mathfrak{x}_{k+1} - \mathfrak{x}_k) &= \frac{h_k^2}{2}\,\varDelta^{\circ\circ}(t_k, t_k + \vartheta_k h_k), && 0 \leq \vartheta_k \leq 1;\\[1ex](\dot{\mathfrak{x}}_{k+1}, \mathfrak{x}_k - \mathfrak{x}_{k+1}) &= \frac{h_k^2}{2}\,\varDelta^{\circ\circ}(t_{k+1}, t_k + \vartheta_k' h_k), && 0 \leq \vartheta_k' \leq 1;\\[1ex](\dot{\mathfrak{x}}_k, \dot{\mathfrak{x}}_{k+1}) &= h_k\,\varDelta^{\circ\circ}(t_k, t_k + \vartheta_k'' h_k), && 0 \leq \vartheta_k'' \leq 1.\end{aligned}$$

Die Kreise bezeichnen dabei wieder Ableitungen nach τ, und es ist $h_k = t_{k+1} - t_k$ gesetzt.

Nunmehr bedenken wir wieder, daß $\varDelta^{\circ\circ}(t, \tau)$ bei festem τ stetig in t ist und $\varDelta^{\circ\circ}(t, t) > a$ für $t_0 \leq t \leq t^0$ gilt. Man sieht, es gibt zu jedem δ ein ε, so daß

$$(54)\quad |\varDelta^{\circ\circ}(t, t + h) - \varDelta^{\circ\circ}(t + h, t + h)| < \delta\,\varDelta^{\circ\circ}(t + h, t + h),$$

falls $|h| < \varepsilon$, und somit können wir nach (51) setzen

$$(55)\quad f_k = \frac{h_k^3}{8}\,\frac{\varDelta^{\circ\circ}(t_k + \vartheta_k h_k, t_k + \vartheta_k h_k)\cdot\varDelta^{\circ\circ}(t_{k+1} + \vartheta_k' h_k, t_k + \vartheta_k' h_k)}{\varDelta^{\circ\circ}(t_k + \vartheta_k'' h_k, t_k + \vartheta_k'' h_k)}\cdot\eta_k,$$

wo

$$(56)\quad \eta_k = \frac{(1 + \xi_k)(1 + \xi_k')}{1 + \xi_k''} = (1 + \xi_k''')^3$$

ist und für alle ξ_k Abschätzungen der Form

$$(57)\quad |\xi_k| < \delta, \quad \text{wenn} \quad |h_k| < \varepsilon,$$

gelten. Denken wir uns nun den Parameter s eingeführt — unsere Voraussetzungen über $\mathfrak{x}(t)$ ermöglichen das ja — so wird nach (45)

$$(58)\quad \varDelta^{\circ\circ}(s, s) = 1,$$

und wenn wir $s_{k+1} - s_k$ wieder mit h_k bezeichnen, so wird

$$(59)\quad f_k = \frac{h_k^3}{8}(1 + \xi_k''')^3.$$

Daraus ergibt sich

$$(60)\quad \left|2\sum f_k^{1/3} - \sum h_k\right| \leq \left|\sum h_k \xi_k'''\right| < \delta\sum h_k$$

und da

$$(61)\quad \sum h_k = \sum(s_{k+1} - s_k) \doteq s_0^0$$

ist, so folgt weiter

$$(62)\quad \left|2\sum f_k^{1/3} - s_0^0\right| \leq \delta\,s_0^0.$$

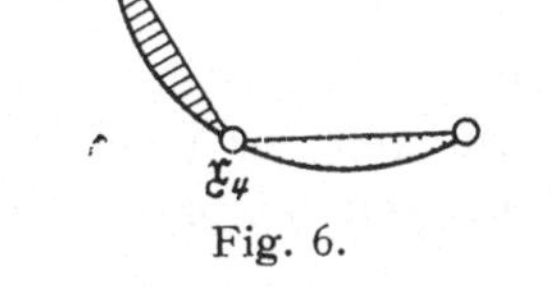

Fig. 6.

Damit ist in der Tat die behauptete Übereinstimmung der beiden Erklärungen bewiesen.

Noch eine Bemerkung! Betrachten wir an Stelle der Dreieckskette die Kette von Segmenten, die durch die Sehnen $\mathfrak{x}_k\,\mathfrak{x}_{k+1}$ und unserer Kurve begrenzt werden (Fig. 6). Ist g_k der Inhalt eines solchen

Segmentes, so ist bei einer stets im selben Sinne gekrümmten Kurve

$$(63)\qquad \lim_{h_k \to 0} \frac{g_k}{f_k} = \frac{2}{3}$$

und

$$(64)\qquad \int ds = 2\left(\tfrac{3}{2}\right)^{1/3} \lim_{n \to \infty} \sum g_k^{1/3}.$$

Zum Nachweis von (63) und (64) berechnen wir uns nach (14)

$$(65)\qquad g_k = \tfrac{1}{2} \int_{s_k}^{s_{k+1}} (\mathfrak{x} - \mathfrak{x}_k,\, \mathfrak{x}')\, ds.$$

Wenn wir der Einfachheit halber $\mathfrak{x}(s)$ als analytisch annehmen, so finden wir

$$(66)\qquad g_k = \frac{1}{2} \int_{s_k}^{s_{k+1}} \left((s - s_k)\mathfrak{x}_k' + \frac{(s - s_k)^2}{2!}\mathfrak{x}_k'' + \cdots,\, \mathfrak{x}_k' + (s - s_k)\mathfrak{x}_k'' + \cdots \right) ds$$

$$= \frac{h_k^3}{12} + \cdots.$$

Daraus zusammen mit Formel (59) für f_k folgt die Richtigkeit beider Behauptungen [5]).

§ 5. Affinkrümmung.

Es sei eine Kurve $\mathfrak{x}(t)$ mit vorgeschriebenem Parameter t — mit einer aufgeprägten t-Skala — gegeben. $\mathfrak{x}^{(k)} = \{x_1^{(k)},\, x_2^{(k)}\}$ seien die Vektoren der k-ten Ableitungen nach t. Dann sind nach (12) und nach Überlegungen von § 3 die Determinanten

$$(67)\qquad (\mathfrak{x}^{(k)},\, \mathfrak{x}^{(l)})$$

invariant gegenüber flächentreuen Affinitäten. Sie sind aber keineswegs affine Invarianten der Kurve $\mathfrak{x}(t)$, d. h. dieser Kurve ohne t-Skala. Denn sie verändern ja ihren Wert, wenn wir an Stelle von t einen neuen Parameter τ einführen.

Aber nachdem es gelungen ist, einen invarianten Parameter s auszuzeichnen, lassen sich auch von der Kurve allein abhängige Invarianten leicht angeben. Durch Differentiation nach s erhalten wir zunächst Ableitungsvektoren

$$(68)\qquad \mathfrak{x}',\, \mathfrak{x}'',\, \mathfrak{x}''',\, \ldots,$$

die invariant mit der Kurve verbunden sind. Das soll heißen, transformieren wir $\mathfrak{x}$ mittels (17) in $\mathfrak{x}^*$, $\mathfrak{x}'$ in $\mathfrak{x}'^*$ usw., so gilt für die Ableitungen der transformierten Vektoren nach der Affinlänge

$$(69)\qquad \mathfrak{x}^{*\prime} = \mathfrak{x}'^*,\quad \mathfrak{x}^{*\prime\prime} = \mathfrak{x}''^*,\, \ldots.$$

Das folgt aus der Invarianz von s.

---

[5]) Daß für eine beliebige Kurve an einer Stelle mit nicht verschwindender Krümmung $(\dot{\mathfrak{x}}, \ddot{\mathfrak{x}}) \neq 0$ die Beziehung (63) besteht, ist bewiesen bei *Völler*, **Archiv der Mathematik und Physik 31** (1858), S. 449—453, und *O. Schlömilch*, **Zeitschrift für Mathematik und Physik 4** (1859), S. 163—166.

Da $(\mathfrak{x}',\mathfrak{x}'')=1$ ist, fällt $\mathfrak{x}''$ sicher nicht in die Tangente hinein, und es läßt sich jeder Vektor $\mathfrak{y}$ in die Form

$$(70) \qquad \mathfrak{y} = \lambda_1(s)\,\mathfrak{x}'(s) + \lambda_2(s)\,\mathfrak{x}''(s)$$

setzen. In der Tat läßt sich bei gegebenem — festem oder von s abhängigem — $\mathfrak{y}$ das Gleichungssystem (70) stets nach λ_1, λ_2 auflösen, weil die Determinante der Koeffizienten von λ_1, λ_2 von Null verschieden ist.

Ist insbesondere $\mathfrak{y}(s)$ invariant mit $\mathfrak{x}(s)$ verknüpft, so ist auch

$$(71) \qquad \mathfrak{y}^*(s) = \lambda_1(s)\,\mathfrak{x}'^*(s) + \lambda_2(s)\,\mathfrak{x}''^*(s),$$

d. h. $\lambda_1(s)$ und $\lambda_2(s)$ sind Invarianten der Kurve. — Der Vektor $\mathfrak{x}''$ läßt sich also hier ebenso verwenden, wie der Normalenvektor in der Bewegungsgeometrie. Wir nennen ihn deshalb „*Affinnormalenvektor*". $\mathfrak{x}'$, $\mathfrak{x}''$ *nennen wir das begleitende Achsenkreuz oder das begleitende Zweibein* (Fig. 7).

Da wir eine große Reihe von invarianten Ableitungsvektoren kennen, macht es nunmehr keine Schwierigkeiten affine „Differentialinvarianten" herzuleiten. Wir bezeichnen sie mit dem Zusatz „Differential-", weil sie aus Ableitungsvektoren zusammengesetzt sind. Suchen wir z. B. $\mathfrak{x}'''$ im begleitenden Zweibein auszudrücken! Aus

$$(72) \qquad (\mathfrak{x}',\mathfrak{x}'')=1$$

folgt durch Differenzieren

$$(73) \qquad (\mathfrak{x}',\mathfrak{x}''')=0.$$

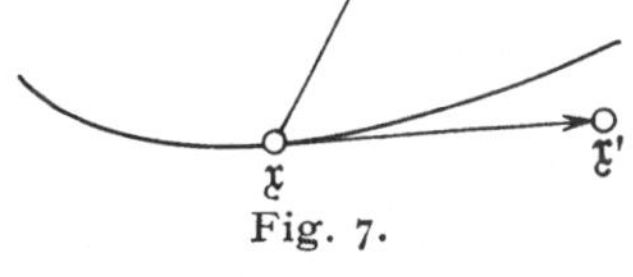

Fig. 7.

Somit sind nach § 2 die Vektoren $\mathfrak{x}'$ und $\mathfrak{x}'''$ linear abhängig, d. h. es ist wegen $\mathfrak{x}' \neq 0$

$$(74) \qquad \mathfrak{x}''' + k\,\mathfrak{x}' = 0,$$

wo $k(s)$ eine Zahl, eine skalare ($=$ nicht vektorielle) Größe bedeutet. Es ist

$$(75) \qquad k = (\mathfrak{x}'',\mathfrak{x}''')$$

die einfachste Differentialinvariante unserer Kurve, das affine Gegenstück der Krümmung. Wir nennen deshalb k die „*Affinkrümmung*"[6]. — Aus

$$(73) \qquad (\mathfrak{x}',\mathfrak{x}''')=0$$

folgt durch Differenzieren

$$(76) \qquad (\mathfrak{x}',\mathfrak{x}^{\mathrm{IV}}) + (\mathfrak{x}'',\mathfrak{x}''') = 0$$

---

[6] Die Affinkrümmung k tritt als „absolute reine Reziprokante", d. h. als Differentialinvariante, die bei einer beliebigen Affinität der Ebene nur einen Zahlenfaktor annimmt, schon bei *J. J. Sylvester*: American Journal of Math. **9** (1887) S. 335, **10** (1888), S. 10 auf. An der ersten Stelle auch eine Operation, die dem Wesen nach mit der Ableitung nach s zusammenfällt.

und daher ist auch

$$(77) \qquad k = - (\mathfrak{x}', \mathfrak{x}^{IV}).$$

Wir wollen uns nun noch die Affinkrümmung für den Fall ausrechnen, daß unsere Kurve nicht mittels des Affinbogens s, sondern mittels eines beliebigen Parameters t dargestellt ist. Wir hatten nach (46), (48)

$$(78) \qquad \mathfrak{x}' = \dot{\mathfrak{x}}\,\frac{dt}{ds} = \dot{\mathfrak{x}}\,(\dot{\mathfrak{x}},\ddot{\mathfrak{x}})^{-1/3}.$$

Daraus folgt, wenn wir zur Abkürzung

$$(79) \qquad (\dot{\mathfrak{x}},\ddot{\mathfrak{x}})^{1/3} = \varphi$$

setzen,

$$(80) \qquad \begin{aligned} \mathfrak{x}' &= \frac{\dot{\mathfrak{x}}}{\varphi}, \\[2mm] \mathfrak{x}'' &= \frac{\ddot{\mathfrak{x}}}{\varphi^2} - \dot{\mathfrak{x}}\,\frac{\dot{\varphi}}{\varphi^3}, \\[2mm] \mathfrak{x}''' &= \frac{\dddot{\mathfrak{x}}}{\varphi^3} - 3\ddot{\mathfrak{x}}\,\frac{\dot{\varphi}}{\varphi^4} - \dot{\mathfrak{x}}\left(\frac{\dot{\varphi}}{\varphi^3}\right)_s. \end{aligned}$$

Beachtet man $(\dot{\mathfrak{x}},\ddot{\mathfrak{x}}) = \varphi^3$ und somit $(\dot{\mathfrak{x}},\dddot{\mathfrak{x}}) = 3\varphi^2\dot{\varphi}$, so folgt

$$(81) \qquad k = (\mathfrak{x}'', \mathfrak{x}''') = \frac{(\ddot{\mathfrak{x}}.\dddot{\mathfrak{x}})}{\varphi^5} - \frac{1}{2}\left(\frac{1}{\varphi^2}\right)_{tt}.$$

Setzt man insbesondere $t = x_1$, so wird

$$(82)\quad \mathfrak{x}' = \{\ddot{x}_2^{-1/3},\ \ \dot{x}_2\,\ddot{x}_2^{-1/3}\},\quad \mathfrak{x}'' = \{-\tfrac{1}{3}\ddot{x}_2^{-5/3}\dddot{x}_2,\ \ \ddot{x}_2^{1/3} - \tfrac{1}{3}\dot{x}_2\,\ddot{x}_2^{-5/3}\dddot{x}_2\}$$

und

$$(83)\qquad k = -\frac{1}{2}\frac{d^2}{dx_1^2}\ddot{x}_2^{-2/3} = -\frac{5}{9}\ddot{x}_2^{-8/3}\dddot{x}_2{}^2 + \frac{1}{3}\ddot{x}_2^{-5/3}\ddddot{x}_2.$$

Wegen $(\mathfrak{x}', \mathfrak{x}'') = 1$ kann man durch eine flächentreue Affinität einen Punkt $\mathfrak{x}_0$ unserer Kurve in den Ursprung verlegen und erreichen, daß die zugehörigen Vektoren $\mathfrak{x}_0'$, $\mathfrak{x}_0''$ die Koordinaten $1, 0;\ 0, 1$ bekommen. Nach (82) ist dann im Ursprung

$$(84)\qquad \dot{x}_2 = 0,\quad \ddot{x}_2 = 1,\quad \dddot{x}_2 = 0$$

und die Entwicklung von x_2 nach Potenzen von x_1 hat demnach *die kanonische Form*[7])

$$(85)\qquad x_2 = \frac{1}{2}\,x_1{}^2 + \frac{a}{4!}\,x_1{}^4 + \frac{b}{5!}\,x_1{}^5 + \cdots.$$

Setzt man dies in (83) ein, so erhält man für k die Entwicklung

$$(86)\qquad k = \tfrac{1}{3}(a + b\,x_1 + \cdots).$$

Somit ist

$$(87)\qquad a = 3\,k_0 \qquad b = 3\,k_0'.$$

---

[7]) Ausführliche Reihenentwicklungen sind in § 15 Aufgabe 12 angegeben.

Wir geben noch eine Tabelle für die Dimensionen unserer Vektoren und Invarianten an:

$$(88) \qquad \begin{array}{c|c|c|c|c|c|c} \mathfrak{x} & s & \mathfrak{x}' & \mathfrak{x}'' & \mathfrak{x}''' & k & k' \\ \hline 1 & \tfrac{2}{3} & \tfrac{1}{3} & -\tfrac{1}{3} & -1 & -\tfrac{4}{3} & -2 \end{array}$$

Das soll heißen: Vervielfacht man alle Längen unserer Figur im Verhältnis μ, so multipliziert sich z. B. die Affinlänge mit $\mu^{2/3}$ und die Affinkrümmung mit $\mu^{-4/3}$. Hieraus folgt u. a., daß das Integral

$$(89) \qquad \int k^{1/2}\, ds$$

gegenüber beliebigen (auch nicht flächentreuen) Affinitäten unveränderlich ist. Indessen ist dieses Integral nur für die Kurven reell, auf denen $k \geq 0$ ist.

Stellen wir noch eine *Tafel der wichtigsten Formeln für die affine Differentialgeometrie der ebenen Kurven* auf! Es sind das die folgenden:

$$
\begin{aligned}
&(48) & s &= \int (\dot{\mathfrak{x}}, \ddot{\mathfrak{x}})^{1/3}\, dt, \\
&(72) & (\mathfrak{x}', \mathfrak{x}'') &= 1, \\
&(74) & \mathfrak{x}''' + k\mathfrak{x}' &= 0, \\
&(75) & k = (\mathfrak{x}'', \mathfrak{x}''') &= (\mathfrak{x}^{\mathrm{IV}}, \mathfrak{x}'), \\
&(85) & x_2 &= \frac{1}{2}\, x_1{}^2 + \frac{3\, k_0}{4!}\, x_1{}^4 + \frac{3\, k_0'}{5!}\, x_1{}^5 + \cdots.
\end{aligned}
$$

§ 6. Geometrische Deutung der Affinnormalen.

Die Affinnormale ist die Gerade durch einen Kurvenpunkt $\mathfrak{x}(s)$ mit der Richtung des Affinnormalenvektors $\mathfrak{x}''(s)$.

Es soll sich jetzt darum handeln, eine geometrische Konstruktion für die Affinnormale anzugeben. Denken wir uns „links" von der Tangente in $\mathfrak{x}$ eine Parallele zu dieser Tangente gezogen, so wird dieselbe, wenn sie genügend benachbart ist, mit unserer Kurve zwei (zu $\mathfrak{x}$ benachbarte) Punkte $\mathfrak{y}$ und $\mathfrak{z}$ gemein haben (Fig. 8). Der Mittelpunkt der Strecke $\mathfrak{y}\mathfrak{z}$ sei $\mathfrak{m}$. Er beschreibt, wenn sich die Parallele verschiebt, eine Kurve durch $\mathfrak{x}$, die wir als eine „Schwerlinie" der ursprünglichen Kurve in $\mathfrak{x}$ bezeichnen wollen. Nun soll gezeigt werden:

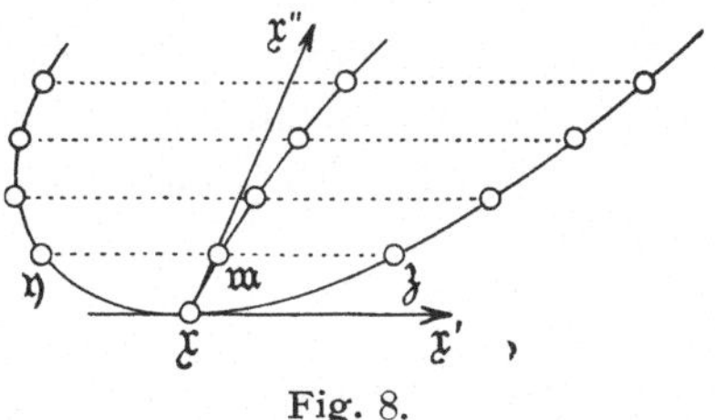

Fig. 8.

Die Tangente in $\mathfrak{x}$ an die zugehörige Schwerlinie, die von den Mitten aller Sehnen parallel zur Tangente in $\mathfrak{x}$ beschrieben wird, fällt mit der Affinnormalen unserer Kurve in $\mathfrak{x}$ zusammen.

Benutzen wir zum Beweise die kanonische Darstellung (85), so erhalten wir daraus umgekehrt für x_1 eine Reihe nach Potenzen von $\sqrt{x_2}$

$$(90) \qquad x_1 = \alpha \sqrt{x_2} + \beta \sqrt{x_2}^2 + \gamma \sqrt{x_2}^3 + \delta \sqrt{x_2}^4 + \cdots$$

und finden durch Einsetzen und Koeffizientenvergleichen die Werte

$$(91) \qquad \alpha^2 = 2, \qquad \beta = 0, \qquad \gamma = -\frac{\alpha^3 a}{4!}, \qquad \delta = -\frac{\alpha^4 b}{5!}, \ \cdots.$$

Die Schnittpunkte $\mathfrak{y}, \mathfrak{z}$ unserer Parallelen zur Tangente (x_1-Achse) haben die Koordinaten

$$(92) \quad \begin{aligned} y_1 &= -\alpha \sqrt{x_2} + \beta \sqrt{x_2}^2 - \gamma \sqrt{x_2}^3 + \delta \sqrt{x_2}^4 + \cdots, \qquad y_2 = x_2, \\ z_1 &= +\alpha \sqrt{x_2} + \beta \sqrt{x_2}^2 + \gamma \sqrt{x_2}^3 + \delta \sqrt{x_2}^4 + \cdots, \qquad z_2 = x_2, \end{aligned}$$

und die Koordinaten des Sehnenmittelpunktes $\mathfrak{m}$ sind daraus

$$(93) \qquad m_1 = \tfrac{1}{2}(y_1 + z_1) = \beta x_2 + \delta x_2^2 + \cdots, \quad m_2 = x_2,$$

oder, wenn man aus (91) und (87) die Werte einsetzt,

$$(94) \qquad m_1 = -\frac{k_0'}{10} x_2^2 + \cdots, \qquad m_2 = x_2.$$

Man findet somit für die Richtung der Tangente im Ursprung an die von $\mathfrak{m}$ beschriebene Kurve

$$(95) \qquad \left(\frac{d\,m_1}{d\,m_2}\right) = 0,$$

d. h. diese Tangente fällt mit der x_2-Achse zusammen. In der kanonischen Darstellung (85) war aber die x_2-Achse gleichzeitig Affinnormale im Ursprung, und damit ist die Behauptung bewiesen.

Entweder aus der analytischen Erklärung oder auch aus der geometrischen Deutung der Affinnormalen ergibt sich sofort, daß die Affinnormale auch gegenüber beliebigen (nicht-flächentreuen) Affinitäten invariant mit der Kurve verbunden ist[8]).

§ 7. Natürliche Gleichung.

Wir wollen nun die in § 5 angeschnittene Frage nach den Differentialinvarianten der Kurve zum Abschluß bringen und uns einen Überblick über sämtliche Differentialinvarianten verschaffen. Das ist bald gemacht. Wir behaupten: Die einzig wesentliche ist k. Wenn nämlich

$$k = k\,(s)$$

---

[8]) Die Affinnormale findet sich ohne Benennung schon in dem Werk von *L. N. M. Carnot*: Géométrie de position, Paris 1803, S. 477—480. Doch sind die dortigen Angaben nicht richtig. Vgl. *K. Carda*: Jahresbericht D. M. V. **28** (1919), S. 78—80. Später hat sie unabhängig *A. Transon*: Liouvilles Journal de Math. (1) **6** (1841), S. 191—208 wiedergefunden und als *Deviationsachse* bezeichnet, ein Name, unter dem sie auch in manchen Lehrbüchern auftritt.

als Funktion der Affinlänge bekannt ist, so gibt es immer Kurven $\mathfrak{x}(s)$ mit der Affinkrümmung $k(s)$, und zwar gehen alle diese Kurven aus einer von ihnen durch flächentreue Affinitäten hervor.

In der Tat, nach (74) ist zur Bestimmung unserer Kurve $\mathfrak{x}(s)$ nur die Differentialgleichung

$$(96) \qquad \mathfrak{x}'''(s) + k(s)\,\mathfrak{x}'(s) = 0$$

aufzulösen. Also müssen $x_1'(s)$, $x_2'(s)$ ein Lösungssystem bilden für die lineare und homogene Differentialgleichung zweiter Ordnung

$$(97) \qquad u'' + k(s)\,u = 0.$$

Sind u_1, u_2 zwei linear unabhängige Lösungen von (97), so ist ihre „*Wronski*-Determinante"

$$(98) \qquad D = u_1 u_2' - u_2 u_1' = \text{konst.} \qquad (\neq 0).$$

Denn aus

$$(99) \qquad u_1'' + k\,u_1 = 0, \qquad u_2'' + k\,u_2 = 0.$$

folgt $u_1 u_2'' - u_2 u_1'' = 0$ oder $D' = 0$. Wir können daher unsre Lösungen durch Multiplikation mit geeigneten Konstanten so einrichten, daß

$$(100) \qquad D = u_1 u_2' - u_2 u_1' = 1$$

wird. Die allgemeinsten Lösungen x_1', x_2' der Gleichung (97) setzen sich dann aus den speziellen linear zusammen

$$(101) \qquad \begin{aligned} x_1' &= c_{11}\,u_1 + c_{12}\,u_2, \\ x_2' &= c_{21}\,u_1 + c_{22}\,u_2, \end{aligned}$$

und da

$$(102) \quad (\mathfrak{x}', \mathfrak{x}'') = x_1' x_2'' - x_2' x_1'' = (c_{11} c_{22} - c_{21} c_{12})(u_1 u_2' - u_1' u_2)$$

ist, brauchen wir nur die Determinante der c gleich 1 zu nehmen, um $(\mathfrak{x}', \mathfrak{x}'') = 1$ zu machen. Setzen wir

$$(103) \qquad x_1^* = \int_0^s u_1\,ds, \qquad x_2^* = \int_0^s u_2\,ds,$$

so sind die allgemeinsten Lösungen von (74) mit der Nebenbedingung $(\mathfrak{x}', \mathfrak{x}'') = 1$ die folgenden

$$(104) \qquad \begin{aligned} x_1 &= c_{10} + c_{11}\,x_1^* + c_{12}\,x_2^*, \\ x_2 &= c_{20} + c_{21}\,x_1^* + c_{22}\,x_2^*, \end{aligned} \qquad c_{11} c_{22} - c_{12} c_{21} = 1.$$

Da wir von unserem Standpunkt aus alle Kurven, die durch flächentreue Affinitäten auseinander hervorgehen, als *eine* Kurve — oder doch als wesentlich identisch — ansehen, so ist durch (96) eine Kurve eindeutig festgelegt (oder „im wesentlichen eindeutig") und damit sind es gewiß auch sämtliche Differentialinvarianten. *Wir nennen deshalb $k = k(s)$ die natürliche Gleichung einer Kurve.*

Zur Auffindung der Parameterdarstellung der Kurve aus ihrer natürlichen Gleichung ist also in der Hauptsache die Lösung der homogenen und linearen Differentialgleichung zweiter Ordnung (97) erforderlich. Diese läßt sich bei der einfachsten Annahme

$$(105) \qquad\qquad k = \text{konst.}$$

leicht durchführen.

Nehmen wir erstens $k = 0$ an. Dann bekommt (74) die Form $\mathfrak{x}''' = 0$ und wir finden als allgemeinste Lösung

$$(106) \qquad \mathfrak{x} = \mathfrak{x}_0 + \mathfrak{x}_0' s + \tfrac{1}{2} \mathfrak{x}_0'' s^2, \qquad (\mathfrak{x}_0', \mathfrak{x}_0'') = 1.$$

Die einzigen Kurven mit identisch verschwindender Affinkrümmung sind also die Parabeln.

Nehmen wir zweitens $k = \varkappa^2 > 0$ an. Dann hat die Differentialgleichung (97) als Lösungen $\cos k^{1/2} s$ und $\sin k^{1/2} s$ und durch Integration folgt für unsere Kurve eine Parameterdarstellung

$$(107) \qquad x_1 = a \cos k^{1/2} s, \qquad x_2 = b \sin k^{1/2} s.$$

Die Bedingung $(\mathfrak{x}', \mathfrak{x}'') = 1$ gibt

$$(108) \qquad\qquad a\,b\,k^{3/2} = 1.$$

Wir finden somit als Lösung eine Ellipse

$$(109) \qquad \frac{x_1^2}{a^2} + \frac{x_2^2}{b^2} = 1, \qquad k = \left(\frac{\pi}{F}\right)^{2/3},$$

wenn $F = \pi\,a\,b$ den Flächeninhalt der Ellipse bedeutet.

Die Ellipsen sind durch feste positive Affinkrümmung k gekennzeichnet; zwischen der Affinkrümmung und dem Flächeninhalt F besteht die Beziehung

$$(110) \qquad\qquad k = \left(\frac{\pi}{F}\right)^{2/3}.$$

Ist drittens $k = -\varkappa^2 < 0$, so finden wir als eine Kurve mit dieser natürlichen Gleichung etwa die folgende

$$x_1 = a \operatorname{ch} (-k)^{1/2} s, \qquad x_2 = b \operatorname{sh} (-k)^{1/2} s, \qquad k = -(a\,b)^{-2/3},$$
$$(111) \qquad\qquad \frac{x_1^2}{a^2} - \frac{x_2^2}{b^2} = 1,$$

wenn ch und sh die Hyperbelfunktionen bedeuten. Also:

Die Hyperbeln sind die einzigen Kurven mit fester negativer Affinkrümmung.

Wir wollen von der natürlichen Gleichung $k = $ konst. der Kegelschnitte gleich eine Anwendung machen, indem wir folgenden Satz von *J. Bertrand*[9]) beweisen:

Hat eine krumme Linie die Eigenschaft, daß ihre Schwerlinien alle geradlinig sind, so ist sie notwendig ein Kegelschnitt.

---

[9]) *J. Bertrand*: Liouvilles Journal (1) **7** (1842), S. 215—216. Vgl. im folgenden § 15, Aufgabe 5.

Unter einer Schwerlinie ist dabei wie in § 6 der Ort der Mittelpunkte paralleler Sehnen verstanden. Genügt eine Kurve der Voraussetzung, so muß, wenn man irgendeinen Kurvenpunkt $\mathfrak{x}_0$ zum Ursprung wählt und seine Tangente und Affinnormale mit der x_1- und x_2-Achse zusammenfallen läßt, die Gleichung der zugehörigen Schwerlinie, die in $\mathfrak{x}_0$ endigt, nach (94) die Form $m_1 = 0$ annehmen. Es muß also $k_0' = 0$ sein. Da dies für jede Stelle unserer Kurve gelten muß, ist $k = $ konst. und die Kurve ein Kegelschnitt. Die Kegelschnitte haben aber in der Tat die längst bekannte Eigenschaft, gerade Schwerlinien zu besitzen. — Zur Gültigkeit des Beweises braucht man weniger als die Geradlinigkeit der Schwerlinien, es genügt anzunehmen, daß diese in den Endpunkten Wendepunkte besitzen.

§ 8. Die Kegelschnitte als *W*-Kurven.

Die Kegelschnitte haben eine merkwürdige kennzeichnende Eigenschaft: Ein flächentreu-affin veränderliches Exemplar läßt sich längs eines zweiten festen so fortschieben, wie der Korkzieher im Kork. Um diesen Sachverhalt genauer beschreiben zu können, erklären wir den Begriff einer stetigen eingliedrigen Gruppe von flächentreuen Affinitäten, und zwar so:

Die Transformationen T_t, nämlich

$$(112) \quad \begin{aligned} x_1{}^* &= c_{10}(t) + c_{11}(t)\,x_1 + c_{12}(t)\,x_2, \\ x_2{}^* &= c_{20}(t) + c_{21}(t)\,x_1 + c_{22}(t)\,x_2, \end{aligned} \qquad c_{11}\,c_{22} - c_{12}\,c_{21} = 1$$

einer eingliedrigen stetigen Gruppe flächentreuer Affinitäten sollen die Gruppeneigenschaft haben, die Identität enthalten und sich eindeutig und stetig entweder auf die Punkte einer Geraden $(-\infty < t < +\infty)$ oder auf die eines Kreises $(t \bmod 2\,\pi)$ abbilden lassen. — Im ersten Fall ist die Gruppe „offen", im zweiten „geschlossen".

Dann läßt sich die fragliche Eigenschaft der Kegelschnitte so aussprechen: *Ein Kegelschnitt wird durch eine stetige eingliedrige Gruppe flächentreuer Affinitäten in sich übergeführt.* Wir wollen das zunächst bestätigen und behaupten zu diesem Zweck:

Eine beliebige flächentreue Affinität (17), *läßt sich durch geeignete Achsenwahl immer in eine der folgenden Typen verwandeln:*

$$(113) \quad \begin{aligned} &\text{(A)} \begin{cases} x_1{}^* = x_1 \cos \tau - x_2 \sin \tau, \\ x_2{}^* = x_1 \sin \tau + x_2 \cos \tau; \end{cases} &\quad &\text{(B)} \begin{cases} x_1{}^* = x_1 \operatorname{ch} \tau + x_2 \operatorname{sh} \tau, \\ x_2{}^* = x_1 \operatorname{sh} \tau + x_2 \operatorname{ch} \tau; \end{cases} \\[2mm] &\text{(C)} \begin{cases} x_1{}^* = x_1 + \tau x_2, \\ x_2{}^* = x_2\,; \end{cases} &\quad &\text{(D)} \begin{cases} x_1{}^* = \tau + x_1, \\ x_2{}^* = \dfrac{\tau^2}{2} + \tau x_1 + x_2; \end{cases} \\[2mm] &\text{(E)} \begin{cases} x_1{}^* = \tau + x_1, \\ x_2{}^* = x_2; \end{cases} \end{aligned}$$

$$(114)\quad (B')\begin{cases} x_1^* = -x_1\,\mathrm{ch}\,\tau - x_2\,\mathrm{sh}\,\tau, \\ x_2^* = -x_1\,\mathrm{sh}\,\tau - x_2\,\mathrm{ch}\,\tau; \end{cases} \qquad (C')\begin{cases} x_1^* = -x_1 + \tau\,x_2. \\ x_2^* = -x_2. \end{cases}$$

Zum Beweis suchen wir die festbleibenden Punkte einer Abbildung auf. Die Koordinaten der Festpunkte $(x_k^* = x_k)$ sind Lösungen der beiden Gleichungen

$$(115)\qquad \begin{aligned} (c_{11} - 1)\,x_1 + c_{12}\,x_2 &= -\,c_{10}, \\ c_{21}\,x_1 + (c_{22} - 1)\,x_2 &= -\,c_{20}, \end{aligned}$$

und für die festbleibenden Richtungen $x_1^* : x_2^* = x_1 : x_2$ bekommen wir das homogene Gleichungssystem

$$\begin{aligned} (c_{11} - \lambda)\,x_1 + c_{12}\,x_2 &= 0 \\ c_{21}\,x_1 + (c_{22} - \lambda)\,x_2 &= 0, \end{aligned}$$

dessen Determinante verschwinden muß:

$$(116)\qquad 1 - (c_{11} + c_{22})\,\lambda + \lambda^2 = 0.$$

Ist nun zum Beispiel die Determinante von (115)

$$c_{11} + c_{22} - 2 \neq 0$$

und die Determinante der quadratischen Gleichung (116)

$$(c_{11} + c_{22})^2 - 4 < 0,$$

so haben wir einen Festpunkt und zwei konjugiert imaginäre Festrichtungen und daher zwei solche Festgeraden durch den Festpunkt. Durch geeignete Koordinatenwahl kann man sie auf die Gleichungsform

$$x_1 \pm i\,x_2 = 0$$

bringen. Dann bekommt unsere Transformation die Gestalt

$$\begin{aligned} x_1^* + i\,x_2^* &= c\,(x_1 + i\,x_2) \\ x_1^* - i\,x_2^* &= \frac{1}{c}\,(x_1 - i\,x_2). \end{aligned}$$

Setzt man

$$c = e^{i\tau},$$

so erhält man daraus Typus (A). In ganz ähnlicher Weise gestaltet sich die Zurückführung in den übrigen Fällen.

Der Parameter bei den Typen (113) ist so gewählt, daß dem Werte $\tau = 0$ die Identität zugehört und daß der Zusammensetzung zweier Abbildungen T_{τ_1}, T_{τ_2} desselben Typs die Addition der Parameter entspricht

$$(\mathfrak{x})\,T_{\tau_1}\,T_{\tau_2} = (\mathfrak{x})\,T_{\tau_1 + \tau_2}.$$

Läßt man den Parameter τ alle reellen Werte durchlaufen, so stellt die Gesamtheit der Abbildungen eines Typs von (113) eine eingliedrige stetige Gruppe von flächentreuen Affinitäten dar.

Nun bestätigt man sofort die angegebene Eigenschaft der Kegelschnitte. Nehmen wir eine Transformation T_τ etwa aus (A) — τ sei kein ganzzahliges Vielfaches von $\pi:2$ —. Dann führt T_τ die Kegelschnitte der Schar $x_1^2 + x_2^2 = $ konst. und nur diese einzeln in sich über. Denn durch die Punkte $(\mathfrak{x})\,T_{n\tau}$, von denen mehr als vier verschieden sind, ist ein einziger solcher Kegelschnitt bestimmt. Von den Kegelschnitten dieser Schar geht — außer durch den Ursprung — durch jeden Punkt der Ebene genau einer; es sind die „Bahnkurven" der Gruppe, die bei festem $\{x_1, x_2\}$ und veränderlichem τ vom Punkte $\{x_1{}^*, x_2{}^*\}$ durchlaufen werden. Entsprechendes gilt auch von den invarianten Kegelschnitten der anderen Gruppen, wobei die Einschränkung für τ fortbleibt. Im Fall (A) sind die Festkegelschnitte Ellipsen, für (B) im allgemeinen Hyperbeln, für (D) Parabeln, für (C) und (E) gerade Linien.

Ist andererseits $\mathfrak{x}(t)$ eine krumme analytische Linie, die eine Gruppe flächentreuer Affinitäten gestattet, so muß die Affinkrümmung k längs der Kurve fest sein. Dadurch waren aber die Kegelschnitte gekennzeichnet.

§ 9. Bestimmung der eingliedrigen Gruppen flächentreuer Affinitäten.

Wir wollen jetzt, ein wenig aus dem Rahmen der bisherigen Untersuchungen heraustretend, das Ergebnis von § 8 unter allgemeineren Voraussetzungen für $\mathfrak{x}(t)$ herleiten. Wir behaupten nämlich:

Jede eingliedrige stetige Gruppe flächentreuer Affinitäten geht bei geeigneter Achsenwahl in einen der Typen (113) *über.*

Zum Beweis wollen wir zuerst einige Eigenschaften von Affinitäten zusammenstellen, die sich aus den Tabellen (113) und (114) ablesen lassen.

(I) Abgesehen von der Identität und der Transformation $\{x_1{}^* = -x_1, x_2{}^* = -x_2\}$ läßt sich eine Affinität nur unter *einen* der Typen (113, 114) einreihen.

(II) Die Potenztransformationen einer flächentreuen Affinität

$$(\mathfrak{x})\,T_\tau{}^n = (\mathfrak{x})\,T_{n\tau}$$

divergieren sowohl für $n \to +\infty$ wie für $n \to -\infty$.

(III) Aus allen Abbildungen der Tabelle (113) läßt sich „*die Wurzel ziehen*"; das heißt, zu jeder dieser Transformationen T_τ gibt es eine andere $T_\tau{}^{1/2}$, für die

$$T_\tau{}^{1/2} \cdot T_\tau{}^{1/2} = T_\tau$$

ist. Dagegen gibt es solche Wurzeln für die Transformationen der Tabelle (114) nicht.

Wirklich ist im ersten Fall die Transformation $T_{\tau/2}$ desselben Typs eine Wurzel von T_τ. Dagegen führt irgendeine Transformation zweimal nacheinander ausgeführt stets zu einem Typ von (113).

Sei nun $G' = (T_t)$ eine stetige eingliedrige, etwa offene, Gruppe flächentreuer Affinitäten $(-\infty < t < +\infty)$ und $t = 0$ der der Identität entsprechende Parameterwert. Dann, behaupten wir, läßt sich aus T_t die Wurzel ziehen und diese Wurzel kommt in G' vor.

Wegen der Gruppeneigenschaft gibt es nämlich eine eindeutige und stetige Funktion

$$(117) \qquad c = f(a, b),$$

so daß

$$T_a \cdot T_b = T_c$$

wird. Da umgekehrt auch die Abbildungen T_c und T_b (oder T_a) die Abbildung T_a (oder T_b) eindeutig bestimmen und die T_t eineindeutig auf die reellen Zahlen t bezogen sind, so ist die Gleichung (117) eindeutig nach a und b auflösbar. Somit ist $f(a, b)$ bei festem a oder b eine monotone Funktion von b oder a, und zwar eine monoton wachsende Funktion, da diese für die Sonderfälle $f(0, b) = b$ und $f(a, 0) = a$ gilt. Für $a < b$ ist demnach

$$(118) \qquad f(a, a) < f(a, b) < f(b, b).$$

Daher ist $f(a, a)$ ebenfalls eine stetige monoton wachsende Funktion von a, und da $f(a, b)$ weder nach oben noch nach unten beschränkt ist, gilt dasselbe für $f(a, a)$. Somit durchläuft $t = f(a, a)$ mit a wachsend alle reellen Werte und deshalb ist diese Gleichung eindeutig nach a lösbar, das heißt aus der Abbildung T_t läßt sich eindeutig die Wurzel ziehen, nämlich T_a. (Im Fall (A) wird das Wurzelzeichen zweideutig.)

Die Transformationen von G' gehören also alle zu den Typen (113) und kommen nach (I) nur in einer der Gruppen (113) vor. Sei etwa T_t als Transformation T_τ in der Gruppe G $(G = (A)$ oder $(E))$ enthalten. Dann liegen nach (I) die Transformationen

$$T_t^{\frac{m}{2^n}} = T_{\frac{\tau \cdot m}{2^n}} \qquad (m = 0, \pm 1, \pm 2, \ldots;\ n = 1, 2, 3, \ldots)$$

sowohl in G wie in G'. Und wenn wir zeigen können, daß die t-Werte $t_{m, n}$ dieser Transformationen die t-Achse überall dicht bedecken, so ergibt sich wegen der Stetigkeit der $c_{ik}(t)$ in (112) die Identität von G und G'.

Nun ist

$$t_{k_1 n} < t_{k_2 n} \quad \text{für} \quad k_1 < k_2,$$

weil (117) und (118) mit ihren Parametern monoton wachsen. Die Zahlenfolgen

$$t_{k,\,n} \quad (k = +1, +2, +3, \ldots) \quad \text{und} \quad t_{k,\,n} \quad (k = -1, -2, -3, \ldots)$$

sind ferner die eine nach oben, die andere nach unten nicht beschränkt; andernfalls besäßen die Folgen nämlich einen Grenzpunkt g und es wäre

$$\lim_{k \to \pm\infty} T_t^{\frac{k}{2^n}} = T_g.$$

Das ist aber nach (II) unmöglich.

Ferner ist

$$(119) \qquad\qquad \lim_{k \to \infty} t_{1,\,k} = 0.$$

Denn die den $t_{1,\,k}$ entsprechenden τ-Werte

$$\tau_{1,\,k} = \frac{\tau}{2^k}$$

gehen gegen Null; also streben die Abbildungen $T^{\frac{1}{2^k}}$ für $k \to +\infty$ gegen die Identität und wegen der eineindeutigen und stetigen Beziehung zwischen Transformation und t-Werten folgt die Gleichung (119).

Schließlich bemerken wir noch, daß für beliebig kleines ε

$$(120) \qquad\qquad |\, t_{m,\,n} - t_{m+1,\,n}\,| < \varepsilon,$$

wenn m beschränkt und n genügend groß ist. Denn es ist

$$t_{m,\,n} = f(0, t_{m,\,n})), \quad t_{m+1,\,n} = f(t_{1,\,n}, t_{m,\,n}),$$

und da $t_{m,\,n}$ mit m beschränkt und f in $t_{1,\,n}$ stetig ist, so folgt wegen (119) die Ungleichheit (120).

Nun ist aber klar, daß die Punkte $t_{m,\,n}$ $(m = 0, \pm 1, \pm 2, \ldots; n = 1, 2, \ldots)$ die t-Achse überall dicht überdecken. — Der Beweis für geschlossene Gruppen verläuft ganz ähnlich.

Als Anwendung zeigen wir:

Eine Eilinie $\mathfrak{E}$, deren Schwerlinien alle geradlinig sind, ist notwendig eine Ellipse.

Diese Behauptung ist verwandt mit dem in § 7 bewiesenen Satz von *Bertrand*, nur sind die Voraussetzungen verschieden. Dort hatten wir von den betrachteten Kurven weitgehende Regularitätsannahmen gemacht, hier lassen wir bei $\mathfrak{E}$ Ecken und geradlinige Stücke zu, setzen aber dafür $\mathfrak{E}$ als (geschlossene) Eilinie (= konvexe Kurve, vgl. § 18) voraus.

Es sei $\mathfrak{x}_0$ ein Punkt von $\mathfrak{E}$, der keine Ecke ist. Seine Stützgerade (Tangente) $\mathfrak{S}_0$ habe mit $\mathfrak{E}$ entweder nur den Punkt $\mathfrak{x}_0$ gemein oder $\mathfrak{x}_0$ sei der Mittelpunkt der Strecke, in der $\mathfrak{S}_0$ $\mathfrak{E}$ trifft. Ferner sei $\mathfrak{s}$ der Schwerpunkt des von $\mathfrak{E}$ umschlossenen, homogen mit Masse belegten Eibereichs. Die zu $\mathfrak{S}_0$ parallelen Sehnen von $\mathfrak{E}$

haben ihre Mitten auf der Geraden $\mathfrak{G}_0$ durch $\mathfrak{x}_0$ und $\mathfrak{z}$. $\mathfrak{C}$ wird durch die Spiegelung S_0 an $\mathfrak{G}_0$ parallel $\mathfrak{S}_0$ in sich übergeführt. Es sei nun $\mathfrak{x}$ irgendein von $\mathfrak{x}_0$ verschiedener Punkt von $\mathfrak{C}$. Da die Sehnen von $\mathfrak{C}$ parallel zu $\mathfrak{x}_0\mathfrak{x}$ ihre Mitten auf einer Geraden $\mathfrak{G}_{\mathfrak{x}}$ haben, gibt es wieder eine Spiegelung S von $\mathfrak{C}$ in sich, die $\mathfrak{x}_0$ und $\mathfrak{x}$ vertauscht. Da $\mathfrak{x}_0$ keine Ecke von $\mathfrak{C}$ war, kann also auch kein anderer Punkt $\mathfrak{x}$ Eckpunkt von $\mathfrak{C}$ sein.

Führen wir nun zuerst die Spiegelung S_0 und dann die Spiegelung $S_{\mathfrak{x}}$ aus, so erhalten wir eine eigentlich flächentreue Affinität $T_{\mathfrak{x}}$, die $\mathfrak{C}$ in sich überführt und $\mathfrak{x}_0$ nach $\mathfrak{x}$ bringt. Man sieht nun leicht, daß es nur eine einzige Affinität mit diesen Eigenschaften geben kann. Denn sie muß den Schwerpunkt $\mathfrak{z}$ in Ruhe lassen, die zu $\mathfrak{x}_0\,\mathfrak{z}$ parallelen Stützgeraden von $\mathfrak{C}$ in die zu $\mathfrak{x}\,\mathfrak{z}$ parallelen überführen und die Stützgeraden von $\mathfrak{C}$ in $\mathfrak{x}_0$ in die von $\mathfrak{C}$ in $\mathfrak{x}$ verwandeln. Da diese Bestimmungsstücke der Transformation $T_{\mathfrak{x}}$ sich mit $\mathfrak{x}$ stetig ändern, so bilden die $T_{\mathfrak{x}}$ die geschlossene stetige Gruppe von flächentreuen Affinitäten, die $\mathfrak{C}$ in sich überführen. Somit ist $\mathfrak{C}$ eine Ellipse.

§ 10. *W*-Kurven.

Nehmen wir weiter an, es handle sich darum, eine etwa analytische Kurve mit $(\dot{\mathfrak{x}}, \ddot{\mathfrak{x}}) \neq 0$ zu bestimmen, die eine Gruppe *nichtflächentreuer* Affinitäten „gestattet". Unterwirft man die Kurve einer solchen Affinität mit der Determinante d, so muß man jedenfalls $d > 0$ haben, weil die Affinität stetig in die Identität $(d = 1)$ übergeführt werden kann, ohne daß d den Wert 0 überschreitet. — Aus den Dimensionen von k und k' (§ 5 (88)) folgt, daß $k' \cdot k^{-3/2}$ eine Invariante gegenüber beliebigen affinen Transformationen ist. Daher muß dieser Ausdruck längs der ganzen Kurve konstant sein. Es muß also

$$\frac{d\,k}{k^{3/2}} = c \cdot d s \quad \text{und} \quad k = \frac{k_1}{s^2}$$

sein, wenn wir den Punkt $s = 0$ geeignet wählen und k_1 die Affinkrümmung in $s = 1$ bedeutet.

Zur Ermittlung unserer Kurven müssen wir nach (97) die Differentialgleichung

$$s^2\,u'' + k_1\,u = 0$$

integrieren. Man findet als ein Lösungssystem

$$(121) \qquad u_1 = s^{\beta_1}, \quad u_2 = s^{\beta_2}; \qquad \beta_1 + \beta_2 = 1, \quad \beta_1 \cdot \beta_2 = k_1.$$

Es ist also

$$\beta_{1,2} = \tfrac{1}{2}\left(1 \pm \sqrt{1 - 4\,k_1}\right).$$

Die Lösungen sind verschieden für $1 - 4\,k_1 \neq 0$ und reell für $1 - 4\,k_1 > 0$. Durch Integration erhält man dann als Vertreter der gesuchten Kurven

$$(122) \qquad x_1 = \frac{s^{\gamma_1}}{\gamma_1}, \qquad x_2 = \frac{s^{\gamma_2}}{\gamma_2}, \qquad \gamma_1 + \gamma_2 = 3$$

oder

$$(123) \qquad x_2 = \delta\, x_1^{\gamma}.$$

Das sind „allgemeine Parabeln", die transzendent sind, wenn $\gamma_1, \gamma_2, \gamma$ irrational, und algebraisch, wenn eine und somit jede der drei Zahlen rational ist. Insbesondere finden wir für $\gamma_1 = 1$, $\gamma_2 = 2$ neuerdings die gewöhnliche Parabel $x_1^2 = 2\,x_2$, die nicht nur flächentreue, sondern auch andere Affinitäten zuläßt, z. B.

$$(124) \qquad x_1{}^* = c_{11}\,x_1, \qquad x_2{}^* = c_{22}\,x_2, \qquad c_{11}^2 = c_{22}.$$

Im allgemeinen Fall hat man entsprechend zwischen den Transformationskoeffizienten die Beziehung $c_{11}^{\gamma} = c_{22}$ anzunehmen.

An zweiter Stelle hätten wir den Fall $4\,k_1 = 1$ zu betrachten. Als Lösungssystem von $4\,s^2\,u'' + u = 0$ findet sich

$$(125) \qquad u_1 = s^{1/2}, \qquad u_2 = s^{1/2} \log s.$$

Für die zugehörige Kurve folgt daraus durch Integration

$$(126) \qquad x_1 = \tfrac{2}{3} s^{3/2}, \qquad x_2 = \tfrac{2}{3} s^{3/2} \left(\log s - \tfrac{2}{3}\right).$$

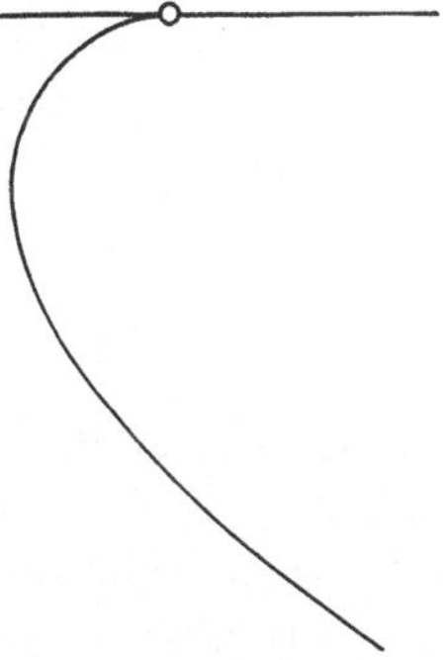

Ein Beispiel einer solchen Kurve ist in Fig. 9 gezeichnet. Die Gruppe der zugehörigen Affinitäten sieht so aus:

$$(127) \qquad x_1{}^* = c^{3/2} x_1, \qquad x_2{}^* = c^{3/2} (x_1 \log c + x_2).$$

Ist endlich $1 - 4\,k_1 < 0$, so werden γ_1 und γ_2 in (122) konjugiert imaginär. Wir können uns aber leicht aus (122) reelle Lösungen $\mathfrak{y}$ kombinieren, indem wir

$$(128) \qquad y_1 = x_1 + x_2, \qquad y_2 = \frac{1}{i}(x_1 - x_2)$$

Fig. 9.

setzen. Nach (122) geht dann y_1, y_2 aus Real- und Imaginärteil von s^{γ_1} durch eine lineare homogene Substitution hervor. Da diese unwesentlich ist, können wir auch schreiben

$$y_1 = e^{\alpha \log s} \cdot \cos(\beta \log s),$$

$$y_2 = e^{\alpha \log s} \cdot \sin(\beta \log s),$$

wenn $\gamma_2 = \alpha + i\beta$, $\gamma_2 = \alpha - i\beta$ ist. Ändern wir die Bezeichnung

$$\alpha_2 \log s = \vartheta, \quad \alpha = \beta \cdot \gamma,$$

so bekommen wir für unsere Kurve die Darstellung

$$(129) \qquad y_1 = e^{\gamma\vartheta} \cos\vartheta, \quad y_2 = e^{\gamma\vartheta} \sin\vartheta. \qquad (\gamma = \text{konst.})$$

Es ist das eine *logarithmische Spirale,* die durch die Substitutionen

$$(130) \qquad \begin{aligned} y_1{}^* &= e^{\gamma\tau}(y_1 \cos\tau - y_2 \sin\tau), \\ y_2{}^* &= e^{\gamma\tau}(y_1 \sin\tau + y_2 \cos\tau) \end{aligned}$$

in sich übergeführt wird.

Daß alle Bahnkurven einer eingliedrigen Gruppe von Affinitäten mit den angegebenen erschöpft sind, läßt sich durch ähnliche Schlüsse, wie sie in § 8 und § 9 durchgeführt sind, erweisen. — Alle hier betrachteten Kurven sind besondere Fälle der von *F. Klein* und *S. Lie* untersuchten „*W*-Kurven"[10]). Das sind Kurven, die durch eine eingliedrige Schar von *projektiven* Transformationen als Ganzes in sich übergeführt werden. Nebenbei bemerkt erhält man die allgemeinen *W*-Kurven aus den hier betrachteten besonderen schon dadurch, daß man diese Kollineationen unterwirft. Das hängt damit zusammen, daß bei jeder Kollineation eine reelle Gerade fest bleibt, die man sich ins Unendliche befördert denken kann.

§ 11. Schmiegkegelschnitte.

Hat man zwei wendepunktfreie Kurven $\mathfrak{C}$ und $\overline{\mathfrak{C}}$, die sich in einem Punkte $\mathfrak{x}_0 = \overline{\mathfrak{x}}_0$ schneiden, so kann man auf beiden die Affin-länge s von $\mathfrak{x}_0$ aus zählen und die Kurven in der Form

$$(131) \qquad \begin{aligned} \mathfrak{x} &= \mathfrak{x}_0 + \mathfrak{x}_0{}' s + \mathfrak{x}_0{}'' \frac{s^2}{2!} + \cdots, \\ \overline{\mathfrak{x}} &= \overline{\mathfrak{x}}_0 + \overline{\mathfrak{x}}_0{}' s + \overline{\mathfrak{x}}_0{}'' \frac{s^2}{2!} + \cdots \end{aligned}$$

darstellen. Man sagt, die beiden Kurven berühren sich in $\mathfrak{x}_0$ „in erster Ordnung" oder „zweipunktig", wenn $(\mathfrak{x}_0{}', \overline{\mathfrak{x}}_0{}') = 0$, $\mathfrak{x}_0{}' \neq \overline{\mathfrak{x}}_0{}'$ ist. Allgemein sind die *Bedingungen für die Berührung n-ter Ordnung* oder $n+1$-punktige Berührung $(n > 1)$

$$(132) \qquad \mathfrak{x}_0{}' = \overline{\mathfrak{x}}_0{}', \cdots, \mathfrak{x}_0{}^{(n-1)} = \overline{\mathfrak{x}}_0{}^{(n-1)}, \qquad \mathfrak{x}_0{}^{(n)} \neq \overline{\mathfrak{x}}_0{}^{(n)}.$$

Mittels der Formel (82) kann man feststellen, daß diese Erklärung mit der allgemein bekannten in Übereinstimmung ist, die folgendermaßen gefaßt werden kann: Nimmt man die x_2-Achse verschieden von der gemeinsamen Tangente, so ist bei Berührung n-ter Ordnung in $\mathfrak{x}_0$

$$(133) \qquad \frac{d^k(\overline{x}_2 - x_2)}{dx_1^k} \begin{cases} = 0 & \text{für} \quad k = 1, 2, \ldots, n, \\ \neq 0 & \text{für} \quad k = n+1. \end{cases}$$

---

[10]) Vgl. z. B. *F. Klein* und *S. Lie* in Math. Ann. 4 (1871), S. 50—84 oder *F. Klein,* Gesammelte Abhandlungen 1 (1921), S. 415 u. 424. Eine elementare Behandlung bei *S. Lie,* Vorlesungen über kontinuierliche Gruppen usw. Leipzig 1893, S. 68—82. Weitere Literatur bei *G. Scheffers,* Enzyklopädie der math. Wiss. III D 4, II.

Ist $\overline{\mathfrak{C}}$ eine Parabel $\overline{\mathfrak{x}} = \overline{\mathfrak{x}}_0 + \overline{\mathfrak{x}}_0{}' s + \frac{1}{2}\overline{\mathfrak{x}}_0{}'' s^2$, so sieht man sofort, daß es an jeder Stelle $\mathfrak{x}_0$ eine und nur eine Parabel gibt, die hier unsere Kurve in mindestens dritter Ordnung berührt, nämlich

$$(135) \qquad \overline{\mathfrak{x}} = \mathfrak{x}_0 + \mathfrak{x}_0{}' s + \frac{1}{2}\mathfrak{x}_0{}'' s^2.$$

Sie soll die *Schmiegparabel* von $\mathfrak{C}$ in $\mathfrak{x}_0$ heißen. In Fig. 10 ist die dünne Kurve die Schmiegparabel. Damit eine Schmiegparabel an einer Stelle in höherer als dritter Ordnung berühre, damit es sich, wie man sagt, um eine „*ruhende Schmiegparabel*" handelt, muß $\mathfrak{x}_0{}''' = 0$ oder wegen $\mathfrak{x}''' + k\mathfrak{x}' = 0$

$$(136) \qquad k_0 = 0$$

sein.

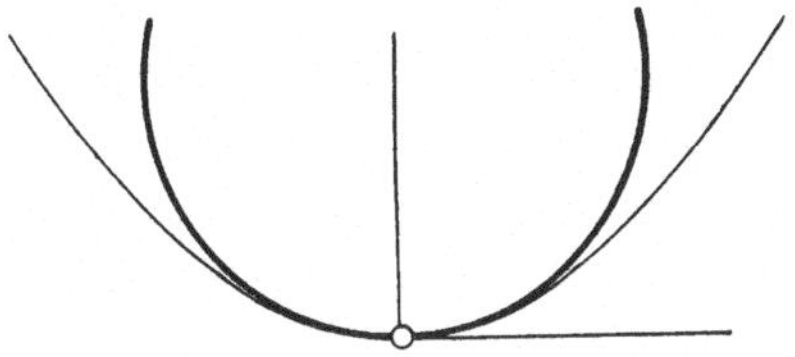

Fig. 10.

Wenn wir $\overline{\mathfrak{C}}$ als beliebigen Kegelschnitt wählen, so können wir an jeder Stelle $\mathfrak{x}_0$ von $\mathfrak{C}$ eine Berührung von mindestens vierter Ordnung erzwingen. Dazu ist notwendig

$$(137) \qquad \mathfrak{x}_0{}' = \overline{\mathfrak{x}}_0{}', \qquad \mathfrak{x}_0{}'' = \overline{\mathfrak{x}}_0{}'', \qquad \mathfrak{x}_0{}''' = \overline{\mathfrak{x}}_0{}'''.$$

Wegen $\mathfrak{x}_0{}''' + k_0\mathfrak{x}_0{}' = 0$, $\overline{\mathfrak{x}}_0{}''' + \overline{k}\,\overline{\mathfrak{x}}_0{}' = 0$ müssen deshalb die Affinkrümmungen k_0 und $\overline{k}$ von $\mathfrak{C}$ und $\overline{\mathfrak{C}}$ in $\mathfrak{x}_0$ übereinstimmen. Andererseits ist durch die Anfangsbedingungen $\overline{\mathfrak{x}}_0 = \mathfrak{x}_0$, $\overline{\mathfrak{x}}_0{}' = \mathfrak{x}_0{}'$, $\overline{\mathfrak{x}}_0{}'' = \mathfrak{x}_0{}''$ und durch die Differentialgleichung $\overline{\mathfrak{x}}_0{}''' + k_0\overline{\mathfrak{x}}' = 0$ der Kegelschnitt $\overline{\mathfrak{C}}$ eindeutig festgelegt. $\overline{\mathfrak{C}}$ soll der *Schmiegkegelschnitt* von $\mathfrak{C}$ in $\mathfrak{x}_0$ heißen.

Nach den Ergebnissen von § 7 sehen wir also:

Der Schmiegkegelschnitt einer Kurve $\mathfrak{C}$ an einer Stelle $\mathfrak{x}_0$, die kein Wendepunkt ist, ist eine Ellipse, Hyperbel oder Parabel, je nachdem die Affinkrümmung k_0 von $\mathfrak{C}$ in $\mathfrak{x}_0$ positiv, negativ oder null ist.

Man kann entsprechend diesen drei Möglichkeiten davon reden, daß $\mathfrak{C}$ in $\mathfrak{x}_0$ „*elliptisch, hyperbolisch oder parabolisch gekrümmt*"[11]) ist. In der Flächentheorie gebraucht man seit *Dupin* dieselben Bezeichnungen bekanntlich in ganz anderem Sinn, aber ein Mißverständnis ist hier wohl nicht zu befürchten. Man findet etwa für $k > 0$ für den Schmiegkegelschnitt, dessen Affinlänge mit σ bezeichnet werde,

$$(138) \qquad \mathfrak{y}(s, \sigma) = \mathfrak{x}(s) + \frac{\sin(\sqrt{k}\cdot\sigma)}{\sqrt{k}}\,\mathfrak{x}'(s) + \frac{1 - \cos(\sqrt{k}\cdot\sigma)}{k}\,\mathfrak{x}''(s).$$

Stellen wir die Bedingung für einen *ruhenden Schmiegkegelschnitt* auf, d. h. dafür, daß der Schmiegkegelschnitt in $\mathfrak{x}_0$ in höherer als vierter Ordnung berührt. Dazu ist

$$\overline{\mathfrak{x}}_0{}^{\mathrm{IV}} = \mathfrak{x}_0{}^{\mathrm{IV}}$$

---

[11]) *P. Böhmer*: Math. Ann. **60** (1905), S. 256—262.

notwendig und hinreichend. Nun folgt aus $\mathfrak{x}''' + k\mathfrak{x}' = 0$ und $\bar{\mathfrak{x}}''' + k_0\bar{\mathfrak{x}}' = 0$ sowie (137) durch Ableitung an der Stelle $\mathfrak{x}_0$

$$\mathfrak{x}_0{}^{\mathrm{IV}} + k_0\mathfrak{x}_0'' + k_0'\mathfrak{x}_0' = 0,$$
$$\bar{\mathfrak{x}}_0{}^{\mathrm{IV}} + k_0\bar{\mathfrak{x}}_0'' = 0.$$

Somit nimmt die gesuchte Bedingung die Form an

$$(139) \qquad k_0' = \left(\frac{dk}{ds}\right)_0 = 0.$$

Man nennt eine solche Stelle $\mathfrak{x}_0$ mit einem ruhenden Schmiegkegelschnitt bisweilen auch einen *„sextaktischen Punkt"* von $\mathfrak{C}$. Es ist bemerkenswert, wie einfach sich alle diese Rechnungen und Bedingungen in unserem System gestalten.

§ 12. Die Affinevolute.

Die Einhüllende der Affinnormalen einer Kurve $\mathfrak{C}$ soll die Affinevolute von $\mathfrak{C}$ heißen. Sie ist das affingeometrische Seitenstück zur Evolute, der Einhüllenden der gewöhnlichen Normalen. Bezeichnen wir den Berührungspunkt der Affinnormalen mit der Affinevolute mit $\mathfrak{y}$, so können wir

$$(140) \qquad \mathfrak{y} = \mathfrak{x} + r\mathfrak{x}''$$

setzen und finden durch Ableitung wegen $\mathfrak{x}''' + k\mathfrak{x}' = 0$

$$(141) \qquad \mathfrak{y}' = (1 - k\cdot r)\mathfrak{x}' + r'\mathfrak{x}''.$$

Wegen der Berührung muß $(\mathfrak{y}', \mathfrak{x}'') = 0$ oder $1 - kr = 0$, also

$$(142) \qquad r = \frac{1}{k}$$

sein. r ist der affine Krümmungshalbmesser.

Eine Kurve, bei der alle Affinnormalen durch denselben Punkt gehen, ist ein Mittelpunktskegelschnitt.

Aus $\mathfrak{y}' = 0$ folgt nämlich $r' = 0$, $r = $ konst. und somit $k = $ konst. Der Punkt

$$\mathfrak{y} = \mathfrak{x}(s) + \frac{1}{k}\mathfrak{x}''(s)$$

spielt also die Rolle der Affinevolute des Kegelschnittes. $\mathfrak{y}$ ist sein Mittelpunkt. Denn transformieren wir den Kegelschnitt stetig in sich, so werden die Affinnormalen vertauscht, während der Mittelpunkt festbleibt.

Allgemeiner gilt: *Bei einer beliebigen Kurve ist der Berührungspunkt einer Affinnormalen mit der Affinevolute gleichzeitig Mittelpunkt des Schmiegkegelschnittes.*

Die Parabeln sind die einzigen Kurven mit lauter parallelen Affinnormalen. Die Forderung des Parallelismus gibt nämlich die Bedingung $(\mathfrak{x}'', \mathfrak{x}''') = 0$, und das gibt $k = 0$, d. h. nach § 7 die Parabel. Die „Durchmesserrichtung", d. h. die Richtung zum sogenannten uneigentlichen Punkt der Parabel

$$\mathfrak{x} = \mathfrak{x}_0 + s\,\mathfrak{x}_0{}' + \frac{s^2}{2}\,\mathfrak{x}_0{}''$$

erhält man als Grenzlage der Verbindungslinie eines festen Punktes (etwa des Ursprungs) mit einem auf der Parabel ins Unendliche laufenden Punkte:

$$\lim_{s \to \infty} \frac{\mathfrak{x}_0 + \mathfrak{x}_0{}'\,s + \frac{1}{2}\,\mathfrak{x}_0{}''\,s^2}{\frac{1}{2}\,s^2} = \mathfrak{x}_0{}''.$$

Das heißt aber nach Definition von $\mathfrak{x}_0{}''$: *Die Durchmesserrichtung der Parabel fällt mit der Richtung ihrer Affinnormalen zusammen. Bei jeder wendepunktfreien Kurve hat also die Affinnormale die Durchmesserrichtung der Schmiegparabel.*

Die Affinevoluten der in § 10 behandelten *W*-Kurven, die nicht Kegelschnitte sind, sind wieder *W*-Kurven. Ist nämlich $\mathfrak{x}_0$ ein Punkt einer solchen *W*-Kurve $\mathfrak{x}(t)$, $\mathfrak{y}_0$ der zugehörige Punkt der Evolute $\mathfrak{y}(t)$ und (T_t) die zugehörige eingliedrige Gruppe, so ist

$$\mathfrak{y}(t) = (\mathfrak{y}_0)\,T_t,$$

weil Kurven- und Evolutenpunkt affininvariant verknüpft sind. Daher ist $\mathfrak{y}(t)$ eine *W*-Kurve, welche dieselbe eingliedrige Gruppe wie $\mathfrak{x}(t)$ gestattet.

§ 13. Tangentenbild und Krümmungsbild.

Es sei $\mathfrak{x} = \mathfrak{x}(s)$ eine genügend oft differenzierbare Kurve $\mathfrak{C}$. Dann soll die Kurve $\mathfrak{x}_1 = \mathfrak{x}'(s)$ als *Tangentenbild* $\mathfrak{C}_1$ von $\mathfrak{C}$ und $\mathfrak{x}_2 = \mathfrak{x}''(s)$ als *Krümmungsbild* $\mathfrak{C}_2$ von $\mathfrak{C}$ bezeichnet werden. Wir wollen feststellen, wie diese drei Kurven $\mathfrak{C}$, $\mathfrak{C}_1$, $\mathfrak{C}_2$ miteinander verknüpft sind. Wir wollen zuerst zeigen:

Durchläuft $\mathfrak{x}$ die Kurve $\mathfrak{C}$ mit der festen Affingeschwindigkeit 1, so durchläuft der Vektor $\mathfrak{x}'$ das Tangentenbild mit der festen „Flächengeschwindigkeit" $\frac{1}{2}$.

Das soll heißen: Die Affinlänge s eines Bogens von $\mathfrak{C}$ ist das Doppelte des Flächeninhalts, den der Vektor $\mathfrak{x}'$ bestreicht, wenn er am Ursprung angeheftet wird. Dieser Flächeninhalt ist nämlich

$$(143) \qquad f = \tfrac{1}{2} \int_a^b (\mathfrak{x}_1, \mathfrak{x}_1{}')\,ds = \tfrac{1}{2} \int_a^b (\mathfrak{x}', \mathfrak{x}'')\,ds = \tfrac{1}{2} \int_a^b ds.$$

Ist das Tangentenbild $\mathfrak{C}_1$ und der Ursprung $\mathfrak{o}$ gegeben, so findet man $\mathfrak{C}$ durch die Integration

$$(144) \qquad \mathfrak{x} - \mathfrak{x}_0 = 2 \int_0^f \mathfrak{x}_1(f)\,df.$$

Der Vektor $\mathfrak{x}$ gibt also im wesentlichen die linearen „Momente" der durch den Vektor $\mathfrak{x}_1$ bestrichenen Fläche an.

Die Formeln $(\mathfrak{x}', \mathfrak{x}'') = 1$, $(\mathfrak{x}'', \mathfrak{x}'') = 0$, $(\mathfrak{x}', \mathfrak{x}''') = 0$ lassen sich auch so schreiben

$$(145) \qquad (\mathfrak{x}_1, \mathfrak{x}_2) = 1, \qquad (\mathfrak{x}_1{}', \mathfrak{x}_2) = 0, \qquad (\mathfrak{x}_1, \mathfrak{x}_2{}') = 0.$$

Sieht man in der ersten dieser Gleichungen für den Augenblick $\mathfrak{x}_1$ als fest und $\mathfrak{x}_2$ als veränderlich an, so stellt diese lineare Gleichung die Tangente an $\mathfrak{C}_1$ dar. Normiert man also die Gleichung dieser Tangente folgendermaßen

$$(146) \qquad\qquad u_1 x_1 + u_2 x_2 = 1,$$

so hängen die Koeffizienten u_1, u_2 mit den Koordinaten $x_1{}''$, $x_2{}''$ so zusammen

$$(147) \qquad\qquad u_1 = x_2{}'', \qquad u_2 = - x_1{}''.$$

Daraus folgt: *$\mathfrak{C}_2$ geht aus $\mathfrak{C}_1$ durch eine Korrelation hervor, d. h. durch eine projektive Zuordnung, die Punkte in Gerade und Gerade in Punkte überführt.*

Man konstruiert zu einem Punkte $\mathfrak{x}_1$ und einer durch ihn gelegten Tangente an $\mathfrak{C}_1$ den entsprechenden Punkt $\mathfrak{x}_2$, indem man den Vektor vom Ursprung nach $\mathfrak{x}_2$ parallel zur Tangente verschiebt

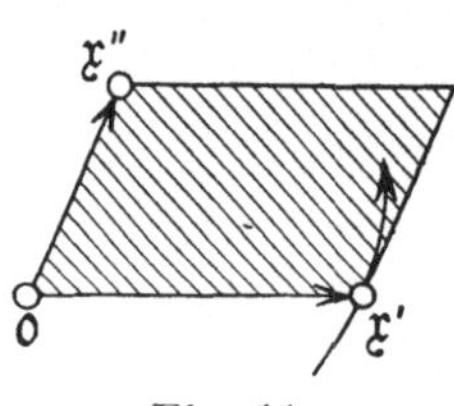

Fig. 11.

und den Flächeninhalt des überstrichenen Parallelogramms gleich 1 macht (Fig. 11). Umgekehrt geht $\mathfrak{C}_1$ aus $\mathfrak{C}_2$ durch die inverse Korrelation hervor. — Während der Ursprung bei der Kurve $\mathfrak{C}$ keine Rolle spielt, hat er gegenüber dem Tangentenbild $\mathfrak{C}_1$ und Krümmungsbild $\mathfrak{C}_2$ eine ausgezeichnete Stellung; denn unterwirft man $\mathfrak{C}$ beliebigen flächentreuen Affinitäten, so werden nach (39) $\mathfrak{C}_1$ und $\mathfrak{C}_2$ den zugehörigen *homogenen* Affinitäten unterworfen.

Merken wir einiges über $\mathfrak{C}_1$ und $\mathfrak{C}_2$ an für den Fall, daß $\mathfrak{C}$ ein Kegelschnitt ist!

$\mathfrak{C}_2$ schrumpft dann und nur dann auf einen Punkt zusammen, wenn $\mathfrak{C}$ eine Parabel ist. Aus $\mathfrak{x}'' = \mathfrak{x}_0{}''$ folgt nämlich durch Integration die Parabelgleichung. Wegen der Korrelation zwischen $\mathfrak{C}_1$ und $\mathfrak{C}_2$ folgt: *$\mathfrak{C}_1$ ist dann und nur dann eine Gerade, wenn $\mathfrak{C}$ eine Parabel ist.* Man findet das auch aus der für die Parabel kennzeichnenden Beziehung $(\mathfrak{x}'', \mathfrak{x}''') = 0$.

Eine wendepunktfreie Kurve $\mathfrak{C}$ und ihr Krümmungsbild $\mathfrak{C}_2$ sind dann und nur dann zueinander ähnlich und ähnlich gelegen, wenn $\mathfrak{C}$ ein Mittelpunktskegelschnitt ist.

Nach Voraussetzung ist nämlich $\mathfrak{x} = \lambda \cdot \mathfrak{x}'' + \mathfrak{y}_0$, wo λ und $\mathfrak{y}_0$ konstant sind. Daraus folgt durch Ableitung wegen (74), daß k konstant ist.

Eine Ellipse können wir durch geeignete Koordinatenwahl etwa so darstellen:

$$(148) \qquad \begin{aligned} x_1 &= \cos s, & x_1' &= -\sin s, & x_1'' &= -\cos s, \\ x_2 &= \sin s, & x_2' &= +\cos s, & x_2'' &= -\sin s. \end{aligned}$$

In diesem Fall sind $\mathfrak{C}$, $\mathfrak{C}_1$ und $\mathfrak{C}_2$ ähnlich gelegene Ellipsen (Fig. 12, wo alle drei zusammenfallen), und zwar sind in dieser Ähnlichkeit entsprechende Punkte von $\mathfrak{C}$ und $\mathfrak{C}_2$ (nicht aber von $\mathfrak{C}$ und $\mathfrak{C}_1$) auch durch gleiche s-Werte zugeordnet. Bei der Hyperbel (Fig. 13)

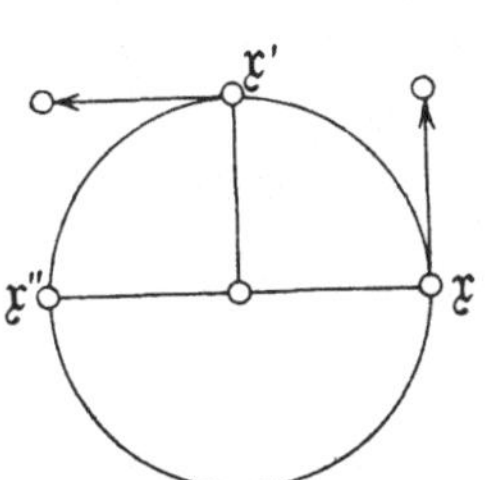

Fig. 12.

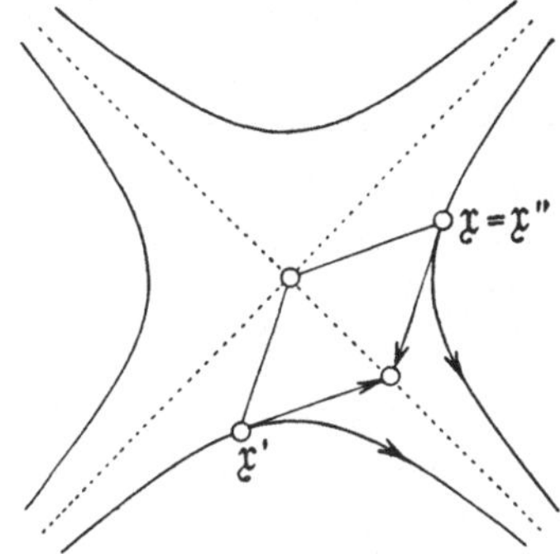

Fig. 13.

$$(149) \qquad \begin{aligned} x_1 &= \operatorname{ch} s, & x_1' &= \operatorname{sh} s, & x_1'' &= \operatorname{ch} s, \\ x_2 &= \operatorname{sh} s, & x_2' &= \operatorname{ch} s, & x_2'' &= \operatorname{sh} s \end{aligned}$$

sind $\mathfrak{C}$ und $\mathfrak{C}_1$ zwar Hyperbeln mit gleichen Asymptotenrichtungen, aber in verschiedenen Winkelräumen dieser Asymptoten gelegen.

Das Tangentenbild $\mathfrak{C}_1$ liegt an einer Stelle $\mathfrak{x}_{10}$ immer dann links von seinem Tangentenvektor $\mathfrak{x}_{10}'$, wenn $\mathfrak{C}$ an der zugehörigen Stelle $\mathfrak{x}_0$ elliptisch gekrümmt ist.

Nach (22) und § 11 ist zu zeigen, daß $(\mathfrak{x}_{10}', \, \mathfrak{x}_1 - \mathfrak{x}_{10}) > 0$, wenn $k_0 > 0$. Nun ist

$$(150) \qquad (\mathfrak{x}_{10}', \, \mathfrak{x}_1 - \mathfrak{x}_{10}) = \frac{(s - s_0)^2}{2} (\mathfrak{x}_{10}', \, \mathfrak{x}_{10}'') + \cdots$$

Andererseits ist aber $(\mathfrak{x}_1', \, \mathfrak{x}_1'') = (\mathfrak{x}'', \, \mathfrak{x}''') = k$.

§ 14. Zusammenhang mit Bewegungsinvarianten.

Es sei anhangsweise darauf hingewiesen, wie die hier eingeführten affinen Invarianten der ebenen Kurven mit den Bewegungsinvarianten zusammenhängen.

Der Krümmungshalbmesser einer Kurve ist in rechtwinkligen Koordinaten durch die Formel gegeben (1. Bd., § 7 (79))

$$(151) \qquad \varrho = \frac{(x_1'^2 + x_2'^2)^{3/2}}{x_1' x_2'' - x_2' x_1''}.$$

Für die Affinlänge als Kurvenparameter wird einfacher

$$(152) \qquad \varrho = (x_1'^2 + x_2'^2)^{3/2}.$$

Der Krümmungshalbmesser ist somit gleich der dritten Potenz der Länge des Vektors $\mathfrak{x}'$, die man mit $|\mathfrak{x}'|$ bezeichnet.

Berechnen wir die Entfernung p der Tangente an das Krümmungsbild $\mathfrak{C}_2$ vom Ursprung! Es ist

$$(153) \qquad p = \frac{|(\mathfrak{x}'', \mathfrak{x}''')|}{|\mathfrak{x}'''|} = \frac{|k|}{|k| \cdot |\mathfrak{x}'|} = \varrho^{-1/3}$$

oder, wenn man die Krümmung

$$\varkappa = \frac{1}{\varrho}$$

einführt,

$$p = \varkappa^{1/3}.$$

Diese Gleichung wurde von *P. Böhmer*[11]) zur Definition des Krümmungsbildes verwendet.

Bezeichnet τ den Winkel der Kurventangente an $\mathfrak{C}_2$ mit einer festen Richtung, so kann man sich das Krümmungsbild $\mathfrak{C}_2$ durch Angabe der „Stützfunktion" $p(\tau)$ vorgeschrieben denken. Beachtet man, daß die Tangenten in entsprechenden Punkten von $\mathfrak{C}$ und $\mathfrak{C}_2$ parallel sind und daß der Krümmungshalbmesser nach (153) mit p so zusammenhängt:

$$(154) \qquad \varrho = \frac{d\sigma}{d\tau} = p^{-3}$$

— σ bedeute die gewöhnliche Bogenlänge —, so findet man aus

$$(155) \qquad x_1 = \int \cos\tau \, d\sigma = \int \varrho \cos\tau \, d\tau; \quad x_2 = \int \sin\tau \, d\sigma = \int \varrho \sin\tau \, d\tau$$

für $\mathfrak{C}$ die Darstellung

$$(156) \qquad x_1 = \int \frac{\cos\tau}{p^3} \, d\tau, \qquad x_2 = \int \frac{\sin\tau}{p^3} \, d\tau.$$

Durch Ableitung folgt ferner

$$\frac{dx_1}{d\tau} = \frac{\cos\tau}{p^3}, \qquad \frac{d^2x_1}{d\tau^2} = -\frac{\sin\tau}{p^3} - \frac{3p'\cos\tau}{p^4},$$

$$\frac{dx_2}{d\tau} = \frac{\sin\tau}{p^3}, \qquad \frac{d^2x_2}{d\tau^2} = +\frac{\cos\tau}{p^3} - \frac{3p'\sin\tau}{p^4}.$$

Daraus ergeben sich für die Affinlänge s von $\mathfrak{C}$ die Formeln

$$(157) \qquad \left(\frac{ds}{d\tau}\right)^3 = (\dot{x}_1\ddot{x}_2 - \dot{x}_2\ddot{x}_1) = \frac{1}{p^6}, \qquad \frac{ds}{d\tau} = \frac{1}{p^2}.$$

Ferner folgt aus (81) für die Affinkrümmung

$$(158) \qquad k = p^3\left(p + \frac{d^2p}{d\tau^2}\right).$$

Schließlich sei noch erwähnt, wie man die Affinnormalenrichtung mit Bewegungsinvarianten verknüpfen kann. Es sei $\mathfrak{x}$ ein beliebiger Punkt von $\mathfrak{C}$, $\mathfrak{o}_1$ der zugehörige Krümmungsmittelpunkt, also der Berührungspunkt der Kurvennormalen in $\mathfrak{x}$ mit der Evolute $\mathfrak{E}$ von $\mathfrak{C}$. Ferner sei $\mathfrak{o}_2$ der Krümmungsmittelpunkt zum Punkte $\mathfrak{o}_1$ der Evolute $\mathfrak{E}$. Man bezeichnet diesen Punkt gelegentlich auch als „zweiten Krümmungsmittelpunkt" von $\mathfrak{C}$ in $\mathfrak{x}$. Bestimmt man dann auf der Geraden $\mathfrak{o}_1 \mathfrak{o}_2$ einen Punkt $\mathfrak{p}$ so, daß $\mathfrak{o}_1$ der Endpunkt des ersten Viertels der Strecke $\mathfrak{p}\,\mathfrak{o}_2$ ist (Fig. 14), so ist die Gerade $\mathfrak{x}\,\mathfrak{p}$ die Affinormale von $\mathfrak{C}$ in $\mathfrak{x}$.

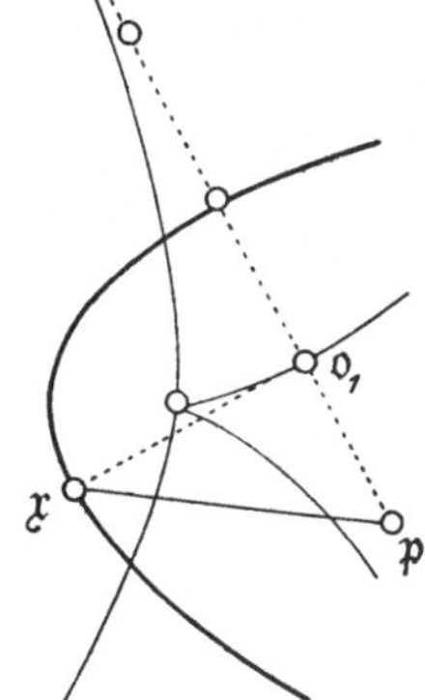

Fig. 14.

§ 15. Aufgaben.

1. Affinevolvente. Der Begriff der Evolvente einer ebenen Kurve läßt sich auf die Affingeometrie etwa folgendermaßen übertragen. Man trage auf den Schmiegparabeln der Kurve die zugehörige Affinlänge in geeignetem Sinne ab:

$$(159) \qquad \mathfrak{y}(s) = \mathfrak{x}(s) - s \cdot \mathfrak{x}'(s) + \frac{s^2}{2}\,\mathfrak{x}''(s).$$

Man zeige, daß die Tangente an $\mathfrak{y}(s)$ parallel zur entsprechenden der Ausgangskurve läuft. Man ermittle insbesondere die Evolventen der Kegelschnitte.

2. Zur Erklärung der Affinlänge. Es sei $\mathfrak{C}$ eine Kurve, auf der der Reihe nach die Punkte $\mathfrak{p}_1$, $\mathfrak{p}_2$, ..., $\mathfrak{p}_n$, ... gelegen seien. Man zeichne das Vieleck mit den Seiten $\mathfrak{p}_1\mathfrak{p}_2$, $\mathfrak{p}_3\mathfrak{p}_4$, $\mathfrak{p}_5\mathfrak{p}_6$, ... und das Vieleck mit den Seiten $\mathfrak{p}_2\mathfrak{p}_3$, $\mathfrak{p}_4\mathfrak{p}_5$, $\mathfrak{p}_6\mathfrak{p}_7$, ... Zwischen beiden Vielecken liegt eine Kette von Dreiecken (vgl. Fig. 15). Man berechne die Summe S der dritten Wurzeln aus den Flächeninhalten dieser Dreiecke. Geht man zur Grenze über, indem man die Punkte $\mathfrak{p}_k$ auf $\mathfrak{C}$ vermehrt und einander unendlich nahe rücken läßt, so ist der Grenzwert von S von der Art des Grenzüberganges abhängig.

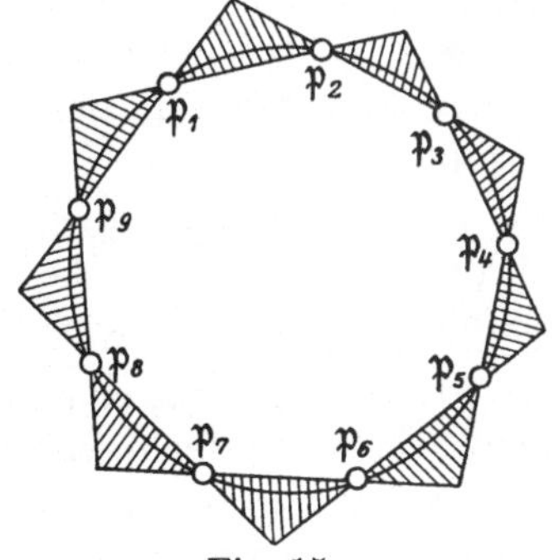

Fig. 15.

3. Über dreipunktig berührende Kegelschnitte. Es sei $\mathfrak{x}(s)\,(a \leqq s \leqq b)$ ein Bogen einer Eilinie $\mathfrak{E}$ und $\mathfrak{o}$ ein Punkt innerhalb von $\mathfrak{E}$. Der Flächeninhalt $F(s)$ der Ellipse, die $\mathfrak{E}$ in $\mathfrak{x}$ dreipunktig berührt und $\mathfrak{o}$

zum Mittelpunkt hat, sei in $a \leq s \leq b$ eine abnehmende Funktion von s. Dann enthält die erste dieser Ellipsen $(s = a)$ alle folgenden $(a < s \leq b)$.

4. Über Schmiegkegelschnitte. Ändert sich längs eines Kurvenbogens die Affinkrümmung monoton, so liegen die zugehörigen Schmiegkegelschnitte ineinander.

5. Die Kegelschnitte als einzige ebene Kurven mit geraden Schwerlinien. Man führe den Beweisansatz von *J. Bertrand*, Liouvilles Journal (1) **7** (1842) S. 215—216 streng durch.

6. Kennzeichnende Eigenschaft der Affinnormalen. Die Determinante $d(s) = (\mathfrak{x}'(s), \mathfrak{x}(s) - \mathfrak{y})$ hat dann und nur dann einen stationären Wert $(d'(s) = 0)$, wenn $\mathfrak{y}$ auf der Affinnormalen liegt. Wann ist $d(s)$ ein Minimum, wann ein Maximum?

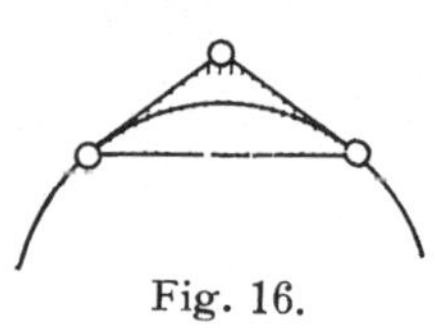

Fig. 16.

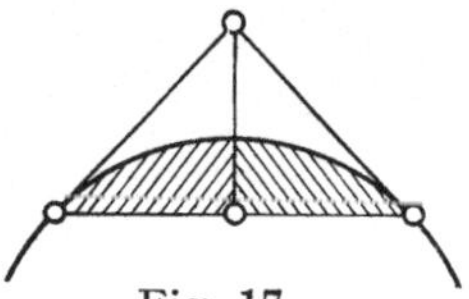

7. Kennzeichnung der Parabel. Bei einer Kurve stehe

Fig. 17.

der Flächeninhalt eines Sehnenabschnitts F zu dem des zugehörigen Dreiecks Δ (Fig. 16) in festem Verhältnis. Dann ist die Kurve eine Parabel. Vgl. im folgenden Aufgabe 12.

8. Kennzeichnung der Kegelschnitte. Eine Kurve habe folgende Eigenschaft. Man zeichne das Dreieck aus irgendeiner Kurvensehne und den beiden Tangenten in den Endpunkten der Sehne, dann die Mittellinie durch den Schnittpunkt der Tangenten (Fig. 17). Wenn diese Gerade den Flächeninhalt zwischen Kurve und Sehne stets hälftet, so ist die Kurve ein Kegelschnitt. Dieser Satz enthält den von den geraden Schwerlinien (Aufg. 5) als Sonderfall.

9. Über die Hyperbel. Aus der Tatsache, daß eine Hyperbel durch eine eingliedrige stetige Gruppe flächentreuer Affinitäten in sich übergeführt wird, bei der auch ihre Asymptoten festbleiben, folgt: Der Vektor $\mathfrak{x}'$ ist bei einer Hyperbel in festem Verhältnis zu dem Vektor auf der Tangente vom Berührungspunkt bis zum Durchschnitt mit einer Asymptote.

10. Kennzeichnung der Hyperbel. Die einzigen ebenen Kurven, bei denen sich eine reelle Konstante c so bestimmen läßt, daß der Vektor $\mathfrak{x}' + c\,\mathfrak{x}''$ eine feste Richtung hat, sind die Hyperbeln.

11. Neue Kennzeichnung der Parabel. Soll eine feste Gerade von allen Schmiegparabeln einer ebenen Kurve flächengleiche Segmente abschneiden, so ist das nur auf die triviale Art zu erfüllen, daß die Kurve selbst eine Parabel ist und daher mit allen Schmiegparabeln zusammenfällt.

12. Reihenentwicklungen für ebene Kurven. In der Umgebung eines Punktes einer ebenen Kurve, den wir zum Anfangspunkt der Zählung der Affinlänge s nehmen wollen, kann man bei geeigneter

Koordinatenwahl für die Koordinaten folgende kanonische Entwicklungen aufstellen

$$(160) \quad \begin{aligned} x_1 &= s - \frac{k_0}{3!} s^3 - \frac{k_1}{4!} s^4 + \frac{k_0^2 - k_2}{5!} s^5 + \frac{4 k_0 k_1 - k_3}{6!} s^6 + \cdots, \\ x_2 &= \frac{1}{2!} s^2 - \frac{k_0}{4!} s^4 - \frac{2 k_1}{5!} s^5 + \frac{k_0^2 - 3 k_2}{6!} s^6 + \cdots \end{aligned}$$

Darin bedeutet

$$k_n = \left(\frac{d^n k}{d s^n}\right)_{s=0}$$

und $k(s)$ die Affinkrümmung der Kurve. Für den Inhalt F des Segmentes zwischen unsrer Kurve und der Sehne $\mathfrak{x}(0)$, $\mathfrak{x}(s)$ findet man

$$(161) \qquad F = \frac{1}{2}\left\{\frac{s^3}{6} - \frac{k_0}{120} s^5 - \frac{k_1}{240} s^6 + \frac{k_0 - 6 k_2}{5040} s^7 + \cdots\right\}$$

und für den Inhalt Δ des Dreiecks zwischen dieser Sehne und den Tangenten in ihren Endpunkten

$$(162) \qquad \Delta = \frac{1}{2}\left\{\frac{s^3}{4} + \frac{k_0}{960} s^7 + \cdots\right\}.$$

13. Schmiegkegelschnitt. Die Gleichung des Schmiegkegelschnitts einer krummen Linie $\mathfrak{x}(s)$ ist

$$(163) \qquad (\mathfrak{y} - \mathfrak{x}, \mathfrak{x}'')^2 + k(\mathfrak{y} - \mathfrak{x}, \mathfrak{x}')^2 + 2(\mathfrak{y} - \mathfrak{x}, \mathfrak{x}') = 0.$$

14. Schmiegkegelschnitt in Linienkoordinaten. Es sei $x_1(s)$, $x_2(s)$ eine ebene Kurve. Wir setzen

$$(164) \qquad v = u_0 + u_1 x_1(s) + u_2 x_2(s)$$

so daß nach (74) identisch in u_0, u_1, u_2 die Beziehung

$$(165) \qquad v''' + k v' = 0$$

besteht. In diesen Linienkoordinaten u_k ist dann

$$(166) \qquad 2 v v'' - v'^2 = 0$$

die Gleichung der Schmiegparabel und

$$(167) \qquad k v^2 - v'^2 + 2 v v'' = 0$$

die Gleichung des Schmiegkegelschnitts in einem Punkte s unserer Kurve. (*G. Herglotz*, 1917.)

15. Sätze über Äquitangentialkurven. Die Kurven

$$(168) \qquad \mathfrak{y}(s) = \mathfrak{x}(s) + a\,\mathfrak{x}'(s)$$

(a reelle Konstante) kann man als „affine Äquitangentialkurven" von $\mathfrak{x}(s)$ bezeichnen. (Vgl. im folgenden § 17.)

a) Man beweise: Die notwendige und hinreichende Bedingung dafür, daß sämtliche affine Äquitangentialkurven einer gegebenen

Kurve im Kleinen konvex sind (d. h. keine Wendepunkte besitzen) besteht darin, daß die Urkurve nirgends hyperbolisch gekrümmt ist.

b) Man bestimme die affinen Äquitangentialkurven der Kegelschnitte.

c) Die Affinnormale des Punktes $\mathfrak{y}$ einer beliebigen affinen Äquitangentialkurve geht durch den Mittelpunkt des Schmiegkegelschnitts der ursprünglichen Kurve im entsprechenden Punkte $\mathfrak{x}$. (*L. Berwald* 1921.)

16. Eine Deutung der Affinkrümmung nach *L. Berwald*. Ist s die Affinlänge eines Kurvenbogens $\mathfrak{x}_0\mathfrak{x}_1$ und σ die des Parabelbogens, welcher mit $\mathfrak{x}_0\mathfrak{x}_1$ das Anfangs- und Endelement gemeinsam hat, so ist die Affinkrümmung k in $\mathfrak{x}_0$:

$$(169) \qquad k_0 = \pm \lim_{\mathfrak{x}_1 \to \mathfrak{x}_0} \sqrt{\frac{720\,(\sigma - s)}{s^5}}.$$

2. Kapitel.

Ebene Kurven im Großen.

§ 16. Erste Variation der Affinlänge.

Am anziehendsten sind die Fragen der Differentialgeometrie, die die Eigenschaften der geometrischen Gebilde im unendlich Kleinen in Zusammenhang mit der Gesamterstreckung der Gebilde bringen. Unter anderm stellen Variationsprobleme diesen Zusammenhang her. Beispiele anderer Art haben wir im ersten Band (vgl. etwa § 9 und 5. Kapitel) kennen gelernt, und im folgenden sollen weitere erbracht werden. Wir behandeln zunächst das einfachste affininvariante Variationsproblem und wenden uns dann einzelnen Aufgaben zu, die meist Eigenschaften von Eilinien betreffen und zum Teil die Aufmerksamkeit der Geometer schon früher auf sich gezogen haben. Dabei wird sich die Leistungsfähigkeit unserer Hilfsmittel von neuem bestätigen.

Das affininvariante Variationsproblem niedrigster Ordnung ist natürlich

$$\int (\dot{\mathfrak{x}}, \ddot{\mathfrak{x}})^{1/3}\, dt = \text{Extremum},$$

das Variationsproblem der Affinlänge. Berechnen wir, wie sich der Affinbogen ändert, wenn wir von einer gekrümmten Linie $\mathfrak{x}(s)$ zu einer ebensolchen Nachbarkurve

$$(1) \qquad \begin{aligned} \bar{\mathfrak{x}} &= \mathfrak{x} + u\,\mathfrak{x}' + v\,\mathfrak{x}'', \\ u &= \varepsilon\,\bar{u}(s), \quad v = \varepsilon\,\bar{v}(s) \end{aligned}$$

übergehen. Wegen $\mathfrak{x}''' + k\,\mathfrak{x}' = 0$ folgt durch Ableitung

$$(2) \qquad \begin{aligned} \bar{\mathfrak{x}}' &= (1 + u' - k\,v)\,\mathfrak{x}' + (u + v')\,\mathfrak{x}'', \\ \bar{\mathfrak{x}}'' &= (*)\,\mathfrak{x}' + (1 + 2\,u' + v'' - k\,v)\,\mathfrak{x}'', \end{aligned}$$

wo $(*)$ in ε von erster Ordnung ist. Daraus folgt, wenn man Glieder von höherer als erster Ordnung in ε fortläßt,

$$(3) \qquad (\bar{\mathfrak{x}}', \bar{\mathfrak{x}}'') = 1 + 3\,u' + v'' - 2\,k\,v$$

und

$$(4) \qquad \overline{S} = \int (\overline{\mathfrak{r}}', \overline{\mathfrak{r}}'')^{1/s}\, ds = \int \left\{ 1 + u' + \frac{v''}{3} - \frac{2\,k\,v}{3} \right\} d\,s$$

oder endlich

$$(5) \qquad \delta S = \left[u + \frac{v'}{3} \right] - \frac{2}{3} \int k\,v\,d\,s.$$

Darin ist δS die erste Variation der Affinlänge S, d. h. das in ε lineare Glied in der Reihenentwicklung von $\overline{S}$ nach Potenzen von ε.

Wenn wir die gefundene Formel (5) mit der Formel (12) von § 22 des ersten Bandes vergleichen, so erkennen wir, daß auch vom Standpunkt der Variationsrechnung aus gesehen unsere „Affinkrümmung" k das affine Gegenstück zur gewöhnlichen Krümmung $\varkappa$ einer Kurve ist.

Ferner: *Die Extremalen des Variationsproblems $\delta S = 0$ sind die Kurven mit verschwindender Affinkrümmung, d. h. Parabeln (§ 7).*

Stellen wir fest, inwiefern die Parabeln ein Extremum der Affinlänge ergeben! Wir beweisen zunächst folgenden Hilfssatz: $\mathfrak{r}(t)$ $(0 \leq t \leq 1)$ *sei ein zweimal differenzierbarer, doppelpunktfreier Kurvenbogen, für den $(\dot{\mathfrak{r}}, \ddot{\mathfrak{r}}) \neq 0$ ist (vgl. § 4) und dessen Linienelemente voneinander endlichen Affinabstand (§ 3) besitzen; I, II, III seien drei aufeinanderfolgende dieser Linienelemente, deren Affinabstände wir durch I II usw. bezeichnen; dann ist*

$$(6) \qquad \text{I II} + \text{II III} \leqq \text{I III},$$

und zwar gilt das Gleichheitszeichen nur, wenn II auf dem durch I und III bestimmten Parabelbogen liegt.

Zum Beweise veranschaulichen wir uns das Behauptete geometrisch. I, II, III mögen bzw. in den Punkten $\mathfrak{p}_1, \mathfrak{p}_2, \mathfrak{p}_3$ liegen. Wir bringen die Tangenten durch $\mathfrak{p}_1$ und $\mathfrak{p}_2$ in $\mathfrak{p}_a$, die durch $\mathfrak{p}_2$ und $\mathfrak{p}_3$ in $\mathfrak{p}_b$, die durch $\mathfrak{p}_1$ und $\mathfrak{p}_3$ in $\mathfrak{p}_c$ zum Schnitt (Fig. 4, S. 7). $\mathfrak{r}(t)$ ist ein doppel- und wendepunktfreier Bogen; wenn wir dann den absoluten Inhalt der Dreiecke

$$(7) \qquad \triangle(\mathfrak{p}_1\,\mathfrak{p}_2\,\mathfrak{p}_a) = f_1, \qquad \triangle(\mathfrak{p}_2\,\mathfrak{p}_3\,\mathfrak{p}_b) = f_2, \qquad \triangle(\mathfrak{p}_1\,\mathfrak{p}_3\,\mathfrak{p}_c) = f_3$$

setzen, so ist die Ungleichheit des Hilfssatzes gleichwertig mit

$$(8) \qquad f_1^{1/s} + f_2^{1/s} \leqq f_3^{1/s}.$$

Nennen wir weiter das Streckenverhältnis

$$(9) \qquad \frac{\mathfrak{p}_1\,\mathfrak{p}_a}{\mathfrak{p}_1\,\mathfrak{p}_c} = \alpha, \qquad \frac{\mathfrak{p}_c\,\mathfrak{p}_b}{\mathfrak{p}_c\,\mathfrak{p}_3} = \beta, \qquad \frac{\mathfrak{p}_a\,\mathfrak{p}_2}{\mathfrak{p}_a\,\mathfrak{p}_b} = \gamma,$$

so ist

$$0 < \alpha, \beta, \gamma < 1,$$

weil die Durchschnittspunkte einer längs $\mathfrak{r}(t)$ entlang gleitenden

Tangente mit einer festen Geraden wegen $(\dot{\mathfrak{x}}, \ddot{\mathfrak{x}}) \neq 0$ stets im gleichen Sinne aufeinanderfolgen. Ferner ist

$$(10) \quad f_1 = \gamma \triangle (\mathfrak{p}_1 \mathfrak{p}_a \mathfrak{p}_b), \quad \triangle (\mathfrak{p}_1 \mathfrak{p}_a \mathfrak{p}_b) = \alpha \triangle (\mathfrak{p}_1 \mathfrak{p}_c \mathfrak{p}_b), \quad \triangle (\mathfrak{p}_1 \mathfrak{p}_c \mathfrak{p}_b) = \beta \cdot f_3,$$

somit

$$(11) \quad f_1 = \alpha \beta \gamma \cdot f_3 \quad \text{und entsprechend} \quad f_2 = (1-\alpha)(1-\beta)(1-\gamma) f_3.$$

Nun ist stets

$$(12) \qquad \sqrt[3]{\alpha \beta \gamma} \leqq \frac{\alpha + \beta + \gamma}{3},$$

wobei das Gleichheitszeichen nur dann gilt, wenn $\alpha = \beta = \gamma$ ist. Dies zeigt man etwa nach *Cauchy*[1]) folgendermaßen:

Für vier positive Zahlen $\alpha, \beta, \gamma, \delta$ ist, da das geometrische Mittel kleiner als das arithmetische ist,

$$(13) \qquad \sqrt[4]{\alpha \beta \gamma \delta} = \sqrt{\sqrt{\alpha \beta} \sqrt{\gamma \delta}} \leqq \frac{\sqrt{\alpha \beta} + \sqrt{\gamma \delta}}{2} \leqq \frac{\frac{\alpha + \beta}{2} + \frac{\gamma + \delta}{2}}{2}.$$

Setzen wir nun

$$(14) \qquad \delta = \frac{\alpha + \beta + \gamma}{3} = \frac{\alpha + \beta + \gamma + \delta}{4},$$

so folgt aus $\alpha \beta \gamma \delta \leqq \delta^4$

$$(15) \qquad \alpha \beta \gamma \leqq \delta^3.$$

Da in

$$\sqrt{ab} \leqq \frac{a+b}{2}$$

das Gleichheitszeichen nur dann gilt, wenn $a = b$, so folgt aus

$$\sqrt[3]{\alpha \beta \gamma} = \frac{\alpha + \beta + \gamma}{3}$$

auch $\alpha = \beta = \gamma$.

Also ist

$$(16) \qquad \left(\frac{f_1}{f_3}\right)^{1/3} + \left(\frac{f_2}{f_3}\right)^{1/3} = \sqrt[3]{\alpha \beta \gamma} + \sqrt[3]{(1-\alpha)(1-\beta)(1-\gamma)}$$
$$\leqq \frac{\alpha + \beta + \gamma}{3} + \frac{1 - \alpha + 1 - \beta + 1 - \gamma}{3} = 1,$$

und das Gleichheitszeichen gilt nur dann, wenn $\alpha = \beta = \gamma$. Lassen wir im letzten Fall α alle Werte von 0 bis 1 durchlaufen, so erhalten wir einen Kurvenbogen, dessen Tangenten auf $\mathfrak{p}_1 \mathfrak{p}_c$ und $\mathfrak{p}_c \mathfrak{p}_3$ ähnliche Punktreihen ausschneiden, d. h. eine Parabel. Damit ist der Beweis des Hilfssatzes erbracht.

Das Ergebnis ist ein Gegenstück zu dem elementaren Satz, daß die Summe zweier Seiten im Dreieck größer ist als die dritte. Genau wie man aus diesem folgert, daß die Gerade die kürzeste Verbindung

---

[1]) *A. Cauchy*: Cours d'analyse algèbrique, Paris 1821. Note II.

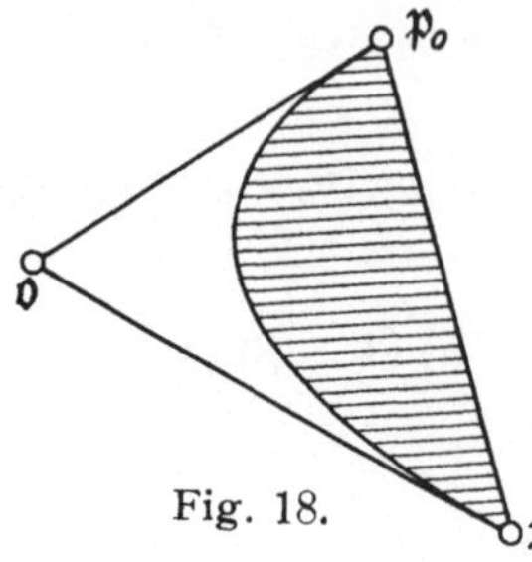

Fig. 18.

zwischen zwei Punkten ist, kann man hier die Extremeigenschaft der Parabeln in folgender Gestalt erschließen:

Von allen wendepunkt- und doppelpunktfreien innerhalb eines Dreiecks verlaufenden Kurven, die zwei Ecken verbinden und dort zwei Seiten berühren (Fig. 18), *liefert die Parabel den größten Wert der Affinlänge*[2]).

§ 17. Ein Satz von *Liebmann* über Paare von Kegelschnitten.

Eine beachtenswerte Kennzeichnung der Kegelschnitte bietet ein Satz, der in seiner endgültigen Fassung von *H. Liebmann* stammt, während Sonderfälle vorher von *J. Bertrand*, *H. Brunn* und dem Verfasser gefunden worden sind[3]).

Es seien $\mathfrak{C}$ und $\overline{\mathfrak{C}}$ zwei reguläre analytische Kurvenbogen derselben Ebene mit nirgends verschwindender Krümmung. Jede zu einer Tangente von $\mathfrak{C}$ genügend benachbarte Sehne von $\mathfrak{C}$ möge auf $\overline{\mathfrak{C}}$ eine konzentrische Sehne ausschneiden. Dann sind $\mathfrak{C}$ und $\overline{\mathfrak{C}}$ konzentrische und bezüglich des gemeinsamen Mittelpunktes ähnlich gelegene Kegelschnitte oder im Grenzfall Parabeln, die durch Schiebung in der Achsenrichtung ineinander übergehen.

Zur Parameterdarstellung der „inneren" Kurve $\mathfrak{C}$ verwenden wir ihre Affinlänge s, dann können wir ein Paar von Punkten $\overline{\mathfrak{x}}$ und $\overline{\mathfrak{x}}^*$ der „äußeren" Kurve $\overline{\mathfrak{C}}$ so ansetzen (Fig. 19):

$$(17) \qquad \begin{aligned} \overline{\mathfrak{x}} &= \mathfrak{x}(s) + \sigma \mathfrak{x}'(s), \\ \overline{\mathfrak{x}}^* &= \mathfrak{x}(s) - \sigma \mathfrak{x}'(s). \end{aligned}$$

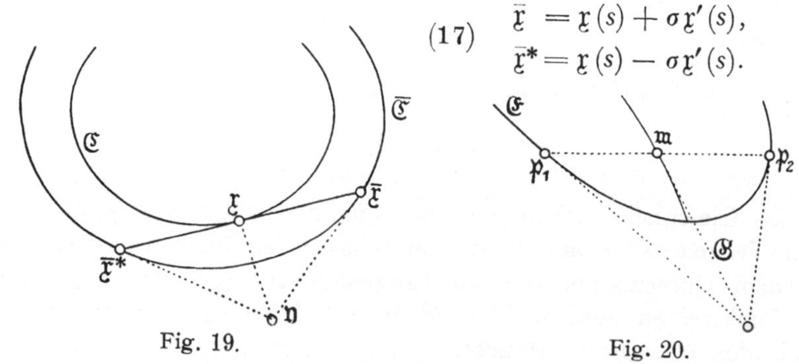

Fig. 19.   Fig. 20.

---

[2]) In dieser Form stammt der Beweis aus der unveröffentlichten Habilitationsschrift von *A. Winternitz*, Prag 1921.

[3]) *J. Bertrand*: Liouvilles Journal (1) **8** (1843), S. 209—216; *H. Brunn*: Über Kurven ohne Wendepunkte, München 1889, S. 62 ff.; *H. Liebmann*: Leipziger Berichte **70** (1918), S. 325—329; *W. Blaschke*: ebenda S. 330—335.

Zur Bestimmung von σ benutzen wir eine Eigenschaft der Schwerlinien. Ist $\mathfrak{p}_1\,\mathfrak{p}_2$ Sehne einer Kurve $\mathfrak{C}$ und $\mathfrak{g}$ die Tangente an die zugehörige Schwerlinie im Mittelpunkt $\mathfrak{m}_1$ von $\mathfrak{p}_1\,\mathfrak{p}_2$, so schneiden sich die Tangenten durch $\mathfrak{p}_1$ und $\mathfrak{p}_2$ an $\mathfrak{C}$ auf $\mathfrak{g}$. Man erkennt dies sofort, wenn man die drei Tangenten in $\mathfrak{p}_1$, $\mathfrak{m}$ und $\mathfrak{p}_2$ als Grenzlage zusammengehöriger Sekanten auffaßt (Fig. 20).

Da $\mathfrak{C}$ und $\overline{\mathfrak{C}}$ gemeinsame Schwerlinien besitzen und die Affinnormale in $\mathfrak{x}$ die Schwerlinie berührt (§ 6), so folgt hier: Die Tangenten in $\overline{\mathfrak{x}}$ und $\overline{\mathfrak{x}}^*$ schneiden die Affinnormale in $\mathfrak{x}$ in demselben Punkt $\mathfrak{y}$ (Fig. 19). Den Schnittpunkt $\mathfrak{y}$ der Tangenten können wir in der Form ansetzen:

$$(18) \qquad \mathfrak{y} = \mathfrak{x} + \alpha\,\mathfrak{x}'' = \overline{\mathfrak{x}} + \beta\,\overline{\mathfrak{x}}'.$$

Durch „Multiplikation" mit $\overline{\mathfrak{x}}'$ folgt daraus

$$(19) \qquad \alpha\,(\overline{\mathfrak{x}}',\mathfrak{x}'') = (\overline{\mathfrak{x}}',\overline{\mathfrak{x}} - \mathfrak{x})$$

und somit nach (17) wegen $(\mathfrak{x}',\mathfrak{x}'') = 1$

$$(20) \qquad \alpha\,(1 + \sigma') = -\,\sigma^2.$$

Da $\mathfrak{y}$ auch Schnittpunkt der Tangente in $\overline{\mathfrak{x}}^*$ mit der Affinnormalen sein soll, so muß α beim Vorzeichenwechsel von σ ungeändert bleiben d. h. wir haben $\sigma' = 0$, $\sigma = $ konst.

Machen wir jetzt die Koordinaten einzeln sichtbar

$$(21) \qquad \begin{aligned} \overline{x}_1 &= x_1 + \sigma\,\frac{d\,x_1}{d\,s}, \\[2mm] \overline{x}_2 &= x_2 + \sigma\,\frac{d\,x_2}{d\,x_1}\frac{d\,x_1}{d\,s}, \end{aligned}$$

und gehen ferner von der kanonischen Darstellung von § 5 für $\mathfrak{C}$ aus, indem wir Tangente und Affinnormale als x_1- und x_2-Achse wählen

$$(22) \qquad x_2 = \frac{1}{2}\,x_1{}^2 + \frac{a}{4!}\,x_1{}^4 + \cdots,$$

so wird

$$(23) \qquad \begin{aligned} \frac{d\,x_2}{d\,x_1} &= x_1 + \frac{a}{3!}\,x_1{}^3 + \cdots, \\[2mm] \frac{d^2\,x_2}{d\,x_1{}^2} &= 1 + \frac{a}{2}\,x_1{}^2 + \cdots, \\[2mm] \frac{d\,x_1}{d\,s} &= \left(\frac{d^2\,x_2}{d\,x_1{}^2}\right)^{-1/3} = 1 - \frac{a}{6}\,x_1{}^2 + \cdots \end{aligned}$$

und das gibt in (21) eingesetzt

$$(24) \qquad \begin{aligned} \overline{x}_1 &= \sigma + x_1 - \frac{a\sigma}{6}\,x_1{}^2 + \cdots, \\[2mm] x_2 &= \sigma x_1 + \frac{1}{2}\,x_1{}^2 + \cdots. \end{aligned}$$

Aus der letzten Formel folgt umgekehrt

$$(25) \qquad x_1 = \frac{1}{\sigma}\,\bar{x}_2 - \frac{1}{2\,\sigma^3}\,\bar{x}_2{}^2 + \cdots$$

und das gibt in die vorhergehende eingesetzt

$$(26) \qquad x_1 = \sigma + \frac{\bar{x}_2}{\sigma} - \left(\frac{1}{2\,\sigma^3} + \frac{a}{6\,\sigma}\right)\bar{x}_2{}^2 + \cdots$$

Wechselt man hierin das Zeichen von σ, so erhält man für den Punkt $\bar{\mathfrak{x}}^*$ mit derselben $\bar{x}_2$-Koordinate wie $\bar{\mathfrak{x}}$

$$(27) \qquad \bar{x}_1{}^* = -\,\sigma - \frac{\bar{x}_2}{\sigma} + \left(\frac{1}{2\,\sigma^3} + \frac{a}{6\,\sigma}\right)x_2{}^2 + \cdots$$

und für die Schwerlinie von $\overline{\mathfrak{C}}$ folgt

$$(28) \qquad \frac{\bar{x}_1 + \bar{x}_1{}^*}{2} = 0 + \cdots,$$

wo die Punkte Glieder dritter und höherer Ordnung in x_2 bedeuten. (28) liefert nach Voraussetzung auch die Darstellung der Schwerlinien $\mathfrak{C}$ bei $\mathfrak{x}$. Vergleicht man nun (28) mit Formel (94) von § 6, so sieht man, daß $k' = dk:ds$ in $\mathfrak{x}$ verschwindet, und da $\mathfrak{x}$ auf $\mathfrak{C}$ nicht ausgezeichnet war, muß also k auf $\mathfrak{C}$ konstant, d. h. $\mathfrak{C}$ ein Kegelschnitt sein (§ 7).

Aus (17) schließt man wegen $\sigma = $ konst. weiter, daß $\overline{\mathfrak{C}}$ ebenfalls ein Kegelschnitt ist, der zu $\mathfrak{C}$ in der behaupteten Beziehung steht. Daß aber zwei derartige Kegelschnitte, wie wir kurz sagen können, entsprechend gemeinsame Schwerlinien besitzen, ist leicht zu bestätigen und natürlich altbekannt.

§ 18. Eilinien.

In den folgenden Abschnitten wollen wir uns mit Eilinien befassen. *Eine Eilinie ist eine stetige geschlossene Kurve* $\mathfrak{x}(t)$ $(0 \leq t \leq 1)$, *für die entweder immer der Inhalt eines aus drei aufeinanderfolgenden Punkten* $t_1 < t_2 < t_3$ *gebildeten Dreiecks* (Fig. 21)

$$(29) \qquad \tfrac{1}{2}(\mathfrak{x}_2 - \mathfrak{x}_1,\ \mathfrak{x}_3 - \mathfrak{x}_1) \gtrless 0 \ \text{oder immer} \ \leqq 0$$

ist $(\mathfrak{x}_i = \mathfrak{x}(t_i))$.

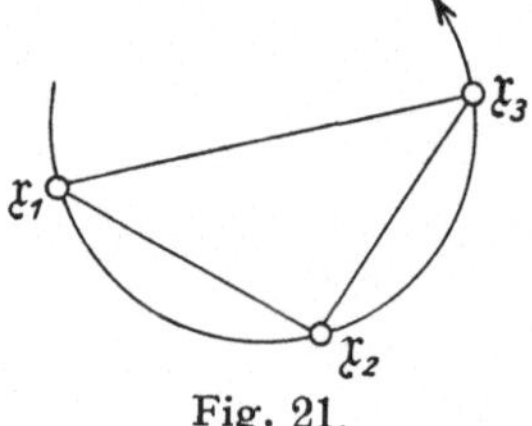

Fig. 21.

Die Punkte, die sich in ein von drei Kurvenpunkten $\mathfrak{x}_1$, $\mathfrak{x}_2$, $\mathfrak{x}_3$ gebildetes Dreieck einfangen lassen, sind die inneren Punkte des von der Eilinie umschlossenen Bereiches. Derselbe enthält *mit zwei Punkten stets auch die von ihnen begrenzte Strecke*, wie man leicht aus (29) erschließt. Daher ist eine Eilinie offenbar doppeltpunktfrei. Man kann umgekehrt aus der letzteren Eigenschaft eines Bereiches folgern, daß sein Rand eine Eilinie ist und nennt ihn deswegen „*Eibereich*".

Ein Eibereich wird von jeder Geraden nur in einer Strecke geschnitten. Eine Gerade, die nur Randpunkte mit ihm gemeinsam hat, heißt nach *H. Minkowski* „Stützgerade des Bereiches", und aus der Definition des Eibereichs folgt, daß durch jeden Randpunkt mindestens eine Stützgerade hindurchgeht. In den Punkten, wo der Rand $\mathfrak{x}(t)$ differenzierbar ist, gibt es nur eine Stützgerade, die mit der Tangente des Randes identisch ist. Die einzig möglichen Singularitäten sind Ecken.

Ist eine Eilinie zweimal differenzierbar, so folgt aus (29), daß entweder immer

$$(\dot{\mathfrak{x}}, \ddot{\mathfrak{x}}) \geqq 0 \quad \text{oder immer} \quad \leqq 0$$

ist. Wenn überdies $(\dot{\mathfrak{x}}, \ddot{\mathfrak{x}}) \neq 0 \ (0 \leqq t \leqq 1)$, so wollen wir von einer *gekrümmten Eilinie* reden.

Man sieht, daß wir Eilinien nur durch Eigenschaften im Großen festgelegt haben. Es ist keineswegs ganz leicht zu beweisen, daß eine geschlossene Kurve, die sich selbst nicht durchsetzt und für die die Bedingung (29) nur im Kleinen, das heißt für drei genügend benachbarte Punkte gefordert wird, (29) auch im Großen erfüllt, also eine Eilinie ist. Daran mag man sich die Art des Zusammenhangs zwischen Eigenschaften im Großen und Eigenschaften im Kleinen, der von jetzt an eine ausschlaggebende Rolle spielen wird, verdeutlichen.

§ 19. Die Mindestzahl der sextaktischen Punkte einer Eilinie.

Eine noch ungeklärte Frage ist es, wann die natürliche Gleichung

$$k = k(s)$$

Eilinien zu Lösungen hat. Dagegen lassen sich einige Eigenschaften der Affinkrümmung von Eilinien angeben. Ein Beispiel ist folgender von *G. Herglotz* und *J. Radon* bewiesene Satz[4])

Auf jeder Eilinie liegen mindestens sechs verschiedene sextaktische Punkte (vgl. den Schluß von § 11).

Wir beweisen zunächst den Hilfssatz: *Bedeutet* $Q(x_1, x_2)$ *irgendein quadratisches Polynom mit konstanten Koeffizienten in den Koordinaten* x_1, x_2, *so verschwindet stets das um eine Eilinie* $\mathfrak{E}(x_1(s), x_2(s))$ *erstreckte Integral*

$$(30) \qquad \oint \frac{dk(s)}{ds} Q(x_1(s), x_2(s))\, ds = 0.$$

Darin bedeutet $k(s)$ die Affinkrümmung. — Es sind also die sechs Beziehungen

$$(31) \quad
\begin{array}{lll}
\oint k'\, ds = 0, & \oint k' x_1\, ds = 0, & \oint k' x_2\, ds = 0, \\
\oint k' x_1^2\, ds = 0, & \oint k' x_1 x_2\, ds = 0, & \oint k' x_2^2\, ds = 0
\end{array}$$

---

[4]) Vgl. *W. Blaschke*: Leipziger Berichte **69** (1917), S. 321—324.

nachzuweisen. Alle Gleichungen (31) sind z. B. in der vierten von ihnen enthalten, da die Lage des Achsenkreuzes beliebig ist. Diese beweist man durch Integration nach Teilen unter Benutzung von § 5 (74), nämlich so:

$$\oint k' x_1{}^2 \, ds = -2 \oint k x_1 x_1' \, ds = 2 \oint x_1 x_1''' \, ds$$
$$= -2 \oint x_1' x_1'' \, ds = -\oint d\,(x_1'^2) = 0.$$

Damit ist der Hilfssatz bewiesen.

Unsere Behauptung über das Vorhandensein von mindestens sechs sextaktischen Punkten ist nach (139) in § 11 damit gleichwertig, daß $k(s)$ auf $\mathfrak{E}$ mindesten sechs „Ruhwerte" $k' = 0$ besitzt. Nun hat k als stetige Funktion auf $\mathfrak{E}$ mindestens ein Maximum und ein Minimum. Die zugehörigen Punkte seien $\mathfrak{p}$ und $\mathfrak{q}$. Hätte k' keine weiteren Nullstellen, so wechselte k' nur bei $\mathfrak{p}$ und $\mathfrak{q}$ das Vorzeichen. Wäre dann $Q\,(x_1, x_2) = u_0 + u_1 x_1 + u_2 x_2 = 0$ die Gleichung der Geraden durch $\mathfrak{p}$ und $\mathfrak{q}$, so hätte das Produkt $k' \cdot Q$ auf $\mathfrak{E}$ keinen Zeichenwechsel und es könnte somit das Integral

$$\oint k' Q\,(x_1, x_2)\, ds$$

nicht verschwinden, entgegen unserem Hilfssatz (30).

Ganz entsprechend kommt man aber auch auf einen Widerspruch bei der Annahme von genau zwei Größt- und zwei Kleinstwerten von k oder nur vier Zeichenwechseln von k' auf $\mathfrak{E}$. Nimmt man nämlich dann das quadratische Polynom $Q\,(x_1, x_2)$ so an, daß die Gleichung $Q = 0$ ein Paar von Geraden darstellt, das die vier Punkte enthält, in denen k' sein Zeichen wechselt, so hat das Produkt $k' \cdot Q$ wieder keinen Vorzeichenwechsel auf $\mathfrak{E}$, entgegen unserem Hilfssatz (30).

Der nächst höhere Fall wäre: Es gibt auf $\mathfrak{E}$ genau drei Größt- und drei Kleinstwerte von k, also sechs Zeichenwechsel von k'. Dieser Fall kommt wirklich vor. Wir nehmen in der Bezeichnung von § 14 als Stützfunktion des Krümmungsbildes $\mathfrak{E}_2$ von $\mathfrak{E}$

$$(32) \qquad\qquad p = a + b \cos 3\tau.$$

Dann haben wir für $\mathfrak{E}$ nach § 14 (156)

$$(33) \qquad x_1 = \int_0^\tau \frac{\cos \tau}{(a + b \cos 3\tau)^3}\, d\tau\,, \qquad x_2 = \int_0^\tau \frac{\sin \tau}{(a + b \cos 3\tau)^3}\, d\tau.$$

Wir können es uns ersparen, diese Integrale auszuwerten. Es ist nach § 14 (157)

$$(34) \qquad\qquad \left(\frac{ds}{d\tau}\right)^3 = \frac{1}{p^6} = \frac{1}{(a + b \cos 3\tau)^6},$$

ferner nach § 14 (158)

$$(35) \qquad\qquad k = (a + b \cos 3\tau)^3\,(a - 8\,b \cos 3\tau)$$

und

$$(36) \qquad k' = \frac{dk}{d\tau} \cdot \frac{d\tau}{ds} = 3\,b \sin 3\,\tau\,(a + b \cos 3\,\tau)^4\,(5\,a + 32\,b \cos 3\,\tau)$$

Damit alle Ausdrücke endlich bleiben, möge stets $p = a + b \cos 3\,\tau > 0$ sein. Dazu reicht hin, wenn wir $a > b > 0$ wählen. $\mathfrak{C}$ ist eine geschlossene Kurve, oder genauer, es ist

$$(37) \qquad \int_0^{2\pi} \frac{\cos \tau}{(a + b \cos 3\,\tau)^3}\,d\tau = 0\,, \qquad \int_0^{2\pi} \frac{\sin \tau}{(a + b \cos 3\,\tau)^3}\,d\tau = 0\,.$$

Bezeichnet man diese Integrale mit J_1 und J_2, so findet man nämlich, wenn τ um $2\pi : 3$ vermehrt wird,

$$(38) \qquad \begin{aligned} J_1 &= J_1 \cos \frac{2\pi}{3} - J_2 \sin \frac{2\pi}{3}\,, \\ J_2 &= J_1 \sin \frac{2\pi}{3} + J_2 \cos \frac{2\pi}{3}\,. \end{aligned}$$

Die Determinante dieser Gleichungen für J_1 und J_2, nämlich

$$(39) \qquad \begin{vmatrix} \cos \dfrac{2\pi}{3} - 1\,, & -\sin \dfrac{2\pi}{3} \\[2mm] \sin \dfrac{2\pi}{3}\,, & \cos \dfrac{2\pi}{3} - 1 \end{vmatrix} = 2\left(1 - \cos \frac{2\pi}{3}\right)$$

ist von Null verschieden, also müssen J_1, J_2 gleich 0 sein.

Jetzt folgt leicht, daß $\mathfrak{C}$ eine Eilinie ist. Man weiß einerseits aus § 14, daß τ den Winkel der Kurventangente an $\mathfrak{C}$ mit der x_1-Achse bezeichnet. Andrerseits gilt nach § 14 (154) für den elementargeometrischen Krümmungshalbmesser ϱ von $\mathfrak{C}$

$$\varrho = p^{-3} > 0$$

und deshalb ist $\mathfrak{C}$ eine Eilinie.

Um jetzt die Anzahl der sextaktischen Punkte unserer Eilinie abzuzählen, hat man die Nullstellen von k' nach (36) im Intervall $0 \le \tau \le 2\pi$ zu ermitteln. Setzen wir noch $5\,a > 32\,b$ voraus, so hat nur der Faktor $\sin 3\,\tau$ von k' Nullstellen und zwar sechs, nämlich $2\,k\pi : 3$ ($k = 0$, 1, ... 5). Damit ist gezeigt, daß unsere Kurve wirklich genau sechs Punkte mit ruhendem Schmiegkegelschnitt besitzt. In der Fig. 22 ist eine solche Eilinie dargestellt. Ihre sextaktischen Punkte sind die Schnittpunkte mit den drei Symmetrieachsen.

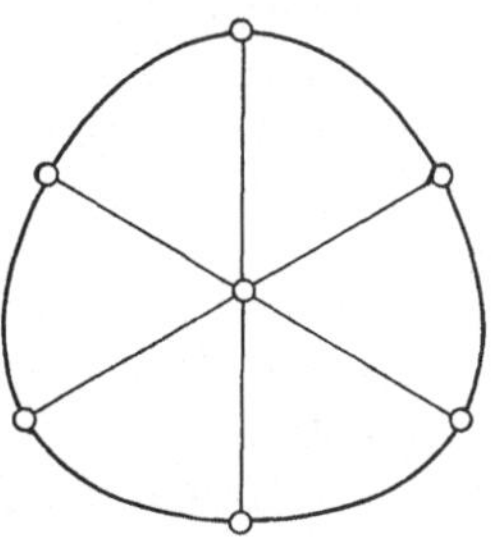

Fig. 22.

Wir können jetzt unseren Satz in die schärfere Aussage verwandeln: *Die Mindestzahl der sextaktischen Punkte einer Eilinie ist sechs.*

Ergänzend sei zu diesem Ergebnis bemerkt: *Eine Eilinie mit Mittelpunkt besitzt mindestens acht sextaktische Punkte.*

Wäre nämlich die Anzahl der sextaktischen Punkte sechs, so läge einem Größtwert von k symmetrisch zum Mittelpunkt immer ein Kleinstwert von k gegenüber (vgl. die schematische Fig. 23), was damit unverträglich ist, daß k bei der Spiegelung am Mittelpunkt ungeändert bleibt. Es bleibt noch zu zeigen, daß es Mittelpunktseilinien mit genau acht sextaktischen Punkten gibt. Dazu verfährt man entsprechend wie oben, indem man an Stelle von (32)

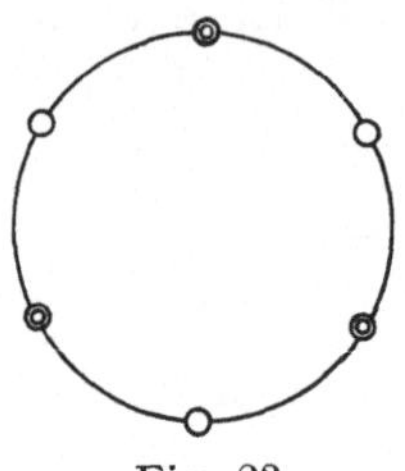

Fig. 23.

$$(40) \qquad p = a + b \cos 4\,\tau \quad \text{setzt.}$$

§ 20. Folgerungen.

In engem Zusammenhang mit dem Satze über die sextaktischen Punkte einer Eilinie steht folgende Aussage: *Denkt man sich das von einer Eilinie umschlossene Flächenstück homogen mit Masse belegt und den Schwerpunkt* $\mathfrak{p}$ *aufgesucht, so gibt es auf der Eilinie mindestens sechs verschiedene Punkte, die ihre Affinnormalen durch den Schwerpunkt hindurchschicken.*

Wir wollen $\mathfrak{p}$ zum Ursprung wählen und den laufenden Punkt $\mathfrak{x}_1$ unserer Eilinie $\mathfrak{C}_1$ so als Funktion eines Parameters s darstellen, daß $(\mathfrak{x}_1, \mathfrak{x}_1') = 1$ wird. s ist dann natürlich nicht der Affinbogen von $\mathfrak{C}_1$, sondern das Doppelte der Fläche, die vom Vektor $\mathfrak{x}_1$ überstrichen wird. Setzen wir

$$(41) \qquad \int\limits_0^s \mathfrak{x}_1 \, d s = \mathfrak{x}(s),$$

so beschreibt $\mathfrak{x}(s)$ eine Kurve $\mathfrak{C}$, die $\mathfrak{C}_1$ zum Tangentenbild hat $(\mathfrak{x}' = \mathfrak{x}_1, \ (\mathfrak{x}', \mathfrak{x}'') = 1)$. Da der Ursprung Schwerpunkt der von $\mathfrak{C}_1$ umschlossenen Fläche ist, haben wir

$$(42) \qquad \oint\limits_{\mathfrak{C}_2} \mathfrak{x}_1 \, d s = 0$$

und das bedeutet für $\mathfrak{C}$, daß $\mathfrak{C}$ nach einem Umlauf, d. h. wenn der Tangentenvektor $\mathfrak{x}' = \mathfrak{x}_1$ alle Richtungen durchlaufen hat, geschlossen ist. Da $\mathfrak{C}$ wegen $(\mathfrak{x}', \mathfrak{x}'') = 1$ konvex ist, ist $\mathfrak{C}$ eine Eilinie.

Nun entspricht jedem sextaktischen Punkt $\mathfrak{x}$ von $\mathfrak{C}$ ein Punkt $\mathfrak{x}_1$ von $\mathfrak{C}_1$, der seine Affinnormale durch den Schwerpunkt (Ursprung) hindurchschickt. Nach § 5 (80) hat nämlich die Affinnormale in $\mathfrak{x}_1$ die Richtung

$$(43) \qquad \frac{\mathfrak{x}_1''}{\varphi^2} - \mathfrak{x}_1' \, \frac{\varphi'}{\varphi^3}, \quad \varphi^3 = (\mathfrak{x}_1', \mathfrak{x}_1'').$$

Führt man $\mathfrak{x}_1 = \mathfrak{x}'$ ein, so gibt das (nach (74) und (75) in § 5)

$$(44) \qquad\qquad - k^{1/3} \mathfrak{x}' - \tfrac{1}{3} k' \, k^{-5/3} \mathfrak{x}''.$$

Haben wir es mit einem sextaktischen Punkte auf $\mathfrak{C}$ zu tun, so ist $k' = 0$ und der Vektor (44) hat wirklich die Richtung $\mathfrak{x}_1 = \mathfrak{x}'$. Damit ist unser Satz auf den des vorigen Abschnitts zurückgeführt.

Auf eine ähnliche Art folgert man aus der Ergänzung des Satzes für Eilinien mit Mittelpunkt: *Bei einer Eilinie mit Mittelpunkt gibt es immer mindestens vier Gerade durch den Mittelpunkt, die (doppelte) Affinnormalen der Eilinie sind.*

§ 21. Ein Satz von *Minkowski* und *Böhmer* über elliptisch gekrümmte Eilinien.

Einen auf den ersten Augenblick überraschenden Zusammenhang zwischen Eigenschaften im Kleinen und im Großen enthält der schöne, in der von *H. Minkowski* angeregten Arbeit von *P. Böhmer*[5]) aufgestellte Satz: *Ist eine Eilinie durchweg elliptisch gekrümmt, so liegen fünf beliebige ihrer Punkte stets auf einer Ellipse.*

Anders ausgedrückt: Liegen je fünf unendlich benachbarte Punkte einer Eilinie auf einer Ellipse, so gilt dasselbe für fünf beliebige ihrer Punkte. Wir wollen den Satz mit unseren Hilfsmitteln nun beweisen.

Ein Kegelschnitt trifft eine Eilinie bei geeigneter Zählung der Schnittpunkte (mehrfache Berührungen!) immer in einer geraden Anzahl von Punkten, falls nur endlich viele Schnittpunkte vorhanden sind. Aus dem Vorhandensein von fünf Schnittpunkten folgt also das von mindestens sechs, die allerdings nicht verschieden zu sein brauchen. Die Gesamtheit der Kegelschnitte, die eine gegebene Eilinie in mindestens sechs nicht notwendig verschiedenen Punkten treffen, ist jedenfalls stetig und enthält keinen zerfallenden Kegelschnitt, da eine gekrümmte Eilinie mit einer Geraden niemals drei Punkte, auch niemals drei zusammenfallende Punkte gemeinsam hat. Gibt es daher unter den Kegelschnitten sowohl Ellipsen wie Hyperbeln, dann gibt es unter ihnen notwendig auch Parabeln. Es braucht also nur gezeigt zu werden, daß eine elliptisch gekrümmte Eilinie eine Parabel in höchstens vier Punkten schneidet.

Dazu brauchen wir folgenden Hilfssatz: $\mathfrak{o}\,\mathfrak{p}_0\,\mathfrak{p}_1$ sei ein Dreieck, $\mathfrak{P}$ der Parabelbogen, der durch $\mathfrak{p}_0\,\mathfrak{p}_1$ geht und dort die Tangenten $\mathfrak{o}\,\mathfrak{p}_0$, $\mathfrak{o}\,\mathfrak{p}_1$ hat, und $\mathfrak{C}$ ein beständig elliptisch gekrümmter Kurvenbogen im Dreieck $\mathfrak{o}\,\mathfrak{p}_0\,\mathfrak{p}_1$ ohne Doppelpunkt, der auch durch $\mathfrak{p}_0$ und $\mathfrak{p}_1$ geht; die Tangenten von $\mathfrak{C}$ in $\mathfrak{p}_0$ und $\mathfrak{p}_1$ mögen sich innerhalb oder auf dem Rande des Dreiecks $\mathfrak{o}\,\mathfrak{p}_0\,\mathfrak{p}_1$ schneiden. Dann behaupten

---

[5]) *P. Böhmer*: Mathematische Annalen **60** (1905), S. 256—262.

wir: $\mathfrak{C}$ liegt mit Ausnahme seiner Endpunkte $\mathfrak{p}_0$, $\mathfrak{p}_1$ genau im Innern des in Fig. 18 (S. 40) schraffierten Gebiets, das von dem Parabelbogen und der Sehne $\mathfrak{p}_0\,\mathfrak{p}_1$ begrenzt wird.

Den Nachweis führen wir nach *K. Reidemeister*[6]). Wir verlegen die Punkte $\mathfrak{o}\,\mathfrak{p}_0\,\mathfrak{p}_1$ nach $\{0,\,0\}$, $\{0,\,1\}$, $\{1,\,0\}$ und verwenden zur Parameterdarstellung von $\mathfrak{C}$ und $\mathfrak{P}$ nicht die Affinlänge selbst, sondern je einen dazu proportionalen Parameter, um die Randbedingungen vereinfachen zu können. Wir setzen

$$(45) \qquad \mathfrak{C}\begin{cases} x_1 = x_1(t), \\ x_2 = x_2(t); \end{cases} \qquad \mathfrak{P}\begin{cases} x_1 = (t-1)^2, \\ x_2 = t^2 \end{cases} \qquad (0 \le t \le 1)$$

mit den Randbedingungen

$$(46) \qquad \begin{aligned} x_1(0) &= 1, & x_1(1) &= 0, & x_1'(1) &\le 0, \\ x_2(0) &= 0, & x_2(1) &= 1, & x_2'(0) &\ge 0, \end{aligned}$$

und den Differentialbedingungen

$$(47) \qquad x_i'''(t) + \frac{k(t)}{c^2}\,x_i'(t) = 0, \qquad (i = 1,\,2)$$

die ausdrücken, daß $t = c \cdot s$ dem Affinbogen proportional ist. $k(t)$ ist die Affinkrümmung. Da $x_1'(t)$ und $x_2'(t)$ für $(0 \le t \le 1)$ von Null verschieden sind, ist also auch $x_1'(0) \le 0$ und $x_2'(1) \ge 0$; die Gleichungen (46) entsprechen also den Randbedingungen der Voraussetzung.

Wir setzen

$$(48) \qquad y_1(t) = x_1(t) - (t-1)^2, \qquad y_2(t) = x_2(t) - t^2,$$

so daß

$$(49) \qquad \begin{aligned} y_1(0) &= 0, & y_1(1) &= 0, & y_1'(1) &\le 0, \\ y_2(0) &= 0, & y_2(1) &= 0, & y_2'(0) &\ge 0 \end{aligned}$$

wird. Wir behaupten, es ist

$$y_1(t) > 0, \qquad y_2(t) > 0 \qquad \text{für} \qquad 0 < t < 1.$$

In der Umgebung von 0 und 1 sind die Ungleichheiten sicher richtig. Hätte nun z. B. y_1 eine Nullstelle $\bar{t}\,(0 < \bar{t} < 1)$, so gäbe es nach dem Mittelwertsatz und wegen der dritten Spalte von (49) im Intervalle $0 \le t \le 1$ drei Nullstellen von y_1'. Daraus könnte man wieder nach dem Mittelwertsatz auf das Vorhandensein zweier Nullstellen von y_1'' und endlich einer Nullstelle $t_1\,(0 < t_1 < 1)$ von y_1''' schließen. Nun ist aber

$$(50) \qquad y_1'''(t) = x_1'''(t) = -\frac{k(t)}{c^2}\,x_1'(t),$$

---

[6]) Vgl. *K. Reidemeister*: Mathematische Zeitschrift **10** (1921), S. 318—320.

und aus den Voraussetzungen folgt $k > 0$, $x_1' < 0$, also

$$(51) \qquad\qquad y_1''' > 0 \quad \text{für} \quad 0 \leqq t < 1 \,.$$

Somit hat y_1 in $0 < t < 1$ immer dasselbe Vorzeichen.

Damit ist $y_1 > 0 \; (0 < t < 1)$ bewiesen und ebenso zeigt man $y_2 > 0$. Der Vektor $\{y_1, y_2\}$, der vom Parabelpunkte $\{(t-1)^2, t^2)\}$ zum Punkte x_1, x_2 unserer Kurve $\mathfrak{C}$ hinführt, ist wegen $y_1 > 0$, $y_2 > 0$ ins Innere der Parabel $\mathfrak{P}$ gerichtet und somit liegt $\mathfrak{C}$ tatsächlich ganz im Innern von $\mathfrak{P}$. Nun folgt sofort, daß eine stets elliptisch gekrümmte Eilinie $\mathfrak{C}$ und eine Parabel $\mathfrak{P}$ nur vier Punkte gemeinsam haben können. Würden sich nämlich $\mathfrak{C}$ und $\mathfrak{P}$ in den sechs Punkten $\mathfrak{x}_1, \mathfrak{x}_2, \dots \mathfrak{x}_6$ schneiden, die in dieser Reihenfolge auf einem Parabelbogen liegen mögen, so entspräche die Lage von $\mathfrak{P}$ und $\mathfrak{C}$ in $\mathfrak{x}_2$ und $\mathfrak{x}_5$ den Voraussetzungen des Hilfssatzes. Somit könnten zwischen $\mathfrak{x}_2$ und $\mathfrak{x}_5$ keine weiteren Schnittpunkte liegen. Man kann unseren Hilfssatz leicht ergänzen:

Verbindet man zwei Ecken $\mathfrak{p}_0 \mathfrak{p}_1$ eines Dreiecks $\mathfrak{o} \mathfrak{p}_0 \mathfrak{p}_1$ mit einer wende- und doppelpunktfreien Linie, die die Seiten $\mathfrak{o} \mathfrak{p}_0$ und $\mathfrak{o} \mathfrak{p}_1$ in $\mathfrak{p}_0$ und $\mathfrak{p}_1$ berührt und das Dreieck nicht verläßt, so liegt sie, wenn sie durchweg elliptisch gekrümmt oder durchweg hyperbolisch gekrümmt ist, ganz auf der einen Seite der Parabel, die denselben Randbedingungen genügt, und zwar innerhalb der Parabel im elliptischen, außerhalb im hyperbolischen Fall.

Die beiden Gebiete, in die das Dreieck $\mathfrak{o} \mathfrak{p}_0 \mathfrak{p}_1$ durch den Parabelbogen $\mathfrak{P}$ zerlegt wird, werden von unseren elliptisch oder hyperbolisch gekrümmten Bögen ganz ausgefüllt, wie man schon an den Kegelschnitten sieht, die den Randbedingungen genügen. — Dehnen wir den Begriff der Eilinie für den Augenblick auch auf offene Kurven aus, die ein ins Unendliche reichendes Eigebiet der Ebene begrenzen, so können wir folgenden Satz formulieren: *Jede beständig hyperbolisch gekrümmte Linie läßt sich stets zu einer offenen Eilinie mit derselben Eigenschaft ergänzen und fünf ihrer Punkte liegen stets auf einer Hyperbel.* Die Richtigkeit dieses auf *H. Mohrmann*[7]) zurückgehenden Satzes läßt sich leicht aus unserem Hilfssatz erschließen.

§ 22. Eine Kleinsteigenschaft der Ellipse.

Bevor wir zu einem isoperimetrischen Variationsproblem für die Ellipse (§ 26) übergehen, möge eine einfachere Extremeigenschaft der Ellipse behandelt werden, die allerdings mit unserem eigentlichen Gegenstand, der Differentialgeometrie, nur lose zusammenhängt.

---

[7]) *H. Mohrmann*: Mathematische Annalen **72** (1912), S. 285—291 und S. 593—595.

Unter einer Eilinie $\mathfrak{E}$ soll in diesem Abschnitt eine Eilinie ohne geradlinige Stücke und ohne Ecken verstanden werden. $\varDelta > 0$ sei der Flächeninhalt des größten ihr einbeschriebenen Dreiecks, F der Flächeninhalt des von $\mathfrak{E}$ berandeten Bereiches $\mathfrak{M}$. Wir wollen zeigen:

Zwischen dem Flächeninhalt F des von einer Eilinie umschlossenen Bereiches und dem Inhalt $\varDelta$ des größten der Eilinie einbeschriebenen Dreiecks besteht die Beziehung

$$4\,\pi\,\varDelta - 3\,\sqrt{3}\,F \gtreqqless 0,$$

und es gilt das Gleichheitszeichen darin nur dann, wenn die Eilinie eine Ellipse ist[8]).

Anders ausgedrückt: *Ist der Inhalt F einer Eilinie vorgeschrieben, so erreicht die Fläche $\varDelta$ des größten ihr einbeschriebenen Dreiecks nur dann ihren kleinsten Wert, wenn die Eilinie eine Ellipse ist.*

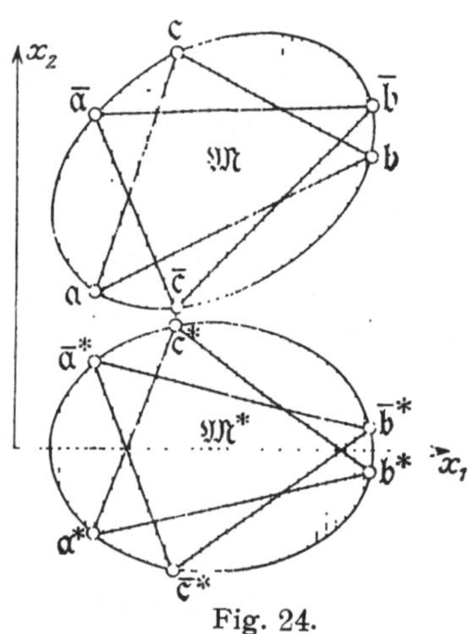

Fig. 24.

Das Hauptmittel unseres Beweises wird *Steiner*s „Symmetrisierung" sein, die uns in § 97 des ersten Bandes zur isoperimetrischen Haupteigenschaft der Kugel geführt hat. Die Symmetrisierung eines Eibereiches $\mathfrak{M}$ in Richtung der x_2-Achse besteht darin, daß jede zur x_2-Achse parallele Sehne von $\mathfrak{M}$ so lange auf ihrer Geraden verschoben wird, bis ihr Mittelpunkt auf die x_1-Achse zu liegen kommt (Fig. 24). Die verschobenen Sehnen erfüllen dann einen Bereich $\mathfrak{M}^*$, der, wie man leicht sieht (§ 97 des ersten Bandes), wieder ein Eibereich ist und denselben Flächeninhalt F hat wie $\mathfrak{M}$.

Wir wollen zunächst zeigen:

(I) *Die Größtdreiecksfläche $\varDelta^*$ von $\mathfrak{M}^*$ ist höchstens gleich der von $\mathfrak{M}$ ($\varDelta \geqq \varDelta^*$).*

Es sei (Fig. 24) $a^*\,b^*\,c^*$ ein Dreieck in $\mathfrak{M}^*$ mit der Größtdreiecksfläche $\varDelta^*$, $\bar{a}^*\,\bar{b}^*\,\bar{c}^*$ das zur x_1-Achse symmetrische Dreieck mit entgegengesetzt gleichem Inhalt. $a\bar{a}$, $b\bar{b}$, $c\bar{c}$ seien die Sehnen von $\mathfrak{M}$, durch deren Verschiebung $a^*\bar{a}^*$, $b^*\bar{b}^*$, $c^*\bar{c}^*$ entstanden sind. Dann gilt die Gleichung

$$(53) \quad \begin{vmatrix} 1 & a_1 & a_2 \\ 1 & b_1 & b_2 \\ 1 & c_1 & c_2 \end{vmatrix} - \begin{vmatrix} 1 & a_1 & \bar{a}_2 \\ 1 & b_1 & \bar{b}_2 \\ 1 & c_1 & \bar{c}_2 \end{vmatrix} = \begin{vmatrix} 1 & a_1 & a_2 - \bar{a}_2 \\ 1 & b_1 & b_2 - \bar{b}_2 \\ 1 & c_1 & c_2 - \bar{c}_2 \end{vmatrix}$$

[8]) *W. Blaschke*: Leipziger Berichte **69** (1917), S. 3—12.

wenn z. B a_1, a_2 die Koordinaten von $\mathfrak{a}$, $a_1, \bar a_2$ die von $\bar{\mathfrak{a}}$ bedeuten. Rechts steht in (53) ein Ausdruck, der bei der Symmetrisierung erhalten bleibt, und daher besteht zwischen den absoluten Beträgen der Dreiecksflächen die Beziehung

$$(54) \qquad |\mathfrak{a}\,\mathfrak{b}\,\mathfrak{c}| + |\bar{\mathfrak{a}}\,\bar{\mathfrak{b}}\,\bar{\mathfrak{c}}| = |\mathfrak{a}^*\mathfrak{b}^*\mathfrak{c}^*| + |\bar{\mathfrak{a}}^*\bar{\mathfrak{b}}^*\bar{\mathfrak{c}}^*| = 2\,\varDelta^*.$$

Wegen

$$(55) \qquad |\mathfrak{a}\,\mathfrak{b}\,\mathfrak{c}| \leqq \varDelta, \qquad |\bar{\mathfrak{a}}\,\bar{\mathfrak{b}}\,\bar{\mathfrak{c}}| \leqq \varDelta$$

ergibt sich daraus die Richtigkeit unserer Behauptung $\varDelta^* \leqq \varDelta$. Für später sei angemerkt:

(II) *Ist $\mathfrak{a}^*\mathfrak{b}^*\mathfrak{c}^*$ ein Größtdreieck von $\mathfrak{M}^*$, so sind im Falle $\varDelta = \varDelta^*$ die zugehörigen Dreiecke $\mathfrak{a}\,\mathfrak{b}\,\mathfrak{c}$, $\bar{\mathfrak{a}}\,\bar{\mathfrak{b}}\,\bar{\mathfrak{c}}$ in $\mathfrak{M}$ ebenfalls Größtdreiecke von $\mathfrak{M}$.*

Aus (I) können wir jetzt leicht schließen, daß die Ellipsen Lösungen unserer Aufgabe sind. Nach der Schlußweise von § 99 des ersten Bandes können wir zeigen, daß man unseren Eibereich $\mathfrak{M}$ durch wiederholtes Symmetrisieren: $\mathfrak{M} \to \mathfrak{M}_1 \to \mathfrak{M}_2 \to \ldots$ in einen flächengleichen Eibereich $\mathfrak{M}_n$ überführen kann, der sich nur beliebig wenig von einem flächengleichen Kreise unterscheidet, der also eine Kreisscheibe mit dem Flächeninhalt $F - \varepsilon$ völlig eindeckt, wobei $\varepsilon > 0$ bei genügend großem n beliebig herabgedrückt werden kann. Da aber beim Kreise $4\,\pi\,\varDelta(\varepsilon) = 3\,\sqrt{3}\,F(\varepsilon)$ ist, haben wir dann

$$(56) \qquad \lim \varDelta_n = \lim \varDelta(\varepsilon) = \frac{3\,\sqrt{3}}{4\,\pi} F$$

und aus $\varDelta \geqq \varDelta_1 \geqq \varDelta_2 \geqq \ldots \geqq \varDelta_n \ldots$ folgt

$$(III) \qquad \varDelta \geqq \frac{3\,\sqrt{3}}{4\,\pi} F,$$

wie behauptet war.

Die Gleichheit $4\,\pi\,\varDelta = 3\,\sqrt{3}\,F$ gilt für die Kreise und daher wegen der affinen Invarianz der Aufgabe auch für die Ellipsen. Es bleibt jetzt noch zu zeigen — und das ist der heikelste, aber auch der anziehendste Punkt des Beweises —, daß die Ellipsen *die einzigen* Lösungen unserer Aufgabe sind, bei vorgeschriebenem F die Größtdreiecksfläche $\varDelta$ möglichst klein zu machen, daß also die Ellipsen durch

$$(57) \qquad 4\,\pi\varDelta - 3\,\sqrt{3}\,F = 0$$

gekennzeichnet sind.

Um diesen *Einzigkeitsbeweis* zu führen, zeigen wir zunächst:

(IV) *Symmetrisieren wir einen extremen Eibereich, so bleibt nicht nur sein F, sondern auch sein $\varDelta$ erhalten.* D.h. genügt ein Eibereich der Bedingung (57), so genügt jeder daraus durch Symmetrisierung entstehende ebenfalls dieser Bedingung. Tatsächlich! Nach (I) ist $\varDelta^* \leqq \varDelta$, nach (III) ist

$$\varDelta^* \geqq \frac{3\sqrt{3}}{4\pi}\,F = \varDelta$$

und daher wirklich $\varDelta = \varDelta^*$.

Weiter:

(V) *Jeder Randpunkt* $\mathfrak{a}$ *eines extremen Eibereiches* $\mathfrak{M}$ *ist Ecke (mindestens) eines Größtdreiecks* $|\,\mathfrak{a}\,\mathfrak{b}\,\mathfrak{c}\,| = \varDelta$ *von* $\mathfrak{M}$. Wären nämlich alle Dreiecksflächen in $\mathfrak{M}$, die $\mathfrak{a}$ zur Ecke haben, $\leqq \varDelta - 2\,\varepsilon$, $\varepsilon > 0$, so könnte man aus Stetigkeitsgründen um $\mathfrak{a}$ einen so kleinen Kreis schlagen, daß alle Dreiecke, deren eine Ecke in diesem Kreise und deren andre in $\mathfrak{M}$ liegen, $\leqq \varDelta - \varepsilon$ wären. Enthält nun die Begrenzung von $\mathfrak{M}$ keine geradlinigen Stücke, so können wir $\mathfrak{M}$ innerhalb des Kreises so ausbeulen, daß der veränderte Bereich $\mathfrak{M}^*$ wieder ein Eibereich wird und gleiches $\varDelta^* = \varDelta$ hat. Dann wäre

$$0 = 4\,\pi\,\varDelta - 3\,\sqrt{3}\,F > 4\,\pi\,\varDelta^* - 3\,\sqrt{3}\,F^*$$

im Widerspruch mit (III).

(VI) *Jeder Randpunkt* $\mathfrak{a}$ *eines Extrembereiches* $\mathfrak{M}$ *ist Ecke eines einzigen Größtdreiecks von* $\mathfrak{M}$.

Ist $\mathfrak{a}\,\mathfrak{b}\,\mathfrak{c}$ ein Größtdreieck mit der Ecke $\mathfrak{a}$, das nach (V) sicher vorhanden ist, so wollen wir zum Nachweis von (VI) unseren Eibereich in der Richtung $\mathfrak{b}\,\mathfrak{c}$ symmetrisieren (Fig. 25). Da jenseits der Parallelen zu $\mathfrak{b}\,\mathfrak{c}$ durch $\mathfrak{a}$ wegen der Größteigenschaft dieses Dreiecks kein Punkt von $\mathfrak{M}$ liegt, so ist diese Parallele Tangente an die Randlinie $\mathfrak{E}$ von $\mathfrak{M}$ in $\mathfrak{a}$. Das symmetrisierte Dreieck $\mathfrak{a}^*\mathfrak{b}^*\mathfrak{c}^*$ hat denselben Inhalt $\varDelta$ wie $\mathfrak{a}\,\mathfrak{b}\,\mathfrak{c}$, ist also nach (IV) wieder Größtdreieck von $\mathfrak{M}^*$. Nehmen wir die gemeinsame Tangente in $\mathfrak{a}$ und $\mathfrak{a}^*$ an $\mathfrak{E}$ und $\mathfrak{E}^*$ zur x_2-Achse, so ist unsere Behauptung (VI) gleichwertig mit der folgenden: Nur ein einziges Paar symmetrischer Randpunkte $\mathfrak{b}^*\mathfrak{c}^*$ von $\mathfrak{M}^*$ genügen der Bedingung $|\,x_1 \cdot x_2\,| = \varDelta$. Tatsächlich liegen aber die Hyperbeläste $|\,x_1\,x_2\,| = \varDelta$ jenseits der Tangenten in $\mathfrak{b}^*$ und $\mathfrak{c}^*$ an $\mathfrak{E}^*$ (Fig. 25), so daß das Vorhandensein weiterer gemeinsamer Punkte wegen der Konvexität von $\mathfrak{E}^*$ unmöglich ist.

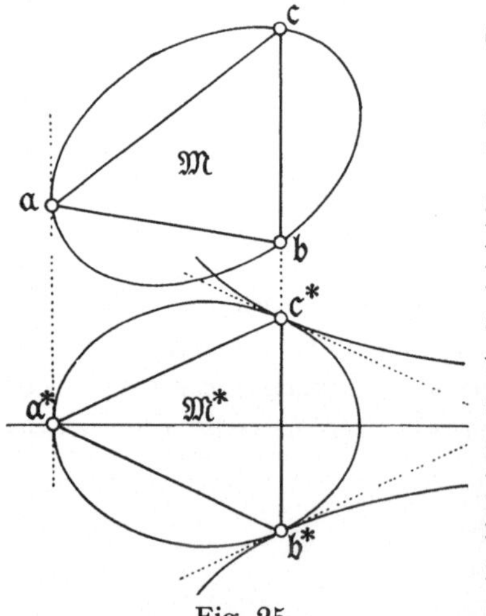

Fig. 25.

Erst beim Nachweis von (V) und (VI) sind die Einschränkungen über $\mathfrak{C}$ gebraucht worden, die der Kürze halber gemacht worden sind, daß $\mathfrak{C}$ nämlich keine Ecken und keine Geradenstücke enthalten soll.

Jetzt können wir noch zeigen:

(VII) *Ziehen wir durch die Ecken* $\mathfrak{a}\,\mathfrak{b}\,\mathfrak{c}$ *eines Größtdreiecks in einem extremen Bereich* $\mathfrak{M}$ *parallele Sehnen, so bilden deren neue Enden* $\bar{\mathfrak{a}}\,\bar{\mathfrak{b}}\,\bar{\mathfrak{c}}$ *wieder ein Größtdreieck von* $\mathfrak{M}$.

Symmetrisieren wir nämlich in der gemeinsamen Richtung unserer Sehnen (Fig. 24), so ist der symmetrisierte Eibereich $\mathfrak{M}^*$ nach (IV) wieder extrem, $\mathfrak{a}^*$ also nach (V) Ecke eines Größtdreiecks $\mathfrak{a}^*\mathfrak{b}_1^*\mathfrak{c}_1^*$ von $\mathfrak{M}^*$. Gehen wir zurück zu $\mathfrak{M}$, so ist nach (II) $\mathfrak{a}\,\mathfrak{b}_1\,\mathfrak{c}_1$ wieder Größt-dreieck von $\mathfrak{M}$ (beachte $\varDelta^* = \varDelta$ nach (IV)) und dieses muß nach (VI) mit $\mathfrak{a}\,\mathfrak{b}\,\mathfrak{c}$ zusammenfallen ($\mathfrak{b} = \mathfrak{b}_1$, $\mathfrak{c} = \mathfrak{c}_1$). Da nun im Sinne von (II) beide Dreiecke $\mathfrak{a}\,\mathfrak{b}\,\mathfrak{c}$ und $\bar{\mathfrak{a}}\,\bar{\mathfrak{b}}\,\bar{\mathfrak{c}}$ zum Größtdreieck $\mathfrak{a}^*$, $\mathfrak{b}^* = \mathfrak{b}_1^*$, $\mathfrak{c}^* = \mathfrak{c}_1^*$ von $\mathfrak{M}^*$ gehören, sind wirklich beide Größtdreiecke von $\mathfrak{M}$, wie in (VII) behauptet war.

Jetzt aber können wir unseren Einzigkeitsbeweis zum Abschluß bringen und zeigen:

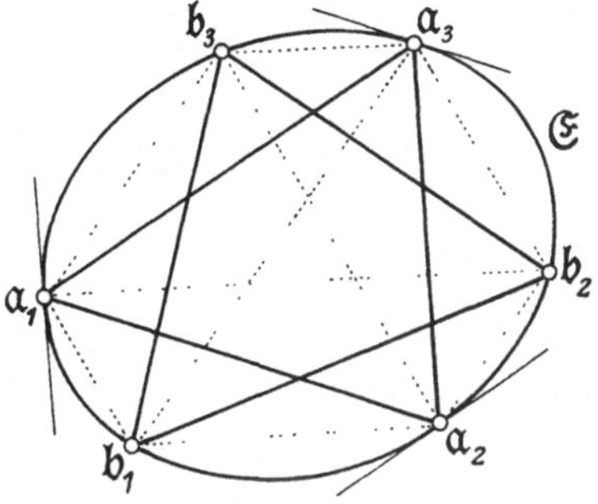

Fig. 26.

(VIII) *Die Randlinie* $\mathfrak{C}$ *jedes extremen Eibereiches ist eine Ellipse.*

Es sei (Fig. 26) $\mathfrak{a}_1\,\mathfrak{a}_2\,\mathfrak{a}_3$ ein Größtdreieck in $\mathfrak{C}$. Wir wollen zeigen, daß jeder weitere Punkt $\mathfrak{b}_1$ von $\mathfrak{C}$ auf der Ellipse liegt, die durch die Ecken $\mathfrak{a}_k$ dieses Dreiecks geht und in jeder Ecke zur gegenüberliegenden Seite parallel läuft. Es sei $\mathfrak{b}_1\,\mathfrak{b}_2\,\mathfrak{b}_3$ das Größtdreieck von $\mathfrak{C}$ mit der Ecke $\mathfrak{b}_1$. Dann folgt aus (VI) und (VII), daß die Strecken $\mathfrak{a}_i\,\mathfrak{b}_k$ zu je dreien parallel sind (Fig. 26). Wir wenden den altberühmten Satz von *B. Pascal* auf das Sechseck $\mathfrak{a}_1$, $\mathfrak{a}_1$ (Verbindungslinie $\mathfrak{A}_1$ parallel zu $\mathfrak{a}_2\,\mathfrak{a}_3$), $\mathfrak{b}_1$, $\mathfrak{a}_2$, $\mathfrak{a}_3$, $\mathfrak{b}_2$ an. Die Gegenseiten $\mathfrak{A}_1$, $\mathfrak{a}_2\,\mathfrak{a}_3$; $\mathfrak{a}_1\,\mathfrak{b}_1$, $\mathfrak{a}_3\,\mathfrak{b}_2$; $\mathfrak{b}_1\,\mathfrak{a}_2$, $\mathfrak{b}_2\,\mathfrak{a}_1$ sind stets parallel, also gibt es einen Kegelschnitt, der $\mathfrak{A}_1$ in $\mathfrak{a}_1$ berührt und durch $\mathfrak{a}_2\,\mathfrak{a}_3$, $\mathfrak{b}_1\,\mathfrak{b}_2$ läuft. Vertauschen wir in dieser Überlegung die Fußmarken 2 und 3, so bekommen wir einen Kegelschnitt, der wieder $\mathfrak{A}_1$ in $\mathfrak{a}_1$ berührt und durch $\mathfrak{a}_2\,\mathfrak{a}_3$, $\mathfrak{b}_1\,\mathfrak{b}_3$ geht, also mit dem früheren zusammenfällt, da er fünf Punkte mit ihm gemein hat. ($\mathfrak{a}_1 = \mathfrak{a}_1$ mit der Verbindungslinie $\mathfrak{A}_1$). Aus Symmetriegründen berührt dieser Kegelschnitt durch $\mathfrak{a}_1, \mathfrak{a}_2, \mathfrak{a}_3$; $\mathfrak{b}_1, \mathfrak{b}_2, \mathfrak{b}_3$ auch die Geraden $\mathfrak{A}_2, \mathfrak{A}_3$, die durch $\mathfrak{a}_2$ und $\mathfrak{a}_3$ parallel zu $\mathfrak{a}_3\,\mathfrak{a}_1$ und $\mathfrak{a}_1\,\mathfrak{a}_2$ gehen.

Damit ist $\mathfrak{C}$ als Kegelschnitt erkannt, und zwar wegen seiner Geschlossenheit als Ellipse.

§ 23. Eine Extremeigenschaft des Dreiecks.

Sehr viel leichter läßt sich eine Extremeigenschaft des Dreiecks erkennen, die von *A. Winternitz* bemerkt und bewiesen, aber nicht veröffentlicht worden ist.

Zieht man durch den Schwerpunkt eines konvexen Bereiches $\mathfrak{M}$ eine beliebige Gerade $\mathfrak{G}$ und bedeuten M_1 und M_2 die Flächeninhalte der beiden Bereiche $\mathfrak{M}_1$ und $\mathfrak{M}_2$, in die $\mathfrak{M}$ durch $\mathfrak{G}$ zerlegt wird, so ist

$$(58) \qquad \frac{4}{5} \leqq \frac{M_1}{M_2} \leqq \frac{5}{4}.$$

Ein Gleichheitszeichen wird nur beim Dreieck erreicht, und zwar dann und nur dann, wenn $\mathfrak{G}$ zu einer Dreiecksseite parallel ist.

Die Schnittpunkte von $\mathfrak{G}$ mit der Berandung $\mathfrak{C}$ von $\mathfrak{M}$ mögen mit $\mathfrak{p}_1$ und $\mathfrak{p}_2$ bezeichnet werden; $\mathfrak{G}$ nehmen wir zur x_1-Achse; der kleinere Bereich $\mathfrak{M}_1$ (genauer $\mathfrak{M}_1 \leqq \mathfrak{M}_2$) liege oberhalb $\mathfrak{G}$ ($x_2 > 0$). Wir zeichnen nun ein Dreieck $\mathfrak{D}$ mit den Ecken $\mathfrak{p}_1 \mathfrak{p}_2 \mathfrak{p}_3$, dessen „Moment"

$$\iint x_2 \, dx_1 \, dx_2$$

bezüglich $\mathfrak{G}$ dem von $\mathfrak{M}_1$ gleich ist. Alsdann symmetrisieren wir $\mathfrak{D}$

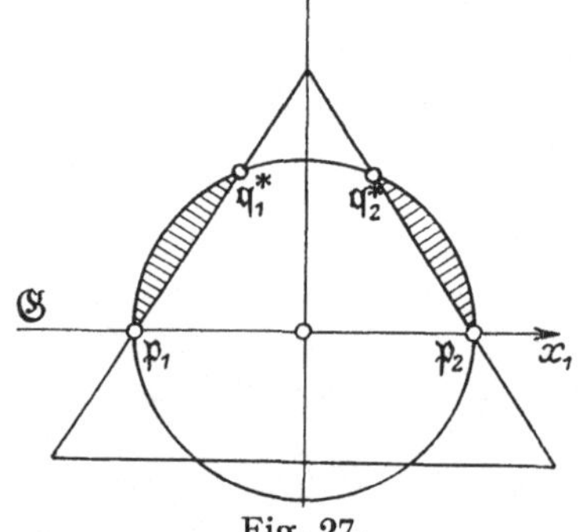

und $\mathfrak{M}$ parallel zu $\mathfrak{G}$. Die symmetrisierten Gebilde bezeichnen wir mit Sternen. Beim Symmetrisieren bleiben die Momente erhalten.

War $\mathfrak{M}_1$ ein Dreieck, so wird $\mathfrak{M}_1{}^* = \mathfrak{D}^*$. Andernfalls haben die Ränder von $\mathfrak{D}^*$ und $\mathfrak{C}^*$ zwei (symmetrische) Punkte $\mathfrak{q}_1{}^*$ und $\mathfrak{q}_2{}^*$ gemeinsam. $\mathfrak{D}^*$ schneidet also die in der Fig. 27 schraffierten (symmetrischen) Gebiete $\mathfrak{M}_{11}^*$ und $\mathfrak{M}_{12}^*$ von $\mathfrak{M}_1{}^*$ ab und ragt um ein Gebiet $\mathfrak{D}_1{}^*$ über $\mathfrak{M}_1{}^*$ heraus.

Fig. 27.

Bezeichnen wir den Flächeninhalt der Bereiche durch entsprechende lateinische Buchstaben und den Abstand des Schwerpunktes der Bereiche $\mathfrak{M}_{11}^*$, $\mathfrak{M}_{12}^*$, $\mathfrak{D}_1{}^*$ von $\mathfrak{G}$ mit s_{11}, s_{12}, s_1, so ist $s_{12} = s_{11}$, $M_{12}^* = M_{11}$ und das Moment von $\mathfrak{M}_{11}^*$ gleich $s_{11} \cdot M_{11}^*$, das von $\mathfrak{D}_1{}^*$ gleich $s_1 \cdot D_1{}^*$. Nun ist

$$s_1 D_1{}^* = 2 \, s_{11} M_{11}^*.$$

Da der Schwerpunkt von $\mathfrak{D}_1{}^*$ „oberhalb" der Geraden durch $\mathfrak{q}_1{}^*$ und $\mathfrak{q}_2{}^*$ liegt, der von $\mathfrak{M}_{11}^*$ „unterhalb" und diese Gerade parallel zu $\mathfrak{G}$ ist, muß daher

$$D_1{}^* < 2 M_{11}^*$$

und
$$D* < M_1^* = M_1$$
sein.

Also ist der Flächeninhalt des Dreiecks $\mathfrak{p}_1\mathfrak{p}_2\mathfrak{p}_3$ im allgemeinen kleiner als M_1 und nur dann gleich M_1, wenn $\mathfrak{M}_1$ schon ein Dreieck war.

Nunmehr ziehen wir in der unteren Halbebene $x_2 < 0$ eine Parallele zu $\mathfrak{G}$, bringen sie mit $\mathfrak{p}_1\mathfrak{p}_3$ und $\mathfrak{p}_2\mathfrak{p}_3$ in $\mathfrak{p}_4$ und $\mathfrak{p}_5$ zum Schnitt und machen das Trapez $\mathfrak{T}$ mit den Ecken $\mathfrak{p}_1\mathfrak{p}_2\mathfrak{p}_4\mathfrak{p}_5$ zu $\mathfrak{M}_2$ momentengleich. Man erschließt nun ganz entsprechend, daß die Fläche T des Trapezes $\mathfrak{T}$ im allgemeinen größer als M_2 und nur dann gleich M_2 ist, wenn $\mathfrak{M}_2$ bereits ein Trapez war.

Also ist wirklich
$$\frac{M_1}{M_2} \geqq \frac{D}{T} = \frac{4}{5},$$

wobei das Gleichheitszeichen nur beim Dreieck erreicht wird, wenn $\mathfrak{G}$ zu einer Dreiecksseite parallel läuft.

§ 24. Dreipunktproblem von *Sylvester*.

Es sei $\mathfrak{B}$ ein Eibereich, $\mathfrak{p}_1$, $\mathfrak{p}_2$, $\mathfrak{p}_3$ drei Punkte in ihm und dF_k das Flächenelement von $\mathfrak{B}$ an der Stelle $\mathfrak{p}_k$, endlich $|\mathfrak{p}_1\mathfrak{p}_2\mathfrak{p}_3|$ der absolute Betrag der Dreiecksfläche mit den Ecken $\mathfrak{p}_k$. Wir wollen uns nun mit folgender Aufgabe beschäftigen:

Ein Eibereich $\mathfrak{B}$ von vorgeschriebenem Flächeninhalt F soll so bestimmt werden, daß das Integral

$$(59) \qquad G = \iiint\limits_{\mathfrak{B}\,\mathfrak{B}\,\mathfrak{B}} |\mathfrak{p}_1\mathfrak{p}_2\mathfrak{p}_3| \cdot dF_1\, dF_2\, dF_3$$

seinen kleinsten oder größten Wert annimmt.

Das Problem rührt in etwas anderer Fassung von dem englischen Mathematiker *J. J. Sylvester* (1814—1897) her, und den ersten Lösungsversuch hat ein Engländer *M. W. Crofton* gemacht[9]).

Wir wollen zeigen: Zwischen F und G bestehen die *Beziehungen*

$$(60) \qquad 4\frac{G}{F^4} \geqq \frac{35}{12\pi^2} = 0{,}2955\ldots,$$

$$(61) \qquad 4\frac{G}{F^4} \leqq \frac{1}{3} = 0{,}3333\ldots.$$

Dabei gilt in der Beziehung (60) nur dann die Gleichheit, wenn $\mathfrak{B}$ von einer Ellipse, und in (61) nur, wenn $\mathfrak{B}$ von einem Dreieck berandet wird.

---

[9]) *M. W. Crofton*: Encyclopaedia Britannica 9. Aufl., **19** (1885), S. 785—786 im Artikel „Probability". Die Lösung des Verf. ist zuerst veröffentlicht Leipz. Ber. **69** (1917), S. 436—453.

Während wir im vorigen Abschnitt über den Rand unseres Bereiches einschränkende Differenzierbarkeitsannahmen gemacht haben, wollen wir jetzt nur die Konvexität von $\mathfrak{B}$ fordern, so daß also der Rand auch Ecken und geradlinige Stücke enthalten darf. Zum Beweise verwenden wir ganz ähnlich wie in § 22 die Symmetrisierung. Es möge $\mathfrak{B}^*$ aus $\mathfrak{B}$ durch Symmetrisierung in der x_2-Richtung entstehen, und die x_1-Achse sei Symmetrieachse von $\mathfrak{B}^*$. Jedem Punkte $\mathfrak{x}$ von $\mathfrak{B}$ ist dadurch ein Punkt $\mathfrak{x}^*$ von $\mathfrak{B}^*$ zugeordnet, der die gleiche x_1-Koordinate hat und auf der Sehne x_1 von $\mathfrak{B}^*$ dieselben Strecken abschneidet wie $\mathfrak{x}$ auf der Sehne x_1 von $\mathfrak{B}$. Die Abbildung $\mathfrak{x} \rightarrow \mathfrak{x}^*$ ist flächentreu. Es sei $\mathfrak{p}_1^*$, $\mathfrak{p}_2^*$, $\mathfrak{p}_3^*$ irgendein Dreieck in $\mathfrak{B}^*$; $\mathfrak{q}_1^*$, $\mathfrak{q}_2^*$, $\mathfrak{q}_3^*$ das zur x_1-Achse symmetrische und $\mathfrak{p}_1$, $\mathfrak{p}_2$, $\mathfrak{p}_3$; $\mathfrak{q}_1$, $\mathfrak{q}_2$, $\mathfrak{q}_3$ die durch die Zuordnung $\mathfrak{x}^* \rightarrow \mathfrak{x}$ entsprechenden Dreiecke in $\mathfrak{B}$. Dann ist genau wie in § 22

$$(62) \qquad |\mathfrak{p}_1\mathfrak{p}_2\mathfrak{p}_3| + |\mathfrak{q}_1\mathfrak{q}_2\mathfrak{q}_3| \geqq |\mathfrak{p}_1^*\mathfrak{p}_2^*\mathfrak{p}_3^*| + |\mathfrak{q}_1^*\mathfrak{q}_2^*\mathfrak{q}_3^*|.$$

Nun haben wir

$$(63) \qquad 2\,G = \iiint\limits_{\mathfrak{B}\,\mathfrak{B}\,\mathfrak{B}} \{|\mathfrak{p}_1\mathfrak{p}_2\mathfrak{p}_3| + |\mathfrak{q}_1\mathfrak{q}_2\mathfrak{q}_3|\}\,dF_1\,dF_2\,dF_3$$

und

$$(64) \qquad 2\,G^* = \iiint\limits_{\mathfrak{B}^*\mathfrak{B}^*\mathfrak{B}^*} \{|\mathfrak{p}_1^*\mathfrak{p}_2^*\mathfrak{p}_3^*| + |\mathfrak{q}_1^*\mathfrak{q}_2^*\mathfrak{q}_3^*|\}\,dF_1^*\,dF_2^*\,dF_3^*.$$

Wegen der Flächentreue der Zuordnung $\mathfrak{x} \rightarrow \mathfrak{x}^*$ ist

$$(65) \qquad dF_k = dF_k^* \qquad (k = 1, 2, 3)$$

und somit folgt aus (62) und (64)

$$(66) \qquad G \geqq G^*.$$

Wir wollen feststellen, wann $G = G^*$ ist. Wegen der Stetigkeit des Integranden muß dazu in (62) stets die Gleichheit gelten. Liegen nun die Mitten der zur x_2-Achse parallelen Sehnen von $\mathfrak{B}$ nicht auf einer Geraden, so können wir auf der Kurve der Sehnenmitten („Schwerlinie") drei Punkte $\mathfrak{p}_1\mathfrak{p}_2\mathfrak{p}_3$ annehmen, die nicht auf einer Geraden liegen. Dann wird $\mathfrak{p}_k = \mathfrak{q}_k$ und

$$(67) \qquad |\mathfrak{p}_1\mathfrak{p}_2\mathfrak{p}_3| + |\mathfrak{q}_1\mathfrak{q}_2\mathfrak{q}_3| > |\mathfrak{p}_1^*\mathfrak{p}_2^*\mathfrak{p}_3^*| + |\mathfrak{q}_1^*\mathfrak{q}_2^*\mathfrak{q}_3^*| = 0$$

und somit $G > G^*$. Ist hingegen die Schwerlinie geradlinig $x_2 = a + b\,x_1$, so lauten die Transformationsformeln für die Symmetrisierung $\mathfrak{x} \rightarrow \mathfrak{x}^*$ so:

$$(68) \qquad \begin{aligned} x_1^* &= x_1, \\ x_2^* &= x_2 - a - b\,x_1. \end{aligned}$$

Die Symmetrisierung wird also jetzt zu einer flächentreuen Affinität und dabei bleiben F und G offenbar ungeändert. Wir haben somit bewiesen:

Bei einer Symmetrisierung eines Eibereiches $\mathfrak{B}$ nimmt im allgemeinen das zugehörige Integral G ab und bleibt nur dann erhalten, wenn die zur Symmetrisierungsrichtung parallelen Sehnen von $\mathfrak{B}$ ihre Mitten auf einer Geraden haben.

Daraus folgt: Bei gegebenem F können nur die Ellipsen den kleinsten Wert von G ergeben. Die Ellipsen sind nämlich (§ 9) dadurch gekennzeichnet, daß alle Schwerlinien gerad sind; jeden anderen Bereich kann man ja so symmetrisieren, daß sein G abnimmt.

Damit ist für den Kleinstwert der *Einzigkeitsbeweis* erbracht und es bleibt noch das *Vorhandensein* des Kleinstwertes sicherzustellen. Dazu dient wieder der konvergente unendliche Prozeß der wiederholten Symmetrisierungen und wir brauchen nur zu zeigen, daß die „Mengenfunktion" $G(\mathfrak{B})$ die Stetigkeitseigenschaft hat, daß nämlich insbesondere $G(\mathfrak{B})$ gegen $G(\mathfrak{K})$ strebt, wenn der Bereich $\mathfrak{B}$ gegen eine Kreisscheibe $\mathfrak{K}$ konvergiert. Diese Stetigkeitseigenschaft ist aber die Folge von zwei anderen Eigenschaften, die wir ohne weiteres bestätigen können, nämlich

1. der *Monotonie*:

wenn $\mathfrak{B}$ in $\mathfrak{B}_1$ enthalten ist ($\mathfrak{B} < \mathfrak{B}_1$), so ist $G(\mathfrak{B}) < G(\mathfrak{B}_1)$, und

2. der *Homogeneität*:

aus $\mathfrak{B}_1 = \lambda \mathfrak{B}$ folgt $G(\mathfrak{B}_1) = \lambda^8 G(\mathfrak{B})$.

Das soll heißen: Wenn man die Längen im Verhältnis λ ändert, so ändert sich G um den Faktor λ^8. Um jetzt aus $\mathfrak{B} \to \mathfrak{K}$ zu folgern, daß $G(\mathfrak{B}) \to G(\mathfrak{K})$, schließen wir die Kreisscheibe $\mathfrak{K}$ in zwei konzentrische ein

$$(69) \qquad (1-\varepsilon)\mathfrak{K} < \mathfrak{K} < (1+\varepsilon)\mathfrak{K},$$

so daß auch die Beziehung

$$(70) \qquad (1-\varepsilon)\mathfrak{K} < \mathfrak{B} < (1+\varepsilon)\mathfrak{K}$$

richtig wird. Dabei soll in (69) und (70) das Zeichen $<$ das Enthaltensein andeuten. Daraus folgt dann wegen der Monotonie und der Homogeneität

$$(71) \qquad (1-\varepsilon)^8 G(\mathfrak{K}) < G(\mathfrak{B}) < (1+\varepsilon)^8 G(\mathfrak{K}),$$

worin die Konvergenz $G(\mathfrak{B}) \to G(\mathfrak{K})$ enthalten ist. Ähnlich erschließt man die „Stetigkeit" von $G(\mathfrak{B})$ allgemein.

Damit ist das Problem *Sylvester*s, soweit es in der Beziehung (60) ausgesprochen ist, also die Aufgabe bei gegebenem F den Kleinstwert von G zu suchen, erledigt, wenn man G für den Kreis berechnet hat.

§ 25. Größteigenschaft des Dreiecks.

Wir wollen jetzt den zweiten Teil der Aufgabe von *Sylvester* behandeln und zeigen: *Bei vorgeschriebenem Flächeninhalt F eines*

Eibereiches $\mathfrak{B}$ nimmt das sechsfache Integral G (59) den größten Wert dann und nur dann an, wenn $\mathfrak{B}$ ein Dreieck ist.

Zum Beweis bedienen wir uns an Stelle der Symmetrisierung eines ähnlichen Verfahrens, das man vielleicht als *„Schüttlung"* bezeichnen könnte. Wir verschieben alle zur x_2-Achse parallelen Sehnen unseres Eibereiches $\mathfrak{B}$ jede auf ihrer Geraden so lange, bis alle auf der x_1-Achse aufsitzen und in die Halbebene $x_2 \geqq 0$ zu liegen kommen

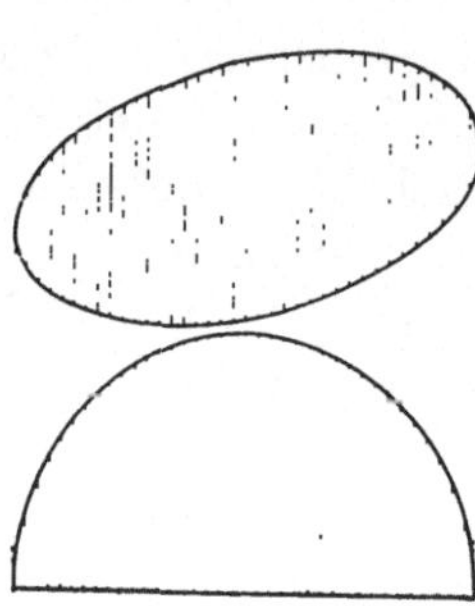

Fig. 28.

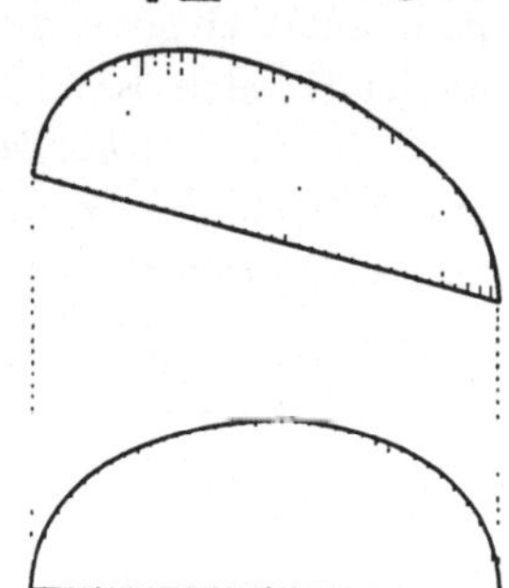

Fig. 29.

(vgl. die Fig. 28, 29, 31). Die so verschobenen Sehnen erfüllen dann, wie man sofort sieht, wieder einen Eibereich $\mathfrak{B}^*$, der zu $\mathfrak{B}$ flächengleich ist. Wir wollen zeigen:

Beim Schütteln eines Eibereiches $\mathfrak{B}$ wächst im allgemeinen das zugehörige Integral G und bleibt nur dann erhalten, wenn die Schüttlung zu einer Affinität wird; dies tritt nur dann ein, wenn ein geeigneter Teil des Randes von $\mathfrak{B}$ geradlinig ist (Fig. 29).

Mit anderen Worten: Es ist $G \leqq G^*$ und nur dann $G = G^*$, wenn alle „oberen" und alle „unteren" Endpunkte der Sehnen von $\mathfrak{B}$ parallel zur x_2-Achse auf einer Geraden liegen.

Schreiben wir, um die Fußmarken nicht zu häufen, statt x_1, x_2 lieber x, y. Es sei $\mathfrak{B}$ durch die Ungleichheiten

$$(72) \qquad \underline{x} \leqq x \leqq \bar{x}, \qquad \underline{y}(x) \leqq y \leqq \bar{y}(x)$$

gegeben. Dann gilt für $\mathfrak{B}^*$

$$(73) \qquad \underline{x} \leqq x \leqq x, \qquad 0 \leqq y \leqq \bar{y}(x) - \underline{y}(x).$$

Für G können wir setzen

$$(74) \quad G = \int\limits_{\underline{x}}^{\bar{x}}\int\limits_{\underline{x}}^{\bar{x}}\int\limits_{\underline{x}}^{\bar{x}} dx_1\, dx_2\, dx_3 \int\limits_{\underline{y}(x_1)}^{\bar{y}(x_1)} \int\limits_{\underline{y}(x_2)}^{\bar{y}(x_2)} \int\limits_{\underline{y}(x_3)}^{\bar{y}(x_3)} f(x_1,y_1;\, x_2,y_2;\, x_3,y_3)\, dy_1\, dy_2\, dy_3,$$

wenn f die absolut genommene Dreiecksfläche bedeutet. Wir führen die Funktion

$$(75) \quad \varphi(x_1, x_2, x_3) = \int\limits_{\underline{y}(x_1)}^{\bar{y}(x_1)} \int\limits_{\underline{y}(x_2)}^{\bar{y}(x_2)} \int\limits_{\underline{y}(x_3)}^{\bar{y}(x_3)} f(x_1,y_1;\, x_2,y_2;\, x_3,y_3)\, dy_1\, dy_2\, dy_3$$

ein. Die Integration ist längs der drei Sehnen

(76) $$\mathfrak{S}_k\{x = x_k,\; \underline{y}(x_k) \leqq y \leqq \bar{y}(x_k)\};\quad k = 1,2,3$$

zu erstrecken und wir schreiben deshalb auch $\varphi(\mathfrak{S}_1, \mathfrak{S}_2, \mathfrak{S}_3)$. Zum Nachweis unserer letzten Behauptung über das Schütteln ist nun zu zeigen, daß φ wächst, wenn die Sehnen $\mathfrak{S}_k$ so verschoben werden, daß ihre unteren Endpunkte auf eine Gerade zu liegen kommen. Da $\varphi(\mathfrak{S}_1, \mathfrak{S}_2, \mathfrak{S}_3)$ gegen affine Transformationen von der Gestalt

(77)
$$x^* = x,$$
$$y^* = ax + \underline{y} + c$$

invariant ist, kann man dabei zwei Sehnen, etwa $\mathfrak{S}_1, \mathfrak{S}_2$, festhalten und braucht nur die dritte zu verschieben. Wenn wir $\mathfrak{S}_3$ um η in der positiven y-Richtung verschieben, so erhalten wir durch Ableitung

(78) $$\frac{d\varphi}{d\eta} = \int\int |\mathfrak{p}_1 \mathfrak{p}_2 \bar{\mathfrak{p}}_3|\, dy_1\, dy_2 - \int\int |\mathfrak{p}_1 \mathfrak{p}_2 \underline{\mathfrak{p}}_3|\, dy_1\, dy_2,$$

wenn $\underline{\mathfrak{p}}_3\{x_3, \underline{y}(x_3)\}$ und $\bar{\mathfrak{p}}_3\{x_3, \bar{y}(x_3)\}$ die Endpunkte der Sehne $\mathfrak{S}_3$ sind.

Es seien $\mathfrak{m}_k$ die Mittelpunkte der $\mathfrak{S}_k$; wir wollen die Nummern 1, 2, 3 so wählen, daß $\mathfrak{S}_3$ zwischen $\mathfrak{S}_1$ und $\mathfrak{S}_2$ liegt ($x_1 < x_3 < x_2$). Schließlich sei etwa $\mathfrak{m}_3$ „über" der Geraden $\mathfrak{m}_1\mathfrak{m}_2$ gelegen, was wir nötigenfalls durch eine Spiegelung an der x-Achse, bei der φ erhalten bleibt, herbeiführen können, wenn nicht $\mathfrak{m}_1$, $\mathfrak{m}_2$, $\mathfrak{m}_3$ auf derselben Geraden liegen. Bezeichnen wir jetzt zwei Punkte mit demselben x, deren Mittelpunkt auf $\mathfrak{m}_1\mathfrak{m}_2$ liegt, mit $\mathfrak{p}$ und $\mathfrak{p}'$, so gilt für die absoluten Beträge der Dreiecksflächen (Fig. 30)

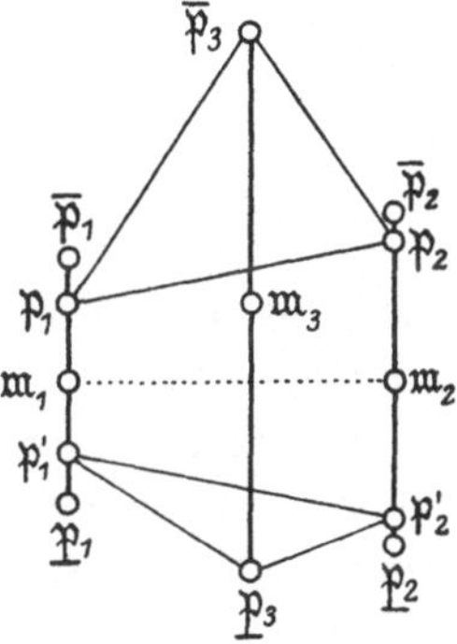

Fig. 30.

(79) $$|\mathfrak{p}_1 \mathfrak{p}_2 \bar{\mathfrak{p}}_3| = |\mathfrak{p}_1' \mathfrak{p}_2' \bar{\mathfrak{p}}_3'| > |\mathfrak{p}_1' \mathfrak{p}_2' \underline{\mathfrak{p}}_3|.$$

Daher ist

(80) $$\frac{d\varphi}{d\eta} = \int\int |\mathfrak{p}_1 \mathfrak{p}_2 \bar{\mathfrak{p}}_3|\, dy_1\, dy_2 - \int\int |\mathfrak{p}_1' \mathfrak{p}_2' \underline{\mathfrak{p}}_3'|\, dy_1'\, dy_2' > 0$$

und bleibt bei der Verschiebung von $\mathfrak{S}_3$ nach oben, bis $\underline{\mathfrak{p}}_3$ auf $\underline{\mathfrak{p}}_1\underline{\mathfrak{p}}_2$ zu liegen kommt, stets positiv. Somit wächst φ monoton.

Damit ist $G \leqq G^*$ nachgewiesen. $G = G^*$ kann offenbar nur dann eintreten, wenn entweder die „oberen" oder die „unteren" Endpunkte der Sehnen parallel zur y-Achse stets auf einer Geraden liegen. Das kann aber bei beliebiger Wahl der y-Achse nur dann eintreten, wenn $\mathfrak{B}$ ein Dreieck ist.

Jetzt ist der Einzigkeitsbeweis erbracht: Bei gegebenem F kann G seinen größten Wert nur beim Dreieck annehmen. Es bleibt noch das *Vorhandensein* des Größtwertes nachzuweisen.

Dazu können wir etwa so vorgehen. Ist $\mathfrak{B}_n$ ein konvexes n-Eck, so können wir $\mathfrak{B}_n$ so schütteln, daß es in ein $(n-i)$-Eck $(i \geqq 1)$ verwandelt wird. Wir brauchen zur Schüttlungsrichtung nur eine Diagonale von $\mathfrak{B}_n$ zu wählen (Fig. 31). Für ein Dreieck gilt, wie man leicht nachweisen kann,

$$(81) \qquad F_3{}^4 - 12\,G_3 = 0.$$

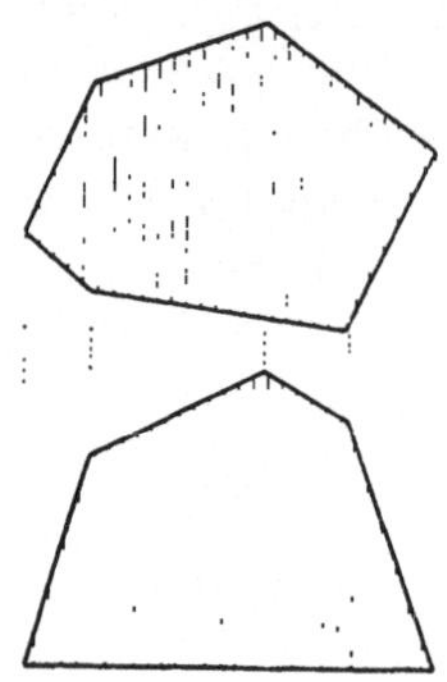

Fig. 31.

Da wir $\mathfrak{B}_n$ durch höchstens $n-3$ Schüttlungen bei festem F unter ständiger Vergrößerung von G in ein Dreieck überführen können, so gilt für $\mathfrak{B}_n$

$$(82) \qquad F_n{}^4 - 12\,G_n \geqq F_3{}^4 - 12\,G_3$$

und daher

$$(83) \qquad F_n{}^4 - 12\,G_n \geqq 0.$$

Ist nun $\mathfrak{B}$ ein beliebiger Eibereich, so können wir wegen der Stetigkeitseigenschaft von $F(\mathfrak{B})$ und $G(\mathfrak{B})$ (vgl. § 24) ein konvexes n-Eck $\mathfrak{B}_n$ finden, dessen F_n und G_n sich beliebig wenig von F und G unterscheidet. Somit muß

$$(84) \qquad F^4 - 12\,G \geqq 0$$

sein. Denn wäre es < 0, so könnten wir $\mathfrak{B}_n$ so wählen, daß auch

$$F_n{}^4 - 12\,G_n < 0$$

wäre, im Widerspruch mit (83). In (84) ist aber der gewünschte Existenzbeweis für den Größtwert von G enthalten.

Die hier vorgetragene Schlußweise, die sich der Ableitung $d\varphi : d\eta$ bedient, ist einem Verfahren von *T. Carleman*[10]) nachgebildet und gestattet auch folgenden ein wenig allgemeineren Satz zu beweisen:

Von allen Eibereichen $\mathfrak{B}$ mit gegebenem Flächeninhalt F liefern die Ellipsen und die Dreiecke den kleinsten und größten (größten und kleinsten) Wert des Integrals

$$(85) \qquad \iiint\limits_{\mathfrak{B}\,\mathfrak{B}\,\mathfrak{B}} f(|\mathfrak{p}_1\mathfrak{p}_2\mathfrak{p}_3|)\,dF_1\,dF_2\,dF_3,$$

wenn $f(\delta)$ für $\delta > 0$ eine stetige, positive und monoton wachsende (abnehmende) Funktion bedeutet.

§ 26. Eine isoperimetrische Eigenschaft der Ellipse.

Die nächstliegende Übertragung der isoperimetrischen Haupteigenschaft des Kreises, bei gegebenem Flächeninhalt kleinsten Umfang zu besitzen (§§ 25—27 im 1. Band), ist die folgende[11]):

---

[10]) *T. Carleman*: Mathematische Zeitschrift **3** (1919) S. 1—7.
[11]) *W. Blaschke*: Leipziger Berichte **68** (1916), S. 217—237.

Unter allen Eilinien mit vorgeschriebenem Flächeninhalt F ergeben die Ellipsen und nur die Ellipsen den größten Wert des „Affinumfanges"

$$S = \oint (\dot{\mathfrak{x}}, \ddot{\mathfrak{x}})^{1/3}\, dt$$

oder etwas schärfer gefaßt:

Für Eilinien gilt die Beziehung

$$(86) \qquad 8\,\pi^2 F - S^3 \geqq 0,$$

und zwar $= 0$ nur für die Ellipsen.

Auch hier läßt sich der Nachweis mittels der Symmetrisierung erbringen, es tritt nur dadurch eine neue Schwierigkeit auf, daß der Affinumfang S nicht mehr in stetiger Weise von der Eilinie abhängt. Aber ein Rest der Stetigkeit, nämlich die sogenannte Halbstetigkeit, bleibt auch in diesem Fall gewahrt, und damit werden wir gerade durchkommen.

Wir wollen zeigen: Konvergiert eine Folge von Eilinien $\mathfrak{E}_n$ gegen einen Kreis $\mathfrak{K}$, so läßt sich zu jedem $\varepsilon > 0$ ein m_ε so bestimmen, daß für die zugehörigen Affinumfänge die Beziehung besteht

$$(87) \qquad S_n < S(\mathfrak{K}) + \varepsilon$$

für alle $n > m_\varepsilon$.[12])

Bedeutet σ die gewöhnliche Bogenlänge und ϱ die gewöhnliche Krümmung, so ist nach (151) in § 14

$$S_n = \oint_{\mathfrak{E}_n} \varrho^{-1/3}\, d\sigma.$$

Nun ist nach (12)

$$(88) \qquad S_n^3 = \left(\oint \varrho^{-1/3}\, d\sigma\right)^3 = \oiiint \varrho^{-1/3}(\sigma_1)\cdot\varrho^{-1/3}(\sigma_2)\cdot\varrho^{-1/3}(\sigma_3)\, d\sigma_1\, d\sigma_2\, d\sigma_3$$
$$\leqq \tfrac{1}{3} \oiiint \left(\varrho^{-1}(\sigma_1) + \varrho^{-1}(\sigma_2) + \varrho^{-1}(\sigma_3)\right) d\sigma_1\, d\sigma_2\, d\sigma_3.$$

Wenn wir

$$\oint_{\mathfrak{E}_n} d\sigma = \Sigma_n$$

setzen, so ist also

$$(89) \qquad S_n^3 \leqq 2\,\pi\,\Sigma_n{}^2.$$

Der Kreis $\mathfrak{K}$ habe den Halbmesser r. Liegt nun $\mathfrak{E}_n$ ganz im Innern eines Kreises mit dem Radius $r + \delta$, so ist

$$\Sigma_n < 2\,\pi\,(r + \delta)$$

und daher

$$(90) \qquad S_n < 2\,\pi\,(r + \delta)^{2/3}$$

oder

$$(87) \qquad S_n < S(\mathfrak{K}) + \varepsilon.$$

Um jetzt den Beweis für die isoperimetrische Eigenschaft der Ellipse zu Ende zu bringen, brauchen wir ähnlich wie in § 98 des ersten Bandes nur zu zeigen:

---

[12]) *A. Winternitz*: Hamburger Abhandlungen **1** (1922), S. 101.

Beim Symmetrisieren wächst im allgemeinen der Affinumfang einer Eilinie und er bleibt nur dann unverändert, wenn die zur Symmetrisierungsrichtung gehörige Schwerlinie eine Gerade ist.

Wegen des Konvergenzsatzes von *W. Groß* (§ 99 des ersten Bandes) wird damit die Maximumeigenschaft der Ellipse bewiesen, und weil die Ellipsen die einzigen Eilinien mit geraden Schwerlinien sind (§ 9), ist dann auch der Einzigkeitsbeweis erledigt. Der Nachweis unseres letzten Hilfssatzes ist aber eine einfache Differentiationsaufgabe.

Wir stellen $\mathfrak{E}$ durch einen Parameter p dar, indem wir die „obere" und „untere" Hälfte $\overline{\mathfrak{E}}$ und $\underline{\mathfrak{E}}$ trennen:

$$(91) \quad \begin{aligned} \overline{\mathfrak{E}} &\ldots x_1 = x_1(p), \quad x_2 = \bar{x}_2(p); \quad 0 \leq p \leq 1; \quad x_1'\bar{x}_2'' - \bar{x}_2'x_1'' < 0, \\ \underline{\mathfrak{E}} &\ldots x_1 = x_1(p), \quad x_2 = \underline{x}_2(p); \quad 0 \leq p \leq 1; \quad x_1'\underline{x}_2'' - \underline{x}_2'x_1'' > 0 \end{aligned}$$
$$x_1' \geq 0.$$

Wir setzen

$$(92) \qquad x_2(p, t) = \frac{1+t}{2}\bar{x}_2(p) - \frac{1-t}{2}\underline{x}_2(p)$$

und

$$(93) \quad \Phi(t) = \int_0^1 \left\{ \frac{dx_2}{dp}\frac{d^2x_1}{dp^2} - \frac{dx_1}{dp}\frac{d^2x_2}{dp^2} \right\}^{1/3} dp = \int_0^1 \left\{ x_2'x_1'' - x_1'x_2'' \right\}^{1/3} dp.$$

Dann gilt für den Affinumfang der ursprünglichen Eilinie

$$(94) \qquad S = \Phi(+1) + \Phi(-1)$$

und für den der symmetrisierten

$$(95) \qquad S^* = 2\,\Phi(0).$$

Wir wollen zeigen, daß

$$(96) \qquad \Phi(+1) - 2\,\Phi(0) + \Phi(-1) \leq 0$$

ist oder, was nach § 98 des ersten Bandes die Beziehung (96) nach sich zieht,

$$(97) \qquad \frac{d^2}{dt^2}\Phi(t) = \ddot{\Phi}(t) \leq 0 \quad \text{für} \quad |t| < 1$$

nachweisen. Wir finden durch Ableitung aus (93)

$$(98) \qquad \ddot{\Phi}(t) = \frac{1}{18}\int_0^1 \frac{\{x_1'(\bar{x}_2'' - \underline{x}_2'') - (\bar{x}_2' - \underline{x}_2')x_1''\}^2}{(x_1'x_2'' - x_2'x_1'')^{5/3}}\,dp.$$

Da nach (91) und (92)

$$(99) \qquad x_1'x_2'' - x_2'x_1'' > 0,$$

ist also wirklich $\ddot{\Phi}(t) \geq 0$. Soll $\ddot{\Phi} = 0$ sein, so muß

$$(100) \qquad x_1'(\bar{x}_2'' - \underline{x}_2'') - (\bar{x}_2' - \underline{x}_2')x_1'' = 0$$

sein. Durch Integration dieser Differentialgleichung für $\bar{x}_2 - \underline{x}_2$ folgt

$$(101) \qquad \bar{x}_2 - \underline{x}_2 = a + b\,x_1.$$

Das heißt also: Die Sehnenmitten liegen auf einer Geraden.

§ 27. Aufgaben und Lehrsätze.

1. **Die Größteigenschaft der Parabel.** Man leite das Endergebnis von § 16 mittels der Ungleichheit von *O. Hölder* (Göttinger Nachrichten 1889) und *J. L. W. V. Jensen* (Acta Mathematica **30**) her. Dazu setze man den Kurvenbogen der Vergleichskurve etwa in der Form an

$$(102) \qquad \begin{aligned} x_1 &= \tfrac{1}{2}\,t^2 + g(t), \quad x_2 = \tfrac{1}{2}(1-t)^2 + g(t); \quad 0 < t < 1, \\ g(t) &= \dot{g}(t) = 0 \quad \text{für} \quad t = 0,1. \end{aligned}$$

Dann wird $(\ddot{\mathfrak{x}}, \ddot{\mathfrak{x}}) = 1 + \ddot{g}$ und für $1 + \ddot{g} \geqq 0$

$$(103) \qquad \int\limits_0^1 (\ddot{\mathfrak{x}}, \ddot{\mathfrak{x}})^{1/3}\,dt = \int\limits_0^1 (1 + \ddot{g})^{1/3}\,dt \leqq \Big\{ \int\limits_0^1 (1 + \ddot{g})\,dt \Big\}^{1/3} = 1.$$

2. **Über elliptisch gekrümmte Eilinien.** Es sei $\mathfrak{E}$ eine elliptisch gekrümmte Eilinie. Ein Punkt, der im Innern aller die Eilinie sechspunktig berührender Ellipsen liegt, liegt auch im Innern jeder Ellipse, die $\mathfrak{E}$ in fünf Punkten schneidet.

3. **Vergleich der Affinumfänge elliptisch gekrümmter Eilinien.** Liegt von zwei elliptisch gekrümmten Eilinien die eine ganz innerhalb der andern, so hat die innere den kleineren Affinumfang.

4. **Abschätzung des Affinumfangs.** $\mathfrak{x}(s)$ sei eine elliptisch gekrümmte Eilinie, $0 \leqq s \leqq S$, $(\mathfrak{x}', \mathfrak{x}'') = 1$, $\mathfrak{x}''' + k\mathfrak{x}' = 0$, $k > 0$. Ferner seien $\underline{k}$ und $\bar{k}$ der kleinste und der größte Wert ihrer Affinkrümmung; dann gelten für den Affinumfang S der Eilinie die Beziehungen

$$(104) \qquad \frac{2\pi}{\sqrt{\bar{k}}} \leqq S \leqq \frac{2\pi}{\sqrt{\underline{k}}}.$$

Den Beweis führt man am einfachsten mittels der Sätze von *Sturm*, Bd. 1, § 84.

5. **Eine Integralgleichung für die Ellipsen.** Es sei $f(x)$ für $x \geqq 0$ eine positive, monoton wachsende Funktion, $|\mathfrak{p}\,\mathfrak{p}_1\,\mathfrak{p}_2|$ die absolut genommene Dreiecksfläche mit den Ecken $\mathfrak{p}_k$ und dF_k das Flächenelement an der Stelle $\mathfrak{p}_k$. Hat dann das Integral

$$(105) \qquad \iint\limits_{\mathfrak{B}\,\mathfrak{B}} f(|\mathfrak{p}\,\mathfrak{p}_1\,\mathfrak{p}_2|)\,dF_1 \cdot dF_2,$$

zweimal über alle Punkte $\mathfrak{p}_k$ eines Eibereiches $\mathfrak{B}$ erstreckt, für alle Randpunkte $\mathfrak{p}$ von $\mathfrak{B}$ denselben Wert, so wird $\mathfrak{B}$ von einer Ellipse umschlossen. *W. Blaschke*, Leipziger Berichte **70** (1918), S. 177—184.

6. Paare von Eibereichen mit gemeinsamen Schwerlinien. Zwei Eibereiche derselben Ebene sollen von jeder Geraden, die beide trifft, in Sehnen mit gemeinsamem Mittelpunkt getroffen werden. Man zeige, daß beide von Ellipsen berandet sind, ohne irgendwelche einschränkende Regularitätsannahmen zu machen. Vgl. § 17.

7. Extremeigenschaft der Ellipse. Man führe den Beweis für die in § 22 erörterte Extremeigenschaft der Ellipse ohne die einschränkenden Regularitätsannahmen für die zulässigen Eilinien. Vgl. *W. Groß*, Leipziger Berichte **70** (1918), S. 38—40.

8. Die Trägheitsellipse von *Legendre*. Es sei $\mathfrak{B}$ ein beliebiger Eibereich, dF sein Flächenelement an der Stelle x_1, x_2. Dann ist

$$(106) \qquad \int_{\mathfrak{B}} (u_1^2 x_1^2 + u_2^2 x_2^2)\, dF = C \cdot F \cdot p^2$$

die Gleichung einer mit $\mathfrak{B}$ kovarianten Ellipse in Linienkoordinaten, wenn wir die Gleichung einer Geraden in der Form

$$(107) \qquad u_1 x_1 + u_2 x_2 = p$$

ansetzen und C eine Konstante bedeutet. Man zeige, daß der Flächeninhalt dieser Ellipse bei gegebenem Flächeninhalt von $\mathfrak{B}$ seinen kleinsten Wert erreicht, wenn $\mathfrak{B}$ ebenfalls eine Ellipse ist. *W. Blaschke*, Leipziger Berichte **70** (1918), S. 72—75.

9. Bestimmte Integrale. Es sei $\mathfrak{p}_k$ ein Punkt des Eikörpers $\mathfrak{K}$ und dV_k das Raumelement von $\mathfrak{K}$ an der Stelle $\mathfrak{p}_k$. Man berechne das Integral

$$(108) \qquad \iiint\limits_{\mathfrak{K}\,\mathfrak{K}\,\mathfrak{K}\,\mathfrak{K}} \int | \mathfrak{p}_1\, \mathfrak{p}_2\, \mathfrak{p}_3\, \mathfrak{p}_4 |^\nu\, dV_1\, dV_2\, dV_3\, dV_4$$

für $\nu = 1, 2$, wobei der Integrand eine Potenz des absolut genommenen Rauminhalts des Vierflachs mit den Ecken $\mathfrak{p}_k$ bedeutet, unter Verwendung von *L. Dirichlet*s diskontinuierlichem Faktor (vgl. Werke I, S. 383), wenn $\mathfrak{K}$ ein Ellipsoid oder ein Vierflach ist.

10. Noch eine Extremeigenschaft der Ellipse. Es sei $\mathfrak{B}$ ein ebener Eibereich vom Flächeninhalt F. Wir bestimmen ein flächengleiches Dreieck $\mathfrak{D}$ so, daß der Flächeninhalt G, der gleichzeitig in $\mathfrak{B}$ und $\mathfrak{D}$ liegt, möglichst groß ausfällt. Dann gibt es eine Konstante c derart, daß

$$(109) \qquad G \geq cF$$

ist und nur dann das Gleichheitszeichen gilt, wenn $\mathfrak{B}$ eine elliptische Scheibe ist.

11. Extremeigenschaft des Parallelogramms. Ist F der Inhalt eines ebenen Eibereiches $\mathfrak{B}$, $\varDelta$ des kleinsten $\mathfrak{B}$ enthaltenden Dreiecks, so ist

$$(110) \qquad 2F \geq \varDelta$$

und nur dann $2F = \varDelta$, wenn $\mathfrak{B}$ ein Parallelogramm ist. *W. Groß*: Leipziger Berichte **70** (1918), S. 40.

12. Eine Verallgemeinerung des Vierscheitelsatzes. Zwei Eilinien $(\mathfrak{x})$ und $(\bar{\mathfrak{x}})$ seien durch parallele Stützgeraden (Fig. 32, S. 66) aufeinander bezogen; dann hat das Verhältnis $d\mathfrak{x} : d\bar{\mathfrak{x}}$ entsprechender Linienelemente mindestens vier Extreme. Ist $(\bar{\mathfrak{x}})$ insbesondere ein Kreis, so gibt das den Vierscheitelsatz in § 9 des ersten Bandes.

13. Konvergenzsatz von *Biel*. Durch wiederholte Schüttlung eines Eibereichs $\mathfrak{B}$ kann man einen Eibereich $\mathfrak{B}_n$ herstellen, der sich nur beliebig wenig von einem zu $\mathfrak{B}$ flächengleichen Dreieck unterscheidet. *Th. Biel*: Hamburger Abhandlungen **2** (1923).

14. Eilinien mit sechs sextaktischen Punkten. Eine Eilinie mit sechs sextaktischen Punkten hat höchstens drei Symmetriegeraden.

15. Eine Ungleichheit für Eilinien. Ist $\underline{k}$ das Minimum, $\bar{k}$ das Maximum der Affinkrümmung, S der Affinumfang und F der Inhalt des umschlossenen Eibereichs, so ist

$$(111) \qquad \underline{k} \leqq \frac{S}{2F} \leqq \bar{k}.$$

16. Größtdreieck mit festem Punkt. $\mathfrak{B}$ sei ein Eibereich vom Inhalt F und $\varDelta$ das Maximum des Inhalts eines Dreiecks $\mathfrak{o}\,\mathfrak{p}_1\,\mathfrak{p}_2$, von dem eine Ecke $\mathfrak{o}$ im Innern von $\mathfrak{B}$ festliegt und die beiden andern $\mathfrak{B}$ durchlaufen. Dann ist

$$(112) \qquad \varDelta \geqq \frac{1}{2\pi} F.$$

Das Gleichheitszeichen gilt nur, wenn $\mathfrak{B}$ eine Ellipse und $\mathfrak{o}$ ihr Mittelpunkt ist. (Beweis nach § 22.)

17. Eine Vermutung von *R. Courant* über die dichteste gitterförmige Lagerung von Eibereichen. Es sei $\mathfrak{B}$ ein Eibereich, $\mathfrak{p}$ und $\mathfrak{q}$ zwei Vektoren in der Ebene von $\mathfrak{B}$; $\mathfrak{B}_{nm} = \mathfrak{B} + n\mathfrak{p} + m\mathfrak{q}$ der Bereich, den man aus $\mathfrak{B}$ durch Verschiebung um den Vektor $n\mathfrak{p} + m\mathfrak{q}$ erhält. $\mathfrak{p}$ und $\mathfrak{q}$ sollen so gewählt sein, daß die Bereiche $\mathfrak{B}_{nm} (n, m = 0, \pm 1, \pm 2, \pm 3, \ldots)$ keine inneren Punkte gemein haben. Ferner habe das Parallelogramm $\mathfrak{x} = \lambda\mathfrak{p} + \mu\mathfrak{q}; \; 0 < \lambda < 1, \; 0 < \mu < 1$ die Fläche P und die innerhalb des Parallelogramms von allen $\mathfrak{B}_{nm}$ überdeckte Fläche sei F. Von *Lord Kelvin* und *H. Minkowski* wurde 1904 die Frage nach der „dichtesten Lagerung" gestellt: Be gegebenem $\mathfrak{B}$ sollen $\mathfrak{p}$ und $\mathfrak{q}$ so bestimmt werden, daß $F : P$ seinen größtmöglichen Wert, er heiße $M_{\mathfrak{B}}$, erreicht. *Courant*s Vermutung lautet nun: *Es ist*

$$(113) \qquad M_{\mathfrak{B}} \geqq \frac{\pi}{2\sqrt{3}}$$

und nur dann $=$, wenn $\mathfrak{B}$ von einer Ellipse begrenzt wird.

Wir fügen noch einige Sätze über Eilinien an, deren Hauptgedanke auf *H. Brunn* zurückgeht, von dem 1887 und 1889 zwei Schriften unter den Titeln „Über Ovale und Eiflächen" und „Kurven ohne Wendepunkte" erschienen sind, die eine Fülle neuer und schöner geometrischer Ergebnisse enthalten. Einen Teil dieser Ergebnisse hat *H. Minkowski* aufgegriffen und insbesondere in seiner 1903 in den Mathematischen Annalen 57 gedruckten Arbeit „Volumen und Oberfläche" zu einer der schönsten geometrischen Theorien ausgebaut.

18. Ungleichheit von *Brunn* und *Minkowski* für den gemischten Flächeninhalt. Es seien $\mathfrak{x}_i$ zwei Randpunkte mit gleichsinnig parallelen Stützgeraden zweier Eibereiche $\mathfrak{B}_i$, die die $\mathfrak{B}_i$ links liegen lassen (Fig. 32). Unter dem **gemischten Flächeninhalt** von $\mathfrak{B}_i$ und $\mathfrak{B}_k$ versteht man das im positiven Umlaufsinn genommene Integral

$$(114) \qquad F_{ik} = \tfrac{1}{2} \oint (\mathfrak{x}_i, d\mathfrak{x}_k) = \tfrac{1}{2} \oint (\mathfrak{x}_k, d\mathfrak{x}_i).$$

Insbesondere ist dann F_{ii} der gewöhnliche Flächeninhalt von $\mathfrak{B}_i$. Zwischen den gemischten Flächeninhalten besteht die Beziehung

$$(115) \qquad F_{11} F_{22} - F_{12}^2 \leqq 0.$$

Ist $\mathfrak{B}_2$ der Einheitskreis, so geht (115) in die isoperimetrische Ungleichheit § 26 (42) des ersten Bandes über. Der dort für den Sonderfall durchgeführte Beweis von *G. Frobenius* läßt sich auch für den vor-

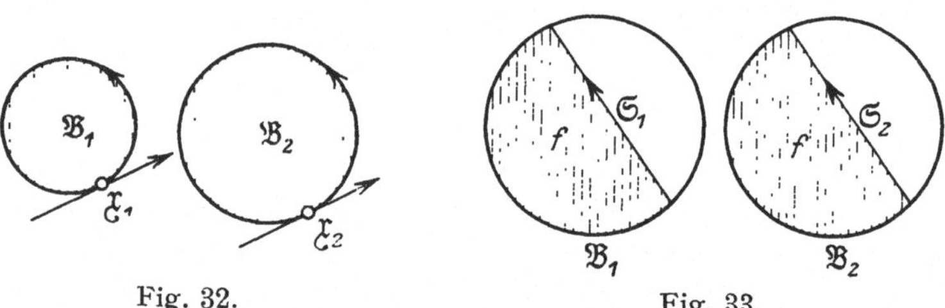

Fig. 32.   Fig. 33.

liegenden allgemeineren Fall zurechtrichten. Im übrigen ist der wesentliche Gedanke dieses Beweises vor *Frobenius* von *C. Crone*, Nyt Tidskrift f. Math. Bd. 4 XV (1904), S. 73—75 angegeben worden. Auf diesem Wege ergibt sich auch am leichtesten:

19. *Minkowskis* Einzigkeitssatz. In (115) gilt dann und nur dann die Gleichheit, wenn $\mathfrak{B}_1$ und $\mathfrak{B}_2$ ähnlich sind und gleichsinnig ähnlich liegen. *Minkowskis* ursprünglicher Nachweis verwandte den

20. Hilfssatz über gleichgeschichtete Eibereiche. Zwei Eibereiche $\mathfrak{B}_i$ einer Ebene mögen beide denselben Flächeninhalt $F_{11} = F_{22} = F$ besitzen. Wir ziehen dann zwei parallele Sehnen $\mathfrak{S}_i$ der $\mathfrak{B}_i$, so daß „links" von $\mathfrak{S}_i$ beidemal die gleiche Fläche f von $\mathfrak{B}_i$ liegt (Fig. 33). Haben dann für jede Richtung der $\mathfrak{S}_i$ und für jedes f $(0 \leqq f \leqq F)$ die Sehnen $\mathfrak{S}_i$ stets die gleiche Länge s, so gehen die $\mathfrak{B}_i$ durch

Schiebung ineinander über. Der umständliche Beweis *Minkowski*s läßt sich, wie *J. Radon* und *A. Winternitz* bemerkt haben, so vereinfachen. Es sei $p_i(f)$ der Abstand der Sehne $\mathfrak{S}_i$ vom Schwerpunkt des homogenen $\mathfrak{B}_i$ und $p_i(F) = h_i$. Dann ist

$$(116) \qquad \int_0^F p_i \, df = \int_0^F p_i s_i \, dp_i = 0$$

und durch Integration nach Teilen

$$(117) \qquad \int_0^F p_i \, df = h_i F - \int_0^F f \, dp_i.$$

Somit wegen $dp_1 = dp_2$, was sich aus $s \, dp_1 = s \, dp_2 = df$ ergibt, $h_1 = h_2$, w. z. b. w.

21. Verschärfung der Ungleichheit von *Brunn* und *Minkowski*. Mit dem Verfahren von *Crone* und *Frobenius* läßt sich (115) durch folgende schärfere Ungleichheit ersetzen

$$(118) \quad \frac{2}{F_{11}} \left(F_{12}^2 - F_{11} F_{22} \right)^{\frac{1}{3}} \geqq \text{obere Grenze} \left(\frac{D_2}{D_1} \right)^{\frac{1}{2}} - \text{untere Grenze} \left(\frac{D_2}{D_1} \right)^{\frac{1}{2}}.$$

Darin bedeuten D_1 und D_2 die Flächeninhalte zweier $\mathfrak{B}_1$ und $\mathfrak{B}_2$ gleichsinnig parallel umschriebener Dreiecke. Darin liegt ein neuer Beweis von *Minkowski*s Einzigkeitssatz. *W. Blaschke*, Hamburger Abhandlungen 1 (1922), S. 206—209. Wählt man $\mathfrak{B}_2$ insbesondere als Einheitskreis, so findet man eine Ungleichheit von *T. Bonnesen* wieder, nämlich

$$(119) \qquad L^2 - 4\pi F \geqq \pi^2 (R - r)^2.$$

Darin bedeuten F den Flächeninhalt, L den Umfang, R den Halbmesser des kleinsten umschriebenen und r des größten einbeschriebenen Kreises von $\mathfrak{B}_1$. Vgl. *T. Bonnesen*, Mathem. Annalen 84 (1921), S. 216—227. Nebenbei: Die „wahre" Konstante in (119) ist nicht π^2 sondern 4π, wie kürzlich *Bonnesen* ebenfalls bemerkt hat.

22. Eine Extremeigenschaft des Dreiecks und der Ellipse. Es seien $\mathfrak{x}$ und $\mathfrak{y}$ zwei Randpunkte eines Eibereichs $\mathfrak{B}$ vom Flächeninhalt F und es bedeute $|d\mathfrak{x}, d\mathfrak{y}|$ den Absolutwert der Determinante aus den beiden vektoriellen Randelementen von $\mathfrak{B}$ bei $\mathfrak{x}$ und $\mathfrak{y}$. Dann gelten für das Integral

$$(120) \qquad J = \oint \oint |d\mathfrak{x}, d\mathfrak{y}|$$

die Ungleichheiten

$$(121) \qquad J \geqq 8F, \qquad J \leqq 12F$$

und zwar gilt in der ersten die Gleichheit nur dann, wenn $\mathfrak{B}$ einen Mittelpunkt hat, in der zweiten, wenn $\mathfrak{B}$ ein Dreieck ist. Das erste Ergebnis läßt sich aus (115) folgern. Die Frage läßt sich auch so stellen: Man verschiebe einen Eibereich derart in seiner Ebene, daß sein Rand dabei durch einen festen Punkt läuft. Wann hat der hierbei überstrichene Flächeninhalt seinen größten oder kleinsten Wert? *W. Blaschke,* Archiv f. Math. **28** (1920), S. 74. *H. Rademacher,* Hamburger Abhandlungen **3** (1923).

23. Ein Sechsscheitelsatz. Es sei $\mathfrak{E}$ eine Eilinie. Man soll eine zu $\mathfrak{E}$ flächengleiche Ellipse $\overline{\mathfrak{E}}$ so bestimmen, daß der gemischte Flächeninhalt von $\mathfrak{E}$ und $\overline{\mathfrak{E}}$ möglichst klein wird. Man erweise zunächst das Vorhandensein einer Lösung. Bedeuten ferner $\mathfrak{x}_1$ und $\mathfrak{x}_2$ wie in Aufgabe 18 (Fig. 32) zugeordnete Punkte von $\mathfrak{E}$ und $\overline{\mathfrak{E}}$, so bilden wir aus deren Koordinaten die Integrale

$$(122) \qquad\qquad T_{ik} = \oint x_i \cdot d x_k.$$

Dann ist

$$(123) \qquad\qquad T_{ik} + T_{ki} = 0.$$

Führen wir die lösende Ellipse $\overline{\mathfrak{E}}$ durch eine Affinität in einen Kreis über, so entsteht durch dieselbe Affinität aus $\mathfrak{E}$ eine Eilinie $\mathfrak{E}^*$. Entwickelt man dessen Krümmungshalbmesser ϱ in eine *Fourier*reihe nach dem Winkel τ der Tangente mit einer festen Richtung, so sieht sie so aus:

$$(124) \qquad\qquad \varrho \sim a_0 + \sum_3^\infty (a_k \cos k\tau + b_k \sin k\tau).$$

Daraus kann man nach einer Überlegung von *J. Liouville* schließen, daß $\varrho - a_0$ mindestens sechs Nullstellen, also ϱ mindestens sechs Extreme, d. h. $\mathfrak{E}^*$ mindestens sechs Scheitel (§ 9 des ersten Bandes) hat. Man kann also jede Eilinie affin so transformieren, daß die Transformierte mindestens sechs Scheitel bekommt. Vgl. *W. Blaschke* in der Zeitschrift „Christian Huygens" **2** (1923). *Liouville*s Satz über die Nullstellen in Liouvilles Journal (1) **1** (1836), S. 264. Später hat *A. Hurwitz* diesen Satz wiederentdeckt, Mathem. Annalen **57** (1903), S. 444.

24. Weitere isoperimetrische Eigenschaften der Ellipse. Aus (86) und (115) folgt: Unter allen Eilinien mit gegebenem Flächeninhalt haben die Ellipsen das größte Integral der Affinkrümmung

$$(125) \qquad\qquad \int k \cdot ds.$$

Ferner: Unter allen flächengleichen Eilinien liefern die Ellipsen den größten Flächeninhalt für die Eilinie, die aus der ursprünglichen durch die Polarität an dem Einheitskreis um den Flächenschwerpunkt entsteht. *W. Blaschke,* Leipziger Berichte **69** (1917), S. 311.

3. Kapitel.

Raumkurven.

§ 28. Vektoren im Raum.

Wenn wir nunmehr zur Theorie der Raumkurven übergehen, so
können wir uns merklich kürzer fassen als im vorhergehenden. Denn
die meisten Überlegungen, die hier anzustellen sind, lassen sich bei-
nahe wörtlich aus dem 1. Kapitel übertragen. Wir stellen die Punkte
des Raumes durch Parallelkoordinaten x_1, x_2, x_3 dar und schreiben
das Vektorsymbol $\mathfrak{x}$ hier statt des Zahlentripels $\{x_1, x_2, x_3\}$. Dann
ist der analytische Ausdruck für eine räumliche Affinität, die die
Punkte $\mathfrak{x}$ in $\mathfrak{x}^*$ überführt,

$$
(1) \quad
\begin{aligned}
x_1^* &= a_{10} + a_{11}\, x_1 + a_{12}\, x_2 + a_{13}\, x_3, \\
x_2^* &= a_{20} + a_{21}\, x_1 + a_{22}\, x_2 + a_{23}\, x_3, \\
x_3^* &= a_{30} + a_{31}\, x_1 + a_{32}\, x_2 + a_{33}\, x_3,
\end{aligned}
\qquad
d =
\begin{vmatrix}
a_{11} & a_{12} & a_{13} \\
a_{21} & a_{22} & a_{23} \\
a_{31} & a_{32} & a_{33}
\end{vmatrix}
\neq 0.
$$

Die inverse Abbildung, die $\mathfrak{x}$ durch $\mathfrak{x}^*$ ausdrückt und die aus zwei
hintereinander ausgeführten Affinitäten $\mathfrak{x} \to \mathfrak{x}^*$, $\mathfrak{x}^* \to \mathfrak{x}^{**}$ zusammen-
gesetzte Transformation $\mathfrak{x} \to \mathfrak{x}^{**}$ ist wieder eine affine Abbildung.
Die räumlichen Affinitäten bilden also im gleichen Sinn eine Gruppe
wie die ebenen.

Die Schiebungen oder Translationen $(x_i^* = a_{i0} + x_i)$, die homogenen Affinitäten $(a_{i0} = 0;\ i = 1, 2, 3)$ und die Transformationen mit
$d = 1$ bilden Untergruppen.

Die Determinante

$$
(2) \qquad
\tfrac{1}{6}\,(\mathfrak{x}\,\mathfrak{y}\,\mathfrak{z}) = \tfrac{1}{6}
\begin{vmatrix}
x_1 & x_2 & x_3 \\
y_1 & y_2 & y_3 \\
z_1 & z_2 & z_3
\end{vmatrix}
$$

erklärt uns den *Inhalt des Tetraeders*, das den Ursprung und die
Punkte $\mathfrak{x}$, $\mathfrak{y}$, $\mathfrak{z}$ — in dieser Reihenfolge — zu Ecken hat. Wann
ist dieser Ausdruck positiv? Die Vektoren $\mathfrak{x}$ und $\mathfrak{y}$ bestimmen in
der Ebene, die von den Vektoren $\mathfrak{a} = \lambda_1\,\mathfrak{x} + \lambda_2\,\mathfrak{y}$ überstrichen wird,
einen Umlaufssinn, nämlich den Umlaufungssinn des Dreiecks, das

den Ursprung und die Punkte $\mathfrak{x}$ und $\mathfrak{y}$ in dieser Reihenfolge zu Ecken hat. Dazu gibt der dritte Vektor $\mathfrak{z}$ eine Richtung, die vom Ursprung zum Punkte $\mathfrak{z}$ hinführt. Wenn $\mathfrak{z}$ nicht in der Ebene der Vektoren $\mathfrak{a}$ liegt, ist dadurch ein räumlicher „Schraubungs‟- oder „Windungssinn‟ festgelegt. Ist $(\mathfrak{x}\,\mathfrak{y}\,\mathfrak{z}) > 0$, so stimmt der Windungssinn dieses Tetraeders mit dem des Einheitstetraeders oder des Koordinatensystems überein, und wenn wir unser Koordinatensystem positiv gewunden nennen, so bedeutet also

$$(\mathfrak{x}\,\mathfrak{y}\,\mathfrak{z}) > 0,$$

daß die Vektoren $\mathfrak{x},\mathfrak{y},\mathfrak{z}$ eine positive Schraubung, und

$$(\mathfrak{x}\,\mathfrak{y}\,\mathfrak{z}) < 0,$$

daß sie eine negative Schraubung bestimmen. — Da bei einer homogenen Affinität $(a_{i0} = 0)$ nach dem Multiplikationsatz für Determinanten

$$(3) \qquad (\mathfrak{x}^*\,\mathfrak{y}^*\,\mathfrak{z}^*) = d \cdot (\mathfrak{x}\,\mathfrak{y}\,\mathfrak{z}),$$

so heißen die Transformationen mit $d = 1$ *raumtreue* oder *inhaltstreue* Affinitäten. Auf die Invarianten gegen solche Affinitäten werden wir unser Augenmerk richten.

Ein Vektor $\mathfrak{x} = \{x_1,\, x_2,\, x_3\}$ im strengen Sinne ist dadurch gekennzeichnet, daß seine Komponenten bei einer Affinität (1) die zugehörige *homogene* Substitution $(a_{k0} = 0)$ erfahren. Als Rechenregeln für Vektoren merken wir uns die folgenden an:

Aus der Erklärung (2) folgt

$$(4) \qquad (\mathfrak{x}\,\mathfrak{y}\,\mathfrak{z}) = -(\mathfrak{x}\,\mathfrak{z}\,\mathfrak{y}) = -(\mathfrak{y}\,\mathfrak{x}\,\mathfrak{z}) = (\mathfrak{y}\,\mathfrak{z}\,\mathfrak{x}) = (\mathfrak{z}\,\mathfrak{x}\,\mathfrak{y}) = -(\mathfrak{z}\,\mathfrak{y}\,\mathfrak{x})$$

und weiter

$$(5) \qquad (\lambda_1\,\mathfrak{x}_1 + \lambda_2\,\mathfrak{x}_2,\, \mathfrak{y},\, \mathfrak{z}) = \lambda_1\,(\mathfrak{x}_1\,\mathfrak{y}\,\mathfrak{z}) + \lambda_2\,(\mathfrak{x}_2\,\mathfrak{y}\,\mathfrak{z}).$$

Die Beziehung

$$(6) \qquad (\mathfrak{x}\,\mathfrak{y}\,\mathfrak{z}) = 0$$

bedeutet, daß die drei Vektoren linear abhängen, d. h. zu einer Ebene parallel sind. Es gibt dann drei Zahlen a, b, c, die nicht alle null sind, so daß $a\,\mathfrak{x} + b\,\mathfrak{y} + c\,\mathfrak{z} = 0$ wird.

Schließlich definieren wir noch zwei verschiedene Produktbildungen für Vektoren.

$$(7) \qquad \mathfrak{x} \cdot \mathfrak{Y} = x_1\,Y_1 + x_2\,Y_2 + x_3\,Y_3$$

soll das „*skalare Produkt von* $\mathfrak{x}$ *und* $\mathfrak{Y}$‟ heißen. Man sieht, daß

$$(8) \qquad (\lambda_1\,\mathfrak{x}_1 + \lambda_2\,\mathfrak{x}_2) \cdot \mathfrak{Y} = \lambda_1\,\mathfrak{x}_1 \cdot \mathfrak{Y} + \lambda_2\,\mathfrak{x}_2 \cdot \mathfrak{Y}$$

und

$$(9) \qquad \mathfrak{x} \cdot \mathfrak{Y} = \mathfrak{Y} \cdot \mathfrak{x}$$

ist. Den Multiplikationspunkt werden wir meist weglassen.

Wenn wir die drei Vektoren zu den Einheitspunkten des Koordinatensystems $\{1, 0, 0\}$ $\{0, 1, 0\}$ $\{0, 0, 1\}$ mit $\mathfrak{e}_1, \mathfrak{e}_2, \mathfrak{e}_3$ bezeichnen, so erklären wir als *vektorielles Produkt (oder Vektorprodukt) von $\mathfrak{x}$ und $\mathfrak{y}$*, in Zeichen

$$(10) \qquad \mathfrak{Z} = \mathfrak{x} \times \mathfrak{y},$$

ein Gebilde mit den Komponenten

$$(11) \qquad Z_1 = (\mathfrak{e}_1 \mathfrak{x} \mathfrak{y}), \qquad Z_2 = (\mathfrak{e}_2 \mathfrak{x} \mathfrak{y}), \qquad Z_3 = (\mathfrak{e}_3 \mathfrak{x} \mathfrak{y}).$$

Das Verschwinden von $\mathfrak{Z}$ ist die notwendige und hinreichende Bedingung für die lineare Abhängigkeit von $\mathfrak{x}, \mathfrak{y}$ $(a\mathfrak{x} + b\mathfrak{y} = 0)$.

Es ist

$$(12) \qquad \mathfrak{x} \times \mathfrak{y} = - \mathfrak{y} \times \mathfrak{x}$$

und

$$(13) \qquad (\lambda_1 \mathfrak{x}_1 + \lambda_2 \mathfrak{x}_2) \times \mathfrak{y} = \lambda_1 (\mathfrak{x}_1 \times \mathfrak{y}) + \lambda_2 (\mathfrak{x}_2 \times \mathfrak{y}).$$

Bilden wir noch das skalare Produkt aus dem Vektor $\mathfrak{z}$ und einem Vektorprodukt $\mathfrak{x} \times \mathfrak{y}$! Nach (7) und (11) ist

$$(14) \qquad \mathfrak{z} \cdot (\mathfrak{x} \times \mathfrak{y}) = z_1 \cdot (\mathfrak{e}_1 \mathfrak{x} \mathfrak{y}) + z_2 \cdot (\mathfrak{e}_2 \mathfrak{x} \mathfrak{y}) + z_3 \cdot (\mathfrak{e}_3 \mathfrak{x} \mathfrak{y})$$

und daher nach Regel (4) und (7).

$$(15) \qquad \mathfrak{z} \cdot (\mathfrak{x} \times \mathfrak{y}) = (\mathfrak{z} \mathfrak{x} \mathfrak{y}) = (\mathfrak{x} \mathfrak{y} \mathfrak{z}).$$

Hieraus können wir bequem die wichtigste Eigenschaft des vektoriellen Produktes ablesen, nämlich wie sich seine Komponenten bei einer inhaltstreuen Affinität ändern. Bedeutet $\mathfrak{x} \rightarrow \mathfrak{x}^*$ eine inhaltstreue Affinität $(d = 1)$, so muß nach (3) und (15) für alle $\mathfrak{z}$

$$(16) \qquad \mathfrak{z}^* \cdot \mathfrak{Z}^* = \mathfrak{z} \cdot \mathfrak{Z}$$

sein. Wir ordnen die linke Seite nach z_1, z_2, z_3 und erhalten durch Koeffizientenvergleichung

$$(17) \qquad \begin{aligned} a_{11} Z_1^* + a_{21} Z_2^* + a_{31} Z_3^* &= Z_1, \\ a_{12} Z_1^* + a_{22} Z_2^* + a_{32} Z_3^* &= Z_2, \\ a_{13} Z_1^* + a_{23} Z_2^* + a_{33} Z_3^* &= Z_3. \end{aligned}$$

Wenn wir die algebraischen Komplemente der a_{ik} mit A_{ik} bezeichnen, so finden wir durch Auflösung von (17)

$$(18) \qquad Z_i^* = A_{i1} Z_1 + A_{i2} Z_2 + A_{i3} Z_3 \qquad (i = 1, 2, 3).$$

Dieser Eigenschaft wegen heißt $\mathfrak{Z}$ ein *„kontravarianter Vektor"*; wir werden einen solchen stets mit großen deutschen Buchstaben bezeichnen. Ist

$$U_1 x_1 + U_2 x_2 + U_3 x_3 = 1$$

die Gleichung einer Ebene, so ist $\mathfrak{U} = \{U_1, U_2, U_3\}$ ein kontravarianter Vektor, und die Ebenengleichung läßt sich $\mathfrak{U} \cdot \mathfrak{x} = 1$ schreiben.

Wir heben noch drei einfache Differentiationsregeln hervor: Wenn die Vektoren $\mathfrak{x} = \mathfrak{x}(t)$, $\mathfrak{y} = \mathfrak{y}(t)$ (oder $\mathfrak{Y}$) und $\mathfrak{z} = \mathfrak{z}(t)$ von einem Parameter t abhängen, so findet man

$$(19) \qquad \frac{d(\mathfrak{x} \cdot \mathfrak{y})}{dt} = (\mathfrak{x} \cdot \mathfrak{Y})' = \mathfrak{x}' \cdot \mathfrak{Y} + \mathfrak{x} \cdot \mathfrak{Y}',$$

und

$$(20) \qquad \frac{d(\mathfrak{x} \times \mathfrak{y})}{dt} = (\mathfrak{x} \times \mathfrak{y})' = \mathfrak{x}' \times \mathfrak{y} + \mathfrak{x} \times \mathfrak{y}'$$

und

$$(21) \qquad \frac{d(\mathfrak{x}\,\mathfrak{y}\,\mathfrak{z})}{dt} = (\mathfrak{x}\,\mathfrak{y}\,\mathfrak{z})' = (\mathfrak{x}'\,\mathfrak{y}\,\mathfrak{z}) + (\mathfrak{x}\,\mathfrak{y}'\,\mathfrak{z}) + (\mathfrak{x}\,\mathfrak{y}\,\mathfrak{z}').$$

§ 29. Der ausgezeichnete Kurven-Parameter.

Die affine Differentialgeometrie der Raumkurven beginnen wir mit der Frage nach einem invarianten Kurvenparameter, der durch ein Kurvenelement möglichst niedriger Ordnung festgelegt wird[1]). Eine Raumkurve denken wir uns in Parameterdarstellung

$$\mathfrak{x}(p) = \{x_1(p),\, x_2(p),\, x_3(p)\}$$

gegeben. Die Ableitungen nach p bezeichnen wir durch Punkte oder durch eingeklammerte Buchstaben

$$(22) \qquad \dot{\mathfrak{x}} = \{\dot{x}_1,\, \dot{x}_2,\, \dot{x}_3\}, \qquad \mathfrak{x}^{(k)} = \{x_1^{(k)},\, x_2^{(k)},\, x_3^{(k)}\}.$$

Die $\mathfrak{x}^{(k)}$ sind Vektoren im strengen Sinn und nach (3) sind daher die Determinanten

$$(23) \qquad (\mathfrak{x}^{(k)}\,\mathfrak{x}^{(l)}\,\mathfrak{x}^{(m)})$$

invariant gegen raumtreue Affinitäten, aber keineswegs Invarianten der Kurve, da sie ja von der Wahl des Parameters abhängen. Insbesondere geht $(\dot{\mathfrak{x}}\,\ddot{\mathfrak{x}}\,\dddot{\mathfrak{x}})$, die Determinante von niedrigster Ordnung aus unserer Reihe, bei Einführung eines neuen Parameters $s = s(p)$ — die Ableitungen nach s mögen durch Striche angedeutet werden — in

$$(\mathfrak{x}'\,\mathfrak{x}''\,\mathfrak{x}''') \cdot \left(\frac{ds}{dp}\right)^6$$

über. Wenn wir $(\dot{\mathfrak{x}}\,\ddot{\mathfrak{x}}\,\dddot{\mathfrak{x}}) > 0$, d. h. nach der Übereinkunft im vorigen Abschnitt die Kurve $\mathfrak{x}(p)$ als „positiv gewunden" annehmen, so ist durch die Forderung

$$(24) \qquad (\mathfrak{x}'\,\mathfrak{x}''\,\mathfrak{x}''') = 1$$

ein reeller Parameter s, *der Affinbogen*, bis auf Substitutionen $\bar{s} = \pm s + a$ festgelegt. Dann wird

$$(25) \qquad s = \int (\dot{\mathfrak{x}}\,\ddot{\mathfrak{x}}\,\dddot{\mathfrak{x}})^{1/6}\, dp$$

---

[1]) Zum folgenden vgl. *G. Pick*: Leipziger Berichte **70** (1918), S. 76—90; *E. Salkowski*: ebenda S. 160—176; *G. Sannia*: Atti di Torino **57** (1922), S. 358—368.

und dementsprechend

$$(26) \qquad s_{12} = \int_{p_1}^{p_2} (\dot{\mathfrak{x}}\, \ddot{\mathfrak{x}}\, \dddot{\mathfrak{x}})^{1/6}\, d\,p$$

die *Affinlänge* des Kurvenstücks $\mathfrak{x}(p)$ $(p_1 \leqq p \leqq p_2)$.

Aus (24) folgt nun durch nochmaliges Ableiten nach s

$$(27) \qquad (\mathfrak{x}'\, \mathfrak{x}''\, \mathfrak{x}^{IV}) = 0,$$

also hängen die drei Vektoren $\mathfrak{x}^{IV}, \mathfrak{x}'', \mathfrak{x}'$ nach (6) linear von einander ab:

$$(28) \qquad \boxed{\mathfrak{x}^{IV}(s) + k(s)\,\mathfrak{x}''(s) + t(s)\,\mathfrak{x}'(s) = 0}\,.$$

Daraus ergibt sich

$$(29) \qquad k(s) = (\mathfrak{x}^{IV}\, \mathfrak{x}'\, \mathfrak{x}'''), \qquad t(s) = -(\mathfrak{x}^{IV}\, \mathfrak{x}''\, \mathfrak{x}''').$$

Wenn k und t als stetige Funktionen von s gegeben sind, so läßt sich stets eine zugehörige Kurve $\mathfrak{x}(s)$ bestimmen, die bis auf inhaltstreue Affinitäten festgelegt ist. Sind nämlich (vgl. 1. Bd., § 14) u_1, u_2, u_3 drei lineare unabhängige Lösungen der Gleichung

$$(30) \qquad u''' + k(s)\,u' + t(s)\,u = 0,$$

so ist deren *Wronski*determinante

$$(31) \qquad \begin{vmatrix} u_1 & u_2 & u_3 \\ u_1' & u_2' & u_3' \\ u_1'' & u_2'' & u_3'' \end{vmatrix} = \text{konst.} \neq 0.$$

Wir können daher die u_i so wählen, daß diese Determinante gleich 1 wird. Dann ist

$$(32) \qquad x_i' = a_{i1}\,u_1 + a_{i2}\,u_2 + a_{i3}\,u_3 \qquad (i = 1,\, 2,\, 3)$$

die allgemeine Lösung von (30), und wenn die Determinante der a_{ik} gleich 1 gewählt wird, so ist

$$(33) \qquad x_i = \int_0^s x_i'\, ds + a_{i0} \qquad (i = 1,\, 2,\, 3)$$

die Darstellung der zugehörigen Kurve $\mathfrak{x}(s)$. Man sieht, daß sie aus

$$\{\int_0^s u_1\, ds, \quad \int_0^s u_2\, ds, \quad \int_0^s u_3\, ds\}$$

durch eine allgemeine raumtreue Affinität hervorgeht.

$(\mathfrak{x}')$ nennen wir den *Tangentenvektor* und $(\mathfrak{x}'')$ den *Vektor der affinen Hauptnormalen*. Die Kurve $(\mathfrak{y} = \mathfrak{x}')$ nennen wir das *Tangentenbild* der Kurve $(\mathfrak{x})$. Seine Affinlänge ist

$$(34) \qquad \int (\mathfrak{x}''\, \mathfrak{x}'''\, \mathfrak{x}^{IV})^{1/6}\, ds = \int (-t(s))^{1/6}\, ds\,.$$

Als *kontravariantes Krümmungsbild* bezeichnen wir den Vektor

$$(35)\qquad \mathfrak{Y} = \mathfrak{x}' \times \mathfrak{x}'' = \mathfrak{y} \times \mathfrak{y}'$$

und als *kovariantes Krümmungsbild* die Kurve $(\mathfrak{z})$, deren Tangentenfläche zu $(\mathfrak{Y})$ reziprok polar bezüglich der Einheitskugel ist. Mit anderen Worten: $\mathfrak{z}(s)$ wird von den Ebenen

$$(36)\qquad \mathfrak{z}\cdot\mathfrak{Y} = 1$$

— unter $\mathfrak{z}$ für den Augenblick laufende Punktkoordinaten verstanden — eingehüllt. Nach (36) muß

$$
\begin{aligned}
\text{(a)}\qquad & (\mathfrak{z}\,\mathfrak{x}'\,\mathfrak{x}'') = 1,\\
(37)\qquad \text{(b)}\qquad & (\mathfrak{z}\,\mathfrak{x}'\,\mathfrak{x}''') = 0,\\
\text{(c)}\qquad & (\mathfrak{z}\,\mathfrak{x}''\,\mathfrak{x}''') + (\mathfrak{z}\,\mathfrak{x}'\,\mathfrak{x}^{\mathrm{IV}}) = 0
\end{aligned}
$$

sein. Wenn wir $\mathfrak{z} = \lambda_1(s)\,\mathfrak{x}' + \lambda_2(s)\,\mathfrak{x}'' + \lambda_3(s)\,\mathfrak{x}'''$ setzen, so folgt aus (a) $\lambda_3(s) = 1$, aus (b) $\lambda_2 = 0$ und aus (c) unter Berücksichtigung von (24) und (29) $\lambda_1(s) = k(s)$. Somit ist

$$(38)\qquad \mathfrak{z} = \mathfrak{x}''' + k(s)\,\mathfrak{x}'.$$

Durch Ableitung folgt hieraus wegen (28)

$$(39)\qquad \mathfrak{z}' = (k' - t)\,\mathfrak{x}',$$

das heißt: Die Kurven $(\mathfrak{x})$ und $(\mathfrak{z})$ haben in entsprechenden Punkten nicht nur parallele Schmiegebenen, sondern auch parallele Tangenten.

Fassen wir den Zusammenhang dieser verschiedenen Kurven näher ins Auge! Der Übergang vom Tangentenbild $(\mathfrak{y})$ zu einer zugehörigen Kurve $(\mathfrak{x})$ erfolgt nach Einführung des Parameters s, für den

$$(40)\qquad (\mathfrak{y}\,\mathfrak{y}'\,\mathfrak{y}'') = 1,$$

durch Integration

$$(41)\qquad \mathfrak{x} = \int \mathfrak{y}\, ds.$$

Durch die Krümmungsbilder ist aber das Tangentenbild eindeutig festgelegt. Zunächst bemerken wir, daß aus $\mathfrak{z}(p)$ der Vektor $\mathfrak{Y}(p)$ durch Ableitung nach einem beliebigen Parameter p gefunden werden kann. $(\mathfrak{Y})$ wird nämlich nach seiner Erklärung von den Ebenen

$$(42)\qquad \mathfrak{Z}\cdot\mathfrak{z} = 1$$

— $\mathfrak{Z}$ ein laufender kontravarianter Vektor — eingehüllt. Daher ist

$$(43)\qquad \mathfrak{Y}\cdot\mathfrak{z} = 1, \quad \mathfrak{Y}\cdot\dot{\mathfrak{z}} = 0, \quad \mathfrak{Y}\cdot\ddot{\mathfrak{z}} = 0.$$

Die Beziehungen des Tangenten- und des kontravarianten Krümmungsbildes sind nun aber völlig wechselseitig. Nehmen wir den Parameter s, so ist auch die Determinante

$$(44)\qquad (\mathfrak{Y}\,\mathfrak{Y}'\,\mathfrak{Y}'') = 1$$

und ferner

$$(45)\qquad \mathfrak{x}' = \mathfrak{y} = \mathfrak{Y} \times \mathfrak{Y}'.$$

In der Tat! Bei Berücksichtigung von (28) und $\mathfrak{y} = \mathfrak{x}'$ ist

$$(\mathfrak{Y}\,\mathfrak{Y}'\,\mathfrak{Y}'') = (\mathfrak{y} \times \mathfrak{y}',\ \mathfrak{y} \times \mathfrak{y}'',\ \mathfrak{y}' \times \mathfrak{y}'' + \mathfrak{y} \times \mathfrak{y}''')$$
$$= (\mathfrak{y} \times \mathfrak{y}',\ \mathfrak{y} \times \mathfrak{y}'',\ \mathfrak{y}' \times \mathfrak{y}'' - k\,(\mathfrak{y} \times \mathfrak{y}'))$$
$$= (\mathfrak{y} \times \mathfrak{y}',\ \mathfrak{y} \times \mathfrak{y}'',\ \mathfrak{y}' \times \mathfrak{y}'').$$

Also ist nach dem Multiplikationssatz für Determinanten

$$(\mathfrak{Y}\,\mathfrak{Y}'\,\mathfrak{Y}'')(\mathfrak{y}\,\mathfrak{y}'\,\mathfrak{y}'') = \begin{vmatrix} \mathfrak{y}\,(\mathfrak{y} \times \mathfrak{y}') & \mathfrak{y}\,(\mathfrak{y} \times \mathfrak{y}'') & \mathfrak{y}\,(\mathfrak{y}' \times \mathfrak{y}'') \\ \mathfrak{y}'\,(\mathfrak{y} \times \mathfrak{y}') & \mathfrak{y}'\,(\mathfrak{y} \times \mathfrak{y}'') & \mathfrak{y}'\,(\mathfrak{y}' \times \mathfrak{y}'') \\ \mathfrak{y}''\,(\mathfrak{y} \times \mathfrak{y}') & \mathfrak{y}''\,(\mathfrak{y} \times \mathfrak{y}'') & \mathfrak{y}''\,(\mathfrak{y}' \times \mathfrak{y}'') \end{vmatrix}.$$

Wegen der Regel (15) folgt hieraus

$$(\mathfrak{Y}\,\mathfrak{Y}'\,\mathfrak{Y}'')(\mathfrak{y}\,\mathfrak{y}'\,\mathfrak{y}'') = \begin{vmatrix} 0 & 0 & 1 \\ 0 & -1 & 0 \\ 1 & 0 & 0 \end{vmatrix} = 1$$

und nach (40) ergibt sich somit die Richtigkeit von (44).

Der zweite Teil der Behauptung folgt aus

$$\begin{aligned} &\text{(a)} & \mathfrak{y}\,\mathfrak{Y} &= (\mathfrak{y}\,\mathfrak{y}\,\mathfrak{y}') = 0, \\ \text{(46)}\quad &\text{(b)} & \mathfrak{y}\,\mathfrak{Y}' &= (\mathfrak{y}\,\mathfrak{y}\,\mathfrak{y}'') = 0, \\ &\text{(c)} & \mathfrak{y}\,\mathfrak{Y}'' &= (\mathfrak{y}\,\mathfrak{y}'\,\mathfrak{y}'') = 1. \end{aligned}$$

Die Gleichungen (a) und (b) zeigen, daß $\mathfrak{y}$ zu $\mathfrak{Y} \times \mathfrak{Y}'$ proportional, die Gleichung (c) in Verbindung mit (44), daß der Proportionalitätsfaktor gleich 1 ist. Das Tangentenbild läßt sich also in der Tat aus den Krümmungsbildern — nur durch Differenzieren — eindeutig bestimmen.

Aus $\mathfrak{Y}(s)$ leiten wir durch Integration die Kurve

$$\text{(47)} \qquad\qquad \mathfrak{X}(s) = \int \mathfrak{Y}\, ds$$

her. Dann bedeutet s auch für diese Kurve $(\mathfrak{X})$ die Affinlänge, denn nach (44) ist $(\mathfrak{X}'\,\mathfrak{X}''\,\mathfrak{X}''') = 1$.

Wir wollen jetzt die Invarianten der Kurve $(\mathfrak{X})$ durch die von $(\mathfrak{x})$ ausdrücken. Dazu setzen wir

$$\text{(48)} \qquad\qquad \mathfrak{X}^{\mathrm{IV}} + K\,\mathfrak{X}'' + T\,\mathfrak{X}' = 0.$$

Nun ist aber

$$\text{(49)} \quad \mathfrak{X}' = \mathfrak{x}' \times \mathfrak{x}'', \quad \mathfrak{X}'' = \mathfrak{x}' \times \mathfrak{x}''', \quad \mathfrak{X}''' = \mathfrak{x}'' \times \mathfrak{x}''' - k\,\mathfrak{x}' \times \mathfrak{x}''$$

und daraus

$$\text{(50)} \qquad\qquad \mathfrak{X}^{\mathrm{IV}} = -(k' - t)\,\mathfrak{x}' \times \mathfrak{x}'' - k\,\mathfrak{x}' \times \mathfrak{x}'''.$$

Durch Vergleich mit (48) finden wir zwischen den Invarianten unserer beiden Kurven $(\mathfrak{x})$ und $(\mathfrak{X})$ folgende Beziehungen

$$\text{(51)} \qquad\qquad K = k, \quad T = k' - t, \quad t = K' - T.$$

Die beiden Kurven haben die Eigenschaft, daß in zusammengehörigen Punkten jede auf der Schmiegebene der anderen senkrecht steht.

§ 30. Das begleitende Dreibein vierter Ordnung.

Es liegt nahe, die Vektoren $\mathfrak{r}',\mathfrak{r}'',\mathfrak{r}'''$ als „begleitendes Dreibein" und

$$(52)\qquad\qquad k=k(s),\qquad t=t(s)$$

als „natürliche Gleichungen" einer Raumkurve anzusprechen. Man hat das wirklich ursprünglich getan und doch ist diese Bezeichnung, wie *A. Winternitz* bemerkt hat, nicht zweckmäßig. Durch die Gleichungen (52) ist zwar unsre Kurve im wesentlichen eindeutig bestimmt; aber es ist durchaus nicht gezeigt, daß k und t die *Invarianten niedrigster Ordnung* sind, durch die eine Kurve festgelegt werden kann, und aus den Ergebnissen von § 29 folgt keineswegs, daß es nicht ein begleitendes Dreibein von niedrigerer Ordnung gibt, das invariant mit der Kurve verbunden ist.

Um das zu entscheiden, wollen wir zunächst die Ordnung der Vektoren $\mathfrak{r}',\mathfrak{r}'',\mathfrak{r}''',\mathfrak{r}^{IV}$ und der beiden Invarianten k und t feststellen, indem wir sie in allgemeinen Parametern hinschreiben.

Setzen wir

$$(53)\qquad\qquad (\dot{\mathfrak{r}}\,\ddot{\mathfrak{r}}\,\dddot{\mathfrak{r}})^{-1/6}=\varphi,$$

so wird nach (25)

$$(54)\quad\begin{aligned}&\mathfrak{r}'=\dot{\mathfrak{r}}\varphi,\quad \mathfrak{r}''=\ddot{\mathfrak{r}}\varphi^2+\dot{\mathfrak{r}}\dot\varphi\varphi,\quad \mathfrak{r}'''=\dddot{\mathfrak{r}}\varphi^3+3\ddot{\mathfrak{r}}\dot\varphi\varphi^2+\dot{\mathfrak{r}}(\ddot\varphi\varphi^2+\dot\varphi^2\varphi),\\[4pt]&\mathfrak{r}^{IV}=\ddddot{\mathfrak{r}}\varphi^4+6\dddot{\mathfrak{r}}\dot\varphi\varphi^3+\ddot{\mathfrak{r}}(4\ddot\varphi\varphi^3+7\dot\varphi^2\varphi^2)+\dot{\mathfrak{r}}(\dddot\varphi\varphi^3+4\ddot\varphi\dot\varphi\varphi^2+\dot\varphi^3\varphi).\end{aligned}$$

Danach ist $\mathfrak{r}'$ von 3. Ordnung; $\mathfrak{r}'',\mathfrak{r}''',\mathfrak{r}^{IV}$ von 4., 5., 6. Ordnung, und zwar wegen der höchsten Glieder

$$\varphi,\quad \dot\varphi\varphi,\quad \ddot\varphi\varphi^2,\quad \dddot\varphi\varphi^3.$$

Daraus folgt, daß

$$(55)\qquad\quad k(s)=(\mathfrak{r}^{IV}\mathfrak{r}'\mathfrak{r}''')=\varphi\,(\mathfrak{r}^{IV}-\dddot\varphi\varphi^3\dot{\mathfrak{r}},\dot{\mathfrak{r}},\mathfrak{r}''')$$

die Ordnung 5, $t(s)$ aber die Ordnung 6 besitzt. Ausgerechnet ist

$$(56)\quad k(p)=\varphi^8(\ddot{\mathfrak{r}}\,\dot{\mathfrak{r}}\,\dddot{\mathfrak{r}})+3\dot\varphi\varphi^7(\dddot{\mathfrak{r}}\,\dot{\mathfrak{r}}\,\ddot{\mathfrak{r}})-\varphi^6(4\ddot\varphi\varphi-11\dot\varphi^2)(\dot{\mathfrak{r}}\,\ddot{\mathfrak{r}}\,\dddot{\mathfrak{r}}),$$

und man sieht unter Berücksichtigung von (53) und (54), daß

$$(57)\quad\begin{aligned}\mathfrak{r}_3&=\mathfrak{r}'''+\frac{k}{4}\mathfrak{r}'=\mathfrak{r}'''-\{\varphi^6(\dot{\mathfrak{r}}\,\ddot{\mathfrak{r}}\,\dddot{\mathfrak{r}})\ddot\varphi\varphi^2+\cdots\}\dot{\mathfrak{r}}\\[4pt]&=\mathfrak{r}'''-\{\ddot\varphi\varphi^2+\cdots\}\dot{\mathfrak{r}}\end{aligned}$$

ein Vektor 4. Ordnung ist, der überdies affininvariant mit der Kurve verbunden ist. Somit ist (*A. Winternitz*)

$$(58)\qquad\boxed{\begin{aligned}\mathfrak{r}_1&=\mathfrak{r}',\\ \mathfrak{r}_2&=\mathfrak{r}'',\\ \mathfrak{r}_3&=\mathfrak{r}'''+\frac{k}{4}\mathfrak{r}'\end{aligned}}$$

ein begleitendes invariantes Dreibein von 4. Ordnung. Durch Differentiation folgt aus (58) wegen (28)

$$(59) \qquad \begin{aligned} \mathfrak{x}_1' &= \mathfrak{x}_2, \\ \mathfrak{x}_2' &= \mathfrak{x}''' = \mathfrak{x}_3 - \frac{k}{4}\mathfrak{x}_1, \\ \mathfrak{x}_3' &= \mathfrak{x}^{IV} + \frac{k'}{4}\mathfrak{x}' + \frac{k}{4}\mathfrak{x}'' = \left(\frac{k'}{4} - t\right)\mathfrak{x}_1 - \frac{3k}{4}\mathfrak{x}_2. \end{aligned}$$

Demnach haben

$$(60) \qquad -\frac{k}{4} = k_1, \qquad \frac{k'}{4} - t = k_2$$

die Ordnung 5. Die *Ableitungsgleichungen* nehmen die Gestalt an

$$(61) \qquad \boxed{\begin{aligned} \mathfrak{x}_1' &= \phantom{k_1\mathfrak{x}_1} * \ + \ \mathfrak{x}_2 \phantom{+\mathfrak{x}_3} *, \\ \mathfrak{x}_2' &= k_1\mathfrak{x}_1 \phantom{{}+3k_1\mathfrak{x}_2} * \ + \mathfrak{x}_3, \\ \mathfrak{x}_3' &= k_2\mathfrak{x}_1 + 3k_1\mathfrak{x}_2 \phantom{+\mathfrak{x}_3} *. \end{aligned}}$$

Aber nun drängt sich sofort die Frage auf, ob sich ein Dreibein von noch niedrigerer oder doch wenigstens noch ein gleichberechtigtes von gleicher Ordnung bestimmen läßt. Um die Unmöglichkeit davon einzusehen, bemerken wir folgende wichtige Eigenschaft unseres Dreibeins $\mathfrak{x}_1, \mathfrak{x}_2, \mathfrak{x}_3$:

Haben zwei Kurven $\mathfrak{x}(s)$ *und* $\mathfrak{y}(s)$ *im Punkte* $s = s_0$ *das begleitende Dreibein* $\mathfrak{x}_i(s_0) = \mathfrak{y}_i(s_0)$ *gemeinsam, so berühren sie sich in* $\mathfrak{x}(s_0) = \mathfrak{y}(s_0)$ *in vierter Ordnung.*

Wir bringen die Kurve $\mathfrak{x}(s)$ in die „*kanonische Form*", d. h. wir wählen unser affines Achsenkreuz so, daß der Ursprung mit $\mathfrak{x}(s_0)$ und die Einheitsvektoren auf den Achsen mit $\mathfrak{x}_1(s_0)$, $\mathfrak{x}_2(s_0)$, $\mathfrak{x}_3(s_0)$ der Reihe nach zusammenfallen, und entwickeln dann $x_2(x_1)$ und $x_3(x_1)$ nach Potenzen von x_1.

Ausführlich geschrieben ist dann $x_i(s_0) = x_{i0} = 0$ $(i = 1, 2, 3)$ und

$$(62) \qquad \begin{aligned} x_{10}' &= 1, & x_{10}'' &= 0, & x_{10}''' + \frac{k_0}{4}x_{10}' &= 0, & x_{10}''' &= -\frac{k_0}{4}, \\ x_{20}' &= 0, & x_{20}'' &= 1, & x_{20}''' + \frac{k_0}{4}x_{20}' &= 0, & x_{20}''' &= 0, \\ x_{30}' &= 0, & x_{30}'' &= 0, & x_{30}''' + \frac{k_0}{4}x_{30}' &= 1, & x_{30}''' &= 1. \end{aligned}$$

Aus den Gleichungen

$$(63) \qquad \mathfrak{x}^{IV} = -t\mathfrak{x}' - k\mathfrak{x}'', \qquad \mathfrak{x}^{V} = -t'\mathfrak{x}' - (t+k')\mathfrak{x}'' - k\mathfrak{x}'''$$

folgt weiter

$$(64) \qquad \begin{aligned} x_{10}^{IV} &= -t_0, & x_{10}^{V} &= -t_0' + \frac{k_0^2}{4}, \\ x_{20}^{IV} &= -k_0, & x_{20}^{V} &= -k_0' - t_0, \\ x_{30}^{IV} &= 0, & x_{30}^{V} &= -k_0. \end{aligned}$$

Die Potenzreihe für x_1 nach $s - s_0$ oder einfacher nach s, indem wir fortan $s_0 = 0$ annehmen, nämlich

$$(65) \qquad x_1 = s - \frac{1}{3!}\frac{k_0}{4} s^3 - \frac{t_0}{4!} s^4 \ldots$$

kehren wir um und erhalten

$$(66) \qquad s = x_1 + \frac{k_0}{3!4} x_1{}^3 + \frac{t_0}{4!} x_1{}^4 + \cdots .$$

Daher folgen unter Heranziehung der Tabellen (62) und (64) die Entwicklungen

$$(67) \qquad \boxed{\begin{aligned} x_2(x_1) &= \frac{1}{2}\cdot x_1{}^2 + \frac{4t_0 - k_0'}{5!} x_1{}^5 + \cdots , \\[2mm] x_3(x_1) &= \frac{1}{3!} x_1{}^3 + \frac{3}{2}\frac{k_0}{5!} x_1{}^5 + \cdots . \end{aligned}}$$

Ist $y_2(x_1)$, $y_3(x_1)$ eine weitere Kurve, die durch den Ursprung geht, so wird bekanntlich die Berührung n-ter Ordnung zwischen $(\mathfrak{x})$ und $(\mathfrak{y})$ in $\mathfrak{x}_0$ so definiert: Es ist

$$(68) \qquad \left(\frac{d^k(x_2 - y_2)}{dx_1{}^k}\right)_{x_1=0} = 0, \qquad \left(\frac{d^k(x_3 - y_3)}{dx_1{}^k}\right)_{x_1=0} = 0,$$

für $k = 1, 2, \ldots, n$; dagegen für $k = n + 1$ ist mindestens einer der beiden Ausdrücke von Null verschieden. Daraus liest man die Richtigkeit unseres Satzes sofort ab.

Da ein Tetraeder $\mathfrak{x}$, $\mathfrak{x} + \mathfrak{x}_1$, $\mathfrak{x} + \mathfrak{x}_2$, $\mathfrak{x} + \mathfrak{x}_3$ mittels raumtreuer Affinitäten in ein beliebiges inhaltsgleiches Tetraeder übergeführt werden kann, so sieht man, daß alle positiv gewundenen Kurvenelemente vierter Ordnung vom affinen Standpunkt identisch sind. Mithin kann es keine Affininvariante vierter oder geringerer Ordnung geben. Daraus folgt aber sofort auch, daß jeder kovariante Vektor $\mathfrak{x}_4$ von geringerer als fünfter Ordnung sich linear mit konstanten Koeffizienten aus $\mathfrak{x}_1, \mathfrak{x}_2, \mathfrak{x}_3$ kombinieren lassen muß. Denn sonst wäre eine der Determinanten $(\mathfrak{x}_4 \mathfrak{x}_1 \mathfrak{x}_2)$, $(\mathfrak{x}_4 \mathfrak{x}_1 \mathfrak{x}_3)$, $(\mathfrak{x}_4 \mathfrak{x}_2 \mathfrak{x}_3)$ eine Invariante von höchstens vierter Ordnung.

$\mathfrak{x}_1, \mathfrak{x}_2, \mathfrak{x}_3$ ist im wesentlichen das einzige invariante Dreibein vierter Ordnung.

$$(69) \qquad k_1 = k_1(s), \qquad k_2 = k_2(s)$$

nennen wir die „natürlichen Gleichungen" der Raumkurve, k_1 und k_2 „erste" und „zweite Affinkrümmung", t „Affinwindung".

Die natürlichen Gleichungen bestimmen stets eine Kurve bis auf inhaltstreue Affinitäten, wenn k_1 und k_2 stetige Funktionen von s sind. Alsdann besitzt nämlich das Gleichungssystem (61) nach § 14 des ersten Bandes stetige Lösungen, die vorgeschriebene Anfangswerte annehmen. Sie gehen also aus einem beliebigen Lösungssystem $\mathfrak{x}_1{}^*, \mathfrak{x}_2{}^*, \mathfrak{x}_3{}^*$ durch homogene Affinitäten hervor. Nun ist nach (21) und (61)

$$(70) \quad (\mathfrak{x}_1{}^* \mathfrak{x}_2{}^* \mathfrak{x}_3{}^*)' = (\mathfrak{x}_1{}^{*\prime} \mathfrak{x}_2{}^* \mathfrak{x}_3{}^*) + (\mathfrak{x}_1{}^* \mathfrak{x}_2{}^{*\prime} \mathfrak{x}_3{}^*) + (\mathfrak{x}_1{}^* \mathfrak{x}_2{}^* \mathfrak{x}_3{}^{*\prime}) = 0,$$

also bei geeigneter Auswahl

$$(71) \quad (\mathfrak{x}_1{}^* \mathfrak{x}_2{}^* \mathfrak{x}_3{}^*) = 1.$$

Setzen wir

$$(72) \quad \mathfrak{x}^* = \int_0^s \mathfrak{x}_1{}^* \, ds,$$

so ist

$$\mathfrak{x}_1{}^* = \mathfrak{x}^{*\prime}, \qquad \mathfrak{x}_2{}^* = \mathfrak{x}^{*\prime\prime}, \qquad \mathfrak{x}_3{}^* = \mathfrak{x}^{*\prime\prime\prime} - k_1 \mathfrak{x}^{*\prime},$$

wegen (71) ist also s Affinlänge von $(\mathfrak{x}^*)$, und die Differentialgleichungen (61) sagen aus, daß $(\mathfrak{x}^*)$ die beiden Invarianten fünfter Ordnung k_1 und k_2 besitzt.

§ 31. Die Kurven mit festen Affinkrümmungen.

Wir wollen nunmehr einige besondere Kurven näher ins Auge fassen. Die einfachste Aufgabe dieser Art ist die Integration der natürlichen Gleichungen $k_1(s) = k_1(0)$, $k_2(s) = k_2(0)$, die völlig gleichwertig mit den Gleichungen

$$(73) \quad k(s) = k(0) = k_0, \qquad t(s) = t(0) = t_0$$

sind. Wir haben danach zufolge der Formel (30) nur die Differentialgleichung

$$(74) \quad u''' + k_0 u' + t_0 u = 0$$

zu lösen. Setzen wir

$$u = e^{\lambda s},$$

so erhalten wir für λ die Gleichung

$$(75) \quad \lambda^3 + k_0 \lambda + t_0 = 0.$$

Nehmen wir zuerst an, die Diskriminante dieser Gleichung dritten Grades sei positiv. Mit λ_1 bezeichnen wir dann ihre reelle Wurzel, mit $\lambda_2 + i\lambda_3$, $\lambda_2 - i\lambda_3$ die konjugiert imaginären. Dann ist

$$(76) \quad \lambda_1 + 2\lambda_2 = 0.$$

Ist $t_0 \neq 0$, also auch $\lambda_1 \neq 0$, $\lambda_2 \neq 0$, $\lambda_3 \neq 0$, so haben wir in

$$(77) \quad u_1(s) = e^{\lambda_2 s} \sin \lambda_3 s, \qquad u_2(s) = e^{\lambda_2 s} \cos \lambda_3 s, \qquad u_3(s) = a e^{\lambda_1 s}$$

drei linear unabhängige Lösungen von (74). Bezeichnen wir den Vektor $\{u_1, u_2, u_3\}$ mit $\mathfrak{u}$, so möge die Konstante a so bestimmt werden, daß

$$(78) \quad (\mathfrak{u} \, \mathfrak{u}' \, \mathfrak{u}'') = 1$$

wird. Für die zugehörige Kurve $\mathfrak{x}^*$ erhalten wir

$$x_1^* = \int e^{\lambda_2 s} \sin(\lambda_3 s)\, ds = -\frac{\cos(\lambda_3 s)}{\lambda_3} e^{\lambda_2 s} + \frac{\lambda_2}{\lambda_3} \int e^{\lambda_2 s} \cos(\lambda_3 s)\, ds,$$

$$(79) \quad x_2^* = \int e^{\lambda_2 s} \cos(\lambda_3 s)\, ds = +\frac{\sin(\lambda_3 s)}{\lambda_3} e^{\lambda_2 s} - \frac{\lambda_2}{\lambda_3} \int e^{\lambda_2 s} \sin(\lambda_3 s)\, ds,$$

$$x_3^* = \frac{a}{\lambda_1} e^{\lambda_1 s}.$$

Da demnach

$$(80) \quad \begin{aligned} x_1^* &= -\frac{\cos(\lambda_3 s)}{\lambda_3} e^{\lambda_2 s} + \frac{\lambda_2}{\lambda_3} x_2^*, \\[2mm] x_2^* &= \frac{\sin(\lambda_3 s)}{\lambda_3} e^{\lambda_2 s} - \frac{\lambda_2}{\lambda_3} x_1^* \end{aligned}$$

ist, erhält man $(\mathfrak{x}^*)$ aus einer Kurve

$$(81) \quad \mathfrak{x} = \left\{ a e^{\lambda_2 s} \cos(\lambda_3 s),\ b e^{\lambda_2 s} \sin(\lambda_3 s),\ c e^{\lambda_1 s} \right\}$$

durch eine affine Transformation. a, b, c sind der Bedingung $(\mathfrak{x}' \mathfrak{x}'' \mathfrak{x}''') = 1$ gemäß gewählte Konstante.

Die Kurven $(\mathfrak{x})$ umwinden nach (76) die Fläche dritten Grades

$$(82) \quad \left(\frac{x_1^2}{a^2} + \frac{x_2^2}{b^2}\right) x_3 = c.$$

Wenn zweitens die Diskriminante von (75) negativ und $t_0 \neq 0$ ist, so hat die Lösung die Gestalt

$$(83) \quad x_1 = a e^{\lambda_1 s}, \qquad x_2 = b e^{\lambda_2 s}, \qquad x_3 = c e^{\lambda_3 s}, \qquad \lambda_1 + \lambda_2 + \lambda_3 = 0.$$

Diese Kurven liegen auf einer Schale der Fläche dritten Grades

$$(84) \quad x_1 x_2 x_3 = a b c.$$

Wenn $t_0 = 0$ ist, so entarten die Flächen (82) und (84) zu Zylindern. Bei positivem $k_0 = \varkappa^2$ finden wir die gemeine Schraubenlinie (oder genauer: deren affine Verallgemeinerung)

$$(85) \quad \mathfrak{x} = \left\{ \frac{1}{\varkappa^2} \sin \varkappa s,\ \frac{1}{\varkappa^2} \cos \varkappa s,\ \frac{s}{\varkappa} \right\},$$

bei negativem $k_0 = -\varkappa^2$ die „hyperbolische Schraubenlinie"

$$(86) \quad \mathfrak{x} = \left\{ \frac{1}{\varkappa^2} \operatorname{sh} \varkappa s,\ \frac{1}{\varkappa^2} \operatorname{ch} \varkappa s,\ \frac{s}{\varkappa} \right\},$$

worin sh und ch die Hyperbelfunktionen bedeuten. Die erstere umwindet einen elliptischen, die letztere einen hyperbolischen Zylinder.

Fallen zwei Wurzeln der Gleichung (75) zusammen, so finden wir als zugehörige Kurve

$$(87) \quad \mathfrak{x} = \left\{ e^{\lambda_1 s}, e^{\lambda_2 s}, s e^{\lambda_2 s} \right\} \qquad \lambda_1 + 2\lambda_2 = 0.$$

Stimmen schließlich alle drei Wurzeln überein, so muß $3\lambda_1 = 0$, also $k_0 = 0$, $t_0 = 0$ sein und es ergibt sich die kubische Parabel

$$(88) \quad \mathfrak{x} = \left\{ s,\ \frac{1}{2!} s^2,\ \frac{1}{3!} s^3 \right\}$$

als Kurve mit den vorgeschriebenen natürlichen Gleichungen. (88) kann bekanntlich als Durchschnitt eines parabolischen Zylinders und eines hyperbolischen Paraboloids aufgefaßt werden; s ist proportional zum sogenannten „natürlichen Parameter"[2]) der Parabel.

§ 32. Kennzeichnende Eigenschaften der Kurven mit festen Affinkrümmungen.

Wenn die Affinwindung nicht verschwindet, so gibt es bei Kurven mit festem t und k einen im begleitenden Dreibein $\mathfrak{x}_1$, $\mathfrak{x}_2$, $\mathfrak{x}_3$ oder, was hier auf dasselbe herauskommt, $\mathfrak{x}'$, $\mathfrak{x}''$, $\mathfrak{x}'''$ festliegenden Vektor $\mathfrak{y}$, der zu $\mathfrak{x}$ addiert in einem festen Punkte endigt,

$$(89) \qquad \mathfrak{y} + \mathfrak{x} = \mathfrak{k}_0 .$$

Dies folgt einfach durch Integration von $\mathfrak{x}^{IV} + k\mathfrak{x}'' + t\mathfrak{x}' = 0$, woraus sich

$$(90) \qquad \mathfrak{y} = \frac{k}{t}\mathfrak{x}' + \frac{1}{t}\mathfrak{x}'''$$

ergibt.

Diese Eigenschaft ist kennzeichnend. Gibt es nämlich eine mit dem begleitenden Dreibein $\mathfrak{x}_1$, $\mathfrak{x}_2$, $\mathfrak{x}_3$ einer Raumkurve fest verbundene Gerade, welche durch einen festen Punkt $\mathfrak{k}_0$ geht, so hat die Kurve feste erste Affinkrümmung. Sei

$$(91) \qquad \mathfrak{y} = \alpha\mathfrak{x}_1 + \beta\mathfrak{x}_2 + \gamma\mathfrak{x}_3 , \qquad (\alpha, \beta, \gamma \text{ konstant})$$

die Richtung der fraglichen Geraden. Es soll eine Funktion $\lambda(s)$ geben, für die

$$(92) \qquad \mathfrak{x}' + \lambda\mathfrak{y}' + \lambda'\mathfrak{y} = 0$$

wird. Berücksichtigen wir (58) und (61), so folgt hieraus

$$(93) \qquad 1 + \lambda'\alpha + \lambda(\beta k_1 + \gamma k_2) = 0 ,$$

$$(94) \qquad \lambda'\beta + \lambda(\alpha + 3\gamma k_1) = 0 ,$$

$$(95) \qquad \lambda'\gamma + \lambda\beta = 0 .$$

Aus (94) und (95) folgt in der Tat $k_1 = $ konst. Soll aber bereits der Vektor $\mathfrak{y}$ selbst in $\mathfrak{k}_0$ endigen, so ist $\lambda = 1$ zu setzen und es ergibt sich

$$(96) \qquad \beta = 0 , \qquad k_1 = -\frac{\alpha}{3\gamma} , \qquad k_2 = -\frac{1}{\gamma} .$$

Ein ähnlicher Satz für Kurven mit verschwindender Affinwindung lautet: Durchläuft $\mathfrak{x} + a\mathfrak{x}''$ (a konstant) eine Gerade, so ist $\mathfrak{x}$ eine Schraubenlinie ($t = 0$, $k = k_0$). Es muß sich nämlich entweder aus

$$(97) \qquad \mathfrak{x}' + a\mathfrak{x}''' = \lambda(s)(\mathfrak{x}'' + a\mathfrak{x}^{IV})$$

---

²) Hierzu vergleiche man etwa O. Staude: „Analytische Geometrie der kubischen Kegelschnitte", Leipzig 1913, S. 136—145.

ein $\lambda(s)$ bestimmen lassen oder

$$(98) \qquad \mathfrak{x}'' + a\,\mathfrak{x}^{\mathrm{IV}} = 0$$

sein. Aus der ersten Annahme folgt nun $a = 0$, sie ist also zu verwerfen, und die zweite Annahme entspricht nach (28) gerade unserer Behauptung.

Anziehender ist der folgende Satz: *Hat die Kurve* $\mathfrak{y} = \mathfrak{x} + a\,\mathfrak{x}''$ (*a konstant und von Null verschieden*) *mit* ($\mathfrak{x}$) *gemeinsame Affinhauptnormalen, so ist* ($\mathfrak{x}$) *eine Schraubenlinie.* Bezeichnen wir die Affinlänge von ($\mathfrak{y}$) mit σ, $ds : d\sigma$ mit φ und die Ableitungen nach σ durch Punkte, so ist

$$(99) \qquad \dot{\mathfrak{y}} = (\mathfrak{x}' + a\,\mathfrak{x}''')\,\varphi,$$

$$(100) \qquad \ddot{\mathfrak{y}} = (\mathfrak{x}'' + a\,\mathfrak{x}^{\mathrm{IV}})\,\varphi^2 + (\mathfrak{x}' + a\,\mathfrak{x}''')\,\varphi' \cdot \varphi.$$

Nun muß

$$(101) \qquad \dddot{\mathfrak{y}} = \lambda(s)\,\mathfrak{x}''$$

sein; daraus folgt in Verbindung mit (94) $\varphi'\,\varphi = 0$, also $\varphi = \text{konst.}$ und dann weiter

$$(102) \qquad \lambda(s)\,\mathfrak{x}'' = [\mathfrak{x}'' + a\,(-k\,\mathfrak{x}'' - t\,\mathfrak{x}')]\,\varphi^2,$$

also

$$(103) \qquad t = 0.$$

Daher ist

$$(104) \qquad \varphi^{-6} = (\mathfrak{y}'\,\mathfrak{y}''\,\mathfrak{y}''') = (1 - a\,k)^2,$$

das heißt $k = \text{konst.}$, w. z. b. w.

Die wesentlichste Kennzeichnung unserer Kurven ist aber die folgende: *Die Kurven mit festen Affinkrümmungen sind identisch mit den gewundenen Kurven, die eine Gruppe von inhaltstreuen Affinitäten gestatten.* Es ist von vornherein klar, daß Kurven mit der geforderten Eigenschaft konstante Krümmungen besitzen müssen, weil das allgemeine Linienelement fünfter Ordnung der Kurve im wesentlichen in jedes andere solche Linienelement der Kurve übergeführt werden kann durch eine Transformation, die k_1 und k_2 erhält. Umgekehrt läßt sich aber auch zu jeder der Kurven mit festen Affinkrümmungen eine eingliedrige Untergruppe inhaltstreuer Affinitäten angeben, die diese Kurve als Ganzes in sich überführt. Dazu genügt es zu zeigen: Die Koordinaten α, β, γ des Kurvenpunktes $\mathfrak{x}(s+h)$ in bezug auf das begleitende Dreibein des Kurvenpunktes $\mathfrak{x}(s)$ hängen zwar von h, nicht aber von s ab. Das erkennt man so: Für $k = k_0$ und $t = t_0$ folgt aus (28), daß jeder Vektor $\mathfrak{x}^{(n)}(s)$ $(n > 3)$ sich aus $\mathfrak{x}'(s)$, $\mathfrak{x}''(s)$, $\mathfrak{x}'''(s)$ mit festen Koeffizienten linear zusammensetzen läßt. Wir erhalten deshalb eine *Taylor*entwicklung von der Form

$$(105) \qquad \mathfrak{x}(s+h) - \mathfrak{x}(s) = \alpha(h)\,\mathfrak{x}'(s) + \beta(h)\,\mathfrak{x}''(s) + \gamma(h)\,\mathfrak{x}'''(s)$$

und darin liegt die Richtigkeit unserer Behauptung. Betrachten wir nun die inhaltstreue Affinität $\mathfrak{y}_1 \to \mathfrak{y}_2$, die den Punkt

$$\mathfrak{y}_1 = \mathfrak{x}(s_1) + \alpha\,\mathfrak{x}'(s_1) + \beta\,\mathfrak{x}''(s_1) + \gamma\,\mathfrak{x}'''(s_1)$$

in den Punkt

$$\mathfrak{y}_2 = \mathfrak{x}(s_2) + \alpha\,\mathfrak{x}'(s_2) + \beta\,\mathfrak{x}''(s_2) + \gamma\,\mathfrak{x}'''(s_2)$$

überführt, so läßt diese unsere Kurve $(\mathfrak{x})$ als Ganzes in Ruhe. — Die entwickelte Aufstellung von Untergruppen wird dem gefälligen Leser nun nicht mehr schwer fallen.

§ 33. Gewindekurven[3].

Zu den einfachsten Kurven, deren Betrachtung uns das entwickelte analytische Rüstzeug nahelegt, gehören die mit einem Punkt $\mathfrak{z} = \mathfrak{z}_0$ als kovariantem Krümmungsbilde (§ 29). Bei diesem ist nach (38), (39)

$$(106) \qquad \mathfrak{x}''' + k\,\mathfrak{x}' = \mathfrak{z}_0, \qquad (k' - t)\,\mathfrak{x}' = 0,$$

also

$$(107) \qquad k' - t = 0.$$

Ist $\mathfrak{Y}$ das kontravariante Krümmungsbild, so gehen die Ebenen $\mathfrak{Y} \cdot \mathfrak{z} = 1$ sämtlich durch den Punkt $\mathfrak{z}_0$, der etwa die Koordinaten $\{0, 0, 1\}$ haben möge. Dann muß

$$(108) \qquad \mathfrak{z}_0\,\mathfrak{Y} = 1, \qquad \mathfrak{z}_0\,\mathfrak{Y}' = 0, \qquad \mathfrak{z}_0\,\mathfrak{Y}'' = 0,$$

also wegen $Y_3 = 1$ und (44)

$$(109) \qquad \mathfrak{z}_0 = \{0, 0, 1\} = \mathfrak{Y}' \times \mathfrak{Y}''$$

sein, daher ist auch

$$(110) \qquad (\mathfrak{Y}\,\mathfrak{Y}'\,\mathfrak{Y}'') = \begin{vmatrix} Y_1' & Y_2' \\ Y_1'' & Y_2'' \end{vmatrix} = 1.$$

Dann ergibt sich für das Tangentenbild $\mathfrak{y} = \mathfrak{Y} \times \mathfrak{Y}'$

$$(111) \qquad \mathfrak{y} = \left\{ -Y_2', \ +Y_1', \ \begin{vmatrix} Y_1 & Y_1' \\ Y_2 & Y_2' \end{vmatrix} \right\}$$

und sonach für die Kurve $\mathfrak{x}$ selbst

$$(112) \qquad \mathfrak{x} = \left\{ -Y_2, \ +Y_1, \ \int_0^s \begin{vmatrix} Y_1 & Y_1' \\ Y_2 & Y_2' \end{vmatrix} ds \right\}.$$

Man beachte, daß damit keineswegs gesagt ist, man könne die natürlichen Gleichungen $t - k' = 0$, $k = k(s)$ integrieren.

---

[3] *E. Salkowski*: Leipziger Berichte **70** (1918), S. 160—176.

Gleichung (110) können wir mittels (112) auch in der Form

$$(113) \qquad \begin{vmatrix} x_1{}' & x_2{}' \\ x_1{}'' & x_2{}'' \end{vmatrix} = 1$$

schreiben.　Daraus erkennen wir:

Projiziert man die Kurven, deren kovariantes Krümmungsbild ein Punkt ist, geeignet durch parallele Geraden auf eine Ebene, so ist die Affinlänge der Projektion der Affinlänge der Kurve proportional.

Diese Eigenschaft kennzeichnet unsere Kurven.　Aus

$$(114) \qquad \begin{vmatrix} x_1{}' & x_2{}' \\ x_1{}'' & x_2{}'' \end{vmatrix} = \text{konst.}$$

folgt nämlich durch Ableitung

$$(115) \qquad \begin{aligned} k\,x_1{}' + x_1{}''' &= 0, & k'\,x_1{}' + k\,x_1{}'' + x_1{}^{\mathrm{IV}} &= 0, \\ k\,x_2{}' + x_2{}''' &= 0, & k'\,x_2{}' + k\,x_2{}'' + x_2{}^{\mathrm{IV}} &= 0, \end{aligned}$$

also nach (28)

$$(116) \qquad k' - t = 0 .$$

Es bedarf nur noch einer ganz geringen Umformung, um zu erkennen, daß *die Tangenten unserer Kurven einem „allgemeinen linearen Komplex" angehören, daß sie, was dasselbe besagt, „Gewindekurven" sind und daß umgekehrt bei jeder Gewindekurve* $k' - t = 0$ *ist.*

Bezeichnet man die Unterdeterminanten der Matrix

$$\begin{vmatrix} x_0 & x_1 & x_2 & x_3 \\ x_0{}^* & x_1{}^* & x_2{}^* & x_3{}^* \end{vmatrix}, \quad \text{nämlich} \quad \begin{vmatrix} x_i & x_k \\ x_i{}^* & x_k{}^* \end{vmatrix}$$

mit p_{ik}, so sind bekanntlich die p_{ik} Linienkoordinaten der durch die Punkte

$$\mathfrak{x} = \left\{ \frac{x_1}{x_0}, \ \frac{x_2}{x_0}, \ \frac{x_3}{x_0} \right\} \quad \text{und} \quad \mathfrak{x}^* = \left\{ \frac{x_1{}^*}{x_0{}^*}, \ \frac{x_2{}^*}{x_0{}^*}, \ \frac{x_3{}^*}{x_0{}^*} \right\}$$

bestimmten Geraden.　Sind a_{ik} Konstante und $a_{ik} = -a_{ki}$, so wird durch die Gleichung

$$(117) \qquad \sum_{i,\,k} a_{ik}\,p_{ik} = 0$$

ein „linearer Komplex" von Geraden definiert, den man „allgemein" nennt, wenn die Determinante der a_{ik} nicht verschwindet.

Durch (117) oder wegen $a_{ik} + a_{ki} = 0$ durch

$$(118) \qquad \sum a_{ik}\,x_i\,x_k{}^* = 0$$

ist jedem festen Punkt $\mathfrak{x}$ als Ort für die zugehörigen $\mathfrak{x}^*$ die Ebene

$$(119) \qquad \sum u_k\,x_k{}^* = 0,$$

$$(120) \qquad u_k = \sum_i a_{ik}\,x_i ,$$

zugeordnet. Umgekehrt entspricht jeder Ebene u ein einziger Punkt $\mathfrak{x}$, wenn die Determinante der a_{ik} von Null verschieden ist.

Diese allgemeinen Komplexe oder „Gewinde" können wir durch inhaltstreue Affinitäten auf eine Normalform bringen. Bemerken wir, daß durch (120) auch den „uneigentlichen" oder „unendlich fernen" Punkten $\{0, x_1, x_2, x_3\}$ der projektiven Geometrie Ebenen zugeordnet und durch die Umkehrung der Gleichung (120) ebenso der „unendlich fernen" Ebene $x_0 = 0$ eindeutig ein Punkt im allgemeinen projektiven Sinne zugeordnet ist. Bemerken wir ferner, daß die zugeordneten Punkte und Ebenen stets (wegen (118) und $a_{ik} + a_{ki} = 0$) vereinigt liegen. Dann sieht man leicht, daß wir den Ebenen $x_3 = 0$ und $x_0 = 0$ die Punkte $\{1, 0, 0, 0\}$ und $\{0, 0, 0, 1\}$ entsprechen lassen können. Es muß alsdann $a_{10} = 0$, $a_{20} = 0$, $a_{13} = 0$, $a_{23} = 0$ sein und aus (118) wird

$$(121) \qquad \begin{vmatrix} x_1 & x_2 \\ x_1^* & x_2^* \end{vmatrix} + a \begin{vmatrix} x_3 & x_0 \\ x_3^* & x_0^* \end{vmatrix} = 0, \qquad a = \frac{a_{30}}{a_{12}};$$

wenn wir $x_0 = x_0^* = 1$ und

$$\bar{x}_1 = \sqrt{a}\, x_1, \qquad \bar{x}_2 = x_2, \qquad \bar{x}_3 = \frac{1}{\sqrt{a}}\, x_3$$

setzen und die Querstriche gleich wieder unterdrücken, so wird schließlich aus (121)

$$(122) \qquad \begin{vmatrix} x_1 & x_2 \\ x_1^* & x_2^* \end{vmatrix} + x_3 - x^*_3 = 0.$$

Man sieht nun sofort, daß die Tangenten der Kurven $(\mathfrak{x})$ (113) dem Komplex (122) angehören. Wählen wir $x_i^* = x_i + x_i'$, so ist in der Tat (112) erfüllt, da ja nach (113)

$$(122) \qquad \begin{vmatrix} x_1 & x_2 \\ x_1' & x_2' \end{vmatrix} = x_3'$$

ist. Andererseits ist die Eigenschaft (122) kennzeichnend. Denn hier ist

$$(124) \quad (\mathfrak{x}'\mathfrak{x}''\mathfrak{x}''') = \begin{vmatrix} x_1', & x_2', & x_1 x_2' - x_2 x_1' \\ x_1'', & x_2'', & x_1 x_2'' - x_2 x_1'' \\ x_1''', & x_2''', & x_1 x_2''' - x_2 x_1''' + x_1' x_2'' - x_2' x_1'' \end{vmatrix} = \begin{vmatrix} x_1' & x_2' \\ x_1'' & x_2'' \end{vmatrix}^2 = 1.$$

Es ist mit anderen Worten die Komponente $Y_3 = x_1' x_2'' - x_2' x_1''$ des kontravarianten Krümmungsbildes konstant und das kovariante Krümmungsbild entartet daher in einen Punkt.

§ 34. Weitere besondere Kurven.

Wir wollen jetzt die *Differentialgleichungen der räumlichen W-Kurven* aufstellen. Diese Kurven wollen wir — ganz entsprechend wie die *W*-Kurven der Ebene — durch die Eigenschaft erklären, eine Gruppe von *beliebigen* — also nicht nur inhaltstreuen — Affinitäten zu gestatten. Bei Affinitäten mit der Determinante d multipliziert sich das Differential der Affinlänge — wie schon einmal bemerkt — mit $d^{1/6}$ und daher k mit $d^{-1/3}$, t mit $d^{-1/2}$. Der Affinlängenparameter wird dementsprechend bei den Transformationen der Kurve in sich, die von einem Parameter p abhängen mögen, in

$$(125) \qquad s^* = d(p)^{1/6} \cdot s + f(p)$$

übergeführt und auch die eingliedrige Schar von Transformationen (125) bildet eine Gruppe. Daraus können wir die Bauart dieser Transformationen genauer bestimmen.

Entweder ist $d(p)$ identisch gleich 1. Dann gestatten unsere W-Kurven eine Gruppe von inhaltstreuen Affinitäten und gehören also nach § 32 zu den Kurven mit konstanten Affinkrümmungen. Andernfalls möge

$$\tau = d(p)^{1/6}$$

als neuer Parameter eingeführt werden:

$$(126) \qquad s^* = \tau\, s + \varphi(\tau).$$

Aus der Gruppeneigenschaft

$$s^* = \tau_1\, s + \varphi(\tau_1),$$
$$s^{**} = \tau_2\, s^* + \varphi(\tau_2),$$
$$s^{**} = \tau_3\, s + \varphi(\tau_3) = \tau_1\,\tau_2\, s + \tau_2\,\varphi(\tau_1) + \varphi(\tau_2)$$

folgt für φ die Funktionalgleichung

$$(127) \qquad \varphi(\tau_1\,\tau_2) = \tau_2\,\varphi(\tau_1) + \varphi(\tau_2) = \tau_1\,\varphi(\tau_2) + \varphi(\tau_1)$$

und daraus

$$(\tau_2 - 1)\,\varphi(\tau_1) = (\tau_1 - 1)\,\varphi(\tau_2).$$

Nimmt man $\tau_2 \neq 1$ als fest, so sieht man, daß $\varphi(\tau) = c(\tau - 1)$ sein muß. Somit bekommt (126) die Form

$$s^* - s_0 = \tau(s - s_0)$$

und wenn wir $\bar s = s - s_0$ setzen, wird also

$$(128) \qquad \bar s^* = \tau \cdot \bar s.$$

Nun können wir k und t als Funktionen von s bestimmen. Wird der Punkt $\bar s = 1$ bei einer Transformation der W-Kurve in sich in $\bar s^* = \tau$ übergeführt, so muß nach den Dimensionsangaben zu Anfang des Abschnitts

$$(129) \qquad k(\tau) = \frac{k(1)}{\tau^2}, \qquad t(\tau) = \frac{t(1)}{\tau^3}$$

sein und indem wir statt τ wieder s und statt $k(1)$, $t(1)$ kürzer k_1, t_1 schreiben, erhalten wir in

$$(130) \qquad \mathfrak{x}^{IV} + \frac{k_1}{s^2}\,\mathfrak{x}'' + \frac{t_1}{s^3}\,\mathfrak{x}' = 0$$

die gesuchte *Differentialgleichung der W-Kurven*. Die Integration läßt sich leicht durchführen, wenn man in

$$u''' + \frac{k_1}{s^2}\,u' + \frac{t_1}{s^3}\,u = 0$$

$u = s^\alpha$ setzt.

Schließlich wollen wir noch die Differentialgleichung der Kurven aufstellen, deren Tangentenbild auf einem Kegel zweiten Grades mit der Spitze im Ursprung liegt. Man kann eine solche Kurve stets durch eine Affinität in eine „Böschungslinie" überführen, bei der gewöhnliche Krümmung und Windung in einem konstanten Verhältnis stehen[4]); wir wollen deshalb auch kurz unsere Kurven als *Böschungslinien* bezeichnen.

Bei geeigneter Koordinatenwahl wird also

$$(131) \qquad x_1'^2 + x_2'^2 = x_3'^2$$

und durch Differenzieren

$$x_1' x_1'' + x_2' x_2'' = x_3' x_3''.$$

Daraus folgt

$$(132) \qquad x_1' : x_2' : x_3' = \begin{vmatrix} x_3' & x_2' \\ x_3'' & x_2'' \end{vmatrix} : \begin{vmatrix} x_1' & x_3' \\ x_1'' & x_3'' \end{vmatrix} : \begin{vmatrix} x_1' & x_2' \\ x_1'' & x_2'' \end{vmatrix}$$

oder

$$y_1 = \lambda(s)\,Y_1, \qquad y_2 = \lambda(s)\,Y_2, \qquad y_3 = -\lambda(s)\,Y_3,$$

unter $\mathfrak{y}$ und $\mathfrak{Y}$ Tangenten- und kontravariantes Krümmungsbild verstanden. Setzen wir $\overline{\mathfrak{Y}} = \{Y_1, Y_2, -Y_3\}$, so wird

$$(\mathfrak{y}\,\mathfrak{y}'\,\mathfrak{y}'') = \lambda^3\,(\overline{\mathfrak{Y}}\,\overline{\mathfrak{Y}}'\,\overline{\mathfrak{Y}}'') = -\lambda^3\,(\mathfrak{Y}\,\mathfrak{Y}'\,\mathfrak{Y}'')$$

und daher wegen (40) und (44) $\lambda^3 = -1$, $\lambda = -1$.

Das Tangentenbild $\mathfrak{y}(s)$ und das kontravariante Krümmungsbild und somit auch die Kurven

$$(133) \qquad \mathfrak{x} = \int \mathfrak{y}\,ds \quad \text{und} \quad \mathfrak{X} = \int \mathfrak{Y}\,ds$$

gehen also durch eine inhaltstreue Affinität auseinander hervor. Dabei bleiben aber die Affininvarianten k, t, K, T unverändert und es muß somit

$$(134) \qquad k = K, \qquad t = T$$

sein. Unter Berücksichtigung von (51) folgt daraus

$$(135) \qquad k' - 2t = 0$$

als Differentialgleichung der Böschungslinien. Umgekehrt folgt aus (135) die Gleichung (134) mit Hilfe von (51); mit anderen Worten, es ist

$$Y_k = \sum_{i=1}^{3} a_{ik} y_i.$$

---

[4]) Vgl. im ersten Band § 15—17.

Also haben wir

$$\mathfrak{y}\cdot\mathfrak{Y} = \sum_{k=1}^{3} y_k \sum_{i=1}^{3} a_{ik}\, y_i = 0,$$

denn es ist $\mathfrak{y}\cdot\mathfrak{Y} = (\mathfrak{y}\,\mathfrak{y}\,\mathfrak{y}') = 0$; damit ist $\mathfrak{x} = \int \mathfrak{y}\, ds$ als Böschungslinie erkannt.

Aus dem Gesagten ergibt sich der Satz: *Sind die beiden Kurven* (133) *zueinander affin, so sind sie Böschungslinien, umgekehrt läßt sich die einer Böschungslinie* $(\mathfrak{x})$ *zugeordnete Kurve* $(\mathfrak{X})$ *durch eine Affinität in* $(\mathfrak{x})$ *überführen.*

§ 35. Kurven mit geraden Schwerlinien.

Unter den Schwerlinien einer räumlichen Kurve $(\mathfrak{x})$ durch den Punkt $\mathfrak{x}_0$ verstehen wir den Ort der Mitten aller Sehnen, die zu irgendeiner festgewählten Ebene durch die Tangente in $\mathfrak{x}_0$ parallel sind. Je nach der Wahl dieser Ebene kommen wir also im allgemeinen zu verschiedenen Schwerlinien durch einen Punkt. Wir behaupten nach *Reidemeister*:

Besitzt eine Kurve durch jeden ihrer Punkte eine gerade Schwerlinie, so ist sie eine elliptische oder hyperbolische Schraubenlinie oder eine kubische Parabel ($k = konst.$, $t = 0$),

Es sei $\mathfrak{x}_0 = \mathfrak{x}(0)$. Nach den Voraussetzungen des Satzes muß sich eine Funktion $\varphi(s)$ bestimmen lassen, so daß $\varphi(0) = 0$,

$$(136) \qquad \mathfrak{u}(s) = \frac{\mathfrak{x}(s) + \mathfrak{x}[\varphi(s)]}{2}$$

eine Gerade beschreibt und der Vektor

$$(137) \qquad \mathfrak{v}(s) = \mathfrak{x}(s) - \mathfrak{x}[\varphi(s)]$$

einer Ebene durch $\mathfrak{x}_0$ und $\mathfrak{x}_0 + \mathfrak{x}_0'$ parallel ist. Wir entwickeln nun (136) nach Potenzen von s

$$(138) \qquad \mathfrak{u}(s) = \mathfrak{u}_0 + \mathfrak{u}_0'\, s + \mathfrak{u}_0'' \frac{s^2}{2!} + \cdots + \mathfrak{u}_0^{(k)} \frac{s^k}{k!} + \cdots.$$

Die Werte $\mathfrak{u}_0^{(i)}$ stellen wir in einer Tabelle zusammen, den Index 0 dabei unterdrückend

$$2\mathfrak{u}' = \mathfrak{x}'(1+\varphi'), \qquad 2\mathfrak{u}'' = \mathfrak{x}''(1+\varphi'^2) + \mathfrak{x}'\varphi'',$$

$$2\mathfrak{u}''' = \mathfrak{x}'''(1+\varphi'^3) + \mathfrak{x}''3\,\varphi'\varphi'' + \mathfrak{x}'\varphi''',$$

$$2\mathfrak{u}^{IV} = \mathfrak{x}^{IV}(1+\varphi'^4) + \mathfrak{x}'''6\,\varphi'^2\varphi'' + \mathfrak{x}''(3\varphi''^2 + 4\varphi'\varphi''') + \mathfrak{x}'\varphi^{IV},$$

$$(139)\; 2\mathfrak{u}^{V} = \mathfrak{x}^{V}(1+\varphi'^5) + \mathfrak{x}^{IV}10\,\varphi'^3\varphi'' + \mathfrak{x}'''(15\varphi'\varphi''^2 + 10\varphi'^2\varphi''')$$

$$+ \mathfrak{x}''\{10\varphi''\varphi''' + 5\varphi'\varphi^{IV}\} + \mathfrak{x}'\varphi^{V},$$

$$2\mathfrak{u}^{VI} = \mathfrak{x}^{VI}(1+\varphi'^6) + \mathfrak{x}^{V}15\,\varphi'^4\varphi'' + \cdots$$

$$+ \mathfrak{x}'''\{15\varphi''^3 + 60\varphi'\varphi''\varphi''' + 15\varphi'^2\varphi^{IV}\}\ldots.$$

In der letzten Reihe deuten die Punkte die fortgelassenen Glieder mit $\mathfrak{x}^{\mathrm{IV}}, \mathfrak{x}'', \mathfrak{x}'$ an, die wir nicht benötigen werden. — Jetzt beachten wir, daß $\mathfrak{u}'(s)$ und daher auch die Vektoren $\mathfrak{u}^{(k)}$ alle einem festen Vektor $\mathfrak{a}$ parallel sein müssen. Dementsprechend wollen wir nun $\varphi(s)$ den Gleichungen $(\mathfrak{u}^{(k)}\,\mathfrak{a}\,\mathfrak{w}) = 0$ gemäß zu bestimmen suchen, unter $\mathfrak{w}$ einen willkürlichen Vektor verstanden.

Angenommen, es wäre $1 + \varphi' \neq 0$, so müßte, da $\mathfrak{u}'$ zu $\mathfrak{a}$ parallel läuft, $(\mathfrak{u}''\,\mathfrak{x}'\,\mathfrak{w}) = 0$ sein und, da bei reellen Kurven sicher $1 + \varphi'^2 \neq 0$ ist, $\mathfrak{x}''$ in die Richtung von $\mathfrak{x}'$ fallen; also ist notwendig $\varphi' = -1$ und $\mathfrak{a}$ zu $2\,\mathfrak{x}'' + \mathfrak{x}'\varphi''$ proportional. Daher muß

$$(140) \qquad (\mathfrak{u}^{(i)}, 2\,\mathfrak{x}'' + \mathfrak{x}'\varphi'', \mathfrak{w}) = 0 \qquad (i = 3, 4, \ldots)$$

sein; $i = 3$ liefert

$$(141) \qquad \varphi''' + \tfrac{3}{2}\varphi''^2 = 0.$$

Für $i = 4$ ergibt sich nach (28), daß als Faktor bei $\mathfrak{x}'''$ die zweite Ableitung $\varphi'' = 0$, also $\mathfrak{a}$ proportional zu $\mathfrak{x}''$ ist und in Verbindung mit (141) folgt $\varphi''' = 0$. Nun muß

$$(142) \qquad (\mathfrak{u}^{(i)}\mathfrak{x}''\mathfrak{w}) = 0, \qquad (i = 4, 5, 6, \ldots)$$

sein. Unter Benutzung von (28) folgt für $i = 4$ noch $-2t + \varphi^{\mathrm{IV}} = 0$, aus $i = 5$ folgt $\varphi^{\mathrm{V}} = 0$ und für $i = 6$ als Faktor von $\mathfrak{x}'''$ in $\mathfrak{u}^{(\mathrm{VI})}$

$$(143) \qquad -7t + k' = 0.$$

Somit ist

$$(144) \qquad \varphi(s) = -s + \frac{2t}{4!}s^4 + (*)$$

wo (*) Glieder von mindestens 6. Grade andeutet.

Nunmehr entwickeln wir $\mathfrak{v}(s)$ nach Potenzen von s und erhalten

$$(145) \quad \mathfrak{v}(s) = 2\mathfrak{x}'s + 2\mathfrak{x}'''\frac{s^3}{3!} - 2t\mathfrak{x}'\frac{s^4}{4!} + (2\mathfrak{x}^{\mathrm{V}} + 10t\mathfrak{x}'')\frac{s^5}{5!} + \cdots$$

Aus dem Gliede 3. Grades entnimmt man, daß $\mathfrak{v}(s)$ nur der Ebenenstellung $(\mathfrak{x}' \times \mathfrak{x}''')$ parallel sein kann. Somit muß

$$(146) \qquad (2\mathfrak{x}^{\mathrm{V}} + 10t\mathfrak{x}'', \mathfrak{x}', \mathfrak{x}''') = 0$$

sein, woraus — wieder unter Verwendung der Formel, die aus (28) durch Differenzieren folgt — sich ergibt

$$(147) \qquad 4t - k' = 0.$$

Aus (143) und (147) folgt in der Tat $k' = 0$ und $t = 0$.

§ 36. Das Variationsproblem der Affinlänge.

Die Kurven mit verschwindenden Affinkrümmungen können auch wieder insofern als die „Geraden der räumlichen Affingeometrie" angesprochen werden, als sie die einzigen Extremalen des Variationsproblems

(148) $$S = \int (\mathfrak{x}\,\ddot{\mathfrak{x}}\,\dddot{\mathfrak{x}})^{1/6}\,d\mathfrak{p} = \text{Extremum},$$

des Variationsproblems der Affinlänge, sind. Berechnen wir δS, die erste Variation des Affinbogens! Sei $\mathfrak{x}\,(s)\ (0 \leqq s \leqq 1)$ die Ausgangskurve, s der Affinlängenparameter,

(149) $$\bar{\mathfrak{x}} = \mathfrak{x} + \varepsilon\,(u\,\mathfrak{x}' + v\,\mathfrak{x}'' + w\,\mathfrak{x}''') = \mathfrak{x} + \varepsilon\delta\mathfrak{x}$$

eine Nachbarkurve, so finden wir durch die entsprechende Rechnung zu § 16 mittels (28) unter den Randbedingungen

(150) $$[\delta\mathfrak{x}]_{0,1} = 0, \quad [\delta\mathfrak{x}']_{0,1} = 0, \quad [\delta\mathfrak{x}'']_{0,1} = 0$$

für die erste Variation von S den Ausdruck (vgl. S. 75)

(151)
$$\begin{aligned}
\delta S &= -\frac{1}{6}\int \{2kv + (3t - 2k')\,w\}\,ds \\
&= -\frac{1}{6}\int \{(3t - 2k')\,\mathfrak{X}' - 2k\mathfrak{X}''\}\cdot\delta\mathfrak{x}\cdot ds.
\end{aligned}$$

Soll δS bei jeder Wahl von v und w, die den Randforderungen (150) entspricht, verschwinden, so muß identisch

(152) $$k = 0, \quad t = 0$$

sein.

Wir wissen (§ 31), daß die beiden Gleichungen (152) mit den beiden anderen von fünfter Ordnung $k_1 = 0$, $k_2 = 0$ gleichwertig sind. Die *Euler-Lagrange*schen Gleichungen für ein Variationsproblem, das von Ableitungen n-ter Ordnung abhängt, sind im allgemeinen von $2n$-ter Ordnung. Wir haben in (148) also eine Variationsaufgabe,

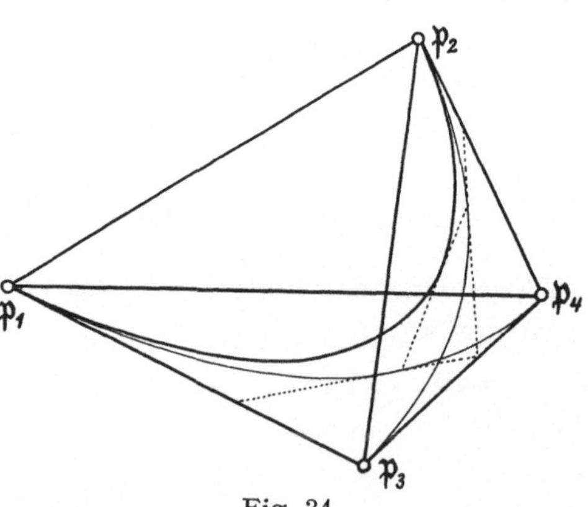

bei der sich die Ordnung der *Euler-Lagrange*schen Differentialgleichungen erniedrigt.

Interessanter ist die Frage, mit welchen Kurven verglichen die Parabel ein Extremum liefert und in welchem Sinne. Hier leistet wieder die geometrische Deutung der Affinlänge bei der kubischen Parabel gute Dienste. Zwei Parabelpunkte $\mathfrak{p}_1$ und $\mathfrak{p}_2$ nebst ihren Tangenten und Schmiegebenen bestimmen ein „*Schmiegtetraeder*", dessen beide anderen Ecken $\mathfrak{p}_3$ und $\mathfrak{p}_4$ also die Schnittpunkte der Tangenten von $\mathfrak{p}_1$ und $\mathfrak{p}_2$ mit den Schmiegebenen von $\mathfrak{p}_2$ und $\mathfrak{p}_1$

Fig. 34.

sind. In Fig. 34 ist dieses Tetraeder gezeichnet mit den beiden Parabeln, die von der Tangentenfläche unsrer Kurve auf den Schmiegebenen in $\mathfrak{p}_1$ und $\mathfrak{p}_2$ ausgeschnitten werden. Nun hat ein Tetraeder gegenüber raumtreuen Affinitäten nur eine unabhängige Invariante — seinen Inhalt J —; die invariante Affinbogenlänge s_{12} des Parabelbogens zwischen $\mathfrak{p}_1$ und $\mathfrak{p}_2$ ist eine weitere Affininvariante des Tetraeders — denn es gibt nur *eine* kubische Parabel durch $\mathfrak{p}_1$ und $\mathfrak{p}_2$ mit den vorgeschriebenen Tangenten und Schmiegebenen —; daher muß s_{12} eine Funktion von J sein:

$$s_{12} = f(J).$$

Die Funktion $f(J)$ können wir ermitteln. Üben wir nämlich auf das Tetraeder eine Affinität mit der Determinante d aus, so muß

$$(153) \qquad s_{12}\, d^{1/6} = f(Jd)$$

sein und für $J = 1$, $s_{12} = c$ ergibt sich

$$f(d) = c\, d^{1/6}.$$

Somit ist

$$(154) \qquad s_{12} = c\, J^{1/6},$$

wo c ein bestimmter Zahlenfaktor ist. Wir haben mithin gefunden:

Der Affinbogen zwischen zwei Punkten auf einer kubischen Parabel ist proportional zu der sechsten Wurzel aus dem Rauminhalt des Tetraeders, das durch diese Punkte, ihre Tangenten und Schmiegebenen bestimmt ist. Sind $\mathfrak{p}_1\,\mathfrak{p}_2\,\mathfrak{p}_3$ drei in der angegebenen Ordnung aufeinanderfolgende Punkte einer kubischen Parabel und ist der Inhalt der durch je zwei derselben bestimmten Tetraeder J_{12}, J_{13}, J_{23}, so ist

$$(155) \qquad J_{12}^{1/6} + J_{23}^{1/6} = J_{13}^{1/6}. {}^{[5]}$$

Die Affinlänge des Parabelbogens, der zwischen zwei Linienelementen zweiter Ordnung liegt, nennen wir kurz den „Affinabstand" der beiden Linienelemente. Dann läßt sich wieder ganz wie in der Ebene zeigen (der Beweis sei dem Leser überlassen): Sei $\mathfrak{x}(p)$ eine dreimal differenzierbare Kurve und existiere das Integral

$$s_{01} = \int_0^1 (\dot{\mathfrak{x}}\,\ddot{\mathfrak{x}}\,\dddot{\mathfrak{x}})^{1/6}\, dp.$$

Ist dann $0 \leqq p_1 < p_2 < \cdots < p_{n-1} < p_n = 1$ und der Affinabstand $\sigma_{i,\,i+1}$ zweier benachbarter Linienelemente zweiter Ordnung $\mathfrak{x}(p_i)$, $\mathfrak{x}(p_{i+1})$ kleiner als δ

$$\sigma_{i,\,i+1} < \delta,$$

[5]) Diese Eigenschaft der kubischen Parabel wurde von *H. Schroeter* entdeckt. Vergleiche *R. Mehmke:* Zeitschrift für Mathematik und Physik **40** (1895) S. 230.

so ist

$$\left| s_{01} - \sum_1^{n-1} \sigma_{i,i+1} \right| < \varepsilon,$$

wo ε mit δ unendlich klein wird.

Wir erklären noch, was wir „konvexe Lage eines Linienelementes II bezüglich der Linienelemente I und III" nennen wollen. Es sei $\mathfrak{p}_1\,\mathfrak{p}_2\,\mathfrak{p}_3\,\mathfrak{p}_4$ das durch I und III bestimmte Schmiegtetraeder, das heißt genauer: Es liege I in $\mathfrak{p}_1$, III in $\mathfrak{p}_4$, und es seien $\mathfrak{p}_1\,\mathfrak{p}_2$ und $\mathfrak{p}_3\,\mathfrak{p}_4$ die Tangenten und $\mathfrak{p}_1\,\mathfrak{p}_2\,\mathfrak{p}_3$ und $\mathfrak{p}_2\,\mathfrak{p}_3\,\mathfrak{p}_4$ die Schmiegebenen von I und III. Dann heiße II konvex zu I und III, wenn die Schmiegebene von II die Geraden $\mathfrak{p}_1\,\mathfrak{p}_2$, $\mathfrak{p}_2\,\mathfrak{p}_3$, $\mathfrak{p}_3\,\mathfrak{p}_4$ in den Punkten $\mathfrak{z}_1, \mathfrak{z}_2, \mathfrak{z}_3$ innerhalb der Strecken $\mathfrak{p}_1\,\mathfrak{p}_2$, $\mathfrak{p}_2\,\mathfrak{p}_3$, $\mathfrak{p}_3\,\mathfrak{p}_4$ trifft, die Tangente von II die Ebenen $\mathfrak{p}_1\,\mathfrak{p}_2\,\mathfrak{p}_3$ und $\mathfrak{p}_2\,\mathfrak{p}_3\,\mathfrak{p}_4$ in den Punkten $\mathfrak{t}_1$ und $\mathfrak{t}_2$ innerhalb der Dreiecke $\mathfrak{p}_1\,\mathfrak{p}_2\,\mathfrak{p}_3$ und $\mathfrak{p}_2\,\mathfrak{p}_3\,\mathfrak{p}_4$ schneidet und II in $\mathfrak{p}$ innerhalb des Tetraeders $\mathfrak{p}_1\,\mathfrak{p}_2\,\mathfrak{p}_3\,\mathfrak{p}_4$ liegt. Führen wir die Teilverhältnisse

$$(156) \quad \alpha_1 = \frac{\mathfrak{p}_1\,\mathfrak{z}_1}{\mathfrak{p}_1\,\mathfrak{p}_2}, \quad \alpha_2 = \frac{\mathfrak{p}_2\,\mathfrak{z}_2}{\mathfrak{p}_2\,\mathfrak{p}_3}, \quad \alpha_3 = \frac{\mathfrak{p}_3\,\mathfrak{z}_3}{\mathfrak{p}_3\,\mathfrak{p}_4}, \quad \alpha_4 = \frac{\mathfrak{z}_1\,\mathfrak{t}_1}{\mathfrak{z}_1\,\mathfrak{z}_2}, \quad \alpha_5 = \frac{\mathfrak{z}_2\,\mathfrak{t}_2}{\mathfrak{z}_2\,\mathfrak{z}_3}, \quad \alpha_6 = \frac{\mathfrak{t}_1\,\mathfrak{p}}{\mathfrak{t}_1\,\mathfrak{t}_2}$$

ein, so können wir die konvexe Lage des Linienelementes II durch die Ungleichheiten

$$0 < \alpha_i < 1 \qquad (i = 1, \ldots, 6)$$

kennzeichnen. Man vergleiche hierzu auch die Fig. 34, wo allerdings die Bezeichnung anders gewählt ist.

Nun läßt sich der folgende Hilfssatz von *A. Winternitz* ebenso leicht formulieren wie beweisen:

Liegt das Linienelement zweiter Ordnung II *konvex zu den Linienelementen zweiter Ordnung* I *und* III, *so gilt für die Affinabstände* I II, II III, I III *die Ungleichheit*

$$(157) \qquad\qquad \text{I II} + \text{II III} \leqq \text{I III},$$

und zwar gilt das Gleichheitszeichen nur, wenn II *auf der durch* I *und* III *bestimmten kubischen Parabel liegt.*

Unter Benutzung der soeben eingeführten Bezeichnungen ist

$$(\mathfrak{z}_1 - \mathfrak{p}_1, \mathfrak{t}_1 - \mathfrak{p}_1, \mathfrak{p} - \mathfrak{p}_1) = \alpha_6(\mathfrak{z}_1 - \mathfrak{p}_1, \mathfrak{t}_1 - \mathfrak{p}_1, \mathfrak{t}_2 - \mathfrak{p}_1)$$
$$= \alpha_6\alpha_5(\mathfrak{z}_1 - \mathfrak{p}_1, \mathfrak{t}_1 - \mathfrak{p}_1, \mathfrak{z}_3 - \mathfrak{p}_1) = \alpha_6\alpha_5\alpha_4(\mathfrak{z}_1 - \mathfrak{p}_1, \mathfrak{z}_2 - \mathfrak{p}_1, \mathfrak{z}_3 - \mathfrak{p}_1)$$
$$= \alpha_1\alpha_2\alpha_3 \ldots \alpha_6(\mathfrak{p}_2 - \mathfrak{p}_1, \mathfrak{p}_3 - \mathfrak{p}_1, \mathfrak{p}_4 - \mathfrak{p}_1).$$

Also ist

$$(158) \qquad\qquad \frac{\text{I II}}{\text{I III}} = \sqrt[6]{\alpha_1\alpha_2 \ldots \alpha_6}$$

und durch ähnliche Überlegungen folgt

$$(159) \qquad\qquad \frac{\text{II III}}{\text{I III}} = \sqrt[6]{(1 - \alpha_1)(1 - \alpha_2) \ldots (1 - \alpha_6)}.$$

Da

$$\sqrt[6]{\alpha_1 \alpha_2 \ldots \alpha_6} \leqq \frac{\alpha_1 + \alpha_2 + \ldots + \alpha_6}{6}$$

(vergleiche § 16), so ist

$$(160) \qquad \sqrt[6]{\alpha_1 \alpha_2 \ldots \alpha_6} + \sqrt[6]{(1 - \alpha_1) \ldots (1 - \alpha_6)} \leqq 1 ,$$

wobei das Gleichheitszeichen nur gilt, wenn $\alpha_1 = \alpha_2 \ldots = \alpha_6$ ist. Dann liegt II aber auf derjenigen eindeutig durch I und III bestimmten Kurve, für die stets

$$(161) \qquad (\mathfrak{z}_1 - \mathfrak{p}_1, \mathfrak{t}_1 - \mathfrak{p}_1, \mathfrak{p} - \mathfrak{p}_1)^{1/6} + (\mathfrak{t}_2 - \mathfrak{p}, \mathfrak{z}_3 - \mathfrak{p}, \mathfrak{p}_4 - \mathfrak{p})^{1/6}$$
$$= (\mathfrak{p}_2 - \mathfrak{p}_1, \mathfrak{p}_3 - \mathfrak{p}_1, \mathfrak{p}_4 - \mathfrak{p}_1)^{1/6}$$

ist. Die kubische Parabel ist aber, wie wir soeben gesehen haben, *eine* solche Kurve, und somit die einzige. Damit ist der Hilfssatz bewiesen.

Darin liegt nun bereits die Beantwortung der oben aufgeworfenen Frage und zwar in folgender Weise:

Von allen positiv gewundenen Kurvenstücken $\mathfrak{x}(\mathfrak{p})$, $(0 \leqq \mathfrak{p} \leqq 1)$ mit einer Affinbogenlänge, die innerhalb des Tetraeders $\mathfrak{p}_1 \mathfrak{p}_2 \mathfrak{p}_3 \mathfrak{p}_4$ verlaufen und durch die Linienelemente zweiter Ordnung I und III hindurchgehen und für die ferner stets

$$(162) \qquad (\dot{\mathfrak{x}}(\mathfrak{p}_1), \dot{\mathfrak{x}}(\mathfrak{p}_2), \dot{\mathfrak{x}}(\mathfrak{p}_3)) \neq 0 , \qquad 0 \leqq \mathfrak{p}_1 < \mathfrak{p}_2 < \mathfrak{p}_3 \leqq 1$$

ist der Parabelbogen der längste.

Wir brauchen offenbar nur zu zeigen, daß je drei aufeinanderfolgende Linienelemente der zugelassenen Kurven zueinander konvex liegen. Dann folgt der Satz durch bekannte Schlüsse.

Das ist aber leicht zu bestätigen. Die Bedingung (162) sagt aus, daß der zu den Tangenten unserer Kurve parallele Kegel $\tau \dot{\mathfrak{x}}(\mathfrak{p})$, wobei $\tau > 0$ sein möge, auf jeder Ebene, die nicht eine seiner Erzeugenden enthält, den Teilbogen einer Eilinie oder eine Eilinie ausschneidet (vgl. § 17). Die Tangentenebenen von $(\tau \dot{\mathfrak{x}}(\mathfrak{p}))$ sind also „Stützebenen" im Sinne von *Minkowski*, das heißt, der Kegel liegt ganz auf einer Seite dieser Ebenen, und da überdies $(\dot{\mathfrak{x}} \ddot{\mathfrak{x}} \dddot{\mathfrak{x}}) > 0$ ist, haben die Tangentenebenen des Kegels nur eine Erzeugende mit ihm gemeinsam.

Weil die Tangentenebenen zu den Schmiegebenen $\mathfrak{S}$ von $\mathfrak{x}(\mathfrak{p})$ parallel sind, ist mithin auch eine solche Schmiegebene niemals zu einer Tangente von $\mathfrak{x}(\mathfrak{p})$ parallel. Daraus und wieder aus der „Konvexität im Großen" unseres Kegels folgt aber, daß die Tangentenfläche $\mathfrak{x}(\mathfrak{p}) + \tau \dot{\mathfrak{x}}(\mathfrak{p})$ auf den Schmiegebenen $\mathfrak{S}$ Teilbogen von Eilinien ausschneidet. Denn diese Schnittkurven sind durch parallele Tangenten auf den Durchschnitt irgendeiner zu $\mathfrak{S}$ parallelen Ebene mit dem Kegel bezogen.

Denkt man sich nun die Tangentenfläche mit den beiden Schmiegebenen irgendeines Schmiegtetraeders zum Schnitt gebracht, so erkennt man mit Hilfe von Fig. 34 S. 90 leicht die Richtigkeit unserer Behauptung.

§ 37. Kurven mit gemeinsamer Sehnenmittenfläche.

Die Gesamtheit der Schwerlinien einer Kurve (§ 35) erfüllen eine Fläche $\mathfrak{m}$, die ihrer Entstehung gemäß als „Sehnenmittenfläche" bezeichnet wird. Sind t und τ zwei unabhängig laufende Parameter, so ist

$$\mathfrak{m}(t,\,\tau) = \tfrac{1}{2}\big(\mathfrak{x}(t) + \mathfrak{x}(\tau)\big).$$

$\mathfrak{m}$ ist also eine Schieb- oder Translationsfläche (vgl. § 45 des ersten Bandes). Bei ebenen Kurven fällt $\mathfrak{m}$ in die Ebene der Kurve; sonst ist $(\mathfrak{m})$ keine Torse, denn die Schiebflächen, die gleichzeitig Torsen sind, sind Zylinder.

Sobald die affine Flächentheorie dargestellt ist, werden wir den Zusammenhang zwischen $\mathfrak{m}$ und $\mathfrak{x}$ näher untersuchen, und insbesondere alle Kurven bestimmen, deren Sehnenmittenflächen geradlinig sind. Hier wollen wir nach den Kurven mit gemeinsamen Sehnenmittenflächen fragen. Für zwei solche Kurven muß bei geeigneter Wahl von t_2, τ_2

$$2\,\mathfrak{m} = \mathfrak{x}_1(t_1) + \mathfrak{x}_1(\tau_1) = \mathfrak{x}_2(t_2) + \mathfrak{x}_2(\tau_2)$$

sein. $\mathfrak{m}$ enthält also zwei Paare von gleichgestellten Kurvenscharen und gehört, wie man sagt, zu den „Schiebflächen mit vier Erzeugungen". Diese Flächen sind aber bereits bestimmt worden, und zwar zuerst von *S. Lie*, später von *G. Scheffers*[6]) und in besonders schöner Weise von *G. Darboux*[7]), und es zeigt sich dabei, daß sie, von Entartungsfällen abgesehen, stets auch Sehnenmittenflächen sind.

Wir stellen uns daher die Aufgabe, alle nicht parabolisch gekrümmten Schiebflächen mit vier Erzeugungen, mit zwei Paaren von „Schiebkurven" zu bestimmen. Die parabolisch gekrümmten Schiebflächen, die Zylinder, haben offenbar unendlich viele Paare von Schiebkurven. Wir folgen der Methode von *Darboux*.

Sei

$$(163) \qquad 2\,\mathfrak{m} = \mathfrak{x}_1(t_1) + \mathfrak{x}_2(t_2) = -\,\mathfrak{x}_3(t_3) - \mathfrak{x}_4(t_4)$$

und, um die Marken nicht noch mehr zu häufen,

$$\mathfrak{x}_i(t_i) = \big\{x_i(t_i),\, y_i(t_i),\, z_i(t_i)\big\}.$$

---

[6]) *S. Lie*: Arch. for Math. o. Nat. **7** (1882), S. 155 und Leipziger Berichte **48** (1896), S. 141—198. *G. Scheffers*: Acta Mathematica **28** (1904), S. 65—92.

[7]) *G. Darboux*: Leçons sur la théorie générale des surfaces, 2. Aufl., Paris 1914. Bd. 1, S. 151—161.

Die Tangenten der Schiebkurven liegen natürlich in der Tangentenebene von $\mathfrak{m}$; daher muß, wenn wir die Ableitungen nach den t_{ii} durch Kreise andeuten,

$$(164) \qquad (\mathfrak{x}_1{}^\circ \mathfrak{x}_2{}^\circ \mathfrak{x}_3{}^\circ) = 0, \qquad (\mathfrak{x}_1{}^\circ \mathfrak{x}_2{}^\circ \mathfrak{x}_4{}^\circ) = 0$$

sein. Also gibt es zwei Funktionen p und q des Flächenpunktes, für die

$$(165) \qquad dz_i = p\, dx_i + q\, dy_i \qquad (i = 1, 2 \ldots 4)$$

ist, oder, wenn Punkte Ableitungen nach x_i bedeuten,

$$(166) \qquad \dot z_i = p + q \dot y_i \qquad (i = 1, 2 \ldots 4).$$

Hierin können wir p und q, die Stellungsparameter der Tangentenebenen von $(2\,\mathfrak{m})$, als unabhängige Veränderliche betrachten — denn sonst wäre $p = p(q)$ und $(\mathfrak{m})$ als Hüllgebilde einer einparametrigen Ebenenschar Torse.

Nunmehr wollen wir $\dot y_i$ als Parameter t_i einführen und $\dot z_i$ als Funktion von $\dot y_i$ auffassen. Das ist möglich, weil $\dot y_i$ als veränderlich vorausgesetzt werden kann. Wären nämlich $\dot y_i$ und $\dot z_i$ beide konstant, so wäre $(\mathfrak{x}_i)$ eine Gerade und $(\mathfrak{m})$ ein Zylinder. Ist aber $\dot y_i$ konstant und $\dot z_i$ veränderlich, so liegt $\mathfrak{x}_i$ in einer zur z-Achse parallelen Ebene und wir können durch eine Koordinatentransformation erreichen, daß alle $\dot y_i$ veränderlich sind.

Sei

$$(167) \qquad \dot z_i = f_i(\dot y_i).$$

Die Gleichungen (166) bestimmen dann $\dot y_i$ als Funktion von p und q,

$$(168) \qquad \dot y_i = g_i(p, q),$$

und durch Differenzieren von (166) folgt, wenn wir Ableitungen nach $\dot y_i$ durch Striche andeuten,

$$(169) \qquad (f_i' - q)\, dg_i = dp + g_i\, dq,$$

woraus sich für g_i die partielle Differentialgleichung

$$(170) \qquad \frac{\partial g_i}{\partial q} = g_i \frac{\partial g_i}{\partial p}$$

ergibt. Ebenfalls ist, weil x_i als Funktion von $\dot y_i = g_i$ aufgefaßt werden kann,

$$(171) \qquad \frac{\partial x_i}{\partial q} = g_i \frac{\partial x_i}{\partial p}$$

und daher

$$(172) \qquad dx_i = \frac{\partial x_i}{\partial p}(dp + g_i\, dq).$$

Nun ist nach (163)

$$(173) \qquad \sum_{i=1}^{4} x_i = 0, \qquad \sum_{i=1}^{4} y_i = 0.$$

Durch Differenzieren erhalten wir hieraus

$$(174) \qquad \sum_{i=1}^{4} d x_i = 0, \qquad \sum_{i=1}^{4} \dot{y}_i\, d x_i = \sum_{i=1}^{4} g_i\, d x_i = 0,$$

und wenn wir aus (172) den Wert von $d x_i$ einsetzen, so folgt

$$(175) \qquad \sum_{i=1}^{4} \frac{\partial x_i}{\partial p} = 0, \qquad \sum_{i=1}^{4} g_i \frac{\partial x_i}{\partial p} = 0, \qquad \sum_{i=1}^{4} g_i{}^2 \frac{\partial x_i}{\partial p} = 0.$$

Nach diesen Vorbereitungen läßt sich unschwer beweisen, daß $\dot{z}_i$, $\dot{y}_i$ auf einer Kurve vierter Ordnung $F(\dot{y}_i, \dot{z}_i) = 0$ liegen. — Wegen (171) und (175) ist für beliebiges α

$$(176) \qquad \sum_{i=1}^{4} \frac{\frac{\partial x_i}{\partial q} - \alpha \frac{\partial x_i}{\partial p}}{g_i - \alpha} = \sum_{i=1}^{4} \frac{\partial x_i}{\partial p} = 0.$$

Setzen wir

$$(177) \qquad \Theta = \sum_{i=1}^{4} \frac{1}{g_i - \alpha} \frac{\partial x_i}{\partial p},$$

so folgt wegen (176), (170) und (171)

$$\alpha \cdot \frac{\partial \Theta}{\partial p} = \alpha \sum \frac{\partial}{\partial p} \left(\frac{1}{g_i - \alpha} \frac{\partial x_i}{\partial p} \right) = \sum \frac{\partial}{\partial q} \left(\frac{1}{g_i - \alpha} \frac{\partial x_i}{\partial p} \right) = \frac{\partial \Theta}{\partial q},$$

also

$$(178) \qquad \frac{\partial \Theta}{\partial q} = \alpha \frac{\partial \Theta}{\partial p},$$

und daher ist

$$(179) \qquad \Theta = \Theta(\alpha, p + q\alpha).$$

Nun ist aber klar, daß

$$(180) \qquad \Theta = \sum_{i=1}^{4} \frac{1}{g_i - \alpha} \frac{\partial x_i}{\partial p} = \frac{\Phi(\alpha)}{F(\alpha)}$$

gesetzt werden kann, wo F und Φ für alle p und q Polynome vierten beziehungsweise dritten Grades in α sind. Ferner folgt aus (180), daß identisch

$$\Phi(\alpha) = 1$$

gilt. Denn wegen (175) beginnt die Entwicklung von $\Theta(\alpha)$ nach $1 : \alpha$ mit $1 : \alpha^4$. Also ist

$$(181) \qquad \sum_{i=1}^{4} \frac{1}{g_i - \alpha} \frac{\partial x_i}{\partial p} = \frac{1}{F(\alpha,\, p + q\alpha)}.$$

Und daraus folgt sofort, daß $F(\alpha, p^*)$ in α und $p^* = p + q\alpha$ ein Polynom vierter Ordnung ist. In der Tat muß die fünfte Ableitung von F nach α identisch in p und q verschwinden; die Gleichung

$$q^5 \frac{\partial^5 F}{\partial p^{*5}} + 5 q^4 \frac{\partial^5 F}{\partial p^{*4} \partial \alpha} + 10 q^3 \frac{\partial^5 F}{\partial p^{*3} \partial \alpha^2} + 10 q^2 \frac{\partial^5 F}{\partial p^{*2} \partial \alpha^3}$$
$$+ 5 q \frac{\partial^5 F}{\partial p^* \partial \alpha^4} + \frac{\partial^5 F}{\partial \alpha^5} = 0$$

muß also für alle q erfüllt sein und es müssen daher alle Ableitungen fünfter Ordnung von F nach α und p^* verschwinden.

Nunmehr setzen wir $\alpha = g_i = \dot{y}_i$; dann wird wegen (166) $p^* = \dot{z}_i$, und da nach (181) das Polynom $F(\alpha)$ die Nullstellen g_i hat, so folgt

$$(182) \qquad F(\dot{y}_i, \dot{z}_i) = 0.$$

Das Tangentenbild der Schiebkurven liegt auf einem Kegel vierter Ordnung mit der Spitze im Ursprung.

Diese Eigenschaft ist aber noch nicht hinreichend. Bestimmen wir, um das einzusehen, die Funktionen x_i, y_i, z_i!

Wir setzen $\dot{z}_i = h_i$; aus (181) folgt

$$(183) \qquad \frac{\partial x_i}{\partial p} = \lim_{\alpha \to g_i} \frac{g_i - \alpha}{F(\alpha, p^*)} = \frac{-1}{\dfrac{\partial F(g_i, h_i)}{\partial g_i} + q \dfrac{\partial F(g_i, h_i)}{\partial h_i}}$$

und nach (172) also

$$(184) \qquad dx_i = - \frac{dp + g_i\, dq}{\dfrac{\partial F}{\partial g_i} + q \dfrac{\partial F}{\partial h_i}}.$$

Da $h_i = p + g_i q$, also

$$dh_i - q\,dg_i = dp + g_i\,dq$$

ist, so kann man statt (184) auch

$$(185) \qquad dx_i = \frac{q\,dg_i - dh_i}{\dfrac{\partial F}{\partial g_i} + q \dfrac{\partial F}{\partial h_i}}$$

schreiben, und da der Zuwachs von x_i, als Funktion von $g_i = \dot{y}_i$ und h_i aufgefaßt, von q unabhängig ist, so folgt für $\lim q = \infty$ und für $q = 0$

$$(186) \qquad dx_i = \frac{dg_i}{\dfrac{\partial F}{\partial h_i}} = - \frac{dh_i}{\dfrac{\partial F}{\partial g_i}}$$

und daher

$$(187) \qquad dy_i = g_i \frac{dg_i}{\dfrac{\partial F}{\partial h_i}}, \qquad dz_i = h_i \frac{dg_i}{\dfrac{\partial F}{\partial h_i}}.$$

Man sieht, daß die Kurven $\mathfrak{x}_i$, die sich durch Integration von (186) und (187) ergeben, aus $\mathfrak{x}_1$ durch Parallelverschiebung hervorgehen, wenn $F(\alpha, p^*) = 0$ nicht zerfällt, und also in der Tat

$$(188) \quad \begin{aligned} 2\,\mathfrak{m} &= + \mathfrak{x}_1(t_1) + \mathfrak{x}_2(t_2) = + \mathfrak{x}_1(t_1) + \mathfrak{x}_1(t_2) + \mathfrak{a}_1 + \mathfrak{a}_2, \\ 2\,\mathfrak{m}^* &= - \mathfrak{x}_3(t_3) - \mathfrak{x}_4(t_4) = - \mathfrak{x}_1(t_3) - \mathfrak{x}_1(t_4) - \mathfrak{a}_3 - \mathfrak{a}_4 \end{aligned}$$

Sehnenmittenflächen von $\mathfrak{x}_1 + \frac{1}{2}(\mathfrak{a}_1 + \mathfrak{a}_2)$ und $- \mathfrak{x}_1 - \frac{1}{2}(\mathfrak{a}_3 + \mathfrak{a}_4)$ sind. Wir haben jetzt nur noch zu bestätigen, daß $(\mathfrak{m})$ und $(\mathfrak{m}^*)$ zusammenfallen.

Dazu bestimmen wir g_i als Funktion von p und q und damit zugleich die Zuordnung der einander auf den $(\mathfrak{x}_i)$ entsprechenden Punkte.

Schneiden wir die beliebige Kurve vierter Ordnung

$$F(g, h) = 0$$

mit der Geraden

$$h = p + q \cdot g,$$

so erhalten wir für die Koordinaten g der Schnittpunkte die Gleichung vierten Grades

$$(189) \qquad F(g, p + qg) = \Theta(g) = 0,$$

deren Wurzeln g_i ($i = 1, \ldots 4$) benannt werden mögen.

Ist $f(g)$ ein Polynom niedrigeren Grades als $\Theta(g)$, so gilt die Partialbruchzerlegung

$$\frac{f(g)}{\Theta(g)} = \sum \frac{f(g_i)}{\Theta'(g_i)} \frac{1}{g - g_i},$$

wo die Striche Ableitungen nach g andeuten. Wählt man $f(g) = g, g^2, g^3$ und setzt dann $g = 0$, so erhält man die Identitäten

$$(190) \qquad \sum \frac{1}{\Theta'(g_i)} = 0, \qquad \sum \frac{g_i}{\Theta'(g_i)} = 0, \qquad \sum \frac{g_i^2}{\Theta'(g_i)} = 0.$$

Differenziert man Gleichung (189), indem man p und q variieren läßt, so erhält man

$$(191) \qquad \Theta'(g_i)\, dg_i + \frac{\partial F(g_i, h_i)}{\partial h_i}(dp + g_i\, dq) = 0.$$

Nun sieht man, daß wegen (190) auch die Gleichungen

$$\sum_{i=1}^{4} \frac{dp + g_i\, dq}{\Theta'(g_i)} = 0, \qquad \sum_{i=1}^{4} g_i \frac{dp + g_i\, dq}{\Theta'(g_i)} = 0,$$

$$\sum_{i=1}^{4} h_i \frac{dp + g_i\, dq}{\Theta'(g_i)} = \sum_{i=1}^{4} (p + q g_i) \frac{dp + g_i\, dq}{\Theta'(g_i)} = 0$$

richtig sind, und wenn man (191) berücksichtigt, so erhält man

$$(192) \qquad \sum_{i=1}^{4} \frac{dg_i}{\dfrac{\partial F}{\partial h_i}} = 0, \qquad \sum_{i=1}^{4} g_i \frac{dg_i}{\dfrac{\partial F}{\partial h_i}} = 0, \qquad \sum_{i=1}^{4} h_i \frac{dg_i}{\dfrac{\partial F}{\partial h_i}} = 0.$$

Die Funktionen x_i, y_i, z_i nennt man die drei *Abel*schen Integrale erster Gattung der Kurve $F(g, h) = 0$. Wir erhalten also folgendes Schlußergebnis:

Ist $F(g, h) = 0$ eine beliebige Kurve vierter Ordnung, sind

$$x_i(g_i) = \int_{g_{0i}}^{g_i} \frac{dg_i}{\dfrac{\partial F}{\partial h_i}}, \qquad y_i(g_i) = \int_{g_{0i}}^{g_i} \frac{g_i\, dg_i}{\dfrac{\partial F}{\partial h_i}}, \qquad z_i(g_i) = \int_{g_{0i}}^{g_i} \frac{h_i\, dg_i}{\dfrac{\partial F}{\partial h_i}} \qquad (i = 1 \ldots 4)$$

ihre drei Abelschen Integrale erster Gattung und setzen wir

$$\mathfrak{x}_i = \{x_i, y_i, z_i\},$$

so bestimmen die Kurven $(\mathfrak{x}_1)$ und $(\mathfrak{x}_2)$ eine Schiebfläche, die auch die Kurven $(\mathfrak{x}_3)$ und $(\mathfrak{x}_4)$ — nach geeigneter Wahl von g_{03} und g_{04} — als Schiebkurven besitzt. Sind g_1, g_2 und g_3, g_4 entsprechende Parameterwerte, so liegen die Punkte g_i, $h_i(g_i)$ $(F(g_i, h_i) = 0)$ auf einer Geraden. — Unter den Kurven $\mathfrak{x}_i$ sind alle Kurvenpaare mit gemeinsamen Sehnenmittenflächen enthalten. Insbesondere ist jede Schiebfläche mit zwei Paaren von Schiebkurven, deren Tangentenkegel vierter Ordnung nicht zerfällt, zweifach Sehnenmittenfläche.

§ 38. Aufgaben.

1. Geometrische Deutung des Dreibeins von Winternitz. Dieses läßt sich so kennzeichnen: a) Die Achsenrichtung des Schmieggewindes (durch fünf benachbarte Tangenten) hängt von $\mathfrak{x}_1$, $\mathfrak{x}_3$ linear ab. b) Jeder Parallelriß der Kurve parallel zur $\mathfrak{x}_1$, $\mathfrak{x}_3$-Ebene auf die Schmiegebene hat $\mathfrak{x}_2$ zur Affinnormalen. c) Ist die Rißrichtung insbesondere zu $\mathfrak{x}_3$ parallel, so bekommt die Projektion als Schmiegkegelschnitt eine Parabel. *E. Čech*, 1923.

2. Gegenstück zum Dreibein von Winternitz. Das Dreibein $\mathfrak{x}_1$, $\mathfrak{x}_2$, $\mathfrak{x}_3 - k_1 \mathfrak{x}_1$ ist im wesentlichen das einzige vierter Ordnung, wenn man in den Koordinaten der Schmiegebene rechnet. *E. Čech*, 1923.

3. Zur Variationsrechnung. Man übertrage die Theorie von *Weierstraß'* E-Funktion auf das Problem von § 36. Diese Übertragung ist nicht trivial wegen der Erniedrigung der Ordnung der Differentialgleichung von *Euler* und *Lagrange*.

4. Gewundene Linien mit $t = 0$. Diese sind dadurch gekennzeichnet, daß ihre affinen Hauptnormalen zu einer festen Ebene parallel laufen. *E. Čech*, 1923.

5. Fünfpunktig berührende kubische Parabel einer Raumkurve. Die fünfpunktig berührende kubische Parabel der auf ihren Affinbogen s bezogenen gewundenen Kurve

$$\mathfrak{x}(s) = \mathfrak{x}(0) + s\,\mathfrak{x}'(0) + \frac{s^2}{2!}\,\mathfrak{x}''(0) + \frac{s^3}{3!}\,\mathfrak{x}'''(0) + \frac{s^4}{4!}\,\mathfrak{x}^{IV}(0) + \cdots$$

im Punkte $s = 0$ hat, auf ihren Affinbogen σ bezogen, die Gleichung

$$(193) \qquad \bar{\mathfrak{x}}(\sigma) = \mathfrak{x}(0) + \sigma\,\mathfrak{x}'(0) + \frac{\sigma^2}{2!}\,\mathfrak{x}''(0) + \frac{\sigma^3}{3!}\left\{\mathfrak{x}'''(0) + \frac{1}{4}\,k(0)\,\mathfrak{x}'(0)\right\},$$

und man hat

$$s = \sigma + \tfrac{1}{24}\,k(0)\,\sigma^3 + \tfrac{1}{24}\,t(0)\,\sigma^4 + \cdots.$$

$k(0)$ und $t(0)$ bedeuten die in § 29 betrachteten affinen Invarianten im Punkte $s = 0$.

6. Kennzeichnung der Gewindekurven. Zieht man durch jeden Punkt $\mathfrak{x}$ einer gewundenen Kurve die Parallele $\mathfrak{G}$ zum zugehörigen Vektor $\mathfrak{z}$ des kovarianten Krümmungsbildes (§ 29), so gehen die Geraden $\mathfrak{G}$ dann und nur dann durch einen festen Punkt, wenn

$$t - k' = \text{konst.}$$

Für die Gewindekurven $t - k' = 0$ ist kennzeichnend, daß dieser feste Punkt uneigentlich ist. Vgl. *R. Weitzenböck*, Wiener Sitzungsberichte **127** (1918), S. 969—997.

7. Geschlossene reguläre positiv gewundene Raumkurven ohne Doppelpunkte. Die auf einer Ringfläche gelegene Kurve

$$x_1 = b \cos \varphi + a \cos \varphi \cos n \varphi, \qquad x_2 = b \sin \varphi + a \sin \varphi \cos n \varphi,$$

$$x_3 = - a \sin n \varphi \qquad (b > 2 a)$$

(n ganze Zahl $\geqq 1$) ist für genügend großes n eine solche Kurve.

8. Eine Eigenschaft der Tangentenfläche. Schneidet man die Tangentenfläche einer gewundenen Raumkurve $\mathfrak{C}$ mit der Schmiegebene eines nicht-stationären Kurvenpunktes $\mathfrak{x}$, so hat die Schnittkurve in $\mathfrak{x}$ die affine Hauptnormale der Kurve $\mathfrak{C}$ zur Affinnormalen (*R. Weitzenböck*, a. a. O.) und ihre Affinkrümmung unterscheidet sich von der ersten Affinkrümmung $k_1(s)$ (§ 30) der Kurve $\mathfrak{C}$ nur um einen Zahlenfaktor (*L. Berwald*).

9. Eine Ungleichheit von *L. Berwald*. Sei Σ die gewöhnliche Bogenlänge, S die Affinlänge eines Kurvenbogens $\mathfrak{x} = \mathfrak{x}(\sigma)$ im n-dimensionalen Raum:

$$(196) \qquad \Sigma = \int_0^\Sigma d\sigma, \qquad S = \int_0^\Sigma \sqrt[\frac{n(n+1)}{2}]{\left(\frac{d\mathfrak{x}}{d\sigma}, \frac{d^2\mathfrak{x}}{d\sigma^2}, \ldots, \frac{d^n\mathfrak{x}}{d\sigma^n} \right)} \, d\sigma,$$

unter dem Klammerausdruck eine n-reihige Determinante verstanden. Ferner seien

$$\frac{1}{R_1}, \frac{1}{R_2}, \ldots, \frac{1}{R_{n-1}}$$

die $n - 1$ gewöhnlichen Krümmungen der betrachteten Kurve und es sei

$$\left(\frac{d\mathfrak{x}}{d\sigma}, \frac{d^2\mathfrak{x}}{d\sigma^2}, \ldots, \frac{d^n\mathfrak{x}}{d\sigma^n} \right) > 0.$$

Dann besteht die Ungleichheit

$$(197) \qquad S^{\frac{n(n+1)}{2}} \leqq \Sigma^n \left(\int_0^\Sigma \frac{d\sigma}{R_1} \right)^{n-1} \left(\int_0^\Sigma \frac{d\sigma}{R_2} \right)^{n-2} \cdots \int_0^\Sigma \frac{d\sigma}{R_{n-1}}.$$

Das Gleichheitszeichen gilt nur dann, wenn alle Krümmungen $1 : R_i$ konstant sind. Für eine geschlossene Eilinie erhält man eine Ungleichheit von *A. Winternitz* (§ 26) als besonderen Fall.

10. Eine Kennzeichnung der kubischen Parabel. Zwei Punkte $\mathfrak{p}_1$ und $\mathfrak{p}_2$ einer Kurve $\mathfrak{C}$ bestimmen ein Schmiegtetraeder von $\mathfrak{C}$ (§ 36), das die Punkte zu Ecken, ihre Tangenten zu Kanten und ihre Schmiegebenen zu Seitenflächen hat; sein Inhalt sei J. Ferner sei V der Inhalt der konvexen Hülle des Bogens zwischen $\mathfrak{p}_1$ und $\mathfrak{p}_2$ (d. h. des kleinsten Eikörpers, der diesen Bogen von $\mathfrak{C}$ enthält). Ist dann das Verhältnis $J : V$ unabhängig von der Wahl der Punkte $\mathfrak{p}_1$, $\mathfrak{p}_2$ auf $\mathfrak{C}$, so ist $\mathfrak{C}$ eine kubische Parabel. Vgl. im folgenden Aufgabe 14.

11. Noch eine Kennzeichnung der kubischen Parabel. Die einzigen gewundenen Kurven, die eine zweigliedrige Untergruppe räumlicher Affinitäten gestatten, sind kubische Parabeln. Diese von *S. Lie* entdeckte Tatsache (*S. Lie*: Theorie der Transformationsgruppen **3**, § 46, S. 187) läßt sich mit unseren Mitteln sehr leicht bestätigen.

12. Kurven mit windschiefen Sehnenmittenflächen. Man bestimme diese Kurven, ohne von der affinen Flächentheorie Gebrauch zu machen. Vgl. *W. Blaschke*: Leipziger Berichte **71** (1919), S. 20—28. Vgl. im folgenden § 86.

13. Niedrigste Ordnung einer stets im selben Sinn gewundenen geschlossenen Kurve. Unter der „Ordnung" einer Kurve sei die größte Anzahl ihrer Schnittpunkte mit einer Ebene verstanden. Dabei werden natürlich nur reelle Schnittpunkte gezählt und die Kurve braucht nicht algebraisch, auch nicht analytisch zu sein. Wir fragen nun: Welche Ordnung muß eine geschlossene Kurve mindestens haben, wenn sie stets im selben Sinne gewunden sein soll $\{(\dot{\mathfrak{x}}\,\ddot{\mathfrak{x}}\,\dddot{\mathfrak{x}}) > 0\}$?

14. Reihenentwicklungen für Raumkurven. Lassen wir die zu einem Punkte $s = 0$ einer Raumkurve $\mathfrak{x} = \mathfrak{x}(s)$ gehörigen Vektoren $\mathfrak{x}'(0)$, $\mathfrak{x}''(0)$, $\mathfrak{x}'''(0)$ mit den Koordinatenachsen zusammenfallen, so bekommen wir, wenn wir die Bezeichnungen

$$(198) \qquad t_i = -\frac{d^i t(0)}{ds^i}, \qquad k_i = -\frac{d^i k(0)}{ds^i}$$

einführen, für die Kurve die folgenden „kanonischen" Reihen

$$x_1 = \quad s \;+\frac{t_0}{4!}s^4 + \frac{t_1}{5!}s^5 + \frac{t_2 + t_0 k_0}{6!}s^6 + \frac{t_0^2 + t_3 + t_1 k_0 + 3 t_0 k_1}{7!}s^7 + \cdots,$$

$$(199)\quad x_2 = \frac{1}{2!}s^2 + \frac{k_0}{4!}s^4 + \frac{t_0 + k_1}{5!}s^5 + \frac{2 t_1 + k_0^2 + k_2}{6!}s^6 + \frac{2 t_0 k_0 + 3 t_2 + 4 k_0 k_1 + k_3}{7!}s^7 + \cdots,$$

$$x_3 = \frac{1}{3!}s^3 + \frac{k_0}{5!}s^5 + \frac{t_0 + 2 k_1}{6!}s^6 + \frac{3 t_1 + k_0^2 + 3 k_2}{7!}s^7 + \cdots.$$

Für den Inhalt des Schmiegtetraeders des Kurvenbogens $0, s$ findet sich daraus

$$(200)\qquad J = \frac{1}{6}\left\{\frac{1}{108}s^6 + \frac{2573\,k_0^2}{388\,800}s^{10} + \cdots\right\}$$

und schließlich für den Inhalt der konvexen Hülle dieses Bogens (des kleinsten Eikörpers über diesem Bogen)

$$(201)\quad V = \frac{1}{6}\left\{\frac{1}{360}s^6 + \frac{k_0}{50\,400}s^8 + \frac{k_1}{20\,160}s^9 + \frac{8 t_1 - 58 k_0 - 125 k_2}{453\,600}s^{10} + \cdots\right\}.$$

Vgl. *J. Mandlinger*: Dissertation, Hamburg 1922.

4. Kapitel.

Flächentheorie, niederer Teil.

Wir wollen nunmehr die gegenüber inhaltstreuen Affinitäten invarianten differentialgeometrischen Eigenschaften der krummen *Flächen* untersuchen. Diese neue Aufgabe ist ungleich vielgestaltiger und anziehender als die Differentialgeometrie der Kurven, stellt aber auch erheblich höhere Anforderungen, schon was die Aufstellung des einigermaßen verwickelten Formelapparates anlangt. Aber wir hoffen, uns mit Erfolg bemüht zu haben, im Gestrüpp der Formeln nicht den Ausblick auf die anschaulich greifbaren geometrischen Fragestellungen zu verlieren.

In diesem Kapitel werden wir uns mit den Formeln und Eigenschaften der Flächen vertraut machen, die sich durch *Ableitungen bis zur dritten Ordnung* ausdrücken lassen. Unser hauptsächlichstes Hilfsmittel wird hier die „*kanonische Darstellung*" der Fläche sein. Erst später werden wir auch Ableitungen höherer Ordnung heranziehen.

§ 39. Die quadratische Grundform.

Wenn man die gegenüber inhaltstreuen affinen Abbildungen invarianten Eigenschaften der krummen Flächen studieren will, so liegt es nahe, sich zunächst ein invariant mit einem Flächenpunkt verbundenes Dreibein zu verschaffen. Dazu kommt man mit Hilfe einer invarianten quadratischen Differentialform, die uns schon in der Bewegungsgeometrie, wenn auch anders normiert, entgegengetreten ist. Wir stellen eine Fläche wie im ersten Bande durch zwei *Gauß*ische Parameter u, v dar, indem wir die Koordinaten x_k als Funktionen von u, v ansetzen:

$$(1) \qquad x_k = x_k(u, v), \qquad (k = 1, 2, 3)$$

wofür vektoriell

$$(2) \qquad \mathfrak{x} = \mathfrak{x}(u, v)$$

geschrieben werden soll. Es möge das Vektorprodukt der Ableitungen nach u, v

$$(3) \qquad \mathfrak{x}_u \times \mathfrak{x}_v \neq 0$$

sein, was für die Fläche und ihre Parameterdarstellung eine Einschränkung bedeutet.

Wir müssen zu einer einfachen affininvarianten Gleichung kommen, wenn wir die Bedingung dafür aufstellen, daß die Schmiegebenen einer Flächenkurve $\mathfrak{x}(t)$ mit den Tangentenebenen zusammenfallen; alsdann muß

$$(4) \qquad (\mathfrak{x}_u \, \mathfrak{x}_v \, \mathfrak{x}_{tt}) = 0$$

sein. In der Tat sieht man auch unmittelbar, daß (4) affininvariant ist. In Bd. 1, § 43 hatten wir diese Kurven *Asymptotenlinien* genannt. Aus (4) läßt sich eine invariante Differentialform gewinnen. Es ist nämlich

$$\mathfrak{x}_t = \mathfrak{x}_u \frac{du}{dt} + \mathfrak{x}_v \frac{dv}{dt},$$

$$\mathfrak{x}_{tt} = \mathfrak{x}_{uu} \left(\frac{du}{dt}\right)^2 + 2\,\mathfrak{x}_{uv} \frac{du}{dt} \frac{dv}{dt} + \mathfrak{x}_{vv} \left(\frac{dv}{dt}\right)^2 + \mathfrak{x}_u \frac{d^2 u}{dt^2} + \mathfrak{x}_v \frac{d^2 v}{dt^2}.$$

Somit nimmt unsere Forderung (4) die Form an

$$(5) \qquad \left(\mathfrak{x}_u, \ \mathfrak{x}_v, \ \mathfrak{x}_{uu} \left(\frac{du}{dt}\right)^2 + 2\,\mathfrak{x}_{uv} \frac{du}{dt} \frac{dv}{dt} + \mathfrak{x}_{vv} \left(\frac{dv}{dt}\right)^2\right) = 0,$$

oder

$$(6) \qquad L\,du^2 + 2\,M\,du\,dv + N\,dv^2 = 0,$$

wenn L, M und N Abkürzungen für folgende Determinanten bedeuten

$$(7) \qquad \begin{aligned} L &= (\mathfrak{x}_u \, \mathfrak{x}_v \, \mathfrak{x}_{uu}), \\ M &= (\mathfrak{x}_u \, \mathfrak{x}_v \, \mathfrak{x}_{uv}), \\ N &= (\mathfrak{x}_u \, \mathfrak{x}_v \, \mathfrak{x}_{vv}). \end{aligned}$$

Diese Determinanten und daher auch die quadratische Differentialform

$$(8) \qquad \boxed{L\,du^2 + 2\,M\,du\,dv + N\,dv^2 = (\mathfrak{x}_u \, \mathfrak{x}_v \, \mathfrak{x}_{tt})\,dt^2}$$

sind bei festgehaltenen Parametern u, v affininvariant, und es bleibt nur zu untersuchen, wie sie sich bei Einführung neuer Parameter $\bar{u}, \bar{v}$ verhalten. Es ist

$$(9) \qquad \begin{aligned} \mathfrak{x}_{\bar{u}} &= \mathfrak{x}_u \frac{\partial u}{\partial \bar{u}} + \mathfrak{x}_v \frac{\partial v}{\partial \bar{u}}, \\ \mathfrak{x}_{\bar{v}} &= \mathfrak{x}_u \frac{\partial u}{\partial \bar{v}} + \mathfrak{x}_v \frac{\partial v}{\partial \bar{v}} \end{aligned}$$

und somit

$$(10) \qquad (\mathfrak{x}_{\bar{u}} \, \mathfrak{x}_{\bar{v}} \, \mathfrak{x}_{tt}) = (\mathfrak{x}_u \, \mathfrak{x}_v \, \mathfrak{x}_{tt})\,D,$$

oder

$$(11) \qquad \overline{L}\,d\bar{u}^2 + 2\,\overline{M}\,d\bar{u}\,d\bar{v} + \overline{N}\,d\bar{v}^2 = (L\,du^2 + 2\,M\,du\,dv + N\,dv^2)\,D,$$

wenn D die Determinante von *Jacobi*

$$(12) \qquad D = \frac{\partial u}{\partial \bar{u}} \frac{\partial v}{\partial \bar{v}} - \frac{\partial u}{\partial \bar{v}} \frac{\partial v}{\partial \bar{u}}$$

bedeutet. Bei Einführung neuer Parameter $\bar{u}, \bar{v}$ wird also die quadratische Differentialform mit der Funktionaldeterminante D multipliziert. Ausführlich schreibt sich die Identität (11) in $d\bar{u}, d\bar{v}$ so:

$$
(13) \quad
\begin{aligned}
\bar{L} &= \left\{ L\,\frac{\partial u}{\partial \bar{u}}\frac{\partial u}{\partial \bar{u}} + M\left(\frac{\partial u}{\partial \bar{u}}\frac{\partial v}{\partial \bar{u}} + \frac{\partial u}{\partial \bar{u}}\frac{\partial v}{\partial \bar{u}}\right) + N\,\frac{\partial v}{\partial \bar{u}}\frac{\partial v}{\partial \bar{u}} \right\} D, \\[2mm]
\bar{M} &= \left\{ L\,\frac{\partial u}{\partial \bar{u}}\frac{\partial u}{\partial \bar{v}} + M\left(\frac{\partial u}{\partial \bar{u}}\frac{\partial v}{\partial \bar{v}} + \frac{\partial v}{\partial \bar{u}}\frac{\partial u}{\partial \bar{v}}\right) + N\,\frac{\partial v}{\partial \bar{u}}\frac{\partial v}{\partial \bar{v}} \right\} D, \\[2mm]
\bar{N} &= \left\{ L\,\frac{\partial u}{\partial \bar{v}}\frac{\partial u}{\partial \bar{v}} + M\left(\frac{\partial u}{\partial \bar{v}}\frac{\partial v}{\partial \bar{v}} + \frac{\partial u}{\partial \bar{v}}\frac{\partial v}{\partial \bar{v}}\right) + N\,\frac{\partial v}{\partial \bar{v}}\frac{\partial v}{\partial \bar{v}} \right\} D.
\end{aligned}
$$

Daraus folgt

$$(14) \qquad (\bar{L}\,\bar{N} - \bar{M}^2) = (LN - M^2)\cdot D^4.$$

Wegen (11) und (14) ist es nun leicht, eine bis auf das Vorzeichen invariante Differentialform zu finden, nämlich

$$(15) \qquad \frac{L\,du^2 + 2M\,du\,dv + N\,dv^2}{|\,LN - M^2\,|^{1/4}} = \frac{(\mathfrak{x}_u\,\mathfrak{x}_v\,\mathfrak{x}_{tt})}{|\,LN - M^2\,|^{1/4}}\,dt^2.$$

Es treten hier zum ersten Male gewisse *Vorzeichenschwierigkeiten* auf, die später öfter wiederkehren werden und die mit der „Orientierung" oder den Begriffen „links und rechts" zusammenhängen. Wenn wir nämlich die vierte Wurzel im Nenner von (15) positiv ausziehen, multipliziert sich bei der Parameteränderung der Zähler mit D, der Nenner mit $|D|$, die quadratische Differentialform (15) also mit ± 1, je nachdem $D > 0$ oder $D < 0$ ist. *Die quadratische Differentialform (15) bleibt also nur bei Einführung gleichsinniger neuer Parameter $(D > 0)$ ungeändert erhalten.*

Für elliptisch gekrümmte Flächen $(LN - M^2 > 0$; vgl. Bd. 1, § 34) können wir die Parameter etwa immer so normieren, daß $L > 0$ und daher auch $N > 0$ wird. Blickt man dann von einer Stelle $\mathfrak{z}$ auf der Seite der Tangentenebene im Flächenpunkte $\mathfrak{x}$, auf der die Fläche liegt $\{(\mathfrak{x}_u, \mathfrak{x}_v, \mathfrak{z} - \mathfrak{x}) > 0\}$, nach $\mathfrak{x}$, so liegt $\mathfrak{x}_v$ links von $\mathfrak{x}_u$, wenn wir unser Achsenkreuz wie in Fig. 1 des ersten Bandes wählen. Für elliptisch und hyperbolisch gekrümmte Flächen haben wir in dem Ausdruck

$$(16) \qquad \boxed{\; E\,du^2 + 2F\,du\,dv + G\,dv^2 = \frac{L\,du^2 + 2M\,du\,dv + N\,dv^2}{|\,LN - M^2\,|^{1/4}} = \varphi \;}$$

eine im angegebenen Sinne invariante *„quadratische Grundform"*. Dieses Gegenstück des Bogenelements auf einer Fläche ist von *G. Pick* und dem Verfasser eingeführt worden[1]. Für parabolisch gekrümmte Flächen („Torsen", $LN - M^2 = 0$) versagt die Grundform.

---

[1] *G. Pick*: Leipziger Berichte **69** (1917), S. 133; *W. Blaschke*: ebenda S. 180.

Die hier mit L, M, N bezeichneten Determinanten unterscheiden sich nur um einen gemeinsamen Faktor von den ebenso bezeichneten Koeffizienten der zweiten Grundform der elementaren Flächentheorie (Bd. 1, § 33 (19)) und stimmen überein mit den Größen, die *Gauß* in seinen „Disquisitiones circa superficies curvas" mit D, D', D'' bezeichnet hat[2]).

Setzen wir

$$(17) \qquad dt^2 = E\,du^2 + 2F\,du\,dv + G\,dv^2,$$

so können wir die Punkte in der Tangentenebene des Flächenpunktes $\mathfrak{x}$ folgendermaßen darstellen

$$(18) \qquad \mathfrak{x} + \frac{d\mathfrak{x}}{dt} = \mathfrak{x} + \mathfrak{x}_u \frac{du}{dt} + \mathfrak{x}_v \frac{dv}{dt}$$

und $du:dt,\ dv:dt$ als (schiefwinklige) Koordinaten in der Tangentenebene auffassen. Dann finden wir als Gleichung für den Ort der Punkte

$$\mathfrak{x} + \frac{d\mathfrak{x}}{dt}$$

die quadratische Gleichung

$$(19) \qquad E\left(\frac{du}{dt}\right)^2 + 2F\frac{du}{dt}\frac{dv}{dt} + G\left(\frac{dv}{dt}\right)^2 = 1.$$

Im definiten Fall $(EG - F^2 > 0)$, d. h. im Fall elliptischer Krümmung wird also durch (19) eine in der Tangentenebene liegende Ellipse mit dem Flächenpunkt als Mittelpunkt erklärt, die mit der Fläche gegenüber inhaltstreuen Affinitäten invariant verknüpft ist. Wir haben damit *eine affininvariante Normierung von Dupins Indikatrix* (vgl. Bd. 1, § 34) gefunden.

§ 40. Die Affinnormale.

Mittels der eingeführten quadratischen Grundform (16) ist es leicht, zu jedem Flächenpunkt $\mathfrak{x}$ einen mit der Fläche kovariant verbundenen Vektor einzuführen, der nicht in die Tangentenebene fällt, und den wir aus naheliegenden Gründen als den Vektor der „Affinnormalen" bezeichnen werden. Er liefert uns mit den Vektoren $\mathfrak{x}_u, \mathfrak{x}_v$ zusammen das gesuchte invariant mit einem Flächenpunkt verbundene Dreibein. Wir setzen

$$(20) \qquad \boxed{\mathfrak{y} = \tfrac{1}{2}\varDelta\,\mathfrak{x}}$$

oder ausführlich

$$(21) \qquad y_k = \frac{1}{2}\varDelta x_k = \frac{1}{2}\frac{1}{\sqrt{EG-F^2}}\left\{\frac{\partial}{\partial u}\frac{G\frac{\partial x_k}{\partial u} - F\frac{\partial x_k}{\partial v}}{\sqrt{EG-F^2}} + \frac{\partial}{\partial v}\frac{E\frac{\partial x_k}{\partial v} - F\frac{\partial x_k}{\partial u}}{\sqrt{EG-F^2}}\right\}.$$

---

[2]) *C. F. Gauß*: Werke IV, S. 233, 234.

$\varDelta$ bedeutet also *Beltrami*s Differentiator zweiter Ordnung (Bd. 1, § 67 (121)), und stellt einen invarianten, d. h. bei Einführung neuer gleichsinniger Parameter u, v unveränderten Zusammenhang zwischen den Funktionen x_k und y_k her. Bei einer affinen Transformation

$$(22) \qquad x_k^* = a_{k0} + a_{k1} x_1 + a_{k2} x_2 + a_{k3} x_3; \qquad (k = 1, 2, 3)$$

finden wir, da die quadratische Grundform invariant und $\varDelta$ linear in den x_k ist, zwischen den zugehörigen y_k den Zusammenhang

$$(23) \qquad \varDelta x_k^* = a_{k1} \varDelta x_1 + a_{k2} \varDelta x_2 + a_{k3} \varDelta x_3$$

oder

$$(24) \qquad y_k^* = a_{k1} y_1 + a_{k2} y_2 + a_{k3} y_3.$$

Daraus geht nun tatsächlich hervor, daß der Vektor $\mathfrak{y}$ mit der Fläche gegenüber beliebigen, nicht nur inhaltstreuen Affinitäten invariant verknüpft ist. Geht man zu gegensinnigen Flächenparametern $\bar{u}, \bar{v}$ über, das heißt: ist etwa

$$(25) \qquad D = \frac{\partial u}{\partial \bar{u}} \frac{\partial v}{\partial \bar{v}} - \frac{\partial u}{\partial \bar{v}} \frac{\partial v}{\partial \bar{u}} = -1,$$

so wechselt nach § 39 die quadratische Grundform ihr Zeichen und damit $\mathfrak{y}$ seinen Sinn (seine „Orientierung").

Wenn es sich bloß um die *Richtung* der Affinnormalen handelt, kann man den Differentiator $\varDelta$ anstatt bezüglich der normierten Grundform $E\,du^2 + 2F\,du\,dv + G\,dv^2$ auch bezüglich der ursprünglichen zu ihr proportionalen quadratischen Form $L\,du^2 + 2M\,du\,dv + N\,dv^2$ berechnen, wodurch sich $\mathfrak{y}$ nur um einen skalaren Faktor ändert. Natürlich ist auch der Zahlenfaktor $\frac{1}{2}$ in (20) unwesentlich. Führt man in der Formel (20) an Stelle der E, F, G die L, M, N ein, so erhält man

$$(26) \qquad \mathfrak{y} = \frac{1}{2} \frac{|LN - M^2|^{1/4}}{\sqrt{LN - M^2}} \left\{ \frac{\partial}{\partial u} \frac{N \mathfrak{x}_u - M \mathfrak{x}_v}{\sqrt{LN - M^2}} + \frac{\partial}{\partial v} \frac{L \mathfrak{x}_v - M \mathfrak{x}_u}{\sqrt{LN - M^2}} \right\}.$$

Es bleibt noch zu zeigen, daß $\mathfrak{y}$ nicht in die Tangentenebene fällt. Dazu braucht man nur die Determinante $(\mathfrak{x}_u \mathfrak{x}_v \mathfrak{y})$ zu berechnen. Für $\mathfrak{y}$ verwendet man am einfachsten den Ausdruck (26) und beachtet bei den Differentiationen, daß nur die zweiten Ableitungen von $\mathfrak{x}$ einen Beitrag liefern. So erhält man

$$(27) \qquad (\mathfrak{x}_u \mathfrak{x}_v \mathfrak{y}) = |LN - M^2|^{1/4} = |EG - F^2|^{1/2}.$$

Da wir parabolische Flächenpunkte $(LN - M^2 = 0)$ ausschließen müssen, ist die Determinante $\neq 0$, also liegt $\mathfrak{y}$ tatsächlich außerhalb der Tangentenebene.

Wählen wir bei elliptisch gekrümmten Flächen die im vorausgehenden vorkommenden Wurzeln alle positiv, normieren wir ferner die Flächenparameter u, v so wie in § 39 verabredet wurde, daß nämlich die erste Grundform positiv definit ausfällt ($L > 0$, $LN - M^2 > 0$), so werden die Determinanten

$$(28) \qquad L = (\mathfrak{x}_u \, \mathfrak{x}_v \, \mathfrak{x}_{uu}) > 0, \qquad (\mathfrak{x}_u \, \mathfrak{x}_v \, \mathfrak{y}) > 0,$$

d. h. der Affinnormalvektor weist auf die Seite der Tangentenebene, auf der die Fläche liegt. Wir haben es dann sozusagen mit der *„inneren Affinnormalen"* zu tun.

Wie konstruiert man die Affinnormalen eines Ellipsoids? Es läßt sich ohne Rechnung einsehen, daß die Affinnormalen eines Ellipsoids durch den Mittelpunkt hindurchgehen. Da diese Eigenschaft affininvariant ist, braucht man sie nur für die Kugel nachzuweisen. Dreht man aber eine Kugel um einen Durchmesser, so bleibt die Kugel als Ganzes in Ruhe, also müssen die zu den Endpunkten eines Durchmessers gehörigen Affinnormalen bei der Drehung fest bleiben und somit in den Durchmesser fallen. Allgemein erkennt man für eine beliebige reguläre Fläche zweiter Ordnung mittels der Affinitäten, die die Fläche in sich selbst überführen, daß die Affinnormalen stets in den Durchmesser fallen.

§ 41. Kanonische Flächendarstellung.

Wählen wir einen Flächenpunkt zum Ursprung und seine Tangentenebene zur Ebene $x_3 = 0$, so nimmt die Flächengleichung die Gestalt an

$$(29) \qquad x_3 = \frac{\Sigma \, a_{ik} \, x_i \, x_k}{2} + \frac{\Sigma \, a_{ikl} \, x_i \, x_k \, x_l}{6} + \cdots \qquad (i, k, l = 1, 2)$$

und wir können an Stelle von u, v die Koordinaten x_1, x_2 als Flächenparameter wählen. Dann wird im Ursprung

$$\mathfrak{x}_u = \{1, 0, 0\}, \qquad \mathfrak{x}_v = \{0, 1, 0\};$$

$$(30) \qquad d\,t^2 = \frac{a_{11} \, dx_1{}^2 + 2 \, a_{12} \, dx_1 \, dx_2 + a_{22} \, dx_2{}^2}{\mid a_{11} \, a_{22} - a_{12}^2 \mid^{1/4}}$$

und die normierte Indikatrix (§ 39) bekommt die Gleichung

$$(31) \qquad a_{11} \, x_1{}^2 + 2 \, a_{12} \, x_1 \, x_2 + a_{22} \, x_2{}^2 = \mid a_{11} \, a_{22} - a_{12}^2 \mid^{1/4}.$$

Jetzt soll die x_3-Achse $\{0, 0, 1\}$ in die zum Ursprung gehörige Affinnormale verlegt werden. Man findet die Entwicklungen

$$
(32) \qquad
\begin{aligned}
L &= \frac{d^2 x_3}{d x_1{}^2} = a_{11} + a_{111} \, x_1 + a_{112} \, x_2 + \cdots, \\[4pt]
M &= \frac{d^2 x_3}{d x_1 \, d x_2} = a_{12} + a_{121} \, x_1 + a_{122} \, x_2 + \cdots, \\[4pt]
N &= \frac{d^2 x_3}{d x_2{}^2} = a_{22} + a_{221} \, x_1 + a_{222} \, x_2 + \cdots.
\end{aligned}
$$

Soll nun die Affinnormale des Ursprungs in die x_3-Achse fallen, so muß für $x_1 = x_2 = 0$ auch

$$y_1 = 0, \qquad y_2 = 0$$

sein oder nach (26)

$$(33) \qquad \begin{aligned} \frac{\partial}{\partial x_1} \frac{N}{\sqrt{LN-M^2}} - \frac{\partial}{\partial x_2} \frac{M}{\sqrt{LN-M^2}} &= 0, \\[2mm] \frac{\partial}{\partial x_1} \frac{M}{\sqrt{LN-M^2}} - \frac{\partial}{\partial x_2} \frac{L}{\sqrt{LN-M^2}} &= 0. \end{aligned}$$

Berücksichtigt man, daß die L, N, M die zweiten Ableitungen von x_3 nach x_1, x_2 sind, so vereinfachen sich die Gleichungen zu

$$(34) \qquad \begin{aligned} N \frac{\partial}{\partial x_1} \frac{1}{\sqrt{LN-M^2}} - M \frac{\partial}{\partial x_2} \frac{1}{\sqrt{LN-M^2}} &= 0, \\[2mm] M \frac{\partial}{\partial x_1} \frac{1}{\sqrt{LN-M^2}} - L \frac{\partial}{\partial x_2} \frac{1}{\sqrt{LN-M^2}} &= 0. \end{aligned}$$

Da die Determinante $LN - M^2$ dieses Systems linearer homogener Gleichungen für die Ableitungen von Null verschieden ist, müssen diese verschwinden, d. h. es muß gelten

$$(35) \qquad \frac{\partial}{\partial x_1}(LN - M^2) = 0, \qquad \frac{\partial}{\partial x_2}(LN - M^2) = 0.$$

Setzt man für L, M, N die Werte aus (32) ein, so erhält man

$$(36) \qquad \begin{aligned} a_{22}\, a_{111} - 2\, a_{12}\, a_{112} + a_{11}\, a_{122} &= 0, \\ a_{22}\, a_{112} - 2\, a_{12}\, a_{122} + a_{11}\, a_{222} &= 0. \end{aligned}$$

Führen wir für den Augenblick die Bezeichnungen ein

$$(37) \qquad \begin{aligned} \varphi &= \sum a_{ik}\, x_i\, x_k, \\ \psi &= \sum a_{ikl}\, x_i\, x_k\, x_l, \end{aligned} \qquad (i, k, l = 1, 2)$$

so ist in leicht verständlicher Symbolik

$$\frac{1}{12}\left\{ \frac{\partial^2 \varphi}{\partial x_2{}^2} \frac{\partial^2 \psi}{\partial x_1{}^2} - 2 \frac{\partial^2 \varphi}{\partial x_1 \partial x_2} \frac{\partial^2 \psi}{\partial x_1 \partial x_2} + \frac{\partial^2 \varphi}{\partial x_1{}^2} \frac{\partial^2 \psi}{\partial x_2{}^2} \right\}$$

$$(38) \qquad = \frac{1}{12}\left(\frac{\partial}{\partial x_2} \frac{\partial}{\partial x_1} - \frac{\partial}{\partial x_1} \frac{\partial}{\partial x_2} \right)^2 (\varphi, \psi)$$

$$= (a_{22}\, a_{111} - 2\, a_{12}\, a_{112} + a_{11}\, a_{122})\, x_1$$

$$+ (a_{22}\, a_{112} - 2\, a_{12}\, a_{122} + a_{11}\, a_{222})\, x_2.$$

Die Tatsache, daß die x_3-Achse Affinnormale ist, drückt sich also im identischen Verschwinden von

$$(39) \qquad \left(\frac{\partial}{\partial x_2} \frac{\partial}{\partial x_1} - \frac{\partial}{\partial x_1} \frac{\partial}{\partial x_2} \right)^2 (\varphi, \psi) = 0$$

aus. Dieser Zusammenhang der quadratischen Form φ und der kubischen ψ muß wegen seiner geometrischen Bedeutung gegenüber linearen homogenen Substitutionen der x_1, x_2 invariant sein. Wenn die Gleichungen (36) zwischen den Koeffizienten einer kubischen und einer quadratischen Form (37) bestehen, nennt man die Formen „apolar" zueinander. Die Gleichungen (38) heißen die „*Apolaritätsbedingungen*".

Wählen wir im *Fall elliptischer Krümmung* die Einheitspunkte der beiden Koordinatenachsen $\{1, 0, 0\}$ und $\{0, 1, 0\}$ als Endpunkte von zwei konjugierten Halbmessern der Indikatrix (31), so wird

$$(40) \qquad a_{11} = 1, \quad a_{12} = 0, \quad a_{22} = 1.$$

Dann vereinfachen sich die Beziehungen (36) zu

$$(41) \qquad \begin{aligned} a_{111} + a_{122} &= 0, \\ a_{112} + a_{222} &= 0. \end{aligned}$$

Damit haben wir die Reihenentwicklung für unsere Fläche auf folgende Gestalt gebracht

$$(42) \qquad x_3 = \frac{x_1^2 + x_2^2}{2} + \frac{a\,x_1^3 + 3\,b\,x_1^2\,x_2 - 3\,a\,x_1\,x_2^2 - b\,x_2^3}{6} + \cdots.$$

Zur weiteren Vereinfachung können wir schließlich, ohne die bisherigen Errungenschaften aufzugeben, noch die folgende inhaltstreue Affinität verwenden

$$(43) \qquad \begin{aligned} x_1 &= x_1^*\cos\vartheta - x_2^*\sin\vartheta, \\ x_2 &= x_1^*\sin\vartheta + x_2^*\cos\vartheta, \\ x_3 &= x_3^*. \end{aligned}$$

Wir erhalten an Stelle von a, b dann die Ausdrücke

$$(44) \qquad \begin{aligned} a^* &= a\cos^3\vartheta + 3\,b\cos^2\vartheta\sin\vartheta - 3\,a\cos\vartheta\sin^2\vartheta - b\sin^3\vartheta, \\ b^* &= b\cos^3\vartheta - 3\,a\cos^2\vartheta\sin\vartheta - 3\,b\cos\vartheta\sin^2\vartheta + a\sin^3\vartheta. \end{aligned}$$

Auf jeden Fall können wir also ϑ reell so wählen, daß $b^* = 0$ wird. Damit kommen wir auf die von *G. Pick* angegebene *kanonische Gleichungsform für einen Flächenpunkt elliptischer Krümmung*[3])

$$(45) \qquad \boxed{x_3 = \frac{x_1^2 + x_2^2}{2} + c\,\frac{x_1^3 - 3\,x_1\,x_2^2}{6} + \cdots}$$

Geht man von dieser kanonischen Gleichungsform aus, so treten an Stelle von (44) zur Bestimmung des Winkels ϑ und damit der anderen kanonischen Gleichungen die folgenden

$$(46) \qquad c^* = c\cos\vartheta\,(\cos^2\vartheta - 3\sin^2\vartheta), \qquad c\sin\vartheta\,(\sin^2\vartheta - 3\cos^2\vartheta) = 0.$$

Ist also $c \neq 0$, so wird $\operatorname{tg}\vartheta = \pm\sqrt{3}$ und wir können z. B.

$$(47) \qquad \cos^2\vartheta = \tfrac{1}{4}, \qquad \sin^2\vartheta = \tfrac{3}{4}, \qquad \cos\vartheta = \tfrac{1}{2}$$

setzen und bekommen

$$(48) \qquad c^* = -c.$$

---

[3]) *G. Pick*: Leipziger Berichte **69** (1917), S. 124 u. ff.

Wir finden also:

Für $c \neq 0$ gibt es genau drei reelle Durchmesser der Indikatrix, die die kanonische Gleichungsform liefern, wenn man die x_2-Achse in einen dieser Durchmesser verlegt. Diese Durchmesser sollen „Flächentangenten von G. Darboux" heißen.

Führt man die Indikatrix durch eine Affinität in einen Kreis über, so gehen diese Durchmesser in solche Kreisdurchmesser über, die sich unter den Winkeln $\vartheta = \pi : 3$ durchschneiden. Ferner: Durch geeignete Wahl der kanonischen Gleichungsform kann man bei c das Vorzeichen ändern. Somit ist nur c^2 eine Invariante des Flächenpunktes gegenüber inhaltstreuen Affinitäten.

Durch eine leichte Abänderung der vorgetragenen Schlußweise erkennt man, daß sich *im Falle hyperbolischer Krümmung* $(LN - M^2 < 0)$ stets eine der beiden folgenden *kanonischen Gleichungsformen*[3]) erreichen läßt:

$$(49) \qquad x_3 = \frac{1}{2}(x_1^2 - x_2^2) + \frac{c}{6}(x_1^3 + 3\,x_1\,x_2^2) + \ldots ,$$

$$(50) \qquad x_3 = \frac{1}{2}(x_1^2 - x_2^2) + \frac{1}{6}(x_1 + x_2)^3 + \ldots .$$

Oder, wenn man die Asymptoten der Indikatrix zu Achsen macht,

$$(51) \qquad x_3 = x_1\,x_2 + \frac{c\,\sqrt{2}}{6}(x_1^3 + x_2^3) + \ldots ,$$

$$(52) \qquad x_3 = x_1\,x_2 + \frac{1}{6}\,x_1^3 + \ldots .$$

Als Beispiel für die Anwendung der kanonischen Gleichung leiten wir eine kennzeichnende Eigenschaft der Affinnormalen her.

Wir erklären die „*Affinentfernung*" eines Punktes $\mathfrak{z}$ vom Flächenpunkt $\mathfrak{x}$ mit $LN - M^2 \neq 0$ durch

$$(53) \qquad p = \frac{(\mathfrak{x}_u , \mathfrak{x}_v , \mathfrak{z} - \mathfrak{x})}{|LN - M^2|^{1/4}} .$$

Die Invarianz dieses Ausdrucks gegenüber Parametertransformationen und gegenüber inhaltstreuen Affinitäten erschließt man genau so, wie dieselben Eigenschaften von

$$\frac{(\mathfrak{x}_u\,\mathfrak{x}_v\,\mathfrak{x}_{tt})}{|LN - M^2|^{1/4}}$$

in § 39. Im nächsten Abschnitt werden wir für p eine geometrische Deutung ableiten, aus der man die Invarianz ebenfalls unmittelbar entnehmen kann. Wir fragen nun nach allen Punkten $\mathfrak{z}$, für die p in $\mathfrak{x} = 0$ einen stationären Wert hat, wenn $\mathfrak{x}$ auf der Fläche beweglich ist. Unter Beschränkung auf den elliptischen Fall entwickeln wir p nach Potenzen von x_1 und x_2. Man findet zunächst aus (33) und (45) ([2] bedeutet Glieder von mindestens zweiter Ordnung in x_1, x_2)

$$(54) \qquad LN - M^2 = 1 + [2]$$

und daher für die Affinentfernung nach Formel (53), wenn man nur die linearen Glieder berücksichtigt

$$(55) \qquad p = \begin{vmatrix} 1 & 0 & z_1 - x_1 \\ 0 & 1 & z_2 - x_2 \\ x_1 & x_2 & z_3 \end{vmatrix} = z_3 - z_1 x_1 - z_2 x_2 + [2].$$

Soll nun p für $\mathfrak{x} = 0$ stationär sein, so finden wir aus

$$(56) \qquad \frac{\partial p}{\partial x_1} = - z_1 = 0, \qquad \frac{\partial p}{\partial x_2} = - z_2 = 0$$

als Ort des Punktes $\mathfrak{z}$ die Affinnormale im Ursprung. Damit ist eine erste geometrische Deutung der Affinnormalen gefunden, deren elementares Gegenstück wohl bekannt ist:

Die Affinentfernung p zwischen einem festen Raumpunkt $\mathfrak{y}$ und einem veränderlichen Flächenpunkt $\mathfrak{x}$ hat immer dann einen stationären Wert, wenn $\mathfrak{y}$ auf der Affinnormalen von $\mathfrak{x}$ liegt.

§ 42. Schmieg-$\mathfrak{F}_2$.

Bisher fehlt es noch an einer anschaulichen Deutung der Affinentfernung. Dazu kommt man etwa folgendermaßen. Die Gleichung einer $\mathfrak{F}_2$ (Fläche zweiter Ordnung), die die Ebene $x_3 = 0$ im Ursprung berührt, kann in der Form

$$(61) \qquad x_3{}^2 + 2(A x_1 + B x_2 + C)x_3 + Q = 0$$

angesetzt werden, wo A, B, C Konstante und Q ein in x_1, x_2 homogenes quadratisches Polynom bedeuten. Da die Reihenentwicklung von x_3 nach Potenzen von x_1, x_2 mit den Gliedern zweiten Grades beginnen muß, erhält man durch Auflösung von (61) nach x_3

$$(62) \qquad x_3 = - \frac{Q}{2C} + \cdots.$$

Soll also die $\mathfrak{F}_2$ unsere Fläche (45) in zweiter Ordnung berühren, so muß

$$(63) \qquad - \frac{Q}{C} = x_1{}^2 + x_2{}^2$$

sein. Für den Mittelpunkt $\mathfrak{z}$ der Fläche

$$(64) \qquad x_3{}^2 + 2(A x_1 + B x_2 + C)x_3 - C(x_1{}^2 + x_2{}^2) = 0$$

bekommen wir die Gleichungen

$$(65) \qquad \begin{aligned} A z_3 = C z_1, \qquad B z_3 = C z_2, \\ z_3 + A z_1 + B z_2 + C = 0 \end{aligned}$$

und daraus

$$(66) \qquad A = - \frac{z_1 z_3}{z_1{}^2 + z_2{}^2 + z_3}, \qquad B = - \frac{z_2 z_3}{z_1{}^2 + z_2{}^2 + z_3}, \qquad C = - \frac{z_3{}^2}{z_1{}^2 + z_2{}^2 + z_3}.$$

Als Gleichung der $\mathfrak{F}_2$ mit dem vorgeschriebenen Mittelpunkt $\mathfrak{z}$, die unsere Fläche (45) im Ursprung in zweiter Ordnung berührt (kurz „Schmieg-$\mathfrak{F}_2$"), ergibt sich somit

$$(67) \quad (z_1{}^2 + z_2{}^2 + z_3)x_3{}^2 - 2(z_1 x_1 + z_2 x_2 + z_3) z_3 x_3 + z_3{}^2(x_1{}^2 + x_2{}^2) = 0.$$

Für den Rauminhalt V dieses Ellipsoids erhält man durch eine kleine Determinantenrechnung [4])

$$(68) \qquad\qquad V = \frac{4\pi}{3} z_3{}^2 .$$

Nach (55) ist aber z_3 die Affinentfernung p des Punktes $\mathfrak{z}$ von dem Flächenpunkt im Ursprung.

Somit haben wir gefunden:

Die Affinentfernung p eines Raumpunktes $\mathfrak{z}$ von dem Flächenpunkt $\mathfrak{x}$ elliptischer Krümmung hängt mit dem Rauminhalt V des Ellipsoides, das $\mathfrak{z}$ zum Mittelpunkt hat und die Fläche in $\mathfrak{x}$ in zweiter Ordnung berührt, so zusammen:

$$(69) \qquad\qquad V = \frac{4\pi}{3} p^2 . \text{[5])}$$

Um den Durchschnitt einer Schmieg-$\mathfrak{F}_2$ mit unserer Fläche in der Umgebung des Ursprungs zu ermitteln, entwickeln wir aus der Gleichung (67) der Schmieg-$\mathfrak{F}_2$ x_3 nach Potenzen von x_1, x_2 und finden

$$(70) \qquad x_3 = \frac{x_1{}^2 + x_2{}^2}{2} - \frac{(x_1{}^2 + x_2{}^2)(z_1 x_1 + z_2 x_2)}{2 z_3} + \cdots .$$

Durch Abziehen von der kanonischen Formel (45) ergibt sich für die Tangentenrichtung $x_1 : x_2 : 0$ der Schnittkurve im Ursprung die Gleichung

$$(71) \quad -\frac{c}{6}(x_1{}^3 - 3 x_1 x_2{}^2) = \frac{1}{2 z_3}(x_1{}^2 + x_2{}^2)(x_1 z_1 + x_2 z_2) =$$

$$= \frac{1}{2 z_3}(x_1{}^3 z_1 + x_1{}^2 x_2 z_2 + x_1 x_2{}^2 z_1 + x_2{}^3 z_2).$$

Die Schnittkurve hat also dort einen dreifachen Punkt.

Wir wollen versuchen, den Mittelpunkt $\mathfrak{z}$ so zu wählen, daß die drei Tangenten im Ursprung zusammenfallen. Dann muß (71) eine dreifache Lösung $x_1 : x_2$ haben, das heißt, es müssen neben (71) auch

---

[4]) Es sei

$$\sum_0^3 a_{ik} x_i x_k = 0, \qquad x_0 = 1$$

die Flächengleichung, D die Determinante der a_{ik}, A_{00} der zu a_{00} gehörige Minor, so ist

$$\left(\frac{3V}{4\pi}\right)^2 = -\frac{D^3}{A_{00}{}^4} .$$

[5]) *L. Berwald*: Mathematische Zeitschrift **10** (1921), S. 169.

noch die Gleichungen gelten, die man durch einmalige und zweimalige Ableitung nach x_1 oder x_2 erhält:

$$-\frac{c}{2}(x_1^2 - x_2^2) = \frac{1}{2z_3}(3x_1^2 z_1 + 2x_1 x_2 z_2 + x_2^2 z_1),$$

$$(72) \qquad cx_1 x_2 = \frac{1}{2z_3}(x_1^2 z_2 + 2x_1 x_2 z_1 + 3x_2^2 z_2),$$

$$-cx_1 z_3 = 3x_1 z_1 + x_2 z_2,$$

$$+cx_1 z_3 = x_1 z_1 + 3x_2 z_2.$$

Durch Addition der letzten Gleichungen folgt für die dreifachen Tangenten

$$(73) \qquad x_1 z_1 + x_2 z_2 = 0$$

und das gibt in (71) eingesetzt für $c \neq 0$

$$(74) \qquad x_1^3 - 3x_1 x_2^2 = 0.$$

Die dreifachen Tangenten fallen also mit denen von *Darboux* zusammen und zwar ist das gerade der Weg, auf dem *Darboux* zu diesen Tangenten gekommen ist[6]).

Da die drei Tangenten gleichberechtigt sind, können wir etwa die Tangente $x_1 = 0$ herausgreifen. Dann folgt aus (73) $z_2 = 0$ und aus der ersten Gleichung (72) $z_1 - cz_3 = 0$. Man bestätigt leicht, daß jede Schmieg-$\mathfrak{F}_2$, deren Mittelpunkt auf dieser Geraden liegt, mit unserer Fläche eine Schnittkurve gemein hat, die im Ursprung die dreifache Tangente $x_1 = 0$ hat. Setzt man nämlich in (71) $z_2 = 0$ und $z_1 = cz_3$, so erhält man

$$(75) \quad \frac{c}{6}(x_1^3 - 3x_1 x_2^2) + \frac{c}{2}(x_1^2 + x_2^2)x_1 = 0 \quad \text{oder} \quad x_1^3 = 0.$$

Entsprechend den drei Tangenten

$$(76) \qquad \begin{aligned} x_1 : x_2 : x_3 &= \phantom{+\sqrt{3}:}0 : 1 : 0, \\ x_1 : x_2 : x_3 &= +\sqrt{3} : 1 : 0, \\ x_1 : x_2 : x_3 &= -\sqrt{3} : 1 : 0 \end{aligned}$$

hat man als Orte der zugehörigen Mittelpunkte die drei Geraden

$$(77) \qquad \begin{aligned} z_1 : z_2 : z_3 &= c : \phantom{-c\sqrt{3}}0 : 1, \\ z_1 : z_2 : z_3 &= c : -c\sqrt{3} : 2, \\ z_1 : z_2 : z_3 &= c : +c\sqrt{3} : 2. \end{aligned}$$

Den wichtigsten Teil unseres Ergebnisses können wir so zusammenfassen: *Hat eine zum Flächenpunkt* $\mathfrak{x}$ *gehörige Schmieg-$\mathfrak{F}_2$ mit der Fläche eine Kurve gemein, die in* $\mathfrak{x}$ *drei zusammenfallende Tangenten hat, so ist dies eine der Tangenten von Darboux.* Umgekehrt gehört zu jeder

---

[6]) *G. Darboux*: Bulletin des sciences mathématiques (2) **4** (1880), S. 348 bis 384, bes. S. 356—358; vgl. auch § 48, Aufgabe 5.

Tangente von *Darboux* ein Büschel von derartigen ausgezeichneten Schmieg-$\mathfrak{F}_2$, deren Mittelpunkte auf einer Geraden liegen.

Die gefundene geometrische Bedeutung der Tangenten von *Darboux* zeigt, daß diese nicht nur affin-invariant, sondern projektiv-invariant mit der Fläche verknüpft sind. Bringt man die drei Geraden (77) mit der Ebene $x_3 = 1$ zum Schnitt, so hat das aus dem Ursprung und den drei Schnittpunkten gebildete Tetraeder den (absoluten) Inhalt $(\sqrt{3}:4)c^2$. Das ist eine neue geometrische Deutung für c.

Wenn $c^2 = 0$ ist, sind zwei wesentlich verschiedene Fälle zu unterscheiden, je nachdem beide Asymptoten die Fläche in dritter Ordnung berühren (kanonische Gleichungen (45), (49) und (51)) oder nur die eine (Gleichungen (50) und (52)). $c^2 = 0$ ist notwendig, aber nicht hinreichend für das Vorhandensein einer in dritter Ordnung berührenden $\mathfrak{F}_2$. Allgemein finden wir:

Soll es in einem Flächenpunkt $(LN - M^2 \neq 0)$ eine in (mindestens) dritter Ordnung berührende $\mathfrak{F}_2$ geben, so muß die Flächengleichung sich auf die Gestalt bringen lassen

$$(78) \qquad x_3 = \tfrac{1}{2}(a_{11}\,x_1{}^2 + 2\,a_{12}\,x_1 x_2 + a_{22}\,x_2{}^2) + [4],$$
$$a_{11}\,a_{22} - a_{12}^2 \neq 0$$

und es gibt dann eine einparametrige Schar solcher in dritter Ordnung berührender $\mathfrak{F}_2$ [7]), deren Mittelpunkte auf der Affinnormalen liegen [5]).

§ 43. Geometrische Deutungen der Affinnormalen.

Wählt man den Schwerpunkt eines homogen mit Masse erfüllten Körpers zum Ursprung, so ist

$$(79) \qquad \int x_k\,dV = 0, \qquad (k = 1,\, 2,\, 3)$$

wenn dV das Raumelement bedeutet. Aus dieser Formel folgt sofort, daß der Schwerpunkt mit dem Körper gegenüber beliebigen Affinitäten invariant verknüpft ist. Dasselbe gilt vom Schwerpunkt ebener Flächenstücke. Dadurch werden wir zu einer neuen Deutung der Affinnormalen einer elliptisch gekrümmten Fläche geführt, einer Deutung, die mit der für die Affinnormale einer ebenen Kurve (§ 6) große Ähnlichkeit hat.

Es sei $\mathfrak{x}$ ein Punkt elliptischer Krümmung einer Fläche $\mathfrak{F}$. Jede zur Tangentenebene an $\mathfrak{F}$ in $\mathfrak{x}$ parallele und auf der richtigen Seite dieser Tangentenebene gelegene, zu $\mathfrak{x}$ genügend benachbarte Ebene schneidet die Fläche $\mathfrak{F}$ in der Umgebung von $\mathfrak{x}$ in einer Eilinie. Es sei $\mathfrak{z}$ der Schwerpunkt des von dieser Eilinie umschlossenen homogen belegten Flächenstücks. Verschiebt sich die Schnittebene parallel, so

---

[7]) Vgl. *Ch. Hermite*: Cours d'Analyse (1873), S. 148 u. f.

beschreibt der Schwerpunkt $\mathfrak{S}$ eine Kurve, die wir die zum Flächenpunkt $\mathfrak{x}$ gehörige „*Schwerlinie*“ nennen wollen. Wir behaupten:

Die Affinnormale der Fläche im Flächenpunkt $\mathfrak{x}$ *ist die Tangente in* $\mathfrak{x}$ *an die zu* $\mathfrak{x}$ *gehörige Schwerlinie* (Fig. 35).

Zum Nachweis verwenden wir am einfachsten wieder die kanonische Flächendarstellung (45). Wir führen neue Koordinaten ein (nämlich im wesentlichen „Zylinderkoordinaten“), indem wir

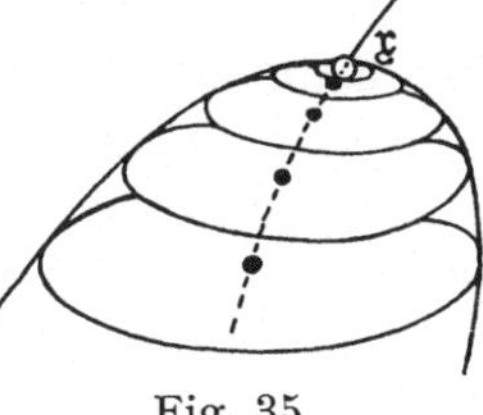

Fig. 35.

$$(80) \qquad x_1 = r \cos\omega, \qquad x_2 = r \sin\omega, \qquad x_3 = z^2$$

setzen. Dann nimmt unsere kanonische Flächengleichung die Gestalt an

$$(81) \qquad z^2 = \frac{r^2}{2} + \frac{r^3}{6} C + \ldots, \qquad C = c\,(\cos^3\omega - 3\cos\omega \sin^2\omega).$$

Daraus ist umgekehrt

$$(82) \qquad r = \sqrt{2}\,z - \frac{C}{3}\,z^2 + \ldots.$$

Für die Koordinaten s_k des Schwerpunktes $\mathfrak{S}$ erhält man

$$(83) \qquad s_1 = \frac{1}{3}\,\frac{\int\limits_{-\pi}^{+\pi} r^3 \cos\omega\, d\omega}{\int\limits_{-\pi}^{+\pi} r^2\, d\omega}, \qquad s_2 = \frac{1}{3}\,\frac{\int\limits_{-\pi}^{+\pi} r^3 \sin\omega\, d\omega}{\int\limits_{-\pi}^{+\pi} r^2\, d\omega}, \qquad s_3 = z^2.$$

Setzt man für r die Reihe (82) ein und beachtet, daß C eine „ungerade“ Funktion $(C(\omega + \pi) = -C(\omega))$ und außerdem

$$(84) \qquad \begin{aligned} &\int\limits_{-\pi}^{+\pi} C \cos\omega\, d\omega = c \int\limits_{-\pi}^{+\pi} (\cos^4\omega - 3\cos^2\omega \sin^2\omega)\, d\omega = 0, \\ &\int\limits_{-\pi}^{+\pi} C \sin\omega\, d\omega = c \int\limits_{-\pi}^{+\pi} (\cos^3\omega \sin\omega - 3\cos\omega \sin^3\omega)\, d\omega = 0, \end{aligned}$$

so erhält man die Entwicklungen

$$(85) \qquad \begin{aligned} &\int\limits_{-\pi}^{+\pi} r^2\, d\omega = 4\,\pi z^2 + [4], \\ &\int\limits_{-\pi}^{+\pi} r^3 \cos\omega\, d\omega = [6], \\ &\int\limits_{-\pi}^{+\pi} r^3 \sin\omega\, d\omega = [6], \end{aligned}$$

wo z. B. [4] eine Potenzreihe in z bedeutet, die mit den Gliedern mindestens vierten Grades beginnt. Wir finden weiter

$$(86) \qquad s_1 = [4], \qquad s_2 = [4], \qquad s_3 = z^2.$$

Somit ist im Ursprung

$$(87) \qquad\qquad ds_1 : ds_2 : ds_3 = 0 : 0 : 1.$$

Die Tangente der Schwerlinie fällt also tatsächlich mit der x_3-Achse, das heißt mit der Affinnormalen im Ursprung zusammen.

Eine ähnliche Deutung für die Affinnormale im hyperbolischen Fall ist nicht möglich. Aber hier ist die quadratische Grundform indefinit und wir können als Parameterlinien $u, v = $ konst. ihre Nulllinien, die Asymptotenlinien einführen. Dann wird $L = N = 0$. Wählen wir die Bezeichnung so, daß $M > 0$ wird, so wird nach (20) und (21)

$$(88) \qquad\qquad \mathfrak{y} = \frac{\mathfrak{x}_{uv}}{M^{1/2}} = \frac{\mathfrak{x}_{uv}}{F}.$$

Die Richtung des Affinnormalvektors fällt also mit der Richtung $\mathfrak{x}_{uv}$ zusammen, woraus man neuerdings leicht die affine Invarianz dieser Richtung feststellen kann. Daraus folgt die von *A. Demoulin* gegebene Deutung[8]):

Konstruiert man um einen Flächenpunkt $\mathfrak{x}$ herum ein kleines räumliches Viereck aus Asymptotenlinien, so ist die Affinnormale in $\mathfrak{x}$ dadurch gekennzeichnet, daß sich durch sie zwei Ebenen legen lassen, die zu je einem Paar von Gegenseiten des Vierecks parallel laufen.

A. Demoulin gehört mit *G. Darboux* und *A. Lelieuvre* zu den ersten, die Fragen aus der affinen Flächentheorie bearbeitet haben. Die Formeln für die Affinnormalen bei der Flächendarstellung $x_3 = f(x_1, x_2)$ hat *G. Pick* angegeben[9]), die allgemeine, für beliebige Parameter gültige Formel (20) und die Deutung (Fig. 35) der Verfasser[10]).

§ 44. Bestimmung der Flächen mit zentrischen ebenen Schnitten.

Als erstes Beispiel für eine weniger triviale Anwendung der kanonischen Gleichungsform (45) möge der Beweis des folgenden Lehrsatzes erbracht werden.

Es sei $\mathfrak{F}$ ein analytisches, elliptisch gekrümmtes Flächenstück. Alle Ebenen, die zu einer festen Tangentenebene in einem beliebigen Punkt $\mathfrak{x}$ von $\mathfrak{F}$ genügend benachbart sind und $\mathfrak{F}$ treffen, sollen $\mathfrak{F}$ in der Umgebung von $\mathfrak{x}$ in einer Kurve mit Mittelpunkt durchschneiden. Dann gehört $\mathfrak{F}$ notwendig einer algebraischen Fläche zweiter Ordnung an. Die Flächen zweiter Ordnung haben ja in der Tat die geforderte Eigenschaft.

Wir stellen nun $\mathfrak{F}$ durch die kanonische Gleichung (45) dar und zeigen: Wenn jeder ebene Schnitt $x_3 = $ konst. einen Mittelpunkt hat,

---

[8]) *A. Demoulin*: Paris, Comptes Rendus **147** (1908), S. 493—496.

[9]) *G. Pick*: Leipziger Berichte **69** (1917), S. 129.

[10]) *W. Blaschke*: Leipziger Berichte **69** (1917), S. 181.

so ist notwendig $c = 0$. Damit ist schon alles Wesentliche erledigt. Es sei $x_1 = s_1(x_3)$, $x_2 = s_2(x_3)$ der Ort der Mittelpunkte der ebenen Schnitte $x_3 = $ konst., also in der Ausdrucksweise von § 43 „die zum Ursprung gehörige Schwerlinie von $\mathfrak{F}$". Dann ist nach § 43

$$(89) \qquad s_1(0) = 0, \qquad s_2(0) = 0, \qquad s_1{}'(0) = 0, \qquad s_2{}'(0) = 0.$$

Wir üben nun auf unsere Fläche $\mathfrak{F}$ folgende (inhaltstreue, aber vielleicht nicht affine) Transformation aus:

$$(99) \qquad x_1{}^* = x_1 - s_1(x_3), \qquad x_2{}^* = x_2 - s_2(x_3), \qquad x_3{}^* = x_3.$$

Die aus $\mathfrak{F}$ entstehende Fläche $\mathfrak{F}^*$ hat die Mittelpunkte ihrer ebenen Schnitte $x_3 = $ konst. auf der $x_3{}^*$-Achse ($x_1{}^* = 0$, $x_2{}^* = 0$), hat also diese Gerade zur Symmetrieachse. Für die Fläche $\mathfrak{F}^*$ erhalten wir aus (45) die Darstellung

$$
\begin{aligned}
(91) \quad x_3{}^* ={}& \frac{1}{2}\left\{(x_1{}^* + s_1)^2 + (x_2{}^* + s_2)^2\right\} \\
&+ \frac{c}{6}\left\{(x_1{}^* + s_1)^3 - 3(x_1{}^* + s_1)(x_2{}^* + s_2)^2\right\} + \cdots \\
={}& \frac{1}{2}(x_1{}^{*2} + x_2{}^{*2}) + \frac{c}{6}(x_1{}^{*2} - 3 x_1{}^* x_2{}^{*2}) + (x_1{}^* s_1 + x_2{}^* s_2) \\
&+ \frac{c}{2}(x_1{}^{*2} s_1 - 2 x_1{}^* x_2{}^* s_2 - x_2{}^{*2} s_1) + \cdots
\end{aligned}
$$

Hieraus kann man durch Koeffizientenvergleichung die Reihenentwicklung von $x_3{}^*$ nach Potenzen von $x_1{}^*$, $x_2{}^*$ entnehmen. Da nämlich $\mathfrak{F}^*$ die Ebene $x_3 = 0$ im Ursprung zur Tangentenebene hat, so beginnt die Reihenentwicklung von $x_3{}^*$ wieder mit den quadratischen Gliedern, die von s_1, s_2 wegen (89) mit den quadratischen in $x_3{}^*$, also mit Gliedern vierter Ordnung in $x_1{}^*$, $x_2{}^*$. Somit beginnt die Reihenentwicklung von $x_3{}^*$ genau wie die von x_3:

$$(92) \qquad x_3{}^* = \frac{x_1{}^{*2} + x_2{}^{*2}}{2} + c\,\frac{x_1{}^{*3} - 3 x_1{}^* x_2{}^{*2}}{6} + [4].$$

Wegen der Symmetrieeigenschaft unserer Fläche $\mathfrak{F}^*$ müssen nun rechts die ungeraden Potenzen herausfallen, also muß insbesondere $c = 0$ sein, wie behauptet war.

Daraus schließen wir weiter (immer unter der Voraussetzung $LN - M^2 > 0$) daß die durch den Ursprung laufenden imaginären Asymptotenlinien im Ursprung Wendepunkte haben. Für diese Asymptotenlinien gilt nämlich, wenn man sie in der Form $x_2(x_1)$ ansetzt, die Differentialgleichung:

$$(93) \qquad \frac{\partial^2 x_3}{\partial x_1{}^2} + 2\,\frac{\partial^2 x_3}{\partial x_1\,\partial x_2}\frac{d x_2}{d x_1} + \frac{\partial^2 x_3}{\partial x_2{}^2}\left(\frac{d x_2}{d x_1}\right)^2 = 0$$

und daraus folgt durch Ableitung nach x_1

$$
\begin{aligned}
(94) \quad & \frac{\partial^3 x_3}{\partial x_1{}^3} + 3\,\frac{\partial^3 x_3}{\partial x_1{}^2 \partial x_2}\frac{d x_2}{d x_1} + 3\,\frac{\partial^3 x_3}{\partial x_1 \partial x_2{}^2}\left(\frac{d x_2}{d x_1}\right)^2 + \frac{\partial^3 x_3}{\partial x_2{}^3}\left(\frac{d x_2}{d x_1}\right)^3 + \\
& + 2\,\frac{\partial^2 x_3}{\partial x_1 \partial x_2}\frac{d^2 x_2}{d x_1{}^2} + 2\,\frac{\partial^2 x_3}{\partial x_2{}^2}\frac{d x_2}{d x_1}\frac{d^2 x_2}{d x_1{}^2} = 0.
\end{aligned}
$$

Aus der ersten dieser Gleichungen und aus (45) folgt für den Ursprung

$$(95) \qquad \left(\frac{d\,x_2}{d\,x_1}\right)^2 = -\,1$$

und somit ergibt sich aus der zweiten Gleichung für $c = 0$:

$$(96) \qquad \frac{d^2\,x_2}{d\,x_1{}^2} = 0,$$

das heißt, die Asymptotenlinien haben im Ursprung tatsächlich Wende-. punkte.

Soll der Ursprung auf der Fläche nicht ausgezeichnet sein, so bestehen die imaginären Asymptotenlinien nur aus Wendepunkten, sind also geradlinig. Die einzigen Flächen mit einem Netz gerader Linien sind aber algebraische Flächen zweiter Ordnung. Also: *Die einzigen analytischen elliptisch gekrümmten Flächen, auf denen c in jedem Punkte verschwindet, sind die elliptisch gekrümmten Flächen zweiten Grades.*

Damit ist auch der Satz über die Flächen mit zentrischen ebenen Schnitten bewiesen.

Später (§ 84) werden wir zeigen, daß die $\mathfrak{F}_2$ auch unter den genügend oft differenzierbaren elliptisch gekrümmten Flächen durch das Verschwinden von c in allen Punkten gekennzeichnet sind. Damit ist dann auch das Hauptergebnis dieses Abschnitts entsprechend verschärft.

Unter der engeren Voraussetzung, daß es sich um Eiflächen handelt, ist der eben bewiesene Satz von *H. Brunn*[11]) entdeckt worden. Der hier vorgetragene Beweis stammt vom Verfasser[12]).

Mit einigen Schwierigkeiten kann man auch die hyperbolisch gekrümmten Flächen und Torsen (abwickelbare Flächen) mit zentrischen ebenen Schnitten bestimmen. Auch sie sind $\mathfrak{F}_2$, die Zylinder ausgenommen.

Für Flächenpunkte elliptischer sowie hyperbolischer Krümmung war für das Vorhandensein einer mindestens in dritter Ordnung berührenden $\mathfrak{F}_2$ eine kanonische Gleichungsform (78) notwendig. Man schließt daraus genau wie vorhin auf das Vorhandensein von Wendepunkten der Asymptotenlinien im Ursprung. So erhalten wir den Satz von *H. Maschke*[13]):

Gibt es zu jedem Punkt einer nicht parabolisch gekrümmten Fläche $(LN - M^2 \neq 0)$ eine mindestens in dritter Ordnung berührende $\mathfrak{F}_2$, so ist die Fläche selbst eine $\mathfrak{F}_2$.

---

[11]) *H. Brunn*: Über Kurven ohne Wendepunkte, Habilitationsschrift, München 1889, bes. S. 59.

[12]) *W. Blaschke*: Leipziger Berichte **70** (1918), S. 336, 337.

[13]) *H. Maschke*: American Transactions **3** (1902), S. 484.

§ 45. Flächen mit ebenen Schattengrenzen.

Es soll hier folgendes gezeigt werden:

Die einzigen Flächen, die von jedem umschriebenen Zylinder längs einer ebenen Kurve berührt werden (oder kürzer: die einzigen Flächen mit „ebenen Schattengrenzen"), sind, von Torsen abgesehen, algebraische Flächen zweiter Ordnung.

Der Nachweis soll in zwei Schritten geführt werden. Der erste Beweis gilt für *hyperbolische* Krümmung ($LN - M^2 < 0$) und für die *analytischen* Flächen elliptischer Krümmung. Der zweite Nachweis bezieht sich auf *elliptisch gekrümmte* Flächen ($LN - M^2 > 0$) und gilt schon, wenn nur Differenzierbarkeitsvoraussetzungen über die Fläche gemacht werden, sobald wir den Satz von *Maschke* (§ 44) entsprechend verschärft haben (§ 84).

Beim *hyperbolischen Fall* wählen wir die Asymptoten von *Dupins* Indikatrix (§ 39) in einem Flächenpunkt zur x_1- und x_2-Achse

$$(97) \quad x_3 = x_1 x_2 + \tfrac{1}{6}\left(a_{111} x_1^3 + 3 a_{112} x_1^2 x_2 + 3 a_{122} x_1 x_2^2 + a_{222} x_2^3\right) + \cdots$$

und die Affinnormale im Ursprung zur x_3-Achse. Dann muß wegen den Apolaritätsbedingungen (36) die Gleichung (97) folgende einfachere Gestalt annehmen

$$(98) \quad x_3 = x_1 x_2 + \tfrac{1}{6}\left(a x_1^3 + b x_2^3\right) + \cdots .$$

Nun berechnen wir die Berührungspunkte unserer Fläche mit dem Zylinder, dessen Erzeugende parallel zur x_1-Achse verlaufen. Da die Tangentenebenen in diesen Punkten ebenfalls der x_1-Achse parallel sind, so muß für sie $\partial x_3 : \partial x_1 = 0$ oder

$$(99) \quad 0 = x_2 + \tfrac{1}{2} a x_1^2 + \cdots$$

sein. Weil die Tangente an diese Berührungslinie im Ursprung mit der x_1-Achse zusammenfällt, kann man die Kurve in der Form

$$(100) \quad x_2 = x_2(x_1), \qquad x_3 = x_3(x_1)$$

darstellen. Aus (99) folgt für die Ableitungen in $x_1 = 0$

$$(101) \quad x_2' = 0, \qquad x_2'' = -a,$$

und aus (98)

$$(102) \quad \begin{aligned} x_3' &= x_2 + x_1 x_2' + \tfrac{1}{2} a x_1^2 + \cdots = 0, \\ x_3'' &= 2 x_2' + x_1 x_2'' + a x_1 + \cdots = 0, \\ x_3''' &= 3 x_2'' + a + \cdots = -2a. \end{aligned}$$

Soll die Berührungslinie eben sein, so muß

$$(103) \quad (\mathfrak{x}' \mathfrak{x}'' \mathfrak{x}''') = \begin{vmatrix} x_1' & x_1'' & x_1''' \\ x_2' & x_2'' & x_2''' \\ x_3' & x_3'' & x_3''' \end{vmatrix} = x_2'' x_3''' - x_3'' x_2''' = 2 a^2 = 0$$

sein. Vertauscht man in dieser Überlegung die x_1- mit der x_2-Achse, so findet man ebenso $b = 0$.

Unsere Flächengleichung (98) nimmt also die Gestalt an

$$(104) \qquad x_3 = x_1 x_2 + [4]$$

und unsere Fläche hat mit der Fläche $x_3 = x_1 x_2$ eine Berührung von mindestens dritter Ordnung. Da der Ursprung auf der Fläche nicht ausgezeichnet ist, folgt nach dem Satz von *Maschke* (§ 44), daß unsre Fläche eine $\mathfrak{F}_2$ sein muß.

Damit ist der Nachweis für $LN - M^2 < 0$ beendet und wir wenden uns zum Fall *elliptischer Krümmung* $(LN - M^2 > 0)$, der ein wenig verwickelter ist. Gehen wir wieder von der kanonischen Gleichung (45) aus

$$(105) \qquad x_3 = \frac{1}{2}(x_1^2 + x_2^2) + \frac{c}{6}(x_1^3 - 3x_1 x_2^2) +$$

$$+ \tfrac{1}{24}(A x_1^4 + 4B x_1^3 x_2 + 6C x_1^2 x_2^2 + 4D x_1 x_2^3 + E x_2^4) + \cdots$$

Für alle Flächenpunkte, deren Tangentenebenen zu dem festen Vektor $(1, \lambda, 0)$ parallel laufen, d. h. für alle Berührungspunkte eines der umschriebenen Zylinder gilt

$$(106) \qquad \frac{\partial x_3}{\partial x_1} + \lambda \frac{\partial x_3}{\partial x_2} = 0$$

oder

$$(107) \quad x_1 + \lambda x_2 + \frac{c}{2}(x_1^2 - 2\lambda x_1 x_2 - x_2^2) + \frac{1}{6}\{(A + \lambda B) x_1^3 +$$

$$+ 3(B + \lambda C) x_1^2 x_2 + 3(C + \lambda D) x_1 x_2^2 + (D + \lambda E)x_2^3\} + \cdots = 0.$$

Soll die Kurve der Berührungspunkte in der Ebene

$$(108) \qquad \alpha x_1 + \beta x_2 + \gamma x_3 = 0$$

liegen, so muß die Gleichung (107) und die Gleichung

$$(109) \quad \alpha x_1 + \beta x_2 + \frac{\gamma}{2}(x_1^2 + x_2^2) + \frac{c\gamma}{6}(x_1^3 - 3x_1 x_2^2) + \cdots = 0$$

dieselbe Kurve der x_1, x_2-Ebene darstellen. Nehmen wir für den Augenblick $\lambda \neq 0$, so können wir uns x_2 nach Potenzen von x_1 entwickeln und finden durch Ableitung von (107) und (109) im Ursprung

$$(110) \qquad \frac{d x_2}{d x_1} = -\frac{\alpha}{\beta} = -\frac{1}{\lambda},$$

$$\frac{d^2 x_2}{d x_1^2} = -\frac{\gamma(1 + \lambda^2)}{\beta \lambda^2} = -c\,\frac{3\lambda^2 - 1}{\lambda^3}.$$

Daraus folgt zunächst

$$\alpha : \beta : \gamma = (1 + \lambda^2) : \lambda(1 + \lambda^2) : c(3\lambda^2 - 1).$$

So finden wir nebenbei das Ergebnis:

Die Schmiegebenen an die Berührungslinien der umschriebenen Zylinder durch einen Flächenpunkt umhüllen im allgemeinen $(c \neq 0)$ einen Kegel dritter Klasse, der sich für $c = 0$ auf ein Ebenenbüschel zusammenzieht.

Durch nochmalige Ableitung von (107) und (109) folgt unter Benutzung der bereits berechneten Ableitungen einerseits

$$(111) \quad \frac{d^3 x_2}{d x_1^3} = - \frac{\lambda\{(A + \lambda B)\lambda^3 - 3(B + \lambda C)\lambda^2 + 3(C + \lambda D)\lambda - (D + \lambda E)\}}{\lambda^5} - \frac{3 c^2(\lambda^2 - 1)(3\lambda^2 - 1)}{\lambda^5},$$

und andrerseits

$$(112) \quad \frac{d^3 x_2}{d x_1^3} = - \frac{c^2(3\lambda^2 - 1)(\lambda^4 + 6\lambda^2 - 3)}{(1 + \lambda^2)\lambda^5}.$$

Der letzte Ausdruck (112) wäre für $c \neq 0$ ein irreduzibler Quotient eines Polynoms 6. und 7. Grades in λ, könnte also mit dem vorhergehenden Ausdruck (111), in dem die Gradzahlen niedriger sind, nicht identisch in λ übereinstimmen. Somit muß im Falle ebener Berührungslinien notwendig $c = 0$ sein und damit kommen wir wieder auf die Flächen zweiten Grades zurück.

Der Nachweis für hyperbolische Krümmung ist auf ähnliche Art zuerst von *G. Herglotz* erbracht worden, wie dem Verfasser durch mündliche Mitteilung bekannt ist. Der Verfasser hat den Beweis zuerst nur für Eiflächen geführt[14].

§ 46. Die kubische Grundform.

Schon bei der Aufstellung der kanonischen Gleichung in § 41 sind wir auf drei durch einen Flächenpunkt hindurchgehende, mit der Fläche invariant verknüpfte Tangenten gestoßen. Es liegt deshalb nahe, neben der quadratischen noch eine kubische invariante Differentialform aufzustellen, deren Nullinien die Tangenten von *Darboux* berühren.

Die Formeln vereinfachen sich dabei erheblich, wenn man die Asymptotenlinien als Parameterkurven einführt, was bei jeder analytischen Nicht-Torse $(LN - M^2 \neq 0)$ möglich ist. Um ganz im Reellen zu bleiben, soll im folgenden zunächst $LN - M^2 < 0$ vorausgesetzt werden. Dann ist $L = N = 0$ und wir normieren die Parameter so, daß $M > 0$ wird; F sei gleich der positiven Wurzel aus M. Die quadratische Grundform hat hiernach die Gestalt

$$(113) \quad \varphi = 2\sqrt{M}\,du\,dv = 2F\,du\,dv.$$

---

[14] *W. Blaschke:* Leipziger Berichte **69** (1916), S. 50—55. Der in diesem Abschnitt vorgetragene Beweis ist zuerst in der Math. Zeitschr. **8** (1920), S. 115—122 veröffentlicht.

Nun erklären wir die kubische Differentialform[14a]) durch

$$(114) \qquad \psi = \frac{(\mathfrak{x}_u, \mathfrak{x}_v, d^3\mathfrak{x})}{F} - \frac{3}{2}\, d\varphi.$$

Es ist nämlich

$$(115) \qquad \frac{(\mathfrak{x}_u \mathfrak{x}_v\, d^3\mathfrak{x})}{F} = \frac{(\mathfrak{x}_u \mathfrak{x}_v \mathfrak{x}_{uuu})\, du^3 + 3\,(\mathfrak{x}_u \mathfrak{x}_v \mathfrak{x}_{uuv})\, du^2\, dv}{F} +$$
$$+ \frac{3\,(\mathfrak{x}_u \mathfrak{x}_v \mathfrak{x}_{uvv})\, du\, dv^2 + (\mathfrak{x}_u \mathfrak{x}_v \mathfrak{x}_{vvv})\, dv^3}{F} + 3F\,(d^2u\, dv + du\, d^2v)$$

und

$$(116) \qquad \tfrac{3}{2}\, d\varphi = 3\,(F_u\, du^2\, dv + F_v\, du\, dv^2) + 3F\,(d^2u\, dv + du\, d^2v).$$

Somit hängt die Differenz von (115) und (116) von den Differentialen d^2u und d^2v nicht mehr ab und

$$(117) \qquad \psi = A\, du^3 + 3B\, du^2\, dv + 3C\, du\, dv^2 + D\, du^3$$

ist in der Tat eine kubische Differentialform in du, dv. Darin ist

$$(118) \qquad A = \frac{(\mathfrak{x}_u \mathfrak{x}_v \mathfrak{x}_{uuu})}{F}, \qquad\qquad B = \frac{(\mathfrak{x}_u \mathfrak{x}_v \mathfrak{x}_{uuv})}{F} - F_u,$$
$$C = \frac{(\mathfrak{x}_u \mathfrak{x}_v \mathfrak{x}_{uvv})}{F} - F_v, \qquad\qquad D = \frac{(\mathfrak{x}_u \mathfrak{x}_v \mathfrak{x}_{vvv})}{F}.$$

Die Koeffizienten B und C sind aber gleich Null. Aus

$$(119) \quad L = (\mathfrak{x}_u \mathfrak{x}_v \mathfrak{x}_{uu}) = 0, \qquad F^2 = (\mathfrak{x}_u \mathfrak{x}_v \mathfrak{x}_{uv}), \qquad N = (\mathfrak{x}_u \mathfrak{x}_v \mathfrak{x}_{vv}) = 0$$

folgt nämlich zunächst wegen $\mathfrak{x}_u \times \mathfrak{x}_v \neq 0$

$$(120) \qquad \mathfrak{x}_{uu} = a\mathfrak{x}_u + b\mathfrak{x}_v, \qquad \mathfrak{x}_{vv} = c\mathfrak{x}_u + d\mathfrak{x}_v.$$

Also ist

$$(121) \qquad (\mathfrak{x}_u \mathfrak{x}_{uu} \mathfrak{x}_{vv}) = 0, \qquad (\mathfrak{x}_v \mathfrak{x}_{uu} \mathfrak{x}_{vv}) = 0,$$

und durch Ableitung der Identitäten (119) wegen (121)

$$(122) \qquad \begin{aligned}
\alpha)\ & (\mathfrak{x}_u\ \mathfrak{x}_{uv} \mathfrak{x}_{uu}) + (\mathfrak{x}_u \mathfrak{x}_v \mathfrak{x}_{uuu}) = 0,\\
& (\mathfrak{x}_{uv} \mathfrak{x}_v\ \mathfrak{x}_{uu}) + (\mathfrak{x}_u \mathfrak{x}_v \mathfrak{x}_{uuv}) = 0,\\
\beta)\ & (\mathfrak{x}_{uu} \mathfrak{x}_v\ \mathfrak{x}_{uv}) + (\mathfrak{x}_u \mathfrak{x}_v \mathfrak{x}_{uuv}) = 2FF_u;\\
\gamma)\ & (\mathfrak{x}_u\ \mathfrak{x}_{vv} \mathfrak{x}_{uv}) + (\mathfrak{x}_u \mathfrak{x}_v \mathfrak{x}_{uvv}) = 2FF_v;\\
\delta)\ & (\mathfrak{x}_u\ \mathfrak{x}_{uv} \mathfrak{x}_{vv}) + (\mathfrak{x}_u \mathfrak{x}_v \mathfrak{x}_{uvv}) = 0,\\
& (\mathfrak{x}_{uv} \mathfrak{x}_v\ \mathfrak{x}_{vv}) + (\mathfrak{x}_u \mathfrak{x}_v \mathfrak{x}_{vvv}) = 0.
\end{aligned}$$

Aus $(122\,(\alpha, \beta))$ einerseits und $(122\,(\gamma, \delta))$ andererseits folgt durch Addieren

$$(123) \qquad \begin{aligned}
(\mathfrak{x}_u \mathfrak{x}_v \mathfrak{x}_{uuv}) &= FF_u = -(\mathfrak{x}_v \mathfrak{x}_{uu} \mathfrak{x}_{uv}),\\
(\mathfrak{x}_u \mathfrak{x}_v \mathfrak{x}_{uvv}) &= FF_v = -(\mathfrak{x}_u \mathfrak{x}_{uv} \mathfrak{x}_{vv}).
\end{aligned}$$

Somit ergibt sich nach (118) und (123), wie behauptet wurde,

$$(124) \qquad B = 0, \qquad C = 0,$$

<hr>

und ψ hat die einfache Gestalt

$$(125) \qquad \psi = A\,du^3 + D\,dv^3.$$

Aus den Beziehungen (118) und (123) berechnen sich die a, b, c, d der Formel (120). Man findet

$$(126) \qquad \begin{aligned} \mathfrak{x}_{uu} &= \frac{F_u}{F}\,\mathfrak{x}_u + \frac{A}{F}\,\mathfrak{x}_v, \\[1ex] \mathfrak{x}_{vv} &= \frac{D}{F}\,\mathfrak{x}_u + \frac{F_v}{F}\,\mathfrak{x}_v. \end{aligned}$$

Somit ergibt sich wegen (118)

$$(127) \qquad \boxed{\begin{aligned} (\mathfrak{x}_u\,\mathfrak{x}_{uu}\,\mathfrak{x}_{uuu}) &= +A^2, \\ (\mathfrak{x}_v\,\mathfrak{x}_{vv}\,\mathfrak{x}_{vvv}) &= -D^2. \end{aligned}}\ {}^{15)}$$

Wir fragen nunmehr nach den durch die Formen φ und ψ bestimmten Differentialinvarianten, d. h. also solchen Funktionen der Koeffizienten F, A, D, die bei Einführung beliebiger neuer Parameter unverändert bleiben. Jede absolute algebraische Invariante der quadratischen und der kubischen Form[16] in den homogenen Veränderlichen du, dv wird eine Differentialinvariante unserer Fläche ergeben. Wegen der sogenannten Apolaritäts-Beziehung zwischen φ und ψ (vgl. § 41, insbesondere (36)), nämlich den Gleichungen

$$(128) \qquad \begin{aligned} GA - 2FB + EC &= 0, \\ GB - 2FC + ED &= 0, \end{aligned}$$

die wegen $E = G = B = C = 0$ erfüllt sind, gibt es nur eine solche Invariante[16], die für Asymptotenparameter die einfache Gestalt

$$(129) \qquad \boxed{J = \frac{A\,D}{F^3}}$$

hat. Um den Zusammenhang zwischen J und der bereits gefundenen Invariante c^2 zu erkennen, bringen wir $\mathfrak{x}(u, v)$ in die kanonische Form (51), (52) und normieren die Asymptoten-Parameter u, v durch die Forderung, daß sie sich möglichst gut an die Parameter x_1, x_2 anschmiegen sollen. Es sei also zunächst

$$(130) \quad \mathfrak{x}_u(0, 0) = \{1, 0, 0\}, \quad \mathfrak{x}_v(0, 0) = \{0, 1, 0\}, \quad \mathfrak{y}(0, 0) = \{0, 0, 1\},$$
$$F(0, 0) = F_0 = 1.$$

---

[15] Aus diesen Formeln folgt nebenbei, daß die Windungen der Asymptotenlinien entgegengesetzte Vorzeichen haben. Vgl. Bd. 1, § 47.

[16] Die Theorie der gemeinsamen Invarianten einer quadratischen und kubischen binären Form findet man z. B. bei *A. Clebsch*: Theorie der binären algebraischen Formen, Leipzig 1872, S. 208 ff.

Dann folgt aus (88), (118), (121) und (123)

$$\bar{x}_1 = u \quad + \frac{B_0' \, u^2 + D_0 \, v^2}{2} + \cdots,$$

$$(131) \qquad \bar{x}_2 = v \quad + \frac{A_0 \, u^2 + C_0' \, v^2}{2} + \cdots,$$

$$\bar{x}_3 = u \cdot v + \frac{A_0 \, u^3 + 3 B_0' \, u^2 v + 3 C_0' \, u v^2 + D_0 \, v^3}{3!}.$$

Somit ist

$$(132) \qquad \bar{x}_3 = \bar{x}_1 \, \bar{x}_2 - \frac{A_0 \, \bar{x}_1{}^3 + D_0 \, \bar{x}_2{}^3}{3} + \cdots.$$

Ist nun $A_0 \cdot D_0 \neq 0$, so bringt die affine Transformation

$$(133) \qquad \bar{x}_1 = \left(\frac{D_0}{A_0}\right)^{1/6} x_1, \qquad \bar{x}_2 = \left(\frac{A_0}{D_0}\right)^{1/6} x_2, \qquad \bar{x}_3 = x_3$$

die Fläche in die kanonische Gestalt

$$(134) \qquad x_3 = x_1 \, x_2 - \frac{\sqrt{A_0 D_0}}{3} \, (x_1{}^3 + x_2{}^3) + \cdots,$$

woraus durch Vergleich mit (51)

$$(135) \qquad \qquad \qquad J = \frac{c^2}{2}$$

folgt.

Aus der kanonischen Darstellung ergibt sich sofort, daß es nur diese *eine* Differentialinvariante dritter Ordnung geben kann. Denn durch J_0 bzw. c^2 ist das Flächenelement dritter Ordnung völlig bestimmt. J ist zuerst von *G. Pick*[17]) aufgestellt und wird daher auch die „*Picksche Invariante*" genannt.

Führen wir mit der Affinität (133) gleichzeitig die Parametertransformation

$$\bar{u} = \left(\frac{A_0}{D_0}\right)^{1/6} u, \qquad \bar{v} = \left(\frac{D_0}{A_0}\right)^{1/6} v$$

aus, so wird ψ im Ursprung gleich

$$J_0^{1/2} (d u^3 + d v^3).$$

Die Tangenten von *Darboux* (vgl. § 42, wo die Rechnungen allerdings nur für den elliptischen Fall durchgeführt sind) werden durch die Gleichungen

$$x_1{}^3 + x_2{}^3 = 0, \qquad x_3 = 0$$

dargestellt. Also haben die Nullinien von ψ in der Tat die geforderte Richtung.

L. Berwald hat bemerkt[18]), daß man auf Grund von (127) eine Darstellung der Grundform ψ herleiten kann, die ihre Invarianz besonders deutlich hervortreten läßt. Erklären wir (vgl. § 29) die Affinbogenelemente der beiden Asymptotenlinien durch die Formeln

---

[17]) *G. Pick*: Leipziger Berichte **69** (1917), S. 121.

[18]) *L. Berwald*: Mathematische Zeitschrift **8** (1921), S. 68.

$$(136) \qquad
\begin{aligned}
d\,p &= \sqrt[6]{+\,(\mathfrak{x}_u\,\mathfrak{x}_{uu}\,\mathfrak{x}_{uuu})}\,d\,u = A^{1/3}\,d\,u, \\
d\,q &= \sqrt[6]{-\,(\mathfrak{x}_v\,\mathfrak{x}_{vv}\,\mathfrak{x}_{vvv})}\,d\,v = D^{1/3}\,d\,v,
\end{aligned}$$

so bekommen wir für die kubische Grundform (125) den Ausdruck von *Berwald*

$$(137) \qquad \psi = d\,p^3 + d\,q^3,$$

der nur Invarianten enthält. Da wir in § 36 eine geometrische Deutung für die Affinlänge gefunden haben, ist damit auch für die kubische Grundform eine (wenn auch verwickelte) Deutung vermittelt. Über die Bedeutung von J sind wir durch (135) unterrichtet. Aber auch aus dem einfachen Ausdruck (129) für J ergibt sich leicht die geometrische Bedeutung des identischen Verschwindens dieser Invariante. Soll J in einem Flächenpunkt $\mathfrak{x}_0$ Null sein, so muß einer der beiden Faktoren im Zähler verschwinden. Ist z. B. $A = 0$, so folgt aus (126) $F_u\,\mathfrak{x}_u - F\,\mathfrak{x}_{uu} = 0$ oder

$$(138) \qquad \frac{\partial}{\partial u}\,\frac{\mathfrak{x}_u}{F} = 0.$$

Die Richtung des Vektors $\mathfrak{x}_u$ ist also längs der u-Kurve ($v = $ konst.) in $\mathfrak{x}_0$ stationär:

Verschwindet Picks Invariante J an einem Flächenpunkt $\mathfrak{x}_0$ mit hyperbolischer Krümmung, so hat in $\mathfrak{x}_0$ eine Asymptotenlinie eine Ruhtangente. Oder, was dasselbe besagt: *Es gibt in $\mathfrak{x}_0$ eine die Fläche in dritter Ordnung berührende Tangente.*

Verschwindet J identisch, so muß (wenigstens bei analytischen Flächen) entweder A oder D identisch Null sein. Für $A = 0$ folgt aus der Identität (138) die Geradlinigkeit der u-Kurven. Somit ist bewiesen:

Die Differentialgleichung $J = 0$ kennzeichnet unter den Nicht-Torsen $(LN - M^2 \neq 0)$ die windschiefen Flächen[19].

Bei reellen, analytischen, elliptisch gekrümmten Flächen folgt aus dem Vorhandensein einer imaginären Schar von Erzeugenden das Vorhandensein der konjugiert imaginären Schar und daraus wieder der Satz (vgl. § 44): *Die einzigen analytischen, elliptisch gekrümmten Flächen mit identisch verschwindendem J sind Flächen zweiter Ordnung.*

§ 47. Die Affinoberfläche.

Gehen wir von folgender Aufgabe aus: Es sei $\mathfrak{F}$ eine (durchweg elliptisch gekrümmte) Eifläche, $\mathfrak{F}_\delta$ eine zweite im Innern von $\mathfrak{F}$ gelegene Fläche mit der Eigenschaft, daß jede Tangentenebene von $\mathfrak{F}_\delta$ zusammen mit der Eifläche $\mathfrak{F}$ einen kleinen Eikörper vom vorgeschriebenen Raum-

---

[19]) W. *Blaschke*: Leipziger Berichte **69** (1917), S. 416.

inhalt δ begrenzt. Ist $\mathfrak{F}$ regulär und analytisch, so wird für genügend kleine δ auch $\mathfrak{F}_\delta$ eine Eifläche sein, die mit $\mathfrak{F}$ gegenüber inhaltstreuen Affinitäten invariant verbunden ist. Es soll der Rauminhalt des schalenförmigen Körpers zwischen $\mathfrak{F}$ und $\mathfrak{F}_\delta$ für kleine δ ermittelt werden.

Setzen wir für einen Punkt von $\mathfrak{F}$ die kanonische Darstellung an

$$(45) \qquad x_3 = \frac{x_1{}^2 + x_2{}^2}{2} + c\,\frac{x_1{}^3 - 3\,x_1\,x_2{}^2}{6} + \cdots$$

und führen wir, wie in § 43, Zylinderkoordinaten

$$(80) \qquad x_1 = r \cos \omega, \qquad x_2 = r \sin \omega, \qquad x_3 = z^2$$

ein, so haben wir nach § 43 (82) durch Auflösung nach r

$$(82) \quad r = \sqrt{2}\,z - \frac{C}{3}\,z^2 + \cdots, \qquad C = c\,(\cos^3 \omega - 3 \cos \omega \sin^2 \omega)$$

und finden für den Rauminhalt δ des durch die Ebene $x_3 = P$ von unserem Eikörper abgeschnittenen Teilkörpers (vgl. § 43)

$$(139) \qquad \delta = \int\limits_0^P dx_3 \,\frac{1}{2} \int\limits_{-\pi}^{+\pi} r^2\, d\omega = \pi\, P^2 + \cdots .$$

Die Punkte deuten dabei eine Potenzreihe in P an, die mit den Gliedern dritter Ordnung beginnt. Umgekehrt ist daraus

$$(140) \qquad P = \left(\frac{\delta}{\pi}\right)^{1/2} + \cdots,$$

wo die Punkte eine Potenzreihe nach ganzen Potenzen von $\sqrt{\delta}$ darstellen.

Es ist, wie *Ch. Dupin* schon 1814 bei der Untersuchung schwimmender Körper bemerkt hat[20]), leicht einzusehen, daß jede Tangentenebene von $\mathfrak{F}_\delta$ die Fläche $\mathfrak{F}_\delta$ in dem Schwerpunkt $\bar{\mathfrak{x}}$ des homogenen Eibereichs berührt, den sie aus dem von $\mathfrak{F}$ umschlossenen Eikörper ausschneidet. Dazu braucht man nur zu beachten, daß zwei benachbarte Tangentenebenen von $\mathfrak{F}_\delta$ von dem genannten Eikörper gleiche Rauminhalte δ abschneiden und daß deshalb die beiden keilförmigen Körper zwischen den beiden Ebenen inhaltsgleich sind. Bedeutet dF das Flächenelement in einer der beiden Ebenen, p den Abstand von ihrer Schnittgeraden, $d\vartheta$ den Winkel der Ebenen, so muß also

$$(141) \qquad \int p\, d\vartheta\, dF = d\vartheta \int p\, dF = 0$$

sein und $\bar{\mathfrak{x}}$ ist tatsächlich Schwerpunkt.

Nach der geometrischen Bedeutung der Affinnormalen § 43 findet daher der Übergang von einem Punkt $\mathfrak{x}$ von $\mathfrak{F}$ zum ent-

---

[20]) *Ch. Dupin*: Applications de géométrie et de mécanique, Paris 1822. Vgl. etwa Enzyklopädie IV 1 (*P. Stäckel*), S. 657.

sprechenden Punkt $\bar{\mathfrak{x}}$ von $\mathfrak{F}_\delta$ mit paralleler Tangentenebene durch die Formel statt

$$(143) \qquad \bar{\mathfrak{x}} = \mathfrak{x} + P\mathfrak{y} + \cdots = \mathfrak{x} + \left(\frac{\delta}{\pi}\right)^{1/2}\mathfrak{y} + \cdots,$$

wo die fehlenden Glieder höhere Potenzen von $\sqrt{\delta}$ enthalten. Für den gesuchten Rauminhalt ergibt sich daher

$$(143) \qquad V = \iiint (\bar{\mathfrak{x}}_u\,\bar{\mathfrak{x}}_v\,\bar{\mathfrak{x}}_P)\,du\,dv\,dP = \iint_{\mathfrak{F}} du\,dv \int_0^P (\bar{\mathfrak{x}}_u\,\bar{\mathfrak{x}}_v\,\mathfrak{y})\,dP,$$

$$(144) \qquad V = \left(\frac{\delta}{\pi}\right)^{1/2} \iint_{\mathfrak{F}} (\mathfrak{x}_u\,\mathfrak{x}_v\,\mathfrak{y})\,du\,dv + \cdots.$$

Oder wegen (27)

$$(145) \qquad V = \left(\frac{\delta}{\pi\cdot}\right)^{1/2} \iint_{\mathfrak{F}} |LN - M^2|^{1/4}\,du\,dv + \cdots.$$

Somit ist

$$(146) \qquad \iint |LN - M^2|^{1/4}\,du\,dv = \iint |EG - F^2|^{1/2}\,du\,dv$$

ein invariantes Oberflächenintegral.

In der Tat! Gehen wir zu neuen, gleichsinnigen Parametern $\bar{u}$, $\bar{v}$ über, so ist

$$\frac{\partial u}{\partial \bar{u}}\,\frac{\partial v}{\partial \bar{v}} - \frac{\partial u}{\partial \bar{v}}\,\frac{\partial v}{\partial \bar{u}} = D > 0$$

und nach (14)

$$(147) \qquad \iint |LN - M^2|^{1/4}\,du\,dv = \iint \frac{|\overline{L}\,\overline{N} - \overline{M}^2|}{D}\,D\,d\bar{u}\,d\bar{v}$$
$$= \iint |\overline{L}\,\overline{N} - \overline{M}^2|^{1/4}\,d\bar{u}\,d\bar{v}.$$

Dieses Oberflächenintegral, für das wir hier im Falle elliptisch gekrümmter Flächen eine geometrische Bedeutung abgeleitet haben (die Voraussetzung, daß es sich um *Eiflächen* handle, ist unwesentlich und wurde nur der Anschaulichkeit halber gemacht), hat auch für hyperbolisch gekrümmte Flächen einen Sinn. Das Integral (147) oder

$$(148) \qquad \iint (\mathfrak{x}_u\,\mathfrak{x}_v\,\mathfrak{y})\,du\,dv$$

ist das einzige invariante Integral, das nur von Ableitungen bis zur zweiten Ordnung abhängt. Wäre nämlich

$$\iint \alpha\,(u,\,v)\,du\,dv$$

ein zweites solches Integral, so müßte

$$\frac{(\mathfrak{x}_u\,\mathfrak{x}_v\,\mathfrak{y})}{\alpha}$$

eine Invariante zweiter Ordnung sein, während doch die niedrigste Invariante von dritter Ordnung ist. Diese Überlegung rechtfertigt es, wenn wir das Integral (147), (148) „Affinoberfläche" benennen.

§ 48. Aufgaben und Lehrsätze.

1. Geometrische Deutung der quadratischen Grundform. Auf einer etwa hyperbolisch gekrümmten Fläche sei eine Kurve $\mathfrak{x}(t)$ gezogen und auf ihr eine Reihe von Punkten $\mathfrak{x}_k$ angenommen, die den Parameterwerten $t_0 = a < t_1 < t_2 < \ldots < t_{n-1} < b = t_n$ entsprechen mögen. Die beiden neuen Schnittpunkte der Asymptotenlinien durch $\mathfrak{x}_{k-1}$ und $\mathfrak{x}_k$ seien $\mathfrak{y}_k$, $\mathfrak{z}_k$. V_k sei der absolut genommene Rauminhalt des Vierflachs mit den Ecken $\mathfrak{x}_{k-1}$, $\mathfrak{x}_k$, $\mathfrak{y}_k$, $\mathfrak{z}_k$. Dann ist, wenn man die $\mathfrak{x}_k$ immer dichter wählt,

$$(149) \qquad \int_a^b \left| E\left(\frac{du}{dt}\right)^2 + 2F\frac{du}{dt}\frac{dv}{dt} + G\left(\frac{dv}{dt}\right)^2 \right|^{1/2} dt = \lim \sum_{k=1}^n \sqrt[4]{24\,V_k}.$$

2. Eine zweite geometrische Deutung der quadratischen Grundform. Auf einer elliptisch gekrümmten Fläche sei die Kurve $\mathfrak{x}(t)$ $(a \leqq t \leqq b)$ gezogen. Zur Tangentenebene in einem beliebigen Punkt $\mathfrak{x}(t)$ legen wir in der Nähe eine Parallelebene wie in § 47, die zusammen mit der Fläche einen kleinen Eikörper vom Rauminhalt δ begrenzt. Die Gesamtheit dieser Körper erfüllt für $a \leqq t \leqq b$ einen Schlauch vom Rauminhalt V und es ist

$$(150) \qquad \int_a^b \left| E\left(\frac{du}{dt}\right)^2 + 2F\frac{du}{dt}\frac{dv}{dt} + G\left(\frac{dv}{dt}\right)^2 \right|^{1/2} dt = \frac{3\pi^{3/4}}{4\sqrt{2}} \lim_{\delta \to 0} \frac{V}{\delta^{3/4}}.$$

3. Ein Satz von *A. Transon* über die Affinnormalen der ebenen Kurven auf einer Fläche. Legt man durch einen Flächenpunkt eine Tangente $\mathfrak{T}$, die keine Asymptotenlinie berührt, und durch $\mathfrak{T}$ alle Ebenen, so liegen die zu $\mathfrak{x}$ gehörigen Affinnormalen (§ 6) aller ebenen Schnitte durch $\mathfrak{T}$ wieder in einer Ebene, die durch die zu $\mathfrak{T}$ konjugierte Tangente der Fläche in $\mathfrak{x}$ hindurchläuft. Liouvilles Journal de mathématiques (1) **6** (1841), S. 191—208.

4. Deutung der Affinentfernung. Denken wir uns zur Tangentenebene $\mathfrak{T}$ in einem Punkt $\mathfrak{x}$ einer elliptisch gekrümmten Fläche $\mathfrak{F}$ eine Parallelebene $\mathfrak{E}$ gezeichnet. Sie begrenzt zusammen mit $\mathfrak{F}$ einen kleinen Eikörper vom Inhalt J_1. Wir bestimmen uns ferner den Kegel, der einen Punkt $\mathfrak{y}$ zur Spitze und die von der Schnittlinie von $\mathfrak{E}$ und $\mathfrak{F}$ begrenzte ebene Grundfläche hat. Dieser Kegel habe den Inhalt J_2. Dann gilt für die Affinentfernung p des Punktes $\mathfrak{y}$ vom Flächenpunkte $\mathfrak{x}$ (vgl. § 41 (53))

$$(151) \qquad p^2 = \frac{9}{4\pi} \lim_{\mathfrak{E} \to \mathfrak{T}} \frac{J_2^2}{J_1}.$$

W. Blaschke: Leipziger Berichte **69** (1917), S. 201.

5. Eine Zuordnung von _C. Segre_. In der Tangentenebene eines Flächenpunktes $\mathfrak{x}$, in dessen Umgebung die Fläche durch die kanonische Darstellung (45) gegeben ist, wählen wir einen Punkt $\{y_1, y_2, 0\}$. Von diesem Punkt $\mathfrak{y}$ aus umschreiben wir unserer Fläche einen Kegel und es sei $\alpha_1 x_1 + \alpha_2 x_2 + \alpha_3 x_3 = 0$ die Gleichung der Schmiegebene an die Berührungskurve in $\mathfrak{x}$. Dann ist

$$(152) \quad \alpha_1 : \alpha_2 : \alpha_3 = - y_1 (y_1^2 + y_2^2) : - y_2 (y_1^2 + y_2^2) : (y_1^2 + y_2^2) + c (y_1^3 - 3 y_1 y_2^2).$$

Vgl. _C. Segre_: Complementi alla teoria delle tangenti conjugate di una superficie, Rendiconti della r. accademia dei lincei, Roma (5) 17^{II} (1908), S. 405—412.

6. Kennzeichnung der Tangenten von _Darboux_. Sei $\mathfrak{C}$ die Schnittkurve der gegebenen Fläche $\mathfrak{x}(u, v)$ mit einer in $\mathfrak{x}(0, 0)$ berührenden Schmieg-$\mathfrak{F}_2$. Das Tangententripel von $\mathfrak{C}$ in $\mathfrak{x}(0, 0)$ liegt dann und nur dann apolar zu den Asymptoten, wenn es mit dem Tangententripel von _Darboux_ identisch ist. Die zugehörigen $\mathfrak{F}_2$ haben ihre Mittelpunkte auf der Affinnormalen in $\mathfrak{x}(0, 0)$.[5]

7. Eine zweite invariante kubische Differentialform. Neben der kubischen Grundform ψ gibt es noch die invariante Differentialform

$$(153) \quad \chi = \frac{(AF - BE) du^3 + \tfrac{3}{2} (AG - CE) du^2 dv - \tfrac{3}{2} (DE - BG) du\, dv^2 - (DF - CG) dv^3}{\sqrt{EG - F^2}}$$

$\chi = 0$ gibt die zu _Darboux_s Tangenten konjugierten, die man auch durch Projektion der Geraden (77) parallel zur Affinnormalen auf die Tangentenebene erhält. Es besteht folgende Identität zwischen den Differentialformen φ, χ, ψ

$$(154) \qquad \psi^2 + \chi^2 = \tfrac{1}{2} J \varphi^3.$$

L. Berwald 1920, vgl. auch die in [5] genannte Arbeit.

8. Affingeodätische Krümmung. Ist auf einer Fläche $(LN - M^2 \neq 0)$ eine Kurve gezogen, so kann man bezüglich der ersten Grundform $E\, du^2 + 2F\, du\, dv + G\, dv^2$ die affingeodätische Krümmung $1 : \omega$ mittels derselben Formeln berechnen, wie wir in Bd. 1, § 69 die gewöhnliche geodätische Krümmung bezüglich des gewöhnlichen Bogenelementes ermittelt haben. $1 : \omega = 0$ ist dann die Differentialgleichung der „_affingeodätischen Linien_", für die die erste Variation des Integrals

$$(155) \qquad t = \int | E\, du^2 + 2F\, du\, dv + G\, dv^2 |^{1/2}$$

verschwindet. Nach _L. Berwald_ ist die Differentialgleichung der Kurven auf der Fläche, deren Schmiegebene in jedem Punkt durch die Affinnormale der Fläche geht:

$$(156) \qquad \frac{1}{\omega} = \frac{\chi}{d\, t^3},$$

wo χ durch (153) erklärt ist.

9. Ein Satz von *L. Berwald* über die auf einer Fläche gezogenen Kurven. Es sei $\chi(t)$ eine auf einer Fläche $(LN - M^2 \neq 0)$ gezogene Kurve und der Parameter t durch

$$E\,u'^2 + 2\,F\,u'\,v' + G\,v'^2 = \text{konst.}$$

normiert. Dann legen wir in der Schmiegebene der Kurve durch den Kurvenpunkt χ vier Gerade: 1. die Tangente mit der Richtung χ', 2. die Gerade mit der Richtung χ'', 3. die Affinnormale $\mathfrak{a}$ der ebenen Kurve in χ, die durch die Schmiegebene der Kurve aus der Fläche ausgeschnitten wird (vgl. § 5) und 4. die Schnittgerade $\mathfrak{b}$ der Schmiegebene von $\chi(t)$ mit der Ebene, die durch die Affinnormale $\mathfrak{y}$ der Fläche in χ und durch die zu χ' konjugierte Flächentangente hindurchgeht. Das Doppelverhältnis dieser vier Geraden in der Reihenfolge χ'', $\mathfrak{a}$, χ', $\mathfrak{b}$ hat den festen Wert $2:3$. Berührt die Tangente χ' eine Nullinie der kubischen Grundform $(\psi = 0)$, so fallen die zugehörigen Richtungen χ'', $\mathfrak{a}$, $\mathfrak{b}$ zusammen.

10. Affininvariante Form des Satzes von *Beltrami* und *Enneper* über Asymptotenlinien (vgl. Bd. 1, § 47). In der Umgebung eines Flächenpunktes χ mit hyperbolischer Krümmung, in dem überdies $J \neq 0$ ist, werden die von χ ausgehenden Asymptotenlinien durch drei Parallelebenen zur Tangentenebene in χ in je drei Punkten geschnitten. Mit χ zusammen bildet jedes dieser Punktetripel ein einer Asymptotenlinie eingeschriebenes Tetraeder. Der Quotient ihrer Rauminhalte strebt gegen -1, wenn die drei Parallelebenen in die Tangentenebene von χ hineinrücken.

11. Kennzeichnung der $\mathfrak{F}_2$. Eine elliptisch gekrümmte Fläche $\mathfrak{F}$ habe die Eigenschaft, daß sich zu jedem Eikörper, der von $\mathfrak{F}$ und einer Ebene begrenzt ist, eine Gerade finden läßt, so daß jede Ebene durch diese Gerade den Rauminhalt des Eikörpers hälftet. Ist dann $\mathfrak{F}$ notwendig eine algebraische Fläche zweiter Ordnung? Falls das bewiesen wäre, wäre darin das Ergebnis von § 44 enthalten.

12. Gemischte Affinoberfläche. Zwei Flächen $\chi(u, v)$ und $\chi^*(u, v)$ mit $LN - M^2 \neq 0$ und $L^*N^* - M^{*2} \neq 0$ seien durch gleiche Parameter so aufeinander abgebildet, daß in entsprechenden Punkten ihre Tangentenebenen parallel laufen. Dann ist

$$(157) \qquad \iint \left| LN^* - 2\,MM^* + NL^* \right|^{1/4} du\,dv$$

eine gemeinsame Integralinvariante beider Flächen.

5. Kapitel.

Allgemeine Flächentheorie.

Ein Rückblick auf die Ergebnisse des vorigen Kapitels, soweit sie die allgemeine Flächentheorie betreffen, wird uns die Richtung weisen, in der wir weitergehen müssen. Wir haben uns mittels der quadratischen Grundform ein invariantes Dreibein verschafft, die kanonische Darstellung einer Fläche bezüglich eines bestimmten solchen Dreibeins untersucht und dabei eine invariante kubische Grundform gefunden. Dagegen sind wir der ersten Frage, die der Vergleich mit der gewöhnlichen Flächentheorie nahelegen würde — nämlich der Frage, wie sich die höheren Ableitungen $\mathfrak{x}_{uu}, \mathfrak{x}_{uv}, \mathfrak{x}_{vv}; \mathfrak{x}_{uuu}, \ldots$ in einem solchen Dreibein ausdrücken — noch nicht nähergetreten, und nur nebenbei haben sich für Asymptotenparameter die Formeln der „*Gauß*ischen Ableitungsgleichungen" der affinen Flächentheorie herausgestellt.

Diese Aufgabe haben wir jetzt in Angriff zu nehmen. Wir werden sie zunächst unter Beschränkung auf Asymptotenparameter lösen, alsdann unter Verwendung der „Tensorrechnung" für allgemeine Parameter.

Wenn das geschehen ist, besitzen wir aber auch die ausreichenden formalen Hilfsmittel, um alle affininvarianten differentialgeometrischen Eigenschaften der Flächen beschreiben zu können, und wir dürfen dann getrost irgendwelche Aufgaben, die uns als Geometer interessieren, in Angriff nehmen. Insbesondere werden wir noch in diesem Kapitel eine affine Krümmungstheorie entwickeln, die uns zu anschaulich deutbaren Invarianten der Fläche führen und solche Deutung bereits gefundener Invarianten leisten wird. Die merkwürdigen und weitgehenden Ähnlichkeiten zwischen der gewöhnlichen und der affinen Krümmungstheorie verleihen diesen Untersuchungen einen besonderen Reiz.

§ 49. Die Ableitungsgleichungen für Asymptotenparameter.

Wir legen wie in § 46 eine hyperbolisch gekrümmte Fläche zugrunde, nehmen die Asymptotenlinien zu Parameterlinien und wählen die Bezeichnung so, daß $M > 0$ wird. Dann nehmen die beiden Grundformen die einfache Gestalt an (vgl. § 46 (113) und (125))

$$(1) \qquad \begin{aligned} \varphi &= 2\,M^{1/2}\,du\,dv = 2\,F\,du\,dv, \qquad (F > 0) \\ \psi &= A\,du^3 + D\,dv^3. \end{aligned}$$

Für die zweiten Ableitungen hatten wir die Gleichungen § 43 (88) und § 46 (126)

$$(2) \qquad \boxed{\begin{aligned} \mathfrak{x}_{uu} &= \frac{F_u}{F}\,\mathfrak{x}_u + \frac{A}{F}\,\mathfrak{x}_v, \\ \mathfrak{x}_{uv} &= F\,\mathfrak{y}, \\ \mathfrak{x}_{vv} &= \frac{D}{F}\,\mathfrak{x}_u + \frac{F_v}{F}\,\mathfrak{x}_v. \end{aligned}}$$

Wir nennen sie die „*Gaußischen Ableitungsformeln der affinen Flächentheorie*" (vgl. Bd. 1, § 48 (135)). Aus der zweiten folgt

$$(3) \qquad (\mathfrak{x}_u\,\mathfrak{x}_v\,\mathfrak{y}) = + F.$$

Um die höheren Ableitungen von $\mathfrak{x}$ im Dreibein $\mathfrak{x}_u, \mathfrak{x}_v, \mathfrak{y}$ ausdrücken zu können, brauchen wir noch Formeln für die ersten Ableitungen des Affinnormalenvektors $\mathfrak{y}$. Wir merken uns zunächst den Ausdruck § 46 (129) für die Invariante *Pick*s an

$$(4) \qquad J = \frac{AD}{F^3}$$

und berechnen uns das *Gauß*ische Krümmungsmaß S der Grundform φ, offenbar ebenfalls eine affine Differentialinvariante. Wir finden etwa mittels der Formel (42) aus § 36 des ersten Bandes

$$(5) \qquad S = -\frac{1}{F}\,\frac{\partial^2 \log F}{\partial u\,\partial v} = \frac{F_u F_v - F F_{uv}}{F^3}.$$

Zur Abkürzung setzen wir

$$(6) \qquad S - J = H.$$

Dann erhält man durch Ableitung der ersten Formel (2) nach v und der zweiten nach u unter Benutzung der Formel (2) selbst und wegen (5)

$$(7) \qquad \begin{aligned} \mathfrak{x}_{uuv} &= -FS\,\mathfrak{x}_u + \left(\frac{A}{F}\right)_v \mathfrak{x}_v + F_u\,\mathfrak{y} + \frac{A}{F}\left(\frac{D}{F}\,\mathfrak{x}_u + \frac{F_v}{F}\,\mathfrak{x}_v\right), \\ \mathfrak{x}_{uuv} &= + F_u\,\mathfrak{y} + F\,\mathfrak{y}_u. \end{aligned}$$

Entsprechend folgt aus der zweiten und dritten der Formeln (2)

$$(8) \qquad \begin{aligned} \mathfrak{x}_{uvv} &= + F_v\,\mathfrak{y} + F\,\mathfrak{y}_v, \\ \mathfrak{x}_{uvv} &= \left(\frac{D}{F}\right)_u \mathfrak{x}_u - FS\,\mathfrak{x}_v + \frac{D}{F}\left(\frac{F_u}{F}\,\mathfrak{x}_u + \frac{A}{F}\,\mathfrak{x}_v\right) + F_v\,\mathfrak{y}. \end{aligned}$$

Durch Gleichsetzen der gefundenen Ausdrücke für $\mathfrak{x}_{uuv}$ und für $\mathfrak{x}_{uvv}$ findet sich unter Beachtung von (4) und (6) das gesuchte *zweite System der Ableitungsgleichungen*

$$(9) \qquad \boxed{\begin{aligned} \mathfrak{y}_u &= -H\,\mathfrak{x}_u + \frac{A_v}{F^2}\,\mathfrak{x}_v, \\ \mathfrak{y}_v &= +\frac{D_u}{F^2}\,\mathfrak{x}_u - H\,\mathfrak{x}_v, \end{aligned}}$$

die „*Ableitungsformeln von Weingarten*" *in der affinen Flächentheorie* (vgl. 1. Band, § 46 (120)).

Auch $\mathfrak{y}_u$ und $\mathfrak{y}_v$ und damit sämtliche Ableitungen des Flächenvektors lassen sich also durch die Koeffizienten der quadratischen und der kubischen Grundform und deren Ableitungen ausdrücken. *Die Fläche ist also bis auf raumtreue Affinitäten bestimmt, wenn F, A, D als Funktionen von u und v bekannt sind.* Allerdings können F, A, D nicht beliebig gewählt werden, da die Gleichungen (2) und (9) nicht für beliebige F, A, D integrierbar sind.

Berechnen wir nämlich aus (9) auf zwei verschiedene Arten $\mathfrak{y}_{uv}$, so erhalten wir unter Benutzung von (2)

$$(10) \quad \begin{aligned} \mathfrak{y}_{uv} &= \left\{ -H_v + \frac{DA_v}{F^3} \right\} \mathfrak{x}_u + \left\{ \left(\frac{A_v}{F^2} \right)_v + \frac{A_v F_v}{F^3} \right\} \mathfrak{x}_v - HF\mathfrak{y}, \\ \mathfrak{y}_{uv} &= \left\{ \left(\frac{D_u}{F^2} \right)_u + \frac{D_u F_u}{F^3} \right\} \mathfrak{x}_u + \left\{ -H_u + \frac{AD_u}{F^3} \right\} \mathfrak{x}_v - HF\mathfrak{y}. \end{aligned}$$

Durch Vergleichen ergeben sich die „*Integrierbarkeitsbedingungen*"

$$(11) \quad \boxed{\begin{aligned} H_u &= + \frac{AD_u}{F^3} - \frac{1}{F}\left(\frac{A_v}{F} \right)_v, \\ H_v &= + \frac{DA_v}{F^3} - \frac{1}{F}\left(\frac{D_u}{F} \right)_u, \end{aligned}}$$

ein affines Gegenstück zu den Formeln von *Codazzi* (1. Band, § 49 (139)).

Es fragt sich, ob es immer eine bis auf inhaltstreue Affinitäten bestimmte Fläche mit den Formen $\varphi = 2\,F\,du\,dv$, $\psi = A\,du^3 + D\,dv^3$ gibt, wenn die Bedingungen (11) erfüllt sind. Um das zu untersuchen, bedürfen wir eines Hilfssatzes über ein System von linearen partiellen Differentialgleichungen, der im nächsten Abschnitt bewiesen werden soll.

§ 50. Ein Hilfssatz über ein vollständig integrierbares System von linearen totalen Differentialgleichungen.

Es sei

$$(12) \quad dx_k = U_k\,du + V_k\,dv \qquad (k = 1, 2 \ldots n)$$

ein System von n totalen Differentialgleichungen für die Unbekannten $x_k(u, v)$ $(k = 1, 2 \ldots n)$. *Darin sind*

$$(13) \quad U_k = \sum_{i=1}^{n} a_{ik}\,x_i, \qquad V_k = \sum_{i=1}^{n} b_{ik}\,x_i \qquad (k = 1, 2 \ldots n);$$

die a_{ik}, b_{ik} mögen stetige partielle Ableitungen nach u und v besitzen und es sei identisch in x_k, u, v

$$(14) \quad \frac{\partial U_k}{\partial v} + \sum_{i=1}^{n} \frac{\partial U_k}{\partial x_i} V_i = \frac{\partial V_k}{\partial u} + \sum_{i=1}^{n} \frac{\partial V_k}{\partial x_i} U_i.$$

Dann ist das Gleichungssystem (12) *vollständig integrierbar, das heißt es gibt zu jedem System von Anfangswerten*

$$x_k(u_0, v_0) = x_{k0}$$

ein und nur ein System von Lösungen $x_k(u, v)$.

Ehe wir an den Beweis des Satzes gehen, erinnern wir an zwei Hilfssätze über gewöhnliche Differentialgleichungen.

      Hilfssatz 1: *Die simultanen homogenen linearen Differentialgleichungen*

$$(15) \qquad \frac{dx_k}{du} = \sum_{i=1}^{n} c_{ik}(u)\, x_i \qquad (k = 1, 2 \ldots n)$$

besitzen zu vorgeschriebenen Anfangswerten

$$x_k(u_0) = x_{k0}$$

ein eindeutig bestimmtes System von Lösungen überall, wo die $c_{ik}(u)$ *stetige Funktionen von* u *sind.*

Der Existenzbeweis ist für $k = 1$, 2 und 3 im ersten Band § 14 erbracht worden und kann leicht für $k = 1, \ldots n$ erweitert werden. Was die Eindeutigkeit betrifft, so genügt es zu zeigen, daß zu den Anfangswerten $x_k(0) = 0$ die einzige Lösung $x_k(u) = 0$ gehört.

In diesem Falle folgt aber aus (15)

$$(15\,\text{a}) \qquad x_k = \sum_{i=1}^{n} \int_0^u c_{ik}\, x_i\, du.$$

Aus den Ungleichheiten

$$|c_{ik}| < \frac{1}{n}\, C, \qquad |x_i| < D$$

erschließt man nun durch wiederholte Anwendung von (15 a)

$$|x_k| < DCu,$$
$$|x_k| < D\frac{(Cu)^2}{2},$$
$$\cdots \cdots \cdots$$
$$|x_k| < D\frac{(Cu)^r}{r!},$$

und wegen

$$\lim_{r \to \infty} \frac{(Cu)^r}{r!} = 0$$

in der Tat $x_k(u) = 0$. — Ferner benötigen wir den

      Hilfssatz 2: *Ist*

$$(16) \qquad \frac{dx_k}{du} = \sum_{i=1}^{n} c_{ik}(u, v)\, x_i \qquad (k = 1, 2 \ldots n)$$

ein System von linearen homogenen Differentialgleichungen, dessen Koeffizienten $c_{ik}(u, v)$ von einem Parameter v abhängen und stetige partielle Ableitungen nach v besitzen, so haben auch die Lösungen $x_k(u, v)$ des Systems bei stetig differenzierbaren Anfangsbedingungen stetige partielle Ableitungen nach v und es ist

$$(17) \qquad \frac{\partial^2 x_k}{\partial u\, \partial v} = \frac{\partial^2 x_k}{\partial v\, \partial u}.$$

Sei nämlich etwa

$$(18) \qquad |c_{ik}| < \frac{C}{2n}, \qquad \left|\frac{\partial c_{ik}}{\partial v}\right| < \frac{C}{2n} \qquad \begin{array}{l}(0 \leqq u,\, v \leqq 1) \\ (i,\, k = 1,\, 2 \ldots n)\end{array}$$

und es seien $x_k^{(r)}$ die schrittweise gebildeten Näherungsfunktionen für die Anfangsbedingungen $x_k(0, v) = x_{k0}$, $(|x_{k0}|,\, |\partial x_{k0} : \partial v| \leqq D)$. Dann ist also (vgl. 1. Bd., § 14)

$$(19) \quad
\begin{aligned}
x_k^{(1)} &= x_{k0}, & \frac{\partial x_k^{(1)}}{\partial v} &= \frac{\partial x_{k0}}{\partial v}, \\[2mm]
x_k^{(2)} &= x_{k0} + \int_0^u \sum_i c_{ik} x_i^{(1)}\, du, & \frac{\partial x_k^{(2)}}{\partial v} &= \frac{\partial x_{k0}}{\partial v} + \int_0^u \sum_i \left\{\frac{\partial c_{ik}}{\partial v} x_i^{(1)} + c_{ik} \frac{\partial x_i^{(1)}}{\partial v}\right\} du \\
&\ \vdots & &\ \vdots \\
x_k^{\prime(r)} &= x_{k0} + \int_0^u \sum_i c_{ik} x_i^{(r-1)}\, du, & \frac{\partial x_k^{(r)}}{\partial v} &= \frac{\partial x_{k0}}{\partial v} + \int_0^u \sum_i \left\{\frac{\partial c_{ik}}{\partial v} x_i^{(r-1)} + c_{ik} \frac{\partial x_i^{(r-1)}}{\partial v}\right\} dv
\end{aligned}$$

Daraus ergeben sich die Abschätzungen

$$|x_k^{(2)} - x_k^{(1)}| < DCu, \quad \ldots, \quad |x_k^{(r)} - x_k^{(r-1)}| < D\frac{C^{r-1} u^{r-1}}{r!}, \quad \ldots$$

und mit ihrer Hilfe weiter

$$\left|\frac{\partial x_k^{(2)}}{\partial v} - \frac{\partial x_k^{(1)}}{\partial v}\right| < DCu, \quad \ldots, \quad \left|\frac{\partial x_k^{(r)}}{\partial v} - \frac{\partial x_k^{(r-1)}}{\partial v}\right| < D\frac{C^{r-1} u^{r-1}}{r-1}, \quad \ldots$$

Also konvergieren die Reihen

$$(20) \quad
\begin{aligned}
x_k &= x_{k0} + \sum_{r=1}^{\infty} \left(x_k^{(r+1)} - x_k^{\prime(r)}\right), \\[2mm]
s_k &= \frac{\partial x_{k0}}{\partial v} + \sum_{r=1}^{\infty} \left(\frac{\partial x_k^{(r+1)}}{\partial v} - \frac{\partial x_k^{(r)}}{\partial v}\right)
\end{aligned}$$

gleichmäßig für $0 \leqq u,\, v \leqq 1$. Sie stellen somit in $u,\, v$ stetige Funktionen dar, und da die Reihen gliedweise integriert werden dürfen, so folgt

$$(21) \qquad
\begin{aligned}
\int_0^v s_k\, dv &= \lim_{r \to \infty} \left\{-x_k^{(r)}(u, 0) + x_k^{(r)}(u, v)\right\} \\
&= x_k(u, v) - x_k(u, 0)
\end{aligned}$$

oder

$$s_k = \frac{\partial x_k(u, v)}{\partial v}.$$

$\dfrac{\partial x_k (u, v)}{\partial v}$ ist also stetig in u und v. Dann ist aber auch

$$\sum_i \left(\frac{\partial c_{ik}}{\partial v} x_i + c_{ik} \frac{\partial x_i}{\partial v} \right) = \frac{\partial^2 x_k}{\partial v \, \partial u}$$

eine stetige Funktion von u, v und daher nach dem Satz von *H. A. Schwarz* (1873) über die Vertauschbarkeit der Differentiationsfolge

$$(17) \qquad \frac{\partial^2 x}{\partial u \, \partial v} = \frac{\partial^2 x}{\partial v \, \partial u}.$$

Nun ist der Beweis des am Anfang dieses Abschnittes ausgesprochenen Satzes leicht erbracht. Wir bestimmen nämlich zunächst n Funktionen $y_i (u, v_0)$, die den gewöhnlichen Differentialgleichungen

$$(22) \qquad \frac{d y_k}{d u} = U_k (y; u, v_0) = \sum_{i=1}^{n} a_{ik} (u, v_0) y_i$$

und den Anfangsbedingungen

$$y_k (u_0, v_0) = x_{k0}$$

genügen. Das ist nach den Voraussetzungen über die a_{ik} und Hilfssatz 1 möglich.

Nach demselben Hilfssatz gibt es weitere Funktionen $x_k (u, v)$, die den gewöhnlichen Differentialgleichungen

$$(23) \qquad \frac{d x_k}{d v} = V_k (x; u, v) = \sum_{i=1}^{n} b_{ik} (u, v) x_i$$

und den Nebenbedingungen

$$x_k (u, v_0) = y_k (u, v_0)$$

genügen, also ist $x_k (u_0, v_0) = x_{k0}$. Wir behaupten, daß die $x_k (u, v)$ die totalen Differentialgleichungen (12) befriedigen, also die gesuchten Lösungen von (12) mit den vorbeschriebenen Anfangsbedingungen sind. — Tatsächlich ist

$$\frac{\partial x_k}{\partial v} = V_k$$

und

$$\left(\frac{\partial x_k}{\partial u} \right)_{v = v_0} = U_k (u, v_0).$$

Allgemein wird also

$$(24) \qquad \frac{\partial x_k}{\partial u} = U_k (x, u, v) + \overline{U}_k (u, v),$$

wo

$$\overline{U}_k (u, v_0) = 0$$

ist. Wir bilden nun

$$\frac{\partial \overline{U}_k}{\partial v} = \frac{\partial^2 x_k}{\partial v \, \partial u} - \frac{\partial U_k}{\partial v} - \sum_{i=1}^{n} \frac{\partial U_k}{\partial x_i} V_i.$$

Nach Hilfssatz 2 unter Berücksichtigung von (23) und (24) ist

$$(25) \qquad \frac{\partial^2 x_k}{\partial v\, \partial u} = \frac{\partial^2 x_k}{\partial u\, \partial v} = \frac{\partial V_k}{\partial u} + \sum_{i=1}^{n} \frac{\partial V_k}{\partial x_i}(U_i + \overline{U}_i),$$

also unter Benutzung der Integrierbarkeitsbedingungen (14)

$$(26) \qquad \frac{\partial \overline{U}_k}{\partial v} = \sum_{i=1}^{n} \frac{\partial V_k}{\partial x_i}\,\overline{U}_i = \sum_{i=1}^{n} C_{ik}(u, v)\,\overline{U}_i.$$

Nun gibt es wieder nach Hilfssatz 1 nur ein einziges System von Lösungen $\overline{U}_k$, das bei vorgegebenen Anfangswerten die Gleichungen (26) befriedigt, also ist identisch

$$\overline{U}_k(u, v) = 0$$

und daher

$$\frac{\partial x_k}{\partial u} = U_k.$$

Die x_k sind also ein Lösungssystem von (12), und sie sind durch die Anfangsbedingungen eindeutig festgesetzt, weil die y_k in (22) nach Hilfssatz 1 eindeutig bestimmt sind.

Sind $x_{ki}(u, v)$ n Systeme linear unabhängiger Lösungen und ist die Determinante der x_{ki} von Null verschieden, so lassen sich alle weiteren Lösungen von (12) aus den x_{ki} mit konstanten Koeffizienten linear kombinieren:

$$(27) \qquad \bar{x}_k = \sum_{i=1}^{n} c_i x_{ki}(u, v),$$

denn $\bar{x}_k(u, v)$ genügt den Differentialgleichungen und die c_i können immer aus den Anfangsbedingungen bestimmt werden, weil die Determinante der x_{ki} von Null verschieden ist.

§ 51. Bestimmung einer Fläche durch die Grundformen.

Wir können nun leicht einsehen, daß sich immer Flächen mit den Grundformen

$$\varphi = 2\,F\,du\,dv, \qquad \psi = A\,du^3 + D\,dv^3$$

— bis auf inhaltstreue Affinitäten eindeutig — bestimmen lassen, wofern $F > 0$, A, D die Integrierbarkeitsbedingungen (11) befriedigen. Ersetzen wir nämlich in den Gleichungen (2) und (9) $\mathfrak{x}, \mathfrak{x}_u, \mathfrak{x}_v, \mathfrak{y}$ durch z_1, z_2, z_3, z_4, so gehen die Gleichungen (2) und (9) über in folgende Differentialgleichungen

$$z_{1u} = z_2, \qquad z_{2u} = \frac{F_u}{F} z_2 + \frac{A}{F} z_3, \qquad z_{3u} = F z_4,$$

$$(28) \quad
\begin{aligned}
z_{1v} &= z_3, \qquad z_{2v} = F z_4, \qquad\qquad z_{3v} = \frac{D}{F} z_2 + \frac{F_v}{F} z_3, \\
z_{4u} &= -H z_2 + \frac{A_v}{F^2} z_3; \\
z_{4v} &= \frac{D_u}{F^2} z_2 - H z_3.
\end{aligned}$$

Man bestätigt leicht, daß das System wegen (11) vollständig integrierbar ist. Somit gibt es nach § 50 zu vorgegebenen Anfangswerten
$z_k(u_0, v_0) = z_{k1}$, ein eindeutig bestimmtes System von Lösungen. Insbesondere entspricht den Anfangswerten $z_{10} = 1$, $z_{k0} = 0$ $(k = 2, 3, 4)$
die triviale Lösung

$$z_{11} = 1, \qquad z_{21} = z_{31} = z_{41} = 0.$$

Sind nun $z_{ki}(u, v)$ $(i = 2, 3, 4)$ drei weitere Lösungen, deren Vektoren

$$\text{(29)} \qquad \mathfrak{z}_k = \{z_{k2}, z_{k3}, z_{k4}\}$$

eine von Null verschiedene Determinante

$$\text{(30)} \qquad (\mathfrak{z}_2 \mathfrak{z}_3 \mathfrak{z}_4) \neq 0$$

haben, so ist auch die Determinante aus den z_{ki} $(i, k = 1, 2 \ldots 4)$ von
Null verschieden und daher nach der Bemerkung am Schluß von § 50
jedes Lösungssystem von (28) in der Form

$$\text{(27)} \qquad z_k = \sum_{i=1}^{4} c_i z_{ki}$$

darstellbar. Wenn $\bar{z}_{ki}(u, v)$ $(i = 2, 3, 4)$ ein weiteres Tripel von
Lösungssystemen $\bar{\mathfrak{z}}_k = \{\bar{z}_{k2}, \bar{z}_{k3}, \bar{z}_{k4}\}$ und $(\bar{\mathfrak{z}}_2 \bar{\mathfrak{z}}_3 \bar{\mathfrak{z}}_4) \neq 0$ ist, so geht die
Fläche $\bar{\mathfrak{z}}_1$ aus $\mathfrak{z}_1$ durch eine allgemeine Affinität hervor, und es ist

$$\text{(31)} \qquad (\bar{\mathfrak{z}}_2 \bar{\mathfrak{z}}_3 \bar{\mathfrak{z}}_4) = C_1 (\mathfrak{z}_2 \mathfrak{z}_3 \mathfrak{z}_4),$$

wo C_1 eine von Null verschiedene Konstante bedeutet. Dabei ist
wegen (28)

$$\bar{\mathfrak{z}}_{1u} = \bar{\mathfrak{z}}_2, \qquad \bar{\mathfrak{z}}_{1v} = \bar{\mathfrak{z}}_3,$$

$$\text{(32)} \qquad (\bar{\mathfrak{z}}_{1uu} \bar{\mathfrak{z}}_{1u} \bar{\mathfrak{z}}_{1v}) = 0, \qquad (\bar{\mathfrak{z}}_{1vv} \bar{\mathfrak{z}}_{1u} \bar{\mathfrak{z}}_{1v}) = 0$$

und

$$\text{(33)} \qquad \frac{\partial (\mathfrak{z}_2 \mathfrak{z}_3 \mathfrak{z}_4)}{\partial u} = (\mathfrak{z}_2 \mathfrak{z}_3 \mathfrak{z}_4) \cdot \frac{F_u}{F},$$

$$\frac{\partial (\mathfrak{z}_2 \mathfrak{z}_3 \mathfrak{z}_4)}{\partial v} = (\mathfrak{z}_2 \mathfrak{z}_3 \mathfrak{z}_4) \cdot \frac{F_v}{F},$$

also

$$(\mathfrak{z}_2 \mathfrak{z}_3 \mathfrak{z}_4) = C_2 F$$

und daher bei geeigneter Wahl von $\bar{\mathfrak{z}}_k$ und damit von C_1

$$\text{(34)} \qquad (\bar{\mathfrak{z}}_2 \bar{\mathfrak{z}}_3 \bar{\mathfrak{z}}_4) = F.$$

Die Fläche $(\bar{\mathfrak{z}}_1)$ hat nach (32) die Asymptotenlinien zu Parameterkurven. Bezeichnen wir die Koeffizienten ihrer Grundformen mit
$\bar{F}, \bar{A}, \bar{D}$; $\bar{F} > 0$, so ist nach (28) und (34)

$$\bar{F}^2 = (\bar{\mathfrak{z}}_{1u} \bar{\mathfrak{z}}_{1v} \bar{\mathfrak{z}}_{1uv}) = F (\bar{\mathfrak{z}}_{1u} \bar{\mathfrak{z}}_{1v} \bar{\mathfrak{z}}_4) = F^2,$$

also $$\bar{F} = F,$$

und wenn wir die Ableitungsgleichungen (2) für $\bar{\mathfrak{z}}_1$ aufstellen und mit
den Gleichungen (28) vergleichen, so folgt weiter

$$\bar{A} = A, \qquad \bar{D} = D.$$

Und alle und nur die Flächen, die aus $\bar{\mathfrak{z}}_1$ durch eine inhaltstreue Affinität hervorgehen, haben dieselben Grundformen φ und ψ.

§ 52. Die Formeln von *Lelieuvre.*

Unter Umständen ist es vorteilhaft, einen kontravarianten Vektor $\mathfrak{X}$ einzuführen, dessen Komponenten die normierten Stellungsparameter der Tangentenebene sind. Es sei

$$(35) \qquad X_1 x_1 + X_2 x_2 + X_3 x_3 = w$$

die Gleichung der Tangentenebene in $\mathfrak{x}$ an $\mathfrak{x}(u,v)$. Nach der in § 28 (7) für das skalare Produkt eingeführten Bezeichnung schreiben wir statt (35) kürzer

$$(36) \qquad \mathfrak{X}\mathfrak{x} = w.$$

Wir wollen die Ebenenkoordinaten X noch so invariant normieren, daß

$$(37) \qquad \mathfrak{X}\mathfrak{y} = 1$$

wird. Aus der Erklärung von $\mathfrak{X}$ folgt $\mathfrak{X} \cdot d\mathfrak{x} = 0$ oder

$$(38) \qquad \mathfrak{X}\mathfrak{x}_u = 0, \qquad \mathfrak{X}\mathfrak{x}_v = 0.$$

Wenn wir also das vektorielle Produkt (§ 28 (10) und (11)) benutzen so ist $\mathfrak{X} = \lambda \cdot (\mathfrak{x}_u \times \mathfrak{x}_v)$ und wegen (3) und (37)

$$(39) \qquad \boxed{\mathfrak{X} = + \frac{\mathfrak{x}_u \times \mathfrak{x}_v}{F}}.$$

Nach (36) folgt hieraus

$$(40) \qquad \frac{(\mathfrak{x}_u \, \mathfrak{x}_v \, \mathfrak{x})}{F} = w.$$

Demnach ist w (abgesehen vom Vorzeichen) die Affinentfernung des Ursprungs vom Flächenpunkt $\mathfrak{x}$ (§ 41 (53)).

Durch Ableitung folgt aus (39) mittels (2)

$$(41) \qquad \mathfrak{X}_u = \mathfrak{x}_u \times \mathfrak{y}, \qquad \mathfrak{X}_v = \mathfrak{y} \times \mathfrak{x}_v$$

und durch nochmaliges Differenzieren wegen (2), (41) und (9)

$$(42) \qquad \boxed{\begin{aligned} \mathfrak{X}_{uu} &= + \frac{F_u}{F}\mathfrak{X}_u - \frac{A}{F}\mathfrak{X}_v + \frac{A_v}{F}\mathfrak{X}, \\ \mathfrak{X}_{uv} &= \qquad * \qquad\qquad * \qquad - HF\mathfrak{X}, \\ \mathfrak{X}_{vv} &= - \frac{D}{F}\mathfrak{X}_u + \frac{F_v}{F}\mathfrak{X}_v + \frac{D_u}{F}\mathfrak{X}. \end{aligned}}$$

Aus (36) bis (42) ergibt sich folgende Tabelle innerer Produkte

$$(43) \qquad \begin{aligned} \mathfrak{x}_u\mathfrak{X} &= 0, & \mathfrak{x}_u\mathfrak{X}_u &= 0, & \mathfrak{x}_u\mathfrak{X}_v &= -F, \\ \mathfrak{x}_v\mathfrak{X} &= 0, & \mathfrak{x}_v\mathfrak{X}_u &= -F, & \mathfrak{x}_v\mathfrak{X}_v &= 0, \\ \mathfrak{y}\mathfrak{X} &= 1, & \mathfrak{y}\mathfrak{X}_u &= 0, & \mathfrak{y}\mathfrak{X}_v &= 0. \end{aligned}$$

Der Multiplikationssatz der Determinanten liefert somit

$$(\mathfrak{x}_u\,\mathfrak{x}_v\,\mathfrak{y})(\mathfrak{X}\,\mathfrak{X}_u\,\mathfrak{X}_v) = \begin{vmatrix} 0 & 0 & -F \\ 0 & -F & 0 \\ 1 & 0 & 0 \end{vmatrix} = -F^2,$$

also nach (3)

$$(44) \qquad\qquad (\mathfrak{X}\,\mathfrak{X}_u\,\mathfrak{X}_v) = -F.$$

Aus (44) und den ersten zwei Beziehungen in der letzten Zeile von (43) schließen wir nebenbei

$$(45) \qquad\qquad \mathfrak{y} = -\,\frac{\mathfrak{X}_u \times \mathfrak{X}_v}{F}.$$

Aus $\mathfrak{X}\,\mathfrak{x} = w$ folgt durch Ableitung nach u wegen $\mathfrak{X}\,\mathfrak{x}_u = 0$ die Gleichung $\mathfrak{X}_u\,\mathfrak{x} - w_u$ und daraus weiter

$$(46) \qquad\qquad \mathfrak{X}_u\,\mathfrak{x}_v + \mathfrak{X}_{uv}\,\mathfrak{x} = w_{uv}.$$

Hieraus ist nach (42) und (43)

$$(47) \qquad\qquad -F - HFw = w_{uv}.$$

Die ersten zwei Formeln der ersten Zeile in (43) ergeben $\mathfrak{x}_u = \lambda\,(\mathfrak{X} \times \mathfrak{X}_u)$ und die dritte ergibt wegen (44) $\lambda = 1$. So erhält man

$$(48) \qquad\qquad \mathfrak{x}_u = \mathfrak{X} \times \mathfrak{X}_u, \qquad \mathfrak{x}_v = \mathfrak{X}_v \times \mathfrak{X}$$

und danach

$$(49) \qquad\qquad \boxed{\mathfrak{x} = \int(\mathfrak{X} \times \mathfrak{X}_u\,du + \mathfrak{X}_v \times \mathfrak{X}\,dv).}$$

Die Integrierbarkeitsbedingung $(\mathfrak{X} \times \mathfrak{X}_u)_v = (\mathfrak{X}_v \times \mathfrak{X})_u$ ist wegen $(42)_2$ oder

$$(50) \qquad\qquad \mathfrak{X} \times \mathfrak{X}_{uv} = 0$$

erfüllt.

Angenommen, wir gehen umgekehrt von einem Vektor $\mathfrak{X}\,(u, v)$ aus, der den Bedingungen $\mathfrak{X} \times \mathfrak{X}_{uv} = 0$ und $-F = (\mathfrak{X}\,\mathfrak{X}_u\,\mathfrak{X}_v) < 0$ genügt, so können wir uns mit der Integration (49) über ein vollständiges Differential eine Fläche $\mathfrak{x}\,(u, v)$ verschaffen und wir behaupten, daß der zu dieser Fläche gehörige kontravariante Vektor $\overline{\mathfrak{X}} = \mathfrak{X}(u, v)$ ist. Es ist nämlich wegen (48)

$$\mathfrak{X}\,\mathfrak{x}_u = 0, \qquad \mathfrak{X}\,\mathfrak{x}_v = 0$$

also

$$(51) \qquad\qquad \mathfrak{X} = \lambda'\,(\mathfrak{x}_u \times \mathfrak{x}_v) = \lambda\,\overline{\mathfrak{X}}.$$

Ferner ist

$$(52) \qquad \mathfrak{x}_{uu} = \mathfrak{X} \times \mathfrak{X}_{uu}, \qquad \mathfrak{x}_{uv} = \mathfrak{X}_v \times \mathfrak{X}_u, \qquad \mathfrak{x}_{vv} = \mathfrak{X}_{vv} \times \mathfrak{X},$$

also nach (51) und (52)

$$L = (\mathfrak{x}_u \mathfrak{x}_v \mathfrak{x}_{uu}) = \frac{1}{\lambda'} \mathfrak{X} \mathfrak{x}_{uu} = 0,$$

(53)

$$N = (\mathfrak{x}_u \mathfrak{x}_v \mathfrak{x}_{vv}) = \frac{1}{\lambda'} \mathfrak{X} \mathfrak{x}_{vv} = 0.$$

Die Parameterkurven auf $\mathfrak{x}(u, v)$ sind also Asymptotenlinien und daher nach (42) auch

(54) $$\overline{\mathfrak{X}}_{uv} = \mu \overline{\mathfrak{X}}.$$

Daraus folgt in Verbindung mit (50) durch Ableitung von (51) nach u und v

$$\lambda_u = 0, \qquad \lambda_v = 0$$

oder

(55) $$\mathfrak{X} = \lambda_0 \overline{\mathfrak{X}}.$$

Da nun zugleich

$$\mathfrak{x}_u = \mathfrak{X} \times \mathfrak{X}_u = \overline{\mathfrak{X}} \times \overline{\mathfrak{X}}_u = \lambda_0{}^2 \overline{\mathfrak{X}} \times \overline{\mathfrak{X}}_u$$

ist, so folgt $\lambda_0{}^2 = 1$ und aus $(\overline{\mathfrak{X}} \overline{\mathfrak{X}}_u \overline{\mathfrak{X}}_v) < 0$ (vgl. (44) und (1)) $\lambda = 1$.

Die Formeln (49) und (50), zu denen wir hier in ganz ungezwungener Weise gekommen sind, stimmen im wesentlichen mit den von *A. Lelieuvre* 1888 aufgefundenen Gleichungen überein[1]). Aber erst hier reihen sie sich natürlich in einen weiteren Zusammenhang ein.

Es gelingt also durch die Integration (49) über drei vollständige Differentiale von $(\mathfrak{X})$ *aus zu einer zugehörigen Urfläche* $(\mathfrak{x})$ *zu kommen, sobald* $(\mathfrak{X})$ *derart durch Parameter* u, v *dargestellt ist, daß* $\mathfrak{X} \times \mathfrak{X}_{uv} = 0$ *und* $(\mathfrak{X} \mathfrak{X}_u \mathfrak{X}_v) < 0$ *ist.*

Die Aufgabe, zum Affinnormalenvektor $(\mathfrak{y})$ eine Urfläche $(\mathfrak{x})$ zu bestimmen, kommt also darauf hinaus, auf $(\mathfrak{y})$ solche Parameter einzuführen, daß $\mathfrak{X} \times \mathfrak{X}_{uv} = 0$ wird, und umgekehrt.

§ 53. Tensoren.

An Einfachheit und Durchsichtigkeit lassen die Formeln der affinen Flächentheorie nichts zu wünschen übrig, solange man sich auf Asymptotenparameter beschränken kann, wie wir das bisher getan haben und in Zukunft auch nach Möglichkeit tun werden. Oft sieht man sich aber auch gezwungen, andere Parameter zu benutzen und ist damit vor die Aufgabe gestellt, den Formelapparat für allgemeine Parameter auszubauen.

Diese Rechnung hat zuerst *J. Radon*[2]) durchgeführt. Wir wollen uns hier eines Verfahrens bedienen, das auf *E. B. Christoffel* (1869)

---

[1]) *A. Lelieuvre*, Bulletin des sciences mathématiques et astronomiques (2) **12** (1888), S. 126—128.

[2]) *J. Radon*, Leipziger Berichte **70** (1918), S. 91—107.

zurückgeht, später durch *G. Ricci-Curbastro* und *T. Levi-Civita* als *"absoluter Differentialkalkül"* weiter ausgebildet und neuerdings unter dem Namen *"Tensorrechnung"* oder *"Ricci-Kalkül"* als Hilfsmittel zur mathematischen Behandlung von *A. Einstein*s Lehre von der Schwere bekannt geworden ist.

Die nächsten Abschnitte sind der Tensorrechnung in einem zweidimensionalen Raum gewidmet. Indessen ist die Herleitung so allgemein gehalten, daß Formeln und Ergebnisse auch für n Dimensionen gültig bleiben. Zunächst einige Erklärungen: Es seien u^1, u^2 ("krummlinige") Punktkoordinaten in einem zweidimensionalen Raum. Bei Einführung neuer Koordinaten $\bar{u}^i$ substituieren sich die Differentiale der Koordinaten linear und homogen

$$(56) \qquad d\,u^i = \sum_{k=1}^{2} \frac{\partial\,\bar{u}^i}{\partial\,u^k}\,d\,u^k .$$

Jedes Größensystem $\{V^1, V^2\}$, das sich bei der Koordinatentransformation ebenso substituiert wie die $d\,u^i$:

$$(57) \qquad \overline{V}^i = \sum_{k=1}^{2} \frac{\partial\,\bar{u}^i}{\partial\,u^k}\,V^k \qquad (i = 1, 2)$$

soll ein *"kontravarianter Tensor erster Stufe"* oder auch *"kontravarianter Vektor"* (Marken oben) heißen. Hingegen soll jedes Größensystem $\{W_1, W_2\}$, für das die Summe

$$\sum_{i=1}^{2} W_i V^i$$

bei Einführung beliebiger neuer Punktkoordinaten $\bar{u}^1, \bar{u}^2$ ungeändert bleibt, wie auch der kontravariante Vektor $\{V^1, V^2\}$ gewählt werden möge, ein *"kovarianter Tensor erster Stufe"* oder auch *"kovarianter Vektor"* (Marken unten) genannt werden. Wenn wir nach *Einstein* vereinbaren, daß nach einer Marke, die zweimal (und zwar einmal oben und einmal unten) auftritt, stillschweigend summiert werden soll, so können wir statt $\Sigma W_i V^i$ kürzer $W_i V^i$ schreiben. Dann ist

$$\overline{W}_i \overline{V}^i = \overline{W}_i \frac{\partial\,\bar{u}^i}{\partial\,u^k}\,V^k = W_k V^k,$$

$$(58)$$

$$W_k = \frac{\partial\,\bar{u}^i}{\partial\,u^k}\,\overline{W}_i.$$

Beispielsweise bilden die Ableitungen $\partial F : \partial u^i = F_i$ einer skalaren Funktion F einen kovarianten Vektor F_i wegen der Invarianz von $dF = F_i\,du^i$. Jetzt erklärt man: *Es heißt beispielsweise $A_{ik}{}^l$ ein Tensor dritter Stufe, der für i, k ko- und für l kontravariant ist, wenn*

$$A_{ik}{}^l P^i Q^k R_l$$

invariant ist bei beliebiger Wahl der Tensoren erster Stufe P^i, Q^k, R_l. Diese Festsetzung ist gleichwertig mit der folgenden: Es heißt beispielsweise $A_{ik}{}^l$ ein Tensor dritter Stufe, der für i, k ko- und für l kontravariant ist, wenn sich seine Komponenten beim Übergang zu neuen Koordinaten $\bar{u}^i$ genau so umsetzen, wie die Produkte

$$P_i Q_k R^l,$$

unter P_i, Q_k, R^l einstufige Tensoren verstanden.

Für die dadurch eingeführten Tensoren gelten die folgenden *Rechenvorschriften:*

1. *Addition:* Gleichständige Tensoren lassen sich wieder durch Addition entsprechender „Komponenten" zu einem Tensor vereinigen. Beispielsweise:

$$(59) \qquad A_{ik}{}^l + B_{ik}{}^l = C_{ik}{}^l.$$

2. *Multiplikation:* Aus zwei Tensoren kann man durch Multiplikation der Komponenten einen neuen bilden, dessen Stufenzahl gleich der Summe der Stufenzahlen der gegebenen ist.

$$(60) \qquad A_{ik} \cdot B_{rs}{}^t = C_{ikrs}{}^t.$$

3. *Verjüngung:* Läßt man in einem Tensor zwei Marken, eine obere und eine untere zusammenfallen, so erhält man durch Summation nach dieser Marke einen um zwei Stufen niedrigeren Tensor. Z. B.

$$(61) \qquad C_{ikrs}{}^s = C_{ikr}.$$

Die Operation 1. erhält, 2. vergrößert und 3. verringert die Stufenzahl. Zur Bestätigung der Rechenregeln 1., 2. und 3. braucht man nur zu zeigen, daß die Komponenten $C_{ik}{}^l$, $C_{ikrs}{}^t$ und C_{ikr} wieder einen Tensor bilden; das ist auf Grund unserer beiden Erklärungen des Tensors für 1. und 2. leicht durchzuführen. Auch die dritte Regel läßt sich unschwer folgendermaßen rechtfertigen: Wir können jedem Tensor, der verjüngt werden soll, einen zweistufigen Tensor $A_s{}^t$ zuordnen, indem wir z. B. bei $C_{ikrs}{}^t$

$$A_s{}^t = C_{ikrs}{}^t \cdot P^i Q^k R^r$$

setzen. Wir brauchen also nur zu zeigen, daß $A_s{}^s$ eine Invariante des zweistufigen Tensors $A_s{}^t$ ist. Denn in der Tat folgt ja aus der Invarianz von $A_s{}^s$, daß $C_{ikrs}{}^s$ ein Tensor dritter Stufe ist.

Nun ist aber für zwei beliebige Tensoren $A_s{}^t, B^s{}_t$

$$A_s{}^t \cdot B^s{}_t$$

invariant. Denn $B^s{}_t$ setzt sich beim Übergang zu neuen Koordinaten genau so um wie $P^s Q_t = D^s{}_t$ und $A_s{}^t P^s Q_t$ ist nach Definition invariant. Ein besonderer Tensor 2. Stufe ist nun der Tensor

$$(62) \qquad G_i^k = \begin{cases} 1, \text{ wenn } i = k, \\ 0, \text{ wenn } i \neq k. \end{cases}$$

Denn wir haben

$$G_i^k P_k Q^i = P_i Q^i.$$

Mithin ist

(63)
$$A_s{}^t G_t^s = A_s{}^s$$

ebenfalls eine Invariante.

§ 54. Die Differentialgleichung der geodätischen Linien

Neben den eben erklärten algebraischen Prozessen, die erlauben, aus bekannten Tensoren neue zu gewinnen, brauchen wir zu demselben Ziel auch noch ein Differentiationsverfahren. Wir führen zunächst einen kovarianten symmetrischen Tensor zweiter Stufe ($G_{ik} = G_{ki}$), dessen Komponenten gegebene Funktionen der Koordinaten u^i sind, als *metrischen Grundtensor* ein und erklären den Abstand ds zweier Nachbarpunkte durch die Formel

(64)
$$ds^2 = G_{ik}\, du^i\, du^k.$$

Ist V^i ein beliebiger Tensor, so wollen wir sagen

(65)
$$V_i = G_{ik} V^k$$

sind die kovarianten Koordinaten „desselben“ Tensors. Durch Auflösung dieses Gleichungssystems folgt, wenn, wie wir annehmen, die Determinante G der G_{ik} von Null verschieden ist,

$$V^i = G^{ik} V_k,$$

wobei $G^{ik} = G^{ki}$ und (vgl. (62))

$$G_{ik} G^{kl} = G_i^l$$

ist. Die Bogenlänge einer Kurve $u^i(t)$ ist dann

(66)
$$s = \int W\, dt, \qquad W = \sqrt{G_{ik}\dot u^i \dot u^k}, \qquad \dot u^i = \frac{du^i}{dt}.$$

Berechnen wir uns die erste Variation von s bei einer Verrückung

$$\bar u^i = u^i + \varepsilon U^i + \varepsilon^2 (\dots).$$

Dann bilden jedenfalls die Komponenten der Verrückung

(67)
$$U^i = \left[\frac{\partial \bar u^i(t, \varepsilon)}{\partial \varepsilon}\right]_{\varepsilon = 0}$$

einen kontravarianten Tensor erster Stufe („*Verrückungstensor*“). Wir finden bei festen Enden durch Ableitung nach ε

$$\delta s = \left[\frac{ds}{d\varepsilon}\right]_{\varepsilon = 0} = \int \left(\frac{\partial W}{\partial u^i} U^i + \frac{\partial W}{\partial \dot u^i} \dot U^i\right) dt$$

oder durch Integration nach Teilen

$$\delta s = \int \left(\frac{\partial W}{\partial u^i} - \frac{d}{dt}\frac{\partial W}{\partial \dot u^i}\right) U^i\, dt.$$

Da die U^i beliebig, auch stückweise verschwindend gewählt werden können, ist die „*Ableitung*", die man (je nach dem Nationalgefühl) nach *Euler, Hamilton* oder *Lagrange* zu benennen pflegt, nämlich

$$(68) \qquad V_i = \frac{d}{dt}\frac{\partial W}{\partial \dot{u}^i} - \frac{\partial W}{\partial u^i}$$

ein kovarianter Vektor. Setzen wir für den Augenblick

$$(69) \qquad L = \tfrac{1}{2} G_{ik}\dot{u}^i\dot{u}^k = \tfrac{1}{2} W^2,$$

so wird

$$V_i = \frac{d}{dt}\left(\frac{1}{W}\frac{\partial L}{\partial \dot{u}^i}\right) - \frac{1}{W}\frac{\partial L}{\partial u^i},$$

oder, wenn wir t mit s zusammenfallen lassen, also $W = 1$ nehmen,

$$V_i = \frac{d}{ds}\frac{\partial L}{\partial \dot{u}^i} - \frac{\partial L}{\partial u^i}.$$

Durch Einsetzen des Wertes von L folgt:

$$\frac{\partial L}{\partial u^r} = \frac{1}{2}\frac{\partial G_{ik}}{\partial u^r}\dot{u}^i\dot{u}^k, \qquad \frac{\partial L}{\partial \dot{u}^r} = G_{ri}\dot{u}^i,$$

$$(70) \qquad \frac{d}{ds}\frac{\partial L}{\partial \dot{u}^r} = G_{ri}\ddot{u}^i + \frac{\partial G_{ri}}{\partial u^k}\dot{u}^i\dot{u}^k,$$

$$V_r = G_{ri}\ddot{u}^i + \frac{\partial G_{ri}}{\partial u^k}\dot{u}^i\dot{u}^k - \frac{1}{2}\frac{\partial G_{ik}}{\partial u^r}\dot{u}^i\dot{u}^k,$$

$$V_r = G_{ri}\ddot{u}^i + \frac{1}{2}\left(\frac{\partial G_{ri}}{\partial u^k} - \frac{\partial G_{ik}}{\partial u^r} + \frac{\partial G_{kr}}{\partial u^i}\right)\dot{u}^i\dot{u}^k.$$

Wir führen nun zur Abkürzung ein

$$(71) \qquad \Gamma_{ik,r} = \Gamma_{ki,r} = \frac{1}{2}\left(\frac{\partial G_{ri}}{\partial u^k} - \frac{\partial G_{ik}}{\partial u^r} + \frac{\partial G_{kr}}{\partial u^i}\right).$$

Dann ist also

$$(72) \qquad V_r = G_{ri}\ddot{u}^i + \Gamma_{ik,r}\dot{u}^i\dot{u}^k$$

und daraus durch Hebung der Marke r

$$(73) \qquad V^l = G^{lr}V_r = \ddot{u}^i + \Gamma_{ik}{}^l\dot{u}^i\dot{u}^k,$$

wenn

$$(74) \qquad \Gamma_{ik}{}^l = \Gamma_{ki}{}^l = G^{lr}\Gamma_{ik,}$$

gesetzt wird.

Als Differentialgleichung für unser Variationsproblem $\delta s = 0$ ergibt sich

$$V_l = 0 \quad \text{oder} \quad V^l = 0,$$

d. h. ausführlich

$$(75) \qquad \boxed{\ddot{u}^l = -\,\Gamma_{ik}{}^l\dot{u}^i\dot{u}^k.}$$

Wir nennen die Extremalen „*geodätische Linien*".

Die Größen Γ sind keine Tensoren. Sie sind unter der Schreibweise

$$(76) \qquad \Gamma_{ik,r} = \begin{bmatrix} i\ k \\ r \end{bmatrix}, \qquad \Gamma_{ik}{}^{r} = \begin{Bmatrix} i\ k \\ r \end{Bmatrix}$$

von *Christoffel* eingeführt worden (vgl. § 48 des ersten Bandes).

Noch eine Bemerkung über die Stellung der Marken! Im allgemeinen entstehen aus einem Tensor T_{ik} durch Hebung der ersten oder zweiten Marke die beiden verschiedenen Tensoren $T_i{}^{k}$ und $T^{i}{}_{k}$. Nur wenn $T_{ik} = T_{ki}$ ist, ist auch $T_i{}^{k} = T^{k}{}_i$ und wir können dann unbedenklich diesen Tensor mit T_i^k bezeichnen. Entsprechendes gilt von Tensoren höherer Stufe.

§ 55. Der Parallelismus von *Levi-Civita*.

Die „invarianten Ableitungen" *Christoffel*s (1869), auf deren Herleitung wir ausgehen, kann man am anschaulichsten mittels des (1917) von *Levi-Civita* eingeführten „*Parallelismus*" erklären. Es sei X_i ein kovarianter Tensor, also $X_i \dot{u}^i$ ein Skalar. Wir wollen dessen Ableitung längs der geodätischen Linie mit der Richtung $\dot{u}_0{}^i$ im Punkte $u_0{}^i$ berechnen. Wir finden nach (75)

$$(77) \qquad \frac{d}{ds}(X_i \dot{u}^i) = \left(\frac{\partial X_i}{\partial u^k} - \Gamma_{ik}{}^{l} X_l \right) \dot{u}_0{}^i \dot{u}_0{}^k .$$

Da die Richtung $\dot{u}_0{}^i$ beliebig gewählt werden kann und die Ableitung vom Koordinatensystem nicht abhängt, muß

$$(78) \qquad X_{ik} = \frac{\partial X_i}{\partial u^k} - \Gamma_{ik}{}^{l} X_l$$

ein Tensor zweiter Stufe sein.

Wir leiten nun aus dem Tensor X_{ik} wieder einen Vektor ab, dadurch daß wir

$$(79) \qquad V_i = X_{ik} \dot{u}^k$$

bilden, wobei jetzt

$$(80) \qquad \dot{u}^k = \frac{du^k}{dt}$$

der Tangentenvektor einer beliebigen Kurve $u^k(t)$ sein soll.

Dann ist ausführlich

$$(81) \qquad V_i = \frac{\partial X_i}{\partial u^k} \dot{u}^k - \Gamma_{ik}{}^{l} X_l \dot{u}^k ,$$

oder

$$(82) \qquad V_i = \frac{dX_i}{dt} - \Gamma_{ik}{}^{l} X_l \frac{du^k}{dt} .$$

Zur Berechnung von V_i genügt also die Kenntnis der Vektorschar $X_i(t)$ längs der Kurve $u^k(t)$.

Es wird nun eine besondere Eigenschaft dieser Vektorschar $X_i(t)$ sein, wenn die daraus invariant hergeleitete Vektorschar $V_i'(t)$ aus lauter Nullvektoren besteht. Wir erklären in diesem Fall die Vektoren $X_i(t)$ längs unsrer Kurve $u^k(t)$ als parallel:

Die Vektoren $X_i(t)$ längs der Kurve $u^k(t)$ sollen parallel heißen, wenn

$$(83) \qquad X_{ik}\,\dot{u}^k = \frac{dX_i}{dt} - \Gamma_{ik}{}^l X_l \frac{du^k}{dt} = 0$$

ist.

Diese Erklärung ist unabhängig von der Wahl des Parameters t auf der Kurve.

Jeder Vektor $X_i(t_0)$ im Punkte $u^k(t_0)$ läßt sich vermöge dieser Formeln längs der Kurve $u^k(t)$ parallel verschieben. Man braucht dazu nur die linearen homogenen Differentialgleichungen (83) für die Komponenten X_i unter den Anfangsbedingungen $X_i(t_0)$ zu integrieren, was nach bekannten Sätzen (§ 14 des ersten Bandes) in eindeutiger Weise möglich ist.

Um diese Erklärung der Parallelverschiebung zu rechtfertigen, haben wir *erstens* zu zeigen, daß sie von der Wahl der Koordinaten nicht abhängt. Das ergibt sich daraus, daß die Forderung (83) damit gleichwertig ist, daß der in invarianter Weise abgeleitete Vektor $V_i = 0$ sein soll. Die linken Seiten von (83) substituieren sich also bei Änderung der Koordinaten linear homogen.

Zweitens hat unser Parallelismus folgende Haupteigenschaft:

Werden zwei Vektoren X_i, Y_i längs derselben Kurve parallel verschoben, so bleibt dabei ihr „skalares Produkt" $G^{ik} X_i Y_k$ längs der Kurve fest:

$$(84) \qquad \frac{d}{dt}(G^{ik} X_i Y_k) = 0\,.$$

Das bestätigt man durch Nachrechnen

$$(85) \qquad \frac{d}{dt}(G^{ik} X_i Y_k) = \left(\frac{\partial G^{ik}}{\partial u^l} + \Gamma_{ls}{}^i G^{ks} + \Gamma_{ls}{}^k G^{is}\right) X_i Y_k \frac{du^l}{dt}\,.$$

Der Ausdruck rechts in der Klammer ist aber Null, wie man erkennt, wenn man für die Γ aus (71) und (74) die Werte einsetzt und beachtet, daß etwa aus

$$(86) \qquad G^{pq} G_{qr} = G^p_r \qquad (= 1\ \text{oder}\ 0)$$

durch Ableitung folgt

$$(87) \qquad G^{pq}\frac{\partial G_{qr}}{\partial u^m} + G_{qr}\frac{\partial G^{pq}}{\partial u^m} = 0\,.$$

Aus dem gefundenen Ergebnis

$$\frac{d}{dt}(\dot{G}^{ik} X_i Y_k) = \frac{d}{dt}(X_i Y^i) = 0$$

ergibt sich für den Parallelismus in kontravarianten Komponenten

$$(88) \qquad \frac{d}{dt} Y^i = - \Gamma_{kl}{}^i Y^k \dot{u}^l .$$

Also haben wir für unsere *Parallelverschiebung* die gleichwertigen Formeln[3])

$$(89) \qquad \boxed{\begin{aligned} \frac{d}{dt} X^i &= - \Gamma_{kl}{}^i X^k \frac{d u^l}{d t} , \\ \frac{d}{dt} X_i &= + \Gamma_{ik}{}^l X_l \frac{d u^k}{d t} . \end{aligned}}$$

Drittens werden wir von unserem Parallelismus zu zeigen haben, daß er im Euklidischen Falle mit dem gewöhnlichen Parallelismus zusammenfällt. Bei einer Maßbestimmung *Euklids* können wir die G_{ik} alle fest, also die Γ alle $= 0$ wählen. Dann bleiben aber bei Parallelverschiebung nach (83) die X_i konstant, wie es sein muß.

Nur hat der damit erklärte Parallelismus von *Levi-Civita* im allgemeinen die Eigenschaft, wesentlich vom Wege abzuhängen. Das heißt: Verschiebt man einen Vektor längs einer geschlossenen Kurve parallel, so kommt man in der Regel nach einem Umlauf durchaus nicht notwendig zur Ausgangslage zurück. Gerade die damit sich aufdrängenden Fragen führen auf die wesentlichen Punkte von *B. Riemann*s berühmter Probevorlesung „Über die Hypothesen, welche der Geometrie zugrunde liegen" aus dem Jahre 1854.

Eine unmittelbare Folgerung von (75) und (89) ist der Satz:

Die Tangentenvektoren $du^i : ds$ längs einer geodätischen Linie sind parallel.

Wir wollen noch kurz ein von *H. Weyl* stammendes Verfahren zur Einführung und Begründung unseres „Parallelismus" erwähnen. *Weyl* nennt ein Koordinatensystem u^i *an einer Stelle $\mathfrak{x}_0$ geodätisch,* wenn dort die G_{ik} verschwindende Ableitungen haben ($\partial G_{ik} : \partial u^r = 0$ in $\mathfrak{x}_0$). Solche besondere Parameter sind z. B. die im 1. Bd., § 57 (36) verwendeten „Normalkoordinaten *Riemanns*". Für in $\mathfrak{x}_0$ geodätische Koordinaten verschwinden in $\mathfrak{x}_0$ alle *Christoffel*symbole Γ. Somit nehmen jetzt in $\mathfrak{x}_0$ die Gleichungen (89) für den Parallelismus die

---

[3]) Diese Formeln, die ebenso wie ihre Herleitung auch für Räume von größerer Dimensionenzahl als zwei gültig bleiben, sind zuerst ausdrücklich von *T. Levi-Civita* abgeleitet worden, und zwar dadurch, daß er sich den Raum in einen Euklidischen eingebettet denkt; Rendiconti di Palermo **42** (1917), S. 173—205. Man vergleiche auch die Arbeiten von *G. Hessenberg*, Math. Ann. **78** (1917) S. 187 bis 217 und *H. Weyl*, Math. Zeitschr. **2** (1918), S. 384—411. Eine zusammenfassende Darstellung insbesondere auch verwandter Untersuchungen von *J. A. Schouten* bei *D. J. Struik*, Grundzüge der mehrdimensionalen Differentialgeometrie, Berlin 1922. Eine vortreffliche Darstellung der Tensorrechnung bringt das jüngst erschienene Werk von *A. S. Eddington*, The Mathematical Theory of Relativity, Cambridge 1923.

einfache Gestalt $dX^i:dt = 0$, $dX_i:dt = 0$ an. Man kann nun umgekehrt den Parallelismus an einer bestimmten Stelle $\mathfrak{x}_0$ durch diese Forderung einführen und zeigt leicht, daß diese Erklärung von der Willkür in den verwandten geodätischen Koordinaten nicht beeinflußt wird.

§ 56. *Christoffels* invariante Ableitungen eines Tensors.

Es sei etwa P_{ik} ein Tensor. Mittels zweier Hilfstensoren X^i, Y^i bilden wir den Skalar $P_{ik}X^iY^k$ und berechnen uns dessen Ableitungen in Richtung u^i unter der Voraussetzung, daß die Tensoren X^i, Y^i parallel verschoben werden. Wir finden

$$(90) \qquad \frac{d}{dt}(P_{ik}X^iY^k) = \left(\frac{\partial P_{ik}}{\partial u^l} - \Gamma_{il}{}^m P_{mk} - \Gamma_{kl}{}^m P_{im}\right)X^iY^k\dot{u}^l.$$

Demnach ist

$$(91) \qquad P_{ik,l} = \frac{\partial P_{ik}}{\partial u^l} - \Gamma_{il}'{}^m P_{mk} - \Gamma_{kl}{}^m P_{im}$$

ein Tensor dritter Stufe, den man als *kovariante Ableitung* von P_{ik} bezeichnen kann. Das Komma wie bei $P_{ik,l}$ werden wir gelegentlich auch weglassen.

Entsprechend finden wir

$$(92) \qquad \frac{d}{dt}(P^{ik}X_iY_k) = \left(\frac{\partial P^{ik}}{\partial u^l} + \Gamma_{ml}{}^i P^{mk} + \Gamma_{ml}{}^k P^{im}\right)X_iY_k\dot{u}^l.$$

Also ist

$$(93) \qquad P^{ik,r} = G^{rl}\left(\frac{\partial P^{ik}}{\partial u^l} + \Gamma_{ml}{}^i P^{mk} + \Gamma_{ml}{}^k P^{im}\right)$$

ein kontravarianter Tensor dritter Stufe, den man die *kontravariante Ableitung* von P^{ik} nennen wird.

Das Ergebnis des vorigen Abschnittes, daß $G^{ik}X_iY_k = G_{ik}X^iY^k$ bei Parallelverschiebung ungeändert bleibt, läßt sich jetzt so ausdrücken:

Die invarianten Ableitungen des metrischen Tensors verschwinden,

$$(94) \qquad\qquad G_{ik,l} = 0, \qquad G^{ik,l} = 0,$$

eine Tatsache, die in Italien als *Lemma von Ricci* bezeichnet zu werden pflegt.

Die erklärten Ableitungen lassen sich natürlich sofort auf Tensoren mit jeder Stufenzahl anwenden. So ist z. B. die kovariante Ableitung eines Vektors X_i nichts anderes als der durch (78) erklärte Tensor X_{ik} und für die Ableitung eines Tensors dritter Stufe finden wir

$$(95) \qquad A_{ikl,r} = \frac{\partial A_{ikl}}{\partial u^r} - \Gamma_{ir}{}^p A_{pkl} - \Gamma_{kr}{}^p A_{ipl} - \Gamma_{lr}{}^p A_{ikp}.$$

Ferner ergeben sich leicht die *Rechenregeln*:

Aus

$$X_{pq} + Y_{pq} = Z_{pq}$$

folgt für die kovarianten Ableitungen

$$(96) \qquad X_{pqr} + Y_{pqr} = Z_{pqr}$$

und aus

$$X_{ik} Y_{pq} = Z_{ikpq}$$

folgt

$$(97) \qquad X_{ik,r} Y_{pq} + X_{ik} Y_{pq,r} = Z_{ikpq,r}.$$

Ferner folgt etwa aus

$$F_r = X^{ik} Y_{ikr}$$

durch kovariante Ableitung

$$(98) \qquad F_{r,s} = X^{ik,l} G_{ls} Y_{ikr} + X^{ik} Y_{ikr,s}.$$

Darin ist (vgl. 78)

$$F_{r,s} = \frac{\partial F_r}{\partial u^s} - \Gamma_{rs}{}^m F_m.$$

Ebenso aus

$$Z = X^{ik} Y_{ik}$$

$$(99) \quad Z_r = \frac{\partial Z}{\partial u^r} = X^{ik,s} G_{sr} Y_{ik} + X^{ik} Y_{ik,r} = X_{ik,r} Y^{ik} + X^{ik} Y_{ik,r},$$

wenn beispielsweise

$$X_{ik,r} = X^{pq,s} G_{pi} G_{qk} G_{rs}$$

gesetzt wird. — Wegen des Lemma (94) von *Ricci* darf man kovariantes Differenzieren und Hinauf- oder Herabziehen der Marken vertauschen; zum Beispiel ist $G_{ir} P^i{}_{,l} = P_{r,l}$.

Die kovarianten Ableitungen erster und zweiter Ordnung einer skalaren Funktion φ hängen mit den im ersten Band § 66 und § 67 eingeführten Differenziatoren *Beltrami*s so zusammen

$$(100) \qquad V(\varphi, \varphi) = G^{ik} \varphi_i \varphi_k, \qquad \Delta \varphi = G^{ik} \varphi_{ik}.$$

§ 57. *Riemann*s Krümmungstensor.

Die zweite kovariante Ableitung

$$F_{ik} = \frac{\partial^2 F}{\partial u^i \partial u^k} - \Gamma_{ik}{}^l F_l$$

eines Skalars F ist symmetrisch ($F_{ik} = F_{ki}$). Von der dritten gilt das dagegen im allgemeinen nicht mehr. Wir finden

$$F_{ikr} = \frac{\partial F_{ik}}{\partial u^r} - \Gamma_{ir}{}^m F_{mk} - \Gamma_{kr}{}^m F_{im},$$

$$F_{ikr} = \left\{ \frac{\partial^3 F}{\partial u^i \partial u^k \partial u^r} - \Gamma_{kr}{}^m F_{im} - \Gamma_{ri}{}^m F_{km} - \Gamma_{ik}{}^m F_{rm} \right\}$$

$$- \left(\frac{\partial \Gamma_{ik}{}^l}{\partial u^r} + \Gamma_{ik}{}^m \Gamma_{mr}{}^l \right) F_l.$$

Daraus folgt

$$(101) \qquad F_{ikr} - F_{irk} = \left(\frac{\partial \Gamma_{ir}{}^{l}}{\partial u^{k}} - \frac{\partial \Gamma_{ik}{}^{l}}{\partial u^{r}} + \Gamma_{ir}{}^{m} \Gamma_{mk}{}^{l} - \Gamma_{ik}{}^{m} \Gamma_{mr}{}^{l} \right) F_{l}.$$

Wir können daher ansetzen

$$(102) \qquad F_{ikr} - F_{irk} = R_{im,\,rk}\, G^{ml}\, F_{l}$$

und haben in $R_{im,\,rk}$ einen kovarianten Tensor vierter Stufe vor uns, der nur von der quadratischen Form $\varphi = G_{ik}\, du^{i}\, du^{k}$ abhängt. Man nennt $R_{im,\,rk}$ den *Krümmungstensor Riemann*s. Es ist

$$(103) \qquad R_{im,\,rk}\, G^{ml} = \frac{\partial \Gamma_{ir}{}^{l}}{\partial u^{k}} - \frac{\partial \Gamma_{ik}{}^{l}}{\partial u^{r}} + \Gamma_{ir}{}^{m} \Gamma_{mk}{}^{l} - \Gamma_{ik}{}^{m} \Gamma_{mr}{}^{l}$$

oder nach der Rechenregel am Ende des vorigen Abschnitts

$$(104) \qquad R_{im,\,rk} = \frac{\partial \Gamma_{ir,\,m}}{\partial u^{k}} - \frac{\partial \Gamma_{ik,\,m}}{\partial u^{r}} + \Gamma_{ik,\,s} \Gamma_{mr}{}^{s} - \Gamma_{ir,\,s} \Gamma_{mk}{}^{s}.$$

Die skalare Größe

$$(105) \qquad -\tfrac{1}{2} R_{im,\,rk}\, G^{ik}\, G^{mr} = S,$$

die man durch Verjüngung des *Riemann*schen Krümmungstensors erhält, ist für zwei Dimensionen nichts anderes als die *Gauß*ische Krümmung S der metrischen Grundform $G_{ik}\, du^{i}\, du^{k}$. Dadurch wird der Name des Tensors gerechtfertigt. Man bestätigt die Gleichung (105) am bequemsten durch Einführung spezieller Parameter unter Beachtung der Formel (42) aus § 36 des ersten Bandes für das *Gauß*ische Krümmungsmaß. Ferner ist nach (102) oder (104)

$$(106)\ (a) \qquad R_{im,\,rk} = - R_{im,\,kr}$$

und da nach (71)

$$(107) \qquad \frac{\partial G_{ik}}{\partial u^{l}} = \Gamma_{il,\,k} + \Gamma_{kl,\,i}$$

ist, auch

$$(106)\ (b) \qquad R_{im,\,rk} = - R_{mi,\,rk}.$$

Es sei nebenbei erwähnt: *Riemann*s Krümmungstensor hat neben den Symmetrieeigenschaften (a) und (b) bei beliebiger Dimensionenzahl des Raumes noch die folgenden

$$(106) \quad (c) \qquad R_{im,\,kr} + R_{ik,\,rm} + R_{ir,\,mk} = 0,$$
$$\qquad\ (d) \qquad R_{im,\,kr} = R_{kr,\,im}.$$

Dabei folgt, wie *G. Ricci* (1910) bemerkt hat, (d) aus (a), (b) und (c).

Man leitet diese Symmetriegesetze (106) am einfachsten aus (102) oder

$$(102)^{*} \qquad F_{ikr} - F_{irk} = R^{m}{}_{i,\,kr}\, F_{m}$$

mittels unserer Rechenregeln für kovariante Ableitungen her. Im zweidimensionalen Fall berechnet man *Riemanns* Tensor aus dem Skalar S durch die Formel

$$(105)^* \qquad R_{im,\,rk} = (G_{ir}\,G_{mk} - G_{ik}\,G_{rm})\,S.$$

§ 58. Die Grundformen der affinen Flächentheorie.

Wir gehen jetzt daran, die entwickelten Methoden auf die affine Flächentheorie anzuwenden und die Ableitungsgleichungen für allgemeine Parameter aufzustellen. Nach § 51 ist klar, daß wir dabei nur die Koeffizienten der beiden Grundformen benötigen werden. Das wesentliche Hilfsmittel wird dabei eine Durchdringung der im dritten Kapitel eingeführten Vektorschreibweise mit dem jetzt auseinandergesetzten Tensorkalkül sein.

Wir nehmen die quadratische Grundform

$$(108) \qquad \varphi = G_{ik}\,du^i\,du^k$$

als „metrische Grundform". Auf die einzelnen Komponenten eines „Vektors" im Sinne des dritten Kapitels (wir wollen jetzt sagen „Raumvektor") wenden wir unsere Differentiationsprozesse an und erhalten dadurch bei festgehaltenen Marken $i, k, \ldots$ wegen der Linearität der Differentiationsprozesse wieder die Komponenten eines „Raumvektors". So können wir also unsere Ableitungen auch auf Raumvektoren anwenden und schreiben

$$(109) \qquad \frac{\partial \mathfrak{x}}{\partial u^i} = \mathfrak{x}_i, \qquad \frac{\partial^2 \mathfrak{x}}{\partial u^i\,\partial u^k} - \Gamma_{ik}{}^r\,\mathfrak{x}_r = \mathfrak{x}_{ik}.$$

Jedes der Zahlentripel wie $\mathfrak{x}_{11} = \{(x_1)_{11},\,(x_2)_{11},\,(x_3)_{11}\}$ hat den Charakter eines Raumvektors bei einer affinen Transformation der x_i, und jede Raumkomponente von $\mathfrak{x}_{ik}$, etwa $(x_1)_{ik}\,\{i,\,k = 1,\,2\}$, hat Tensorcharakter bei Einführung neuer gleichsinniger Parameter u^1, u^2. Setzen wir

$$(110) \qquad G = G_{11}\,G_{22} - G_{12}\,G_{21},$$

so wird

$$(110)^* \qquad |G|^{1/2} = \left|\,(\mathfrak{x}_{11}\,\mathfrak{x}_1\,\mathfrak{x}_2)\,(\mathfrak{x}_{22}\,\mathfrak{x}_1\,\mathfrak{x}_2) - (\mathfrak{x}_{12}\,\mathfrak{x}_1\,\mathfrak{x}_2)^2\,\right|^{1/4}$$

und

$$(111) \qquad \boxed{\varphi = \frac{(\mathfrak{x}_{ik},\,\mathfrak{x}_1,\,\mathfrak{x}_2)\,du^i\,du^k}{|G|^{1/2}}}.$$

Wenn wir ferner

$$(112) \qquad \boxed{\frac{\mathfrak{x}_1 \times \mathfrak{x}_2}{|G|^{1/2}} = \mathfrak{X}}$$

bilden, so ist $\mathfrak{X}$ mit dem im § 52 eingeführten „raumkontravarianten" Raumvektor identisch und es wird

$$(113) \qquad G_{ik} = \mathfrak{x}_{ik}\mathfrak{X}.$$

Die metrische Grundform ist nur gegenüber Parametertransformationen mit positiver Funktionaldeterminante invariant. Trotzdem nennen wir die G_{ik} den metrischen Grundtensor und allgemein ein Gebilde einen Tensor, das die in § 53 aufgestellten Forderungen bei Übergang zu beliebigen *gleichsinnigen* Koordinatensystemen u^1, u^2 erfüllt.

Wir setzen ferner

$$(114) \qquad \boxed{\psi = A_{ikl}\,du^i\,du^k\,du^l = \mathfrak{x}_{ikl}\,\mathfrak{X}\,du^i\,du^k\,du^l}.$$

Darin bedeutet $\mathfrak{x}_{ikl}$ die dritte kovariante Ableitung von $\mathfrak{x}$, nämlich

$$(115) \qquad \begin{aligned} \mathfrak{x}_{ikl} &= \frac{\partial \mathfrak{x}_{ik}}{\partial u^l} - \Gamma_{il}{}^r \mathfrak{x}_{rk} - \Gamma_{kl}{}^r \mathfrak{x}_{ir} \\ &= \frac{\partial^3 \mathfrak{x}}{\partial u^i\,\partial u^k\,\partial u^l} - \Gamma_{ik}{}^r \mathfrak{x}_{rl} - \Gamma_{il}{}^r \mathfrak{x}_{rk} - \Gamma_{kl}{}^r \mathfrak{x}_{ir} + \{*\}. \end{aligned}$$

Das durch den Stern angedeutete Glied ist eine Linearkombination von $\mathfrak{x}_1$ und $\mathfrak{x}_2$.

Demnach ist wegen (113) und (112)

$$(116) \qquad \begin{aligned} A_{ikl} &= \frac{\partial^3 \mathfrak{x}}{\partial u^i\,\partial u^k\,\partial u^l}\mathfrak{X} - \Gamma_{ik}{}^r G_{rl} - \Gamma_{il}{}^r G_{rk} - \Gamma_{kl}{}^r G_{ir} \\ &= \frac{\partial^3 \mathfrak{x}}{\partial u^i\,\partial u^k\,\partial u^l}\mathfrak{X} - \Gamma_{ik,\,l} - \Gamma_{il,\,k} - \Gamma_{kl,\,i}. \end{aligned}$$

Wenn wir schließlich Gleichung (71) heranziehen, so wird

$$(117) \qquad A_{ikl} = \frac{\partial^3 \mathfrak{x}}{\partial u^i\,\partial u^k\,\partial u^l}\mathfrak{X} - \frac{1}{2}\left(\frac{\partial G_{ik}}{\partial u^l} + \frac{\partial G_{kl}}{\partial u^i} + \frac{\partial G_{li}}{\partial u^k}\right).$$

Daraus folgt aber

$$(118) \qquad \psi = \frac{(\mathfrak{x}_1\,\mathfrak{x}_2\,d^3\mathfrak{x})}{|G|^{1/2}} - \frac{3}{2}\,d\varphi$$

und daher ist ψ mit der kubischen Grundform von *Fubini* und *Pick* identisch, die wir in § 46 durch die Formel (114) erklärt hatten.

Die Apolaritätsbeziehungen § 46 (128) zwischen φ und ψ sehen in unserer jetzigen Schreibweise so aus

$$(119) \qquad \boxed{G^{ik}A_{ikl} = V_l = 0}.$$

Für die *Pick*sche Invariante § 46 (129) finden wir

$$(120) \qquad \boxed{J = \tfrac{1}{2}A_{ikl}A^{ikl}}$$

und für den Affinnormalenvektor etwa aus der zweiten Formel von (2)

$$(121) \qquad \boxed{\mathfrak{y} = \tfrac{1}{2}G^{ik}\mathfrak{x}_{ik}}.$$

§ 59. Die Ableitungsgleichungen.

Wir hatten

$$(113) \qquad G_{ik} = \mathfrak{x}_{ik}\,\mathfrak{X},$$
$$(122) \qquad A_{ikl} = \mathfrak{x}_{ikl}\,\mathfrak{X}$$

und nach (112)

$$\mathfrak{x}_i\,\mathfrak{X} = 0.$$

Aus der letzten Gleichung folgt durch kovariante Ableitung

$$\mathfrak{x}_{ik}\,\mathfrak{X} + \mathfrak{x}_i\,\mathfrak{X}_k = 0.$$

Es ist also auch

$$(123) \qquad G_{ik} = -\,\mathfrak{x}_i\,\mathfrak{X}_k.$$

Aus (113) und (123) folgt wegen des Lemma (94) von *Ricci*, nämlich $G_{ikl} = 0$,

$$\mathfrak{x}_{ikl}\,\mathfrak{X} + \mathfrak{x}_{ik}\,\mathfrak{X}_l = 0,$$
$$\mathfrak{x}_{il}\,\mathfrak{X}_k + \mathfrak{x}_i\,\mathfrak{X}_{kl} = 0,$$

und somit haben wir

$$(124) \qquad \begin{aligned} G_{ik} &= \mathfrak{x}_{ik}\,\mathfrak{X} = -\,\mathfrak{x}_i\,\mathfrak{X}_k = -\,\mathfrak{x}_k\,\mathfrak{X}_i\,, \\ A_{ikl} &= \mathfrak{x}_{ikl}\,\mathfrak{X} = -\,\mathfrak{x}_{ik}\,\mathfrak{X}_l = +\,\mathfrak{x}_i\,\mathfrak{X}_{kl}. \end{aligned}$$

Aus (117) oder (124) erkennt man, daß A_{ikl} ein symmetrischer Tensor ist

$$(125) \qquad A_{ikl} = A_{ilk} = A_{kil} = A_{kli} = A_{lik} = A_{lki}$$

Unter Beachtung von (121) finden wir

$$(126) \qquad \mathfrak{y}\,\mathfrak{X} = \tfrac{1}{2}\,G^{ik}\,\mathfrak{x}_{ik}\,\mathfrak{X} = \tfrac{1}{2}\,G^{ik}\,G_{ik} = 1$$

oder wegen (112)

$$(126)_1 \qquad (\mathfrak{y}\,\mathfrak{x}_1\,\mathfrak{x}_2) = |\,G\,|^{1/2}$$

Aus (121) folgt wegen (94)

$$(127) \qquad \mathfrak{y}_l = \tfrac{1}{2}\,G^{ik}\,\mathfrak{x}_{ikl}$$

und somit ist wegen der Apolarität (119)

$$(128) \qquad \mathfrak{y}_l\,\mathfrak{X} = \tfrac{1}{2}\,G^{ik}\,A_{ikl} = 0.$$

Wegen (126) können wir dafür auch schreiben

$$(129) \qquad \mathfrak{y}_l\,\mathfrak{X} = -\,\mathfrak{y}\,\mathfrak{X}_l = 0.$$

Die Vektoren $\mathfrak{x}_1, \mathfrak{x}_2, \mathfrak{y}$ sind nach (112) und (126) linear unabhängig und wir können daher die $\mathfrak{x}_{ik}$ aus ihnen linear kombinieren:

$$(130) \qquad \mathfrak{x}_{ik} = a_{ik}{}^l\,\mathfrak{x}_l + g_{ik}\,\mathfrak{y}.$$

Durch skalare Multiplikation mit $\mathfrak{X}$ folgt nach (112), (113) und (126)

$$g_{ik} = G_{ik}.$$

Multiplizieren wir ebenso skalar mit $\mathfrak{X}_r$, so erhalten wir nach (124) und (121)

$$A_{ikr} = a_{ik}{}^l G_{lr}$$

oder

$$a_{ik}{}^l = A_{ik}^l = A_{ikr} G^{rl}.$$

Die Ableitungsgleichungen (130) lauten also

$$(131) \qquad \mathfrak{x}_{ik} = A_{ik}^l \mathfrak{x}_l + G_{ik} \mathfrak{y}.$$

Wegen (128) nimmt das zweite System von Ableitungsgleichungen die Gestalt an

$$(132) \qquad \mathfrak{y}_i = B_i{}^k \mathfrak{x}_k = B_{il} G^{lk} \mathfrak{x}_k.$$

Durch Ableitung folgt daraus

$$\mathfrak{y}_{ir} = (*)\mathfrak{x}_k + B_i{}^k \mathfrak{x}_{kr}$$

und durch Multiplikation mit $\mathfrak{X}$

$$\mathfrak{y}_{ir} \mathfrak{X} = B_i{}^k G_{kr} = B_{ir}.$$

Wegen (126) und (129) können wir auch setzen

$$(133) \qquad B_{ik} = \mathfrak{y}_{ik} \mathfrak{X} = - \mathfrak{y}_i \mathfrak{X}_k = \mathfrak{y} \mathfrak{X}_{ik}.$$

Es ist also

$$B_{ik} = B_{ki}.$$

Mittels des Multiplikationssatzes für Determinanten erhalten wir

$$(\mathfrak{X} \mathfrak{X}_1 \mathfrak{X}_2)(\mathfrak{y} \mathfrak{x}_1 \mathfrak{x}_2) = \begin{vmatrix} 1 & 0 & 0 \\ 0 & G_{11} & G_{12} \\ 0 & G_{21} & G_{22} \end{vmatrix} = G$$

und daraus ist nach (126)$_1$

$$(126)_2 \qquad (\mathfrak{X} \mathfrak{X}_1 \mathfrak{X}_2) = \frac{G}{|G|^{1/2}}.$$

Die Vektoren $\mathfrak{X}, \mathfrak{X}_1, \mathfrak{X}_2$ sind demnach linear unabhängig und wir können daher ansetzen

$$\mathfrak{X}_{ik} = - a_{ik}{}^l \mathfrak{X}_l + b_{ik} \mathfrak{X}$$

und finden durch skalare Multiplikation mit $\mathfrak{y}$ und $\mathfrak{x}_r$ nach (126), (129) und (124)

$$b_{ik} = B_{ik}, \qquad a_{ik}{}^l G_{lr} = A_{ikr}.$$

Somit ist

$$\mathfrak{X}_{ik} = - A_{ik}^l \mathfrak{X}_l + B_{ik} \mathfrak{X}.$$

Wir stellen noch einmal die gefundenen drei Systeme von Ableitungsgleichungen zusammen:

$$(134) \qquad \boxed{\begin{aligned} \mathfrak{x}_{ik} &= + A_{ik}^{l}\,\mathfrak{x}_{l} + G_{ik}\,\mathfrak{y}, \\ \mathfrak{y}_{i} &= + B_{i}^{k}\,\mathfrak{x}_{k}, \\ \mathfrak{X}_{ik} &= - A_{ik}^{l}\,\mathfrak{X}_{l} + B_{ik}\,\mathfrak{X}. \end{aligned}}$$

Führen wir wie in (36) auch hier das skalare Produkt

$$(36) \qquad \mathfrak{X}\mathfrak{x} = w$$

ein, so folgt daraus durch Ableitung wegen $\mathfrak{X}\mathfrak{x}_{i} = 0$

$$(135) \qquad w_{i} = \mathfrak{X}_{i}\mathfrak{x}$$

und weiter wegen (124)

$$w_{ik} = \mathfrak{X}_{ik}\mathfrak{x} - G_{ik}.$$

Setzt man hierin mittels $(134)_3$ die Werte der $\mathfrak{X}_{ik}$ ein, so folgt nach (135) und (36)

$$(136) \qquad w_{ik} = - A_{ik}^{l}\,w_{l} + B_{ik}\,w - G_{ik}$$

und daraus ergibt sich schließlich wegen (119) die bemerkenswerte Formel

$$(137) \qquad \tfrac{1}{2}\,\Delta\,w = \tfrac{1}{2}\,G^{ik}\,w_{ik} = \tfrac{1}{2}\,B_{r}^{r}\,w - 1.$$

§ 60. Die Integrierbarkeitsbedingungen.

Wir müssen noch den Tensor B_{ik} durch G_{ik} und A_{ikl} ausdrücken. Wir stellen dazu die Integrierbarkeitsbedingungen für die Gleichungen (134) auf. Aus (131) folgt durch kovariante Ableitung mittels (134)

$$(138) \qquad \mathfrak{x}_{ikr} = (A_{ik,r}^{p} + A_{ik}^{l}\,A_{lr}^{p} + G_{ik}\,B_{r}{}^{p})\,\mathfrak{x}_{p} + A_{ikr}\,\mathfrak{y}.$$

Vertauscht man hierin k und r, so folgt durch Abziehen nach (102)

$$(139) \qquad \begin{aligned} R_{im,rk}\,G^{mp} = A_{ik,r}^{p} &- A_{ir,k}^{p} + A_{ik}^{l}\,A_{lr}^{p} - A_{ir}^{l}\,A_{lk}^{p} \\ &+ G_{ik}\,B_{r}^{p} - G_{ir}\,B_{k}^{p} \end{aligned}$$

oder

$$(140) \qquad \begin{aligned} R_{pi,kr} = A_{ikp,r} &- A_{irp,k} + A_{ik}^{l}\,A_{lrp} - A_{ir}^{l}\,A_{lkp} \\ &+ G_{ik}\,B_{rp} - G_{ir}\,B_{kp}. \end{aligned}$$

Entsprechend folgt aus (132)

$$(141) \qquad \mathfrak{y}_{ir} = (B_{i,r}^{l} + B_{i}^{k}\,A_{kr}^{l})\,\mathfrak{x}_{l} + B_{ir}\,\mathfrak{y}$$

und durch Abziehen von $\mathfrak{y}_{ri}$

$$(142) \qquad B_{il,r} - B_{rl,i} + B_{i}^{k}\,A_{krl} - B_{r}^{k}\,A_{kil} = 0.$$

Aus den Gleichungen (140) allein läßt sich B_{ik} berechnen, und (142) gibt dann die *Codazzi*schen Gleichungen der affinen Flächentheorie in der allgemeinen Form.

Weil der Tensor $G_{ik,\,r}$, die kovariante Ableitung des metrischen Grundtensors, identisch verschwindet, folgen aus den Apolaritätsbeziehungen, nämlich

$$(119) \qquad G_{ik}\,A^{ikl} = 0$$

die Gleichungen

$$(143) \qquad G_{ik}\,A^{ikl,\,r} = 0\,.$$

Bemerken wir ferner, daß

$$(144) \qquad G^{ik}\,G_{ik}\,B_{rp} - G^{ik}\,G_{ir}\,B_{kp} = 2\,B_{rp} - G_{ir}\,B_p^{i} = B_{rp}$$

ist, so folgt aus (140) durch Multiplikation mit G^{ik}

$$(145) \qquad R_{p\,i,\,kr}\,G^{ik} = -\,A_{irp,k}\,G^{ik} - A_{ir}^{l}\,A_{lkp}\,G^{ik} + B_{rp}$$

und daraus weiter durch Multiplikation mit G^{pr} nach (105) und (120)

$$(146) \qquad \tfrac{1}{2}\,B_r^{r} = \tfrac{1}{2}\,B_{rp}\,G^{rp} = J - S = -\,H\,.$$

Addiert man zu (140) die durch Vertauschung von p und i daraus entstehende Formel, so folgt nach (107)

$$(147) \qquad 2\,(A_{ikp,\,r} - A_{irp,\,k}) + G_{ik}\,B_{rp} - G_{ir}\,B_{kp}$$
$$+ G_{pk}\,B_{ri} - G_{pr}\,B_{ki} = 0\,,$$

und wenn man mit G^{ik} multipliziert, nach (119), (143) und (144)

$$(148) \qquad B_{rp} = -\,G_{rp}\,H + A_{rp,k}^{k}\,.$$

Daraus ist

$$(149) \qquad B_r^{p} = G_r^{p}\,(J - S) + G^{ik}\,A_{ir.k}^{p}\,.$$

Aus (145) und (148) folgt nebenbei

$$(150) \qquad J\,G_{rp} = A_{rk}^{i}\,A_{pi}^{k}\,.$$

Hieraus ist wiederum wegen (119)

$$(146) \qquad \boxed{H = -\,\tfrac{1}{2}\,B_r^{r}}$$

Die Ableitungsformeln $(134)_3$ ergeben keine neuen Integrierbarkeitsbedingungen. Indessen folgt durch Multiplikation mit G^{ik}

$$(151) \qquad \tfrac{1}{2}\,\Delta\,\mathfrak{X} = \tfrac{1}{2}\,G^{ik}\,\mathfrak{X}_{ik} = \tfrac{1}{2}\,\mathfrak{X}_i^{i} = -\,H\,\mathfrak{X}\,.$$

Wegen der Gestalt (148) des Tensors B_{ik} liegt es nahe, einen neuen symmetrischen Tensor C_{ik} einzuführen:

$$(152) \qquad \boxed{\begin{aligned} B_{ik} &= -\,H\,G_{ik} + C_{ik},\\ C_{ik} &= A_{ik,l}^{l}\,. \end{aligned}}$$

Es ist dann

$$(153) \qquad G^{ik} C_{ik} = C_i^{\ i} = 0$$

und an Stelle von (132) tritt

$$(154) \qquad \mathfrak{y}_i = - H \mathfrak{x}_i + C_i^k \mathfrak{x}_k .$$

Mit dieser Bezeichnung nehmen die Integrierbarkeitsbedingungen (142), nachdem man mit G^{il} multipliziert hat, die einfache Gestalt an

$$(155) \qquad \boxed{H_r = A_{rkl} C^{kl} - C_{r,i}^{\ i}} .$$

Die Integrierbarkeitsbedingungen (155) sind notwendig und hinreichend. Durch ein ganz ähnliches Verfahren wie in § 51 läßt sich nämlich der *Satz von Radon*[4]) beweisen:

Durch Angabe einer quadratischen Differentialform φ mit nichtverschwindender Diskriminante und einer kubischen Differentialform ψ, die an φ durch die Apolaritätsforderungen (119) und die Bedingungen (155) geknüpft ist, ist bis auf inhaltstreue Affinitäten eine Fläche eindeutig bestimmt, die φ und ψ zu Grundformen hat.

Dabei bedeutet in (155)

$$H = S - \tfrac{1}{2} A_{ikl} A^{ikl},$$

S das Krümmungsmaß der quadratischen Grundform φ, und $C_{ik} = A_{ik,l}^{\ \ l}$.

§ 61. Die affinen Hauptkrümmungen.

Wir gehen jetzt an die zweite Aufgabe dieses Kapitels: an die Aufstellung einer affinen Krümmungstheorie. Es liegt folgende Erklärung nahe: *Eine Kurve auf einer Fläche heißt eine Affinkrümmungslinie, wenn die längs der Kurve gezogenen Affinnormalen der Fläche eine Torse bilden.* Dabei bedeutet „Torse" eine parabolisch gekrümmte Fläche $(LN - M^2 = 0)$, also die Tangentenfläche einer Kurve, einen Kegel oder einen Zylinder. Beschreibt $\mathfrak{x}$ eine solche Affinkrümmungslinie und nennen wir den Berührungspunkt der Affinnormalen mit dem Hüllgebilde $\mathfrak{z}$, so können wir entsprechend zu (47) in § 37 des ersten Bandes ansetzen

$$(156) \qquad \mathfrak{z} = \mathfrak{x} + R \mathfrak{y}$$

und $\mathfrak{z}$ als affinen Hauptkrümmungsmittelpunkt, R als affinen Hauptkrümmungshalbmesser benennen. Gemäß der Erklärung der affinen Krümmungslinien muß für die Fortschreitung auf diesen Kurven wie in (48) in § 37 des ersten Bandes

$$(157) \qquad d\mathfrak{z} = d\mathfrak{x} + R\,d\mathfrak{y} + dR \cdot \mathfrak{y} = \lambda \mathfrak{y},$$

----

[4]) *J. Radon*: Leipziger Berichte **70** (1918), S. 99.

oder

$$(158) \qquad d\mathfrak{x} + R\,d\mathfrak{y} + (dR - \lambda)\,\mathfrak{y} = 0$$

sein. Wegen der Ableitungsformeln (132) und der linearen Unabhängigkeit der Vektoren $\mathfrak{x}_u, \mathfrak{x}_v, \mathfrak{y}$ folgt aus (158) zunächst für die $\mathfrak{y}$-Komponente

$$\lambda = dR$$

und daher für die Fortschreitung auf einer affinen Krümmungslinie

$$(159) \qquad d\mathfrak{x} + R\,d\mathfrak{y} = 0.$$

Das ist das affine Gegenstück zur Formel von *Olinde Rodrigues* im ersten Bande § 37 (49).

Wenn wir durch R dividieren, so folgt dann nach (154) weiter das Gleichungssystem

$$V^k = \left\{ \left(\frac{1}{R} - H \right) G_i^k + C_i^k \right\} du^i = 0.$$

Bemerken wir, daß die Komponenten

$$(160) \quad E_{11} = 0, \quad E_{12} = + |G|^{1/2}, \quad E_{21} = - |G|^{1/2}, \quad E_{22} = 0$$

einen Tensor bilden! Es ist nämlich

$$P^i Q^k E_{ik} = (P^1 Q^2 - P^2 Q^1) |G|^{1/2}$$

bei beliebiger Wahl von P^i und Q^k eine Invariante, weil $|G|^{1/2}$ sich beim Übergang zu neuen gleichsinnigen Koordinaten mit der Funktionaldeterminante, $(P^1 Q^2 - P^2 Q^1)$ aber mit ihrem reziproken Wert multipliziert. Mithin ist

$$V^k E_{kr} du^r$$

invariant. Da ferner

$$G_i^k E_{kr} du^i du^r = E_{12} (du^1 du^2 - du^2 du^1) = 0$$

ist, so erhalten wir in

$$(161) \qquad \boxed{\varkappa = P_{ik}\, du^i du^k = C_i^r E_{rk}\, du^i du^k}$$

eine invariante quadratische Differentialform, deren Nullinien die affinen Krümmungslinien sind.

Es ist

$$(162) \qquad P_{ik} G^{ik} = C_i^r E_{rk} G^{ik} = C^{rk} E_{rk} = 0,$$

weil C^{ik} symmetrisch, E_{ik} aber schiefsymmetrisch ist $(E_{ik} = - E_{ki})$. Die Krümmungslinien bilden also ein Netz konjugierter Kurven (vgl. § 45 des ersten Bandes). Daraus folgt insbesondere ihre Realität im Fall elliptischer Krümmung von $\mathfrak{x}(u, v)$ $(LN - M^2 > 0)$.

Damit sich die beiden Gleichungen

$$V_1 = 0, \qquad V_2 = 0$$

für die Fortschreitungsrichtungen der Krümmungslinien nicht widersprechen, muß die Determinante aus ihren Koeffizienten, die übrigens invariant ist, verschwinden; es muß also

$$(163) \qquad \frac{1}{R^2} + \frac{1}{R}\,(B_1^1 + B_2^2) + B_1^1 B_2^2 - B_1^2 B_2^1 = 0$$

sein. Bezeichnen wir die beiden Hauptkrümmungsradien in einem Punkte, die zu den beiden durch $\varkappa = 0$ bestimmten Fortschreitungsrichtungen gehören, mit R_1 und R_2, so ist nach (163) und (146)

$$(164) \qquad \frac{1}{2}\left(\frac{1}{R_1} + \frac{1}{R_2}\right) = -\,\frac{1}{2}\,B_r^r = H$$

und

$$(165) \quad K = \frac{1}{R_1}\cdot\frac{1}{R_2} = B_1^1 B_2^2 - B_1^2 B_2^1 = H^2 + (C_1^1 C_2^2 - C_1^2 C_2^1)$$

woraus noch

$$(166) \qquad -\,\frac{1}{4}\left(\frac{1}{R_1} - \frac{1}{R_2}\right)^2 = C_1^1 C_2^2 - C_1^2 C_2^1$$

folgt. H nennen wir *„mittlere Affinkrümmung“*, K *„das affine Krümmungsmaß“*.

§ 62. Das Krümmungsbild.

Denken wir uns den Affinnormalenvektor $\mathfrak{y}$ vom Ursprung aus abgetragen, dann beschreibt sein Endpunkt im allgemeinen eine Fläche $\mathfrak{y}(u,v)$, wenn der Punkt $\mathfrak{x}$ die Fläche $\mathfrak{x}(u,v)$ durchläuft. *Der Ort $\mathfrak{y}(u,v)$ des Punktes $\mathfrak{y}$ soll das Krümmungsbild der Fläche $\mathfrak{x}(u,v)$ genannt werden*, entsprechend zu einer bei ebenen Kurven von *H. Minkowski* eingeführten Ausdrucksweise (§ 13 und § 14).

Die Art der Verknüpfung der Flächen $\mathfrak{x}(u,v)$ und $\mathfrak{y}(u,v)$ ergibt sich sofort aus der Invarianz des Affinnormalenvektors: *Unterwirft man die Fläche $\mathfrak{x}(u,v)$ einer beliebigen Affinität*

$$(167) \qquad x_k = c_{k0} + c_{k1} x_1{}^* + c_{k2} x_2{}^* + c_{k3} x_3{}^*,$$

so wird das Krümmungsbild $\mathfrak{y}(u,v)$ der zugehörigen homogenen Affinität unterworfen:

$$(168) \qquad y_k = c_{k1} y_1{}^* + c_{k2} y_2{}^* + c_{k3} y_3{}^*.$$

Aus (132) folgt: *Das Krümmungsbild $\mathfrak{y}(u,v)$ ist auf die Fläche $\mathfrak{x}(u,v)$ unter Parallelismus entsprechender Tangentenebenen bezogen.*

Der raumkontravariante Vektor $\mathfrak{X}$ ist nach (112), (126) und (132) durch die Gleichungen

$$(169) \qquad \mathfrak{X}\mathfrak{y}_1 = 0, \qquad \mathfrak{X}\mathfrak{y}_2 = 0, \qquad \mathfrak{X}\mathfrak{y} = 1$$

bestimmt. Er stellt also das Krümmungsbild in Ebenenkoordinaten dar. Man kann (aus der affinen Geometrie heraustretend) $\mathfrak{X}(u^1, u^2)$ als den Vektor vom Ursprung zum Pol der Tangentenebene an das

Krümmungsbild $\mathfrak{y}(u^1, u^2)$ bezüglich der Einheitskugel um den Ursprung deuten [5]).

Aus (165) und (132) folgt leicht eine geometrische Deutung für das Affinkrümmungsmaß, die der Deutung des *Gauß*ischen Krümmungsmaßes mittels des sphärischen Bildes entspricht. Ist nämlich $\mathfrak{v}$ ein beliebiger Vektor, so ist das Verhältnis entsprechender Flächenelemente auf dem Krümmungsbild $\mathfrak{y}(u, v)$ und der Urfläche $\mathfrak{x}(u, v)$ offenbar

$$(170) \qquad \frac{(\mathfrak{v}\,\mathfrak{y}_u\,\mathfrak{y}_v)}{(\mathfrak{v}\,\mathfrak{x}_u\,\mathfrak{x}_v)} = B_1^1 B_2^2 - B_1^2 B_2^1 = K.$$

Daraus folgt z. B., daß das Krümmungsbild $\mathfrak{y}(u, v)$ nur dann in eine Kurve oder in einen Punkt entartet, wenn K identisch verschwindet. Die gefundene Deutung rechtfertigt auch die für das Gebilde $\mathfrak{y}(u,v)$ eingeführte Benennung „Krümmungsbild". Nach (154) und (165) ist

$$(171) \qquad (\mathfrak{y}\,\mathfrak{y}_1\,\mathfrak{y}_2) = |\,G\,|^{1/2} K.$$

Offenbar ist

$$(172) \qquad \varphi^* = \frac{(\mathfrak{y}_{ik}\,\mathfrak{y}_1\,\mathfrak{y}_2)\,d\,u^i\,d\,u^k}{(\mathfrak{y}\,\mathfrak{y}_1\,\mathfrak{y}_2)}$$

eine invariante Differentialform des Krümmungsbildes und daher auch der Urfläche.

Setzen wir etwa für den Augenblick

$$(173) \qquad \mathfrak{y}_{ik} = A_{ik}^{*l}\,\mathfrak{y}_l + G_{ik}^*\,\mathfrak{y},$$

so finden wir durch kovariantes Differenzieren von (154)

$$(174) \qquad G_{ik}^* = \frac{(\mathfrak{y}_{ik}\,\mathfrak{y}_1\,\mathfrak{y}_2)}{(\mathfrak{y}\,\mathfrak{y}_1\,\mathfrak{y}_2)} = B_{ik}.$$

$\varphi^* = B_{ik}\,d\,u^i\,d\,u^k = 0$ ist die Gleichung für die Asymptotenlinien des Krümmungsbildes. Aus (174) und (165) folgt

$$G_{11}^* G_{22}^* - G_{12}^* G_{21}^* = G K.$$

Ist also die Urfläche hyperbolisch (elliptisch) gekrümmt, so ist das Krümmungsbild elliptisch oder hyperbolisch gekrümmt, je nachdem das affine Hauptkrümmungsmaß K negativ oder positiv ist (positiv oder negativ).

§ 63. Formeltafeln.

Wir geben eine Übersicht für die wichtigsten abgeleiteten Formeln und einige Folgerungen.

a) Für *allgemeine Parameter*:

Fläche $\mathfrak{x}(u^1, u^2)$. Determinanten $(\mathfrak{x}_{ik}\,\mathfrak{x}_1\,\mathfrak{x}_2) = \varLambda_{ik}$.

$|\,\varLambda_{11}\,\varLambda_{22} - \varLambda_{12}\,\varLambda_{21}\,| = |\,G\,|^2$. Raumkontravarianter Vektor:

$$(\text{a}1) \qquad \mathfrak{X} = \frac{\mathfrak{x}_1 \times \mathfrak{x}_2}{|\,G\,|^{1/2}},$$

---

[5]) Diese Fläche wurde schon von *A. Demoulin* betrachtet. Comptes Rendus, Paris **146** (1908), S. 413—415.

Quadratische Grundform:

$$(a\,2) \qquad \varphi = G_{ik}\,du^i\,du^k, \qquad G_{ik} = \mathfrak{x}_{ik}\mathfrak{X}, \qquad G_{11}G_{22} - G_{12}^2 = G.$$

Bisher können die an $\mathfrak{x}$ angehängten Fußmarken als gewöhnliche Ableitungen nach den u^i gedeutet werden, im folgenden sind kovariante Ableitungen zur Grundform φ gemeint.

$$(a\,3) \qquad G_{ik} = \mathfrak{x}_{ik}\mathfrak{X} = -\,\mathfrak{x}_i\mathfrak{X}_k = -\,\mathfrak{x}_k\mathfrak{X}_i.$$

Kubische Grundform:

$$(a\,4) \qquad \psi = A_{ikl}\,du^i\,du^k\,du^l,$$

$$(a\,5) \qquad A_{ikl} = \mathfrak{x}_{ikl}\mathfrak{X} = -\,\mathfrak{x}_{ik}\mathfrak{X}_l = +\,\mathfrak{x}_i\mathfrak{X}_{kl}.$$

Apolarität von φ und ψ:

$$(a\,6) \qquad A_{ikl}G^{ik} = A^r_{rl} = 0.$$

Affinnormalvektor:

$$(a\,7) \qquad \mathfrak{y} = \tfrac{1}{2}G^{ik}\mathfrak{x}_{ik} = \tfrac{1}{2}\mathfrak{x}^r_r = \tfrac{1}{2}\varDelta\mathfrak{x}.$$

Es ist

$$(a\,8) \qquad (\mathfrak{x}_1\,\mathfrak{x}_2\,\mathfrak{y}) = |\,G\,|^{1/2}, \qquad (\mathfrak{X}\,\mathfrak{X}_1\,\mathfrak{X}_2) = \frac{G}{|\,G\,|^{1/2}},$$

$$(a\,9) \qquad \mathfrak{y}\,\mathfrak{X} = 1, \qquad \mathfrak{y}_i\mathfrak{X} = 0, \qquad \mathfrak{y}\,\mathfrak{X}_i = 0.$$

Führen wir den symmetrischen Tensor

$$(a\,10) \qquad C_{ik} = A^l_{ik,l}$$

und den schiefsymmetrischen E_{ik} durch die Identität

$$(a\,11) \qquad E_{ik}U^i V^k = |\,G\,|^{1/2}(U^1 V^2 - U^2 V^1)$$

ein, so ergibt sich als quadratische Form der Affinkrümmungslinien

$$(a\,12) \qquad \varkappa = P_{ik}\,du^i\,du^k = C^r_i E_{rk}\,du^i\,du^k, \qquad (P_{ik}G^{ik} = 0).$$

Längs der Affinkrümmungslinien gelten die Beziehungen entsprechend zu denen von *Olinde Rodrigues*

$$(a\,13) \qquad d\mathfrak{x} + R\,d\mathfrak{y} = 0.$$

Hierdurch sind die affinen Hauptkrümmungen $1:R_1$, $1:R_2$ und damit das Affinkrümmungsmaß

$$(a\,14) \qquad K = \frac{1}{R_1}\cdot\frac{1}{R_2}$$

und die mittlere Affinkrümmung

$$(a\,15) \qquad H = \frac{1}{2}\left(\frac{1}{R_1} + \frac{1}{R_2}\right)$$

erklärt. Zwischen der Invariante *Pick*s

$$(a\,16) \qquad J = \tfrac{1}{2}A_{ikl}A^{ikl},$$

dem *Gauß*ischen Krümmungsmaß S von φ und H besteht die Beziehung (Gegenstück der Formel von *Gauß*)

$$(a\,17) \qquad H = S - J$$

und es ist

$$(a\,18) \qquad K = H^2 + C_1^1 C_2^2 - C_1^2 C_2^1.$$

Es gelten folgende Ableitungsgleichungen:

$$(a\,19) \qquad \mathfrak{x}_{ik} = A_{ik}^l \mathfrak{x}_l + G_{ik}\mathfrak{y}, \qquad \mathfrak{X}_{ik} = - A_{ik}^l \mathfrak{X}_l + B_{ik}\mathfrak{X}, \qquad \mathfrak{y}_i = B_i^l \mathfrak{x}_l,$$

worin

$$(a\,20) \qquad B_{ik} = - H G_{ik} + C_{ik}$$

gesetzt wurde. Es ist

$$(a\,21) \qquad B_{ik} = \mathfrak{y}\,\mathfrak{X}_{ik} = - \mathfrak{y}_i \mathfrak{X}_k = - \mathfrak{y}_k \mathfrak{X}_i = \mathfrak{y}_{ik}\mathfrak{X},$$

$$(a\,22) \qquad C_r^r = 0, \qquad H = - \frac{1}{2} B_r^r, \qquad K = \frac{B_{11} B_{22} - B_{12}^2}{G_{11} G_{22} - G_{12}^2} = \frac{(\mathfrak{y}\,\mathfrak{y}_1\mathfrak{y}_2)}{(\mathfrak{y}\,\mathfrak{x}_1\mathfrak{x}_2)}.$$

Integrierbarkeitsbedingungen (Gegenstück zu *Codazzi*s Gleichungen)

$$(a\,23) \qquad H_r = A_{rkl} C^{kl} - C_{r,i}^i.$$

Aus den Ableitungsgleichungen (a19) folgt für $\Delta \mathfrak{X} = \mathfrak{X}_r^r$

$$(a\,24) \qquad G^{ik}\mathfrak{X}_{ik} = - 2 H \mathfrak{X}.$$

Legen wir noch eine kleine Sammlung von Vektorprodukten an!

$$(a\,25) \qquad \begin{aligned} \mathfrak{x}_i \times \mathfrak{x}_k &= + E_{ik}\mathfrak{X}, & \mathfrak{x}_i \times \mathfrak{y} &= + E_{ik}\mathfrak{X}^k, \\ \mathfrak{y}_i \times \mathfrak{y}_k &= K E_{ik}\mathfrak{X}, & \mathfrak{y}_i \times \mathfrak{y} &= B_i^k E_{kl}\mathfrak{X}^l, \\ \mathfrak{X}_i \times \mathfrak{X}_k &= \pm E_{ik}\mathfrak{y}, & \mathfrak{X}_i \times \mathfrak{X} &= \pm E_{ik}\mathfrak{x}^k. \end{aligned}$$

$$(a\,26) \qquad \mathfrak{x}_i \times \mathfrak{y}_k = B_k^l E_{il}\mathfrak{X}.$$

Dabei gilt in den Formeln mit doppeltem Zeichen das obere bei elliptischer, das untere bei hyperbolischer Krümmung, wenn wir $|G|^{1/2} > 0$ nehmen. Multipliziert man die letzte Formel (a25) mit $E_{pq} G^{ip}$, so erhält man unter Beachtung der Identität

$$(a\,27) \qquad E_{ik} E_{pq} G^{ip} = G_{kq}$$

die Verallgemeinerung der Formel (49) von *Lelieuvre*, nämlich

$$(a\,28) \qquad \mathfrak{x}_q = \pm E_{pq}(\mathfrak{X}^p \times \mathfrak{X})$$

oder

$$(a\,29) \qquad \mathfrak{x} = \pm \int E_{pq}(\mathfrak{X}^p \times \mathfrak{X})\, du^q.$$

Nebenbei gilt für den schiefsymmetrischen Tensor E noch die Identität

$$(a\,30) \qquad T_{ip} T_{kq} E^{ik} E^{pq} = 2 \frac{\begin{vmatrix} T_{11} & T_{12} \\ T_{21} & T_{22} \end{vmatrix}}{\begin{vmatrix} G_{11} & G_{12} \\ G_{21} & G_{22} \end{vmatrix}}.$$

b) Die Formeln für besondere Parameter lassen sich aus den allgemeinen ablesen. Als Beispiel führen wir einige der obigen *Gleichungen für Affinkrümmungslinienparameter* auf.

(b1) $\quad \varkappa = 2 P_{12}\, du^1\, du^2, \quad P_{11} = C_1^r E_{r1} = 0, \quad P_{22} = C_2^r E_{r2} = 0;$

(b2) $\qquad\qquad C_1^2 = 0, \quad C_2^1 = 0, \quad C_{12} = 0; \quad G_{12} = 0.$

(b3) $\qquad\qquad\qquad K = (H)^2 + C_1^1 C_2^2;$

(b4)
$$\mathfrak{y}_1 = (-H + C_1^1)\,\mathfrak{x}_1,$$
$$\mathfrak{y}_2 = (-H + C_2^2)\,\mathfrak{x}_2;$$

(b5)
$$H_1 = A_{111}\, C^{11} + A_{122}\, C^{22} - C_{1,1}^1,$$
$$H_2 = A_{211}\, C^{11} + A_{222}\, C^{22} - C_{2,2}^2.$$

c) Die *Formeln für Asymptotenparameter* bei Flächen hyperbolischer Krümmung sind uns zum größten Teil schon bekannt. Wir setzen $u^1 = u$, $u^2 = v$ und $G_{12} = F$, $A_{111} = A$, $A_{222} = D$.

(c1) $\qquad\qquad\qquad \mathfrak{X} = \dfrac{\mathfrak{x}_u \times \mathfrak{x}_v}{F}, \qquad \mathfrak{y} = \dfrac{\mathfrak{x}_{uv}}{F};$

(c2) $\quad \varphi = 2F\, du\, dv, \quad \psi = A\, du^3 + D\, dv^3, \quad \varkappa = -\,\dfrac{A_v}{F}\, du^2 + \dfrac{D_u}{F}\, dv^2;$

(c3) $\quad J = \dfrac{AD}{F^3}, \qquad S = -\,\dfrac{1}{F}\,\dfrac{\partial^2 \log F}{\partial u\, \partial v}, \qquad K = \dfrac{1}{R_1 R_2} = H^2 - \dfrac{A_v D_u}{F^4};$

$$\mathfrak{x}_{uu} = \dfrac{F_u}{F}\,\mathfrak{x}_u + \dfrac{A}{F}\,\mathfrak{x}_v, \qquad\qquad \mathfrak{X}_{uu} = +\,\dfrac{F_u}{F}\,\mathfrak{X}_u - \dfrac{A}{F}\,\mathfrak{X}_v + \dfrac{A_v}{F}\,\mathfrak{X},$$

(c4) $\mathfrak{x}_{uv} = F\mathfrak{y},$ $\qquad\qquad$ (c5) $\mathfrak{X}_{uv} = \qquad\qquad\qquad -HF\mathfrak{X},$

$$\mathfrak{x}_{vv} = \dfrac{D}{F}\,\mathfrak{x}_u + \dfrac{F_v}{F}\,\mathfrak{x}_v; \qquad\qquad \mathfrak{X}_{vv} = -\,\dfrac{D}{F}\,\mathfrak{X}_u + \dfrac{F_v}{F}\,\mathfrak{X}_v + \dfrac{D_u}{F}\,\mathfrak{X};$$

(c6)
$$\mathfrak{y}_u = -\,H\mathfrak{x}_u + \dfrac{A_v}{F^2}\,\mathfrak{x}_v,$$
$$\mathfrak{y}_v = +\,\dfrac{D_u}{F^2}\,\mathfrak{x}_u - H\mathfrak{x}_v;$$

(c7)
$$H_u = \dfrac{A D_u}{F^3} - \dfrac{1}{F}\left(\dfrac{A_v}{F}\right)_v,$$
$$H_v = \dfrac{D A_v}{F^3} - \dfrac{1}{F}\left(\dfrac{D_u}{F}\right)_u.$$

§ 64. Zusammenhang mit Bewegungsinvarianten.[6])

Jetzt wollen wir noch die affinen Invarianten aus den Bewegungsinvarianten herleiten. Den Einheitsvektor der Flächennormalen nennen wir, wie im ersten Bande, ξ; dagegen schreiben wir hier die beiden Grundformen der elementaren Theorie mit Hilfe von Tensoren:

---

[6]) Man vergleiche hierzu *R. Grambow*: Dissertation, Hamburg 1922.

$$(175) \qquad ds^2 = \overline{G}_{ik}\, du^i\, du^k, \qquad \overline{G}_{11}\,\overline{G}_{22} - \overline{G}_{12}\,\overline{G}_{21} = \overline{G}, \qquad (8)$$

$$(176) \qquad -\, d\mathfrak{x}\, d\xi = \overline{B}_{ik}\, du^i\, du^k, \qquad \overline{B}_{11}\,\overline{B}_{22} - \overline{B}_{12}\,\overline{B}_{21} = \overline{B}. \qquad (14)$$

Rechter Hand sind die Nummern der entsprechenden Formeln im dritten Kapitel des ersten Bandes vermerkt. Es ist

$$(177) \qquad \xi = \frac{\mathfrak{x}_1 \times \mathfrak{x}_2}{\overline{G}^{\,1/2}}. \qquad (9)$$

Die kovariante Differentiation und das Herauf- und Herunterziehen der Marken bezüglich der quadratischen Form (175) deuten wir durch Querstriche an:

$$(178) \qquad \mathfrak{x}_{i\overline{k}} = \frac{\partial \mathfrak{x}_i}{\partial u^k} - \overline{\Gamma}^{\,l}_{ik}\, \mathfrak{x}_l \quad \text{mit} \quad \overline{\Gamma}^{\,l}_{ik} = \begin{Bmatrix} i\,k \\ l \end{Bmatrix}. \qquad (136)$$

Dann lauten die *Gauß*ischen Ableitungsgleichungen der elementaren Flächentheorie

$$(179) \qquad \mathfrak{x}_{i\overline{k}} = +\, \overline{B}_{ik}\, \xi, \qquad (135)$$

und die Gleichungen von *Weingarten*

$$(180) \qquad \xi_i = -\, \overline{B}^{\,l}_i\, \mathfrak{x}_l. \qquad (120)$$

Für das *Gauß*ische Krümmungsmaß von ds^2 hat man

$$(181) \qquad \overline{K} = \frac{\overline{B}}{\overline{G}} \qquad (30)$$

und für die mittlere Krümmung

$$(182) \qquad \overline{H} = +\, \tfrac{1}{2}\, \overline{B}^{\,r}_r. \qquad (30)$$

Zwischen der zweiten Grundform der gewöhnlichen und der ersten Grundform der affinen Theorie besteht ein einfacher Zusammenhang. Es ist nämlich nach (111), (178) und (181)

$$(183) \qquad G_{ik} = \lambda \overline{B}_{ik}, \quad \lambda = \left| \frac{\overline{G}}{G} \right|^{1/2} = \left| \frac{\overline{G}}{\lambda^2 \overline{B}} \right| = |\overline{K}|^{-1/4}.$$

Deshalb können wir das Herauf- und Herunterziehen der Marken mittels der G_{ik} als metrisch bekannte Operation ansehen.

Besonders einfach läßt sich die Affinnormale im Dreibein $\mathfrak{x}_1, \mathfrak{x}_2, \xi$ ausdrücken. Nach (112), (177), (181) und (183) ist

$$(184) \qquad \mathfrak{X} = \lambda \xi.$$

Setzen wir also

$$\mathfrak{y} = V^m\, \mathfrak{x}_m + \mu \xi, \quad V^m = G^{ml}\, V_l,$$

was wegen der linearen Unabhängigkeit von $\mathfrak{x}_1$, $\mathfrak{x}_2$, ξ möglich ist, so folgt durch Multiplikation mit ξ wegen (184) und $\mathfrak{y}\mathfrak{X} = 1$ als Wert von $\mu = 1:\lambda$. Wenn wir die Formel

$$\mathfrak{y} = V^m\, \mathfrak{x}_m + \frac{1}{\lambda}\, \xi$$

ableiten unter Benutzung von (131), (180) und ihr selbst, so finden wir

$$(185) \qquad \mathfrak{y}_i = \left(V_i + V^m A_{mi}^l + V_i V^l - \frac{1}{\lambda} \overline{B}_i^l \right) \mathfrak{x}_l + \left(\frac{1}{\lambda} V_i - \frac{\lambda_i}{\lambda^2} \right) \xi .$$

Wegen der Ableitungsgleichungen (132) von *Weingarten* haben wir also

$$V_i = \frac{\lambda_i}{\lambda}, \quad V = \log \lambda = \log |\overline{K}|^{-1/4} .$$

Somit ist der Vektor $\mathfrak{y}$ der Affinnormalen aus den Größen der elementaren Flächentheorie so aufzubauen

$$(186) \qquad \boxed{\; \mathfrak{y} = G^{ml} \left(\frac{\partial}{\partial u^l} \, \log |\overline{K}|^{-1/4} \right) \mathfrak{x}_m + |\overline{K}|^{+1/4} \xi . \;}$$

Für die zum Tangentenvektor $V^m \mathfrak{x}_m$ konjugierte Flächenrichtung gilt nach 1. Bd., § 43 (101)

$$G_{ik} V^i du^k = V_k du^k = d \log \lambda = 0$$

und damit ist gezeigt:

Der Normalriß der Affinnormalen auf die Tangentenebene ist konjugiert zur Tangentenrichtung der Kurven $\overline{K} =$ *konst.*

Ferner bemerken wir:

Wenn $\overline{K}$ *auf der Fläche* $\mathfrak{x}$ (u^1, u^2) *fest ist, so fallen gewöhnliche Normalen und Affinnormalen zusammen,* und umgekehrt: *Fallen gewöhnliche und Affinnormalen einer Fläche zusammen, so hat die Fläche feste Gaußische Krümmung.*

Aus (185) folgt durch Vergleich mit (132) weiter

$$B_i^l = V_i^l + V^m A_{mi}^l + V_i V^l - \frac{1}{\lambda} \overline{B}_i^l$$

und daraus wegen der Apolaritätsbeziehungen (119)

$$B_r^r = - |\overline{K}|^{1/4} \overline{B}_r^r + V_r^r + V_r V^r ,$$

oder nach (146) und (182)

$$(187) \qquad H = |\overline{K}|^{1/4} \overline{H} - \tfrac{1}{2} (V_r^r + V^r V_r) .$$

Bezeichnen wir die Krümmung der zweiten Grundform $- d\mathfrak{x} \cdot d\xi$ mit $\overline{S}$, so ist wegen der Beziehung (183) die Krümmung der affinen Grundform

$$(188) \qquad S = |\overline{K}|^{1/4} \overline{S} - \tfrac{1}{2} V_r^r .$$

Damit ist auch $J = S - H$ gefunden.

Zur Berechnung der kubischen Grundform bilden wir die Differenz der zweiten kovarianten Ableitungen

$$\mathfrak{x}_{ik} - \mathfrak{x}_{i\overline{k}} = (\overline{\Gamma}_{ik}{}^l - \Gamma_{ik}{}^l) \mathfrak{x}_l .$$

Da andererseits nach den Ableitungsgleichungen (131), (179) und nach (183), (186)

$$\mathfrak{x}_{ik} - \mathfrak{x}_{i\bar{k}} = (A_{ik}{}^{l} + V^{l} G_{ik})\, \mathfrak{x}_{l},$$

so ist

$$\Gamma_{ik,l} - \overline{\Gamma}_{ik,l} = D_{ikl}$$

ein Tensor dritter Stufe, und zwar ist nach der Definition der $\Gamma_{ik,l}$ in (71)

$$(189) \qquad D_{ikl} = \frac{1}{2}\left\{ \frac{\partial\,(G_{li} - \bar{G}_{li})}{\partial u^{k}} - \frac{\partial\,(G_{ik} - \bar{G}_{ik})}{\partial u^{l}} + \frac{\partial\,(G_{kl} - \bar{G}_{kl})}{\partial u^{i}} \right\}$$

aus metrischen Größen bestimmt.

Daher ist nun auch

$$(190) \qquad A_{ikl} = - D_{ikl} - V_{l} G_{ik}$$

bekannt und damit der Weg zur Berechnung der noch fehlenden affinen Invarianten gebahnt.

§ 65. Affine Differentialgeometrie der Hyperflächen im R_{n+1}.[7]

Die in § 53 und den folgenden Abschnitten entwickelte Tensor-analysis gilt ohne jede wesentliche Veränderung auch dann, wenn die Zeiger i, k, l ... von 1 bis $n \geq 2$ laufen, anstatt nur die Werte 1 und 2 anzunehmen. Wir wollen jetzt von dieser auf n Veränderliche erweiterten Tensoranalysis eine Anwendung machen, indem wir die Hauptformeln der affinen Differentialgeometrie der Hyperflächen, d. h. der n-dimensionalen Mannigfaltigkeiten im $(n + 1)$-dimensionalen *Euklid*ischen Raum R_{n+1} entwickeln.

Wir denken die $n + 1$ Parallelkoordinaten x_p eines Punktes $\mathfrak{x}$ der Hyperfläche als Funktionen von n Parametern u^1, u^2, ..., u^n ausgedrückt

$$(191) \qquad x_p = x_p(u^1, u^2, \ldots, u^n), \qquad (p = 1, 2, \ldots, n + 1),$$

wofür wir wieder vektoriell

$$(191)^{*} \qquad \mathfrak{x} = \mathfrak{x}(u^1, u^2, \ldots, u^n)$$

schreiben. Dann setzen wir

$$(192) \qquad A_{ik} = \left(\frac{\partial^2 \mathfrak{x}}{\partial u^i\,\partial u^k}, \frac{\partial \mathfrak{x}}{\partial u^1}, \frac{\partial \mathfrak{x}}{\partial u^2}, \ldots, \frac{\partial \mathfrak{x}}{\partial u^n} \right), \qquad (i, k = 1, 2, \ldots, n),$$

wo die Klammer eine $n + 1$-reihige Determinante bedeutet, und bezeichnen die Determinante der A_{ik} mit A

$$(193) \qquad A = |\, A_{11}, A_{22}, \ldots, A_{nn}\,|.$$

---

[7] Zu diesem und dem folgenden Abschnitt, die wir Herrn *Berwald* verdanken, vgl. *L. Berwald*, Monatshefte für Mathematik **32** (1922), S. 89—106.

Dabei soll vorausgesetzt werden, daß für unsere Hyperfläche beständig $\varLambda \neq 0$ ist. Analoge Überlegungen wie in § 39 zeigen, daß die Differentialform

$$(194) \qquad G_{ik}\,du^i\,du^k = \frac{\varLambda_{ik}du^i du^k}{|\varLambda|^{\frac{1}{n+2}}} = \frac{\left(d^2\mathfrak{x},\, \dfrac{\partial \mathfrak{x}}{\partial u^1},\, \dfrac{\partial \mathfrak{x}}{\partial u^2},\, \ldots,\, \dfrac{\partial \mathfrak{x}}{\partial u^n}\right)}{|\varLambda|^{\frac{1}{n+2}}} = \varphi,$$

bei Einführung gleichsinniger neuer Parameter invariant ist[8]). Diese „quadratische Grundform" ist wieder das inhaltstreu-affine Gegenstück des quadrierten Bogenelementes der Hyperfläche.

Setzen wir wie in § 58

$$\frac{\partial \mathfrak{x}}{\partial u^i} = \mathfrak{x}_i, \qquad \frac{\partial^2 \mathfrak{x}}{\partial u^i \partial u^k} - \varGamma_{ik}{}^r \mathfrak{x}_r = \mathfrak{x}_{ik}, \qquad \frac{\partial \mathfrak{x}_{ik}}{\partial u^l} - \varGamma_{il}{}^r \mathfrak{x}_{rk} - \varGamma_{kl}{}^r \mathfrak{x}_{ir} = \mathfrak{x}_{ikl},$$

wo die $\varGamma_{ik}{}^r$ durch § 54 (74), (71) mit der Grundform (194) erklärt sind und nennen G die Diskriminante von φ:

$$(195) \qquad G = |\,G_{11}\,G_{22}\ldots G_{nn}\,| = \frac{\varLambda}{|\varLambda|^{\frac{n}{n+2}}},$$

so ist der Vektor

$$(196) \qquad \mathfrak{y} = \frac{1}{n}\,\mathfrak{x}_{ik}\,G^{ik}$$

mit der Hyperfläche invariant verbunden und liegt sicher nicht in ihrer Tangentenhyperebene in $\mathfrak{x}$. Wir nennen ihn den „Affinnormalvektor" der Hyperfläche in $\mathfrak{x}$.

Als kubische Grundform der Hyperfläche nehmen wir schließlich entsprechend zu § 58 die in demselben Sinn wie φ invariante Differentialform

$$(197) \qquad \psi = A_{ikl}\,du^i\,du^k\,du^l$$

$$= \frac{(\mathfrak{x}_{ikl},\mathfrak{x}_1,\mathfrak{x}_2,\ldots,\mathfrak{x}_n)\,du^i\,du^k\,du^l}{|G|^{\frac{1}{2}}} = \frac{\left(d^3\mathfrak{x},\, \dfrac{\partial \mathfrak{x}}{\partial u^1},\, \dfrac{\partial \mathfrak{x}}{\partial u^2},\, \ldots,\, \dfrac{\partial \mathfrak{x}}{\partial u^n}\right)}{|G|^{\frac{1}{2}}} - \frac{3}{2}\,d\varphi.$$

Die beiden Grundformen (194) und (197) sind wieder apolar, d. h. es bestehen die Beziehungen

$$(198) \qquad G^{ik}A_{ikl} = 0 \qquad (l = 1, 2, \ldots, n).$$

Das Gegenstück der *Pick*schen Invariante lautet hier

$$(199) \qquad J = \frac{1}{n\,(n-1)}\,A_{ikl}A^{ikl}, \qquad (A^{ikl} = A_{mnp}\,G^{mi}\,G^{nk}\,G^{pl}).$$

Als Ableitungsgleichungen ergeben sich wie in § 59 die Gleichungen

$$(200) \qquad \begin{aligned} \mathfrak{x}_{ik} &= A_{ik}{}^l\mathfrak{x}_l + G_{ik}\mathfrak{y}, \qquad (A_{ik}{}^l = A_{ikr}\,G^{rl}),\\ \mathfrak{y}_i &= B_i{}^k\mathfrak{x}_k, \qquad\qquad\quad (B_i{}^k = B_{il}\,G^{lk}). \end{aligned}$$

---

[8]) Wegen der Möglichkeit, bei ungeradem n eine bei beliebiger Parametertransformation invariante Grundform einzuführen, verweisen wir auf die unter [7]) genannte Abhandlung.

Hierin bedeutet $B_{ik} = G_{lk} B_i^l$ einen symmetrischen Tensor zweiter Stufe, den wir noch bestimmen werden.

Um die Integrierbarkeitsbedingungen in möglichst durchsichtiger Gestalt zu erhalten, ist es zweckmäßig, durch

$$(201) \qquad \Gamma_{ik}{}^l + A_{ik}{}^l = \Gamma_{ik}^{*\,l}$$

eine allgemeinere „Übertragung" in der Hyperfläche zu definieren, d. h. mittels dieser Größen $\Gamma_{ik}^{*\,l}$ einen verallgemeinerten Parallelismus und verallgemeinerte kovariante Ableitungen in ähnlicher Weise zu erklären, wie es in §§ 55, 56 für den Parallelismus von *Levi-Civita* mittels der $\Gamma_{ik}{}^l$ geschehen ist. Man erhält dann z. B. als verallgemeinerte kovariante Ableitungen eines kovarianten Tensors erster Stufe X_i

$$X_{i(k)} = \frac{\partial X_i}{\partial u^k} - \Gamma_{ik}^{*\,l} X_l = X_{ik} - A_{ik}{}^l X_l$$

und als solche eines kovarianten Tensors zweiter Stufe P_{ik}

$$P_{ik(l)} = \frac{\partial P_{ik}}{\partial u^l} - \Gamma_{il}^{*\,m} P_{mk} - \Gamma_{kl}^{*\,m} P_{im}$$

$$= P_{ikl} - A_{il}{}^m P_{mk} - A_{kl}{}^m P_{im},$$

wenn X_{ik}, P_{ikl} die gewöhnlichen kovarianten Ableitungen sind. Insbesondere hat man (§ 56 (94))

$$(202) \qquad G_{ik(l)} = - 2 A_{ikl}.$$

Für die erste Ableitung eines Skalars F nach u^i schreiben wir jetzt der Gleichförmigkeit halber $F_{(i)}$. Die zweite verallgemeinerte kovariante Ableitung eines Skalars ist wieder symmetrisch: $F_{(ik)} = F_{(ki)}$. Für die dritte finden wir ebenso wie in § 57

$$(203) \qquad F_{(ikr)} - F_{(irk)} = R_{im,\,rk}^{*} G^{ml} F_{(l)} = R_i^{*\,l}{}_{,\,rk} F_{(l)}.$$

Der Tensor

$$(204) \quad R_i^{*\,l}{}_{,\,rk} = R_{im,\,rk}^{*} G^{ml} = \frac{\partial \Gamma_{ir}^{*\,l}}{\partial u^k} - \frac{\partial \Gamma_{ik}^{*\,l}}{\partial u^r} + \Gamma_{ir}^{*\,m} \Gamma_{mk}^{*\,l} - \Gamma_{ik}^{*\,m} \Gamma_{mr}^{*\,l},$$

der in (203) auftritt, nimmt in unserer Übertragung die Stelle des *Riemann*schen Krümmungstensors (§ 57) ein. Durch Verjüngung entsteht aus ihm der symmetrische Tensor zweiter Stufe

$$(205) \qquad \begin{aligned} D_{ir} &= R_i^{*\,k}{}_{,\,rk} = R_{im,\,rk}^{*} G^{mk}; \\ D_i^l &= D_{ir} G^{lr} = R_i^{*\,k}{}_{,\,rk} G^{lr} = R_{im,\,rk}^{*} G^{mk} G^{lr}. \end{aligned}$$

Nochmalige Verjüngung ergibt den Skalar

$$(206) \qquad n(n-1) \cdot H = D_l^l = R_l^{*\,k}{}_{,\,rk} G^{lr} = R_{lm,\,rk}^{*} G^{mk} G^{lr}$$

Der Skalar H entspricht genau der *mittleren Affinkrümmung* der Flächen. Um das zu zeigen, hat man nur die Größen (204) bis (206) durch die A_{ikl}, G_{ik} und den *Riemann*schen Krümmungstensor $R_{im,\,rk}$ der Grundform φ auszudrücken. Man findet bei Berücksichtigung von 1(04), (198), (199) leicht[9])

$$(204)^* \qquad R^*_{im,\,rk} = R_{im,\,rk} + A_{irm,\,k} - A_{ikm,\,r} + A_{ir}{}^{l} A_{lkm} - A_{ik}{}^{l} A_{lrm},$$

$$(205)^* \qquad \begin{aligned} D_{ir} &= R_{im,\,rk}\, G^{mk} + A^{k}{}_{ir,\,k} - A_{ik}{}^{p} A_{rp}{}^{k}, \\ D_i^{l} &= R_{im,\,rk}\, G^{mk}\, G^{lr} + A^{k}{}_{ir,\,k}\, G^{lr} - A_{ik}{}^{p} A_{rp}{}^{k}\, G^{lr}, \end{aligned}$$

$$(206)^* \qquad H = \frac{1}{n\,(n-1)}\, D_l^{l} = S - \frac{1}{n\,(n-1)}\, A_{ikl}\, A^{ikl} = S - J,$$

wo

$$S = \frac{1}{n\,(n-1)}\, R_{im,\,rk}\, G^{ir}\, G^{mk}$$

die „Ortsinvariante der Krümmung" für die durch φ in der Hyperfläche gegebene Maßbestimmung bedeutet.

Nach diesen Vorbereitungen lassen sich die Ableitungsgleichungen (200) einfach folgendermaßen schreiben

$$(207) \qquad\qquad \mathfrak{x}_{(ik)} = G_{ik}\, \mathfrak{y},$$

$$(208) \qquad\qquad \mathfrak{y}_{(i)} = B_i^{k}\, \mathfrak{x}_{(k)}.$$

Aus (207) folgt wegen (208) und (202)

$$\mathfrak{x}_{(ikr)} = G_{ik}\, B_r^{l}\, \mathfrak{x}_{(l)} - 2\, A_{ikr}\, \mathfrak{y}.$$

Vertauscht man hierin k und r, so erhält man durch Abziehen nach (204)

$$(209) \qquad\qquad G_{ik}\, B_r^{l} - G_{ir}\, B_k^{l} = R^{*\,l}_{i,\,rk}.$$

In entsprechender Weise ergibt sich aus (208) mit Benutzung von (207)

$$(210) \qquad\qquad B_i^{k}{}_{(r)} - B_r^{k}{}_{(i)} = 0.$$

Aus (209) lassen sich jetzt die B_i^{k} berechnen. Einmalige oder zweimalige Verjüngung von (209) gibt nämlich wegen (205) und (206)

$$(211) \qquad\qquad D_i^{r} = B_i^{r} - B_k^{k} \cdot G_i^{r},$$

$$(212) \qquad\qquad H = -\frac{1}{n}\, B_k^{k},$$

woraus

$$(213) \qquad\qquad B_i^{r} = D_i^{r} - n H \cdot G_i^{r}$$

folgt.

Es bietet jetzt keine Schwierigkeit, auch den *Satz von Radon* (§ 60) und die *affine Krümmungstheorie* des § 61 auf die Hyperflächen im R_{n+1} zu übertragen. Beides sei dem Leser überlassen.

---

[9]) Dabei ist $R^*_{im,\,rk}$ durch $R_i^{*\,l}{}_{,\,rk}\, G_{lm}$ erklärt und wird nicht etwa aus (104) dadurch gewonnen, daß man die Γ durch die Γ^* ersetzt.

Während die vorstehenden Betrachtungen auch für den Fall der Flächen im gewöhnlichen Raum ($n = 2$) gelten, soll im folgenden eine merkwürdige Besonderheit der Fälle $n > 2$ gezeigt werden:

Für $n > 2$ sind die Integrierbarkeitsbedingungen (210) *eine bloße Folge der Integrierbarkeitsbedingungen* (209).

Zum Beweise müssen wir zunächst eine, für *Riemann*sche Mannigfaltigkeiten schon von *E. Padova* angegebene, später von *L. Bianchi*[10]) neu entdeckte Identität ableiten, aus der unser Satz ohne Mühe folgt. Das soll im nächsten Abschnitt geschehen.

§ 66. Die Identität von *Padova* und *Bianchi*.

Die Γ_{ik}^{*l}, die in § 65 eingeführt wurden, sind wie die Γ_{ik}^{l} nicht die Komponenten eines Tensors, sondern transformieren sich bei Einführung neuer Parameter $\bar{u}^i$ an Stelle der u^i folgendermaßen

$$\bar{\Gamma}_{ik}^{*r}\, a_r^{\,l} = a_i^{\,r}\, a_k^{\,s}\, \Gamma_{rs}^{*l} + \frac{\partial a_i^{\,l}}{\partial u^s}\, a_k^{\,s}, \qquad \left(a_i^{\,k} = \frac{\partial u^k}{\partial \bar{u}^i}\right).$$

Man kann daher immer solche neue Parameter $\bar{u}^i$ einführen, daß in einem beliebig vorgegebenen Punkt $\mathfrak{x}$ der Hyperfläche alle $\bar{\Gamma}_{ik}^{*r}$ Null werden.

Denken wir die Hyperfläche von vornherein auf Parameter dieser Eigenschaft bezogen, die wir jetzt wieder mit u^i bezeichnen wollen. Dann sind im Punkte $\mathfrak{x}$ alle Γ_{ik}^{*r} Null, und daher reduzieren sich dort nach § 65 die verallgemeinerten kovarianten Ableitungen auf die gewöhnlichen

$$X_{i(k)} = \frac{\partial X_i}{\partial u^k}, \qquad P_{ik(l)} = \frac{\partial P_{ik}}{\partial u^l}, \quad \text{usw.} \quad \text{in } \mathfrak{x}.$$

Ferner kommen in dem Ausdruck (204) für den Krümmungstensor $R_i^{*l}{}_{,rk} = -R_i^{*l}{}_{,kr}$ die Γ_{ik}^{*l} selbst nur im zweiten Teil $\Gamma_{ir}^{*m}\,\Gamma_{mk}^{*l} - \Gamma_{ik}^{*m}\,\Gamma_{mr}^{*l}$ vor, und zwar quadratisch. Bei der Differentiation

$$\frac{\partial R_i^{*l}{}_{,kr}}{\partial u^s}$$

entsteht daher aus diesem Teil eine Summe von Gliedern, deren jedes noch einen Faktor Γ_{ir}^{*m} enthält, im Punkte $\mathfrak{x}$ also ganz wegfällt. Somit ist in $\mathfrak{x}$

$$(214) \qquad R_i^{*l}{}_{,kr(s)} = \frac{\partial R_i^{*l}{}_{,kr}}{\partial u^s} = \frac{\partial^2 \Gamma_{ik}^{*l}}{\partial u^r\, \partial u^s} - \frac{\partial^2 \Gamma_{ir}^{*l}}{\partial u^k\, \partial u^s}.$$

---

[10]) *E. Padova*, Rendiconti Accademia dei Lincei (4) **5**^{I} (1889), S. **174**—178, insb. **176** Fußnote. Vgl. die historischen Angaben bei *D. J. Struik*, Grundzüge der mehrdimensionalen Differentialgeometrie, Berlin (1922), S. 148 Fußnote. *L. Bianchi*, Rend. Acc. Lincei (5) **11**^{I} (1902), S. 3—7.

Addiert man zu diesem Ausdruck die entsprechenden Werte von $R_i^{*l}{}_{,sk(r)}$ und $R_i^{*l}{}_{,rs(k)}$ in $\mathfrak{x}$, so erhält man die *Identität von Padova und Bianchi*

$$(215) \qquad R_i^{*l}{}_{,kr(s)} + R_i^{*l}{}_{,sk(r)} + R_i^{*l}{}_{,rs(k)} = 0.$$

(215) ist zunächst nur für den Punkt $\mathfrak{x}$ und das angenommene besondere Koordinatensystem u^i abgeleitet, für das alle Γ_{ik}^{*l} in $\mathfrak{x}$ Null sind. Da aber die linke Seite von (215) gegenüber beliebigen zulässigen Transformationen der u^i invariant ist, und der Punkt $\mathfrak{x}$ ein ganz beliebiger Punkt der Hyperfläche war, so gilt (215) allgemein.

Um nun mit Hilfe der Identität (215) den Satz vom Schlusse des § 65 zu beweisen, setzen wir links in (215) für die $R_i^{*l}{}_{,kr}$ ihre Werte (209) ein. Nach (202) erhalten wir so wegen der Symmetrie der A_{ikl} in allen drei Zeigern

$$(216) \quad G_{ik}B_r^l{}_{(s)} - G_{ir}B_k^l{}_{(s)} + G_{is}B_k^l{}_{(r)} - G_{ik}B_s^l{}_{(r)} + G_{ir}B_s^l{}_{(k)} - G_{is}B_r^l{}_{(k)} = 0.$$

Multiplizieren wir (216) mit G^{ik} und summieren über i und k, so finden wir

$$(217) \qquad (n-2)\cdot(B_r^l{}_{(s)} - B_s^l{}_{(r)}) = 0.$$

Für $n > 2$ ergeben sich also in der Tat die Integrierbarkeitsbedingungen (210), wie wir behauptet hatten.

Zum Schlusse noch einige Bemerkungen mehr geometrischer Natur über unsere Übertragung!

Zunächst sind, wie man aus (207) sehen kann, die geodätischen Linien

$$(218) \qquad d^2 u^t + \Gamma_{rs}^{*t}\, du^r\, du^s = 0$$

dieser Übertragung jene Kurven auf der Hyperfläche, für die der Vektor

$$\frac{d^2 \mathfrak{x}}{ds^2} \qquad\qquad (ds^2 = \varphi)$$

mit dem Affinnormalvektor identisch ist. Ferner ergibt sich wieder, daß die Invariante H — die Ortsinvariante der Krümmung unserer Übertragung — der Mittelwert der n reziproken affinen Hauptkrümmungsradien ist. Endlich gilt der Satz: Für $n > 2$ sind die einzigen Hyperflächen im R_{n+1} mit euklidischer (nichteuklidischer) Übertragung Γ_{ik}^{*l} die uneigentlichen (eigentlichen) „Affinhypersphären". Dabei heißt die Übertragung euklidisch, wenn $R_{mi,kr}^* = 0$, nichteuklidisch, wenn

$$R_{mi,kr}^* = K(G_{mk}G_{ir} - G_{mr}G_{ik})$$

ist, wo K eine Ortsfunktion auf der Hyperfläche bedeutet; und die Hyperfläche eine eigentliche oder uneigentliche Affinhypersphäre, je nachdem ihre Affinnormalen alle durch einen eigentlichen oder uneigentlichen Punkt laufen.

§ 67. Aufgaben.

1. Die Apolaritätsbeziehungen. Man leite die Apolaritätsbeziehungen (119), die wir durch Zurückgehen auf Asymptotenparameter bestätigt haben, unmittelbar aus der Erklärung der quadratischen und kubischen Grundform in § 58 her.

2. Zur elementaren Flächentheorie. In der in § 64 eingeführten Tensorschreibweise besagen die Formeln von *Codazzi* die Symmetrie des Tensors $\overline{B}_{tk\overline{l}}$, der aus $\overline{B}_{ik}$ durch kovariante Ableitung entsteht.

3. Affinnormalensysteme, die gleichzeitig Normalensysteme sind. Man stelle die Bedingungen für eine Fläche $\mathfrak{F}$ auf, daß es zu deren Affinnormalen eine sie senkrecht durchschneidende Fläche $\mathfrak{G}$ gibt. Für $\mathfrak{F} = \mathfrak{G}$ erhalten wir Flächen mit festem $\overline{K}$ (§ 64).

4. Affinnormalensysteme. Welcher Bedingung muß ein Strahlensystem (1. Bd., § 106) genügen, damit es aus den Affinnormalen einer Fläche besteht? Die Lösung dieser so naheliegenden Frage scheint leider zum mindesten mit einer erheblichen Rechenarbeit verbunden zu sein.

5. Affinentfernung und Hauptkrümmungen. In § 41 (52) hatten wir die „Affinentfernung" eines Raumpunkts $\mathfrak{z}$ von einem Flächenpunkt $\mathfrak{x}$ durch eine Formel erklärt, die sich in unserer jetzigen Bezeichnung so schreiben läßt

$$(219) \qquad p = (\mathfrak{z} - \mathfrak{x})\,\mathfrak{X}.$$

Durch Ableitung folgt daraus

$$(220) \qquad p_i = (\mathfrak{z} - \mathfrak{x})\,\mathfrak{X}_i$$

und weiter

$$(221) \qquad p_{ik} = G_{ik} + (\mathfrak{z} - \mathfrak{x})\,\mathfrak{X}_{ik}.$$

Für $\mathfrak{z} - \mathfrak{x} = R\mathfrak{y}$ gibt das

$$(222) \qquad p_{ik}\,du^i\,du^k = (G_{ik} + RB_{ik})\,du^i\,du^k.$$

Aus (220) folgt, wie wir schon in § 41 festgestellt hatten, daß Ruhewerte von p (d. h. $p_i = 0$) nur eintreten, wenn $\mathfrak{z}$ auf der Affinnormalen von $\mathfrak{x}$ liegt ($\mathfrak{z} = \mathfrak{x} + p_0\mathfrak{y}$). Dagegen gibt die Formel (222) darüber Aufschluß, daß die Art des Extrems von p von der Lage des Punktes $\mathfrak{z}$ gegen die affinen Hauptkrümmungsmittelpunkte von $\mathfrak{x}$ abhängt.

6. Über die Nullinien von ψ. Wann läßt sich eine elliptisch gekrümmte Fläche im kleinen so auf eine Ebene abbilden, daß dabei den Nullinien der kubischen Grundform gerade Linien entsprechen?

7. Affingeodätische Linien. Man bestimme die Flächen, auf denen die Extremalen des Variationsproblems

$$(225) \qquad \delta \int \varphi^{1/2} = 0$$

mit den Berührungslinien der umschriebenen Zylinder zusammenfallen.

8. Projektivoberfläche. Das Integral

$$(224) \qquad \int J \cdot d\Omega,$$

worin J die Invariante dritter Ordnung von *Pick* und $d\Omega$ das Element der Affinoberfläche bedeutet, ist nicht nur invariant bei Affinitäten, sondern auch bei beliebigen Kollineationen (*G. Pick*).

9. Projektive Flächentheorie. Dadurch, daß man die Formeln der affinen Flächentheorie zuerst auf zweifach ausgedehnte Flächen im R_4 überträgt, kann man aus der *affinen* leicht die Grundformeln der *projektiven* Flächentheorie des R_3 gewinnen, die gegenüber beliebigen Kollineationen invariant sind. Diese projektive Flächentheorie ist unabhängig von der affinen und zum Teil vor ihr zuerst für Asymptotenparameter von *E. J. Wilczynski* und für beliebige Parameter von *G. Fubini* entwickelt worden, nachdem insbesondere *G. Darboux* schon früher in dieser Richtung schöne Ergebnisse gefunden hatte. *G. Darboux*, Bulletin sciences mathématiques (2) **4** (1880)[I], S. 348—384. Von *Wilczynski*s zahlreichen Arbeiten seien erwähnt die in den Transactions of the American Math. Soc. **8** (1907), **9** (1908) und **10** (1909). *Fubini*s Schriften über projektive Differentialgeometrie findet man in den Rendiconti des Circolo matematico di Palermo **43** (1919), S. 2 zusammengestellt. An weiteren Autoren über diesen Gegenstand seien *G. M. Green* und *E. Čech* genannt, ferner in Italien u. a. *C. Segre, E. Bompiani* und *A. Terracini*. *Čech* hat z. B. alle Flächen bestimmt mit ebenen Nullinien der kubischen Grundform. Über die Beziehungen zwischen affiner und projektiver Differentialgeometrie vgl. *G. Sannia*, Annali di matematica (**3**) **31** (1922), S. 165—189.

10. Dimensionstafel. Entsprechend zu (88) in § 6 bestätige man folgende Liste von Dimensionen der Invarianten aus der affinen Flächenlehre

$\mathfrak{x}$	$\mathfrak{X}$	$\mathfrak{y}$	A_{ik}	G	G_{ik}	G^{ik}	$G_i^{\,k}$	A_{ikl}	A^{ikl}
1	$^1/_2$	$-^1/_2$	3	3	$^3/_2$	$-^3/_2$	0	$^3/_2$	-3
E_{ik}	E^{ik}	B_{ik}	C_{ik}	P_{ik}	J	H	S	K	Ω
$^3/_2$	$-^3/_2$	0	0	0	$-^3/_2$	$-^3/_2$	$-^3/_2$	-3	$^3/_2$

11. Herleitung der Grundformeln nach *E. Čech*. Während des Drucks ist in den Annali di Matematica (**3**) **31** (1923) eine Arbeit von *E. Čech* erschienen, aus der man folgende Ableitung der affinen Flächentheorie entnehmen kann, die in mancher Hinsicht der von §§ 58, 59 vorzuziehen ist. Man erklärt zuerst $\mathfrak{X}$ durch die Forderung

$$(225) \qquad \mathfrak{X}(\mathfrak{X}\mathfrak{X}_u \mathfrak{X}_v) = \pm \mathfrak{x}_u \times \mathfrak{x}_v$$

($+$ für elliptische, $-$ für hyperbolische Stellen), abgesehen vom Vorzeichen. Dann die Grundformen durch

$$(226) \qquad \varphi = - d\mathfrak{x} \cdot d\mathfrak{X}, \qquad \psi = \tfrac{1}{2}(d\mathfrak{x} \cdot d^2\mathfrak{X} - d\mathfrak{X} \cdot d^2\mathfrak{x}).$$

Von diesem Ausgangspunkt aus erreicht man eine Begründung der Flächentheorie, die insbesondere die in der ersten Aufgabe angedeutete Schwierigkeit umgeht, indem man $\mathfrak{y}$ durch (a 9) erklärt.

6. Kapitel.

Extreme bei Flächen.

§ 68.   Affinminimalflächen[1]).

Wir wollen uns nunmehr einzelnen Aufgaben und besonderen Flächenklassen zuwenden, und um mit dem Schönsten zu beginnen, einige einfache affininvariante Variationsprobleme behandeln. Wir haben in § 47 die Affinoberfläche

$$(1) \qquad \Omega = \iint |LN - M^2|^{1/4}\, du\, dv = \iint |EG - F^2|^{1/2}\, du\, dv$$

als das invariante Flächenintegral niedrigster Ordnung erkannt und fragen nun nach den Flächen, die dieses Integral (1) zu einem Extrem machen, wenn der Rand in geeigneter Weise vorgeschrieben ist, nach den *„Affinminimalflächen"*.

Die gewöhnlichen Minimalflächen sind weitaus die anziehendste Familie von Flächen offenbar deshalb, weil sie die Extremalen des einfachsten bewegungsinvarianten Variationsproblems mit einem Doppelintegral sind. Von diesem Gesichtspunkt aus wird man auch den Affinminimalflächen Aufmerksamkeit schenken wollen und zu mancher merkwürdigen Eigenschaft, die von *Monge, Riemann, Weierstraß, H. A. Schwarz* und andern Geometern bei den gewöhnlichen Minimalflächen entdeckt worden ist, bei den Affinminimalflächen ein Gegenstück aufzufinden hoffen.

In der Tat! Diese Analogie läßt sich in erstaunlich weitgehender Weise durchführen. So hat *G. Darboux* gezeigt, wie man alle Affinminimalflächen durch Quadraturen und explizit bestimmen kann, und damit ist das Gegenstück der Integrationstheorie von *Monge* und *Weierstraß* gefunden.

Aber auch das dem Problem von *Björling* entsprechende Randwertproblem für Affinminimalflächen läßt sich in einer dem Verfahren von *H. A. Schwarz* nachgebildeten Weise ebenso einfach lösen; ein beachtenswertes Ergebnis, da die Differentialgleichung der Affinminimalflächen nicht linear und von der vierten Ordnung ist. Nebenbei wird sich für die Affinoberfläche einer Affinminimalfläche ein Ausdruck durch ein Randintegral ergeben, der einer Formel von *Riemann* und *Schwarz* entspricht.

---

[1]) *W. Blaschke,* Hilbert-Festschrift und Mathem. Zeitschrift **12** (1922), S. 262—273.

Die Flächen $\mathfrak{x}(u, v)$ wollen wir, um einen bestimmten Fall vor Augen zu haben, als regulär, analytisch, reell und hyperbolisch gekrümmt annehmen und zur Parameterdarstellung die Asymptotenlinien verwenden. Dann ist

$$(2) \qquad L = (\mathfrak{x}_u\,\mathfrak{x}_v\,\mathfrak{x}_{uu}) = 0, \qquad N = (\mathfrak{x}_u\,\mathfrak{x}_v\,\mathfrak{x}_{vv}) = 0$$

und bei geeigneter Parameterbezeichnung (vgl. etwa § 43 (88))

$$(3) \qquad M = (\mathfrak{x}_u\,\mathfrak{x}_v\,\mathfrak{x}_{uv}) = F^2, \qquad F > 0 .$$

Die Darstellung der Affinoberfläche vereinfacht sich daher nach (1) und (3) zu der folgenden

$$(4) \qquad \Omega = \iint F\,du\,dv .$$

Wir gehen nun von unsrer Fläche $\mathfrak{x}(u, v)$ zu einer Nachbarfläche $\bar{\mathfrak{x}}(u, v)$ durch eine Verrückung $\delta\mathfrak{x}$ über

$$(5) \qquad \bar{\mathfrak{x}}(u, v) = \mathfrak{x} + x\mathfrak{x}_u + y\mathfrak{x}_v + z\mathfrak{y} = \mathfrak{x} + \delta\mathfrak{x} .$$

Die Verrückungskomponenten x, y, z sollen die Gestalt haben

$$(6) \qquad x = \varepsilon\bar{x}(u, v), \qquad y = \varepsilon\bar{y}(u, v), \qquad z = \varepsilon\bar{z}(u, v),$$

wo $\varepsilon \to 0$ geht. Nach § 49 (3) ist

$$(7) \qquad (\mathfrak{x}_u\,\mathfrak{x}_v\,\mathfrak{y}) = F,$$

und somit berechnen sich die Verrückungskomponenten x, y, z aus dem Verrückungsvektor $\delta\mathfrak{x}$ nach den Formeln

$$(8) \qquad \begin{aligned} Fx &= (\delta\mathfrak{x}\,\mathfrak{x}_v\,\mathfrak{y}), \\ Fy &= (\mathfrak{x}_u\,\delta\mathfrak{x}\,\mathfrak{y}), \\ Fz &= (\mathfrak{x}_u\,\mathfrak{x}_v\,\delta\mathfrak{x}). \end{aligned}$$

Um nun die Affinoberfläche von $\bar{\mathfrak{x}}(u, v)$ zu finden, haben wir

$$(9) \qquad \bar{\Omega} = \iint (\overline{M^2} - \overline{L}\,\overline{N})^{1|4}\,du\,dv$$

zu ermitteln. Wir wollen $\bar{\Omega}$ nach Potenzen von ε entwickeln und das in ε lineare Glied wie üblich mit $\delta\Omega$ bezeichnen. Da nach (2) $L = N = 0$ ist, wird $\overline{L}\,\overline{N}$ in ε quadratisch sein, kann also zur Berechnung von $\delta\Omega$ vernachlässigt werden. Dann ist also:

$$(10) \qquad \bar{\Omega} = \iint \overline{M}^{1/2}\,du\,dv,$$

und wir brauchen nur die Determinante $\overline{M}$ auszuwerten.

Mittels der Ableitungsformeln § 49 (2) und (9) folgt aus (5):

$$(11) \quad \begin{aligned} \bar{\mathfrak{x}}_u &= \mathfrak{x}_u + \left\{\frac{(Fx)_u}{F} - Hz\right\}\mathfrak{x}_u + \{\ast\}\mathfrak{x}_v + \{z_u + Fy\}\mathfrak{y}, \\ \bar{\mathfrak{x}}_v &= \mathfrak{x}_v + \{\ast\}\mathfrak{x}_u + \left\{\frac{(Fy)_v}{F} - Hz\right\}\mathfrak{x}_v + \{z_v + Fx\}\mathfrak{y}, \\ \bar{\mathfrak{x}}_{uv} &= \mathfrak{x}_{uv} + \{\bar{\ast}\}\mathfrak{x}_u + \{\ast\}\mathfrak{x}_v + \{(Fx)_u + (Fy)_v + z_{uv} - FHz\}\mathfrak{y}. \end{aligned}$$

Darin sind die durch Sterne angedeuteten Glieder mindestens linear in ε. Wir finden jetzt für die Determinante $\overline{M}$

$$(12) \quad (\ddot{\mathfrak{x}}_{uv}\,\dot{\mathfrak{x}}_u\,\dot{\mathfrak{x}}_v) = \overline{M} = F\left\{ F + 2\,(Fx)_u + 2\,(Fy)_v + z_{uv} - 3\,FHz \right\}$$

bis auf Glieder, die mindestens quadratisch in ε sind. Durch Wurzelausziehen folgt daraus

$$(13) \quad \overline{M}^{1/2} = F + (Fx)_u + (Fy)_v + \tfrac{1}{2}\,z_{uv} - \tfrac{3}{2}\,FHz$$

und somit

$$(14) \quad \delta\Omega = \iint \left\{ (Fx)_u + (Fy)_v + \tfrac{1}{2}\,z_{uv} \right\} du\,dv - \tfrac{3}{2}\int Hz\,d\Omega ,$$

wenn

$$(15) \quad F\,du\,dv = d\Omega$$

gesetzt wird. Das erste Integral kann man in ein Randintegral umrechnen unter Verwendung der Formel, die man nach *Green* oder *Gauß* zu benennen pflegt[2]),

$$(16) \quad \begin{aligned} &\iint \left\{ (Fx)_u + (Fy)_v + \tfrac{1}{2}\,z_{uv} \right\} du\,dv \\ &= \oint (Fx\,dv - Fy\,du) - \tfrac{1}{4}\oint (z_u\,du - z_v\,dv). \end{aligned}$$

Wegen (8) kann man für das erste Randintegral in (16) auch schreiben

$$(17) \quad \oint \left\{ (\delta\mathfrak{x},\,\mathfrak{x}_v\,dv,\,\mathfrak{y}) + (\delta\mathfrak{x},\,\mathfrak{x}_u\,du,\,\mathfrak{y}) \right\} = \oint (\delta\mathfrak{x},\,d\mathfrak{x},\,\mathfrak{y}),$$

wenn $d\mathfrak{x} = \mathfrak{x}_u\,du + \mathfrak{x}_v\,dv$ das vektorielle Linienelement des Randes bedeutet.

Damit haben wir schließlich für die erste Variation der Affinoberfläche die folgende einfache Formel

$$(18) \quad \delta\Omega = \oint (\delta\mathfrak{x},\,d\mathfrak{x},\,\mathfrak{y}) - \tfrac{1}{4}\oint (z_u\,du - z_v\,dv) - \tfrac{3}{2}\int Hz\,d\Omega$$

oder

$$(19) \quad \boxed{\; \delta\Omega = \oint (\delta\mathfrak{x},\,d\mathfrak{x},\,\mathfrak{y}) + \frac{1}{4}\oint \frac{\partial z}{\partial \nu}\,d\sigma - \frac{3}{2}\iint (\delta\mathfrak{x},\,\mathfrak{x}_u,\,\mathfrak{x}_v)\,H\,du\,dv, \;}$$

wenn zur Abkürzung

$$z = \mathfrak{X}\cdot\delta\mathfrak{x}, \quad \frac{-z_u\,du + z_v\,dv}{|F\,du\,dv|^{1/2}} = \frac{\partial z}{\partial \nu} \quad \text{und} \quad |F\,du\,dv|^{1/2} = d\sigma$$

gesetzt wird. Die Formeln (18) und (19) bilden das affine Gegenstück zu einer Formel von *Gauß* (1829) für die Variation der Oberfläche[3]). Für das Randintegral ist noch eine naheliegende Vorzeichen-

---

2) Vgl. etwa *H. v. Mangoldt*, Einführung in die höhere Mathematik, 3. Bd., Leipzig 1920, Nr. 84.

3) *C. F. Gauß*, Principia generalia theoriae figurae fluidorum in statu aequilibrii, Werke V, S. 29—77, bes. S. 65. Man vgl. auch *O. Bolza*, Gauß und die Variationsrechnung in Bd. X 2, Abh. 5 von *Gauß'* Werken und § 93 des ersten Bandes.

regel festzusetzen. Das Doppelintegral in (19) kann mittels des kontravarianten Raumvektors $\mathfrak{X}$ auch so geschrieben werden

$$\iint (\delta\mathfrak{x}, \mathfrak{x}_u, \mathfrak{x}_v)\, H\, du\, dv = \int (\mathfrak{X}\cdot\delta\mathfrak{x})\, H\, d\Omega.$$

Nebenbei: Man könnte diesem Ausdruck mittels § 63 (a. 24) und mittels der Formel *Green*s im 1. Bd., § 68 (128) noch weiter umgestalten.

Die Formel (18) lehrt, daß $\delta\Omega$ bei festgehaltenem Rand (das heißt genauer, wenn z, z_u und z_v auf dem Rande Null sind) nur dann für beliebiges z verschwindet, wenn H, das affine Gegenstück zur mittleren Krümmung auf unserer Fläche $\mathfrak{x}\,(u, v)$· gleich Null ist.

Die Extremalen unseres Variationsproblems $\delta\Omega = 0$, *die wir Affinminimalflächen nennen, sind also durch das identische Verschwinden der Invariante* H, *der mittleren Affinkrümmung, gekennzeichnet.*

Diese Differentialgleichung läßt sich mit Hilfe der Formeln *Lelieuvre*s sofort integrieren. Aus der mittleren Formel § 52 (42) folgt für $H = 0$

$$(20) \qquad\qquad \mathfrak{X}_{uv} = 0,$$

$$(21) \qquad\qquad \mathfrak{X} \;= \mathfrak{U}(u) + \mathfrak{B}(v).$$

Somit erhalten wir für die Affinminimalflächen nach § 52 (49) die Integraldarstellung

$$(22) \qquad \boxed{\;\mathfrak{x} = \mathfrak{B}\times\mathfrak{U} + \int \mathfrak{U}\times d\mathfrak{U} - \int \mathfrak{B}\times d\mathfrak{B}\;.}$$

Für

$$(23) \qquad -F = (\mathfrak{U} + \mathfrak{B}, \mathfrak{U}', \mathfrak{B}') \neq 0 \qquad\qquad \left(\mathfrak{U}' = \frac{d\mathfrak{U}}{du},\; \mathfrak{B}' = \frac{d\mathfrak{B}}{dv}\right),$$

gibt (22) nach den Endergebnissen des § 52 stets eine Affinminimalfläche.

Die Darstellung (22) unsrer Flächen stammt von *G. Darboux*, der von einer andern Seite her zu ihnen gekommen ist[4]).

Wir wollen im Anschluß an die Formel (22) noch eine einfache, ebenfalls von *Darboux* gefundene *geometrische Konstruktion* herleiten,

---

[4]) *G. Darboux*, Théorie des surfaces **3** (1894), S. 368; **4** (1896), S. 512. Mehrfach sind unsere Flächen zunächst unter dem Namen paraboloidische Flächen von *P. Franck* studiert worden, vgl. Jahresbericht der D. Math. Ver. **23** (1914), S. 49—53, S. 343—352; **29** (1920), S. 75—93. Daß die Affinminimalflächen mit den paraboloidischen Flächen zusammenfallen, hat zuerst *L. Berwald* bemerkt, Math. Zeitschr. **8** (1920), S. 63—78. Zu (23) sei erwähnt, daß F nur dann identisch verschwindet, wenn die Kurven ($\mathfrak{U}$), ($\mathfrak{B}$) in derselben Ebene durch den Ursprung liegen.

die von den Schiebflächen zu den Affinminimalflächen führt. Zu dem Zweck betrachten wir neben der Affinminimalfläche $(\mathfrak{x})$, nämlich

$$(22)_1 \qquad \mathfrak{x} = +\,\mathfrak{V}\times\mathfrak{U} + \int \mathfrak{U}\times d\mathfrak{U} - \int \mathfrak{V}\times d\mathfrak{V}$$

die andere $(\bar{\mathfrak{x}})$, die aus ihr durch Änderung des Vorzeichens bei $\mathfrak{U}$ oder $\mathfrak{V}$ entsteht:

$$(22)_2 \qquad \bar{\mathfrak{x}} = -\,\mathfrak{V}\times\mathfrak{U} + \int \mathfrak{U}\times d\mathfrak{U} - \int \mathfrak{V}\times d\mathfrak{V}.$$

Die Verbindungslinie zugeordneter Punkte $\mathfrak{x}\,(u, v)$ und $\bar{\mathfrak{x}}\,(u, v)$ berührt unsere beiden Affinminimalflächen, denn es ist

$$(\mathfrak{x}_u,\, \mathfrak{x}_v,\, \bar{\mathfrak{x}} - \mathfrak{x}) = 0, \quad (\bar{\mathfrak{x}}_u,\, \bar{\mathfrak{x}}_v,\, \bar{\mathfrak{x}} - \mathfrak{x}) = 0.$$

Diese Verbindungslinien bilden also ein „Strahlensystem" (1. Bd., § 106), auf dessen „Brennflächen" $\mathfrak{x}\,(u, v)$ und $\bar{\mathfrak{x}}\,(u, v)$ sich die Asymptotenlinien $u, v =$ konst. entsprechen, ein sogenanntes „*W-Strahlensystem*". Für den Mittelpunkt $\mathfrak{z}$ entsprechender Punkte $\mathfrak{x}, \bar{\mathfrak{x}}$ finden wir

$$\mathfrak{z} = \tfrac{1}{2}(\mathfrak{x} + \bar{\mathfrak{x}}) = \int \mathfrak{U}\times d\mathfrak{U} - \int \mathfrak{V}\times d\mathfrak{V}.$$

Die Mittenfläche $\mathfrak{z}\,(u, v)$ ist also eine Schiebfläche.

Es handelt sich nun darum, festzustellen, ob und wie man ausgehend von der Schiebfläche $(\mathfrak{z})$ zu den beiden zugeordneten Affinminimalflächen $(\mathfrak{x})$ und $(\bar{\mathfrak{x}})$ gelangen kann. Dazu nehmen wir an, es sei

$$(\mathfrak{U}\,\mathfrak{U}'\,\mathfrak{U}'') \,\pm\, 0, \quad (\mathfrak{V}\,\mathfrak{V}'\,\mathfrak{V}'') \,\pm\, 0.$$

Dann ist die Stellung der Schmiegebene an die „Erzeugende" $v =$ konst. auf $(\mathfrak{z})$ durch die Vektoren

$$(24) \qquad \mathfrak{z}_u = \mathfrak{U}\times\mathfrak{U}', \; \mathfrak{z}_{uu} = \mathfrak{U}\times\mathfrak{U}''$$

gegeben und somit steht diese Ebene auf $\mathfrak{U}$ senkrecht, denn es ist

$$\mathfrak{z}_u \times \mathfrak{z}_{uu} = (\mathfrak{U}\,\mathfrak{U}'\,\mathfrak{U}'')\,\mathfrak{U}.$$

Ebenso steht die Schmiegebene der Kurve $u =$ konst. von $(\mathfrak{z})$ auf $\mathfrak{V}$ senkrecht und somit hat die Schnittlinie unserer beiden Schmiegebenen dieselbe Richtung $\mathfrak{U}\times\mathfrak{V}$ wie die Verbindungslinie der Punkte $\mathfrak{x}, \bar{\mathfrak{x}}$ nach (22). Damit ist unsere Frage nach der Konstruktion der Affinminimalflächen $(\mathfrak{x})$, $(\bar{\mathfrak{x}})$ aus der Schiebfläche $(\mathfrak{z})$ im wesentlichen schon gelöst. Bemerken wir noch, daß aus (24) und

$$\mathfrak{z}_{uuu} = \mathfrak{U}\times\mathfrak{U}''' + \mathfrak{U}'\times\mathfrak{U}''$$

und den entsprechenden Formeln für $\mathfrak{z}_v, \mathfrak{z}_{vv}, \mathfrak{z}_{vvv}$ folgt

$$(\mathfrak{z}_u\,\mathfrak{z}_{uu}\,\mathfrak{z}_{uuu}) = +\,(\mathfrak{U}\,\mathfrak{U}'\,\mathfrak{U}'')^2,$$
$$(\mathfrak{z}_v\,\mathfrak{z}_{vv}\,\mathfrak{z}_{vvv}) = -\,(\mathfrak{V}\,\mathfrak{V}'\,\mathfrak{V}'')^2.$$

Wir können daraus leicht folgenden Schluß ziehen: *Es sei*

$$\mathfrak{z}\,(u, v) = \mathfrak{u}\,(u) + \mathfrak{v}\,(v)$$

eine Schiebfläche mit entgegengesetzt gewundenen Erzeugenden:

$$(\mathfrak{u}'\,\mathfrak{u}''\,\mathfrak{u}''') > 0, \quad (\mathfrak{v}'\,\mathfrak{v}''\,\mathfrak{v}''') < 0.$$

Bringen wir in jedem Punkt $\mathfrak{z}$ der Schiebfläche die Schmiegebenen beider durch $\mathfrak{z}$ gehender Erzeugenden u, $v =$ konst. zum Schnitt, so erhalten wir ein W-Strahlensystem, dessen Brennflächen hyperbolisch gekrümmte Affinminimalflächen sind.

Setzen wir nämlich

$$\mathfrak{U} = \frac{\mathfrak{u}' \times \mathfrak{u}''}{\sqrt{+(\mathfrak{u}'\,\mathfrak{u}''\,\mathfrak{u}''')}}, \quad \mathfrak{B} = \frac{\mathfrak{v}' \times \mathfrak{v}''}{\sqrt{-(\mathfrak{v}'\,\mathfrak{v}''\,\mathfrak{v}''')}},$$

so erhalten wir

$$\int \mathfrak{U} \times d\mathfrak{U} = +\mathfrak{u}, \quad \int \mathfrak{B} \times d\mathfrak{B} = -\mathfrak{v}.$$

Dadurch ergibt sich für unsere Affinminimalflächen die ebenfalls von *G. Darboux* stammende[5]) integralfreie Darstellung

$$(25) \qquad \mathfrak{x} = \mathfrak{u} + \mathfrak{v} - \frac{(\mathfrak{u}' \times \mathfrak{u}'') \times (\mathfrak{v}' \times \mathfrak{v}'')}{\sqrt{+(\mathfrak{u}'\,\mathfrak{u}''\,\mathfrak{u}''')} \,\sqrt{-(\mathfrak{v}'\,\mathfrak{v}''\,\mathfrak{v}''')}}.$$

Auf ähnliche Weise kann man aus Schiebflächen mit imaginären Erzeugenden die elliptisch gekrümmten Affinminimalflächen herleiten. Schließlich wäre es auch nicht schwer, für die ausgeschlossenen Sonderfälle $(\mathfrak{u}'\,\mathfrak{u}''\,\mathfrak{u}''') = 0$ oder $(\mathfrak{v}'\,\mathfrak{v}''\,\mathfrak{v}''') = 0$ eine Darstellung der zugehörigen Affinminimalflächen zu finden. Der Kürze halber verzichten wir hier auf eine Besprechung dieser Fälle.

§ 69. Einige kennzeichnende Eigenschaften der Affinminimalflächen.

Aus der entwickelten Darstellung (22) können wir einige Eigenschaften der Affinminimalflächen ablesen. So folgt aus (22) durch Ableitung

$$\mathfrak{x}_u\,\mathfrak{U}' = 0, \qquad \mathfrak{x}_v\,\mathfrak{B}' = 0$$

das heißt:

Längs jeder Asymptotenlinie $u =$ konst. [$v =$ konst.] sind die Tangenten $\mathfrak{x}_u$ [$\mathfrak{x}_v$] an die zweite Schar von Asymptotenlinien zu einer Ebene parallel.

Wir erkennen folgendermaßen, daß diese Eigenschaft die Affinminimalflächen unter den regulären analytischen Flächen, die keine Torsen sind, kennzeichnet. Unsere Voraussetzung stellt sich rechnerisch durch Gleichungen

$$(\mathfrak{x}_u\,\mathfrak{x}_{uv}\,\mathfrak{x}_{uvv}) = 0, \qquad (\mathfrak{x}_v\,\mathfrak{x}_{uv}\,\mathfrak{x}_{uuv}) = 0$$

---

[5]) *G. Darboux:* Théorie des surfaces **3** (1894), S. 372.

dar. Nun ergibt sich allgemein aus § 49 (7), (8) und (9)

$$
\mathfrak{x}_{uuv} = - F H \mathfrak{x}_u + \frac{A_v}{F} \mathfrak{x}_v + F_u \mathfrak{y},
$$

(26)

$$
\mathfrak{x}_{uvv} = + \frac{D_u}{F} \mathfrak{x}_u - F H \mathfrak{x}_v + F_v \mathfrak{y},
$$

und somit wegen § 49 (2) und (3)

(27)
$$
\boxed{\begin{aligned}
(\mathfrak{x}_u \mathfrak{x}_{uv} \mathfrak{x}_{uvv}) &= + F^3 H, \\
(\mathfrak{x}_v \mathfrak{x}_{uv} \mathfrak{x}_{uuv}) &= - F^3 H.
\end{aligned}}
$$

Also folgt tatsächlich beispielsweise schon aus $(\mathfrak{x}_u \mathfrak{x}_{uv} \mathfrak{x}_{uvv}) = 0$ unsere Behauptung $H = 0$.

Ähnlich erkennt man: *Die Affinnormalen längs einer Asymptotenlinie laufen zu einer festen Ebene parallel:*

(28)
$$
(\mathfrak{y} \, \mathfrak{y}_u \, \mathfrak{y}_{uu}) = 0, \qquad (\mathfrak{y} \, \mathfrak{y}_v \, \mathfrak{y}_{vv}) = 0.
$$

Aus § 52 (41) und § 68 (21) folgt nämlich sofort

(28)*
$$
\mathfrak{y} \, \mathfrak{U}' = 0, \qquad \mathfrak{y} \, \mathfrak{W}' = 0.
$$

Darin ist unsere Behauptung enthalten.

Betrachten wir jetzt eine Schar ähnlicher und bezüglich des Ursprungs ähnlich gelegener Stücke von Affinminimalflächen:

(29)
$$
\mathfrak{x}^*(u, v; \lambda) = \lambda \mathfrak{x}(u, v), \qquad 0 < \lambda \leq 1.
$$

Aus diesem Ansatz folgt in leicht verständlicher Schreibweise

(30)
$$
\begin{aligned}
M^* &= \lambda^{+3} M, \\
F^* &= \lambda^{+3/2} F, \\
\mathfrak{y}^* &= \lambda^{-1/2} \mathfrak{y}.
\end{aligned}
$$

Die Formel (18) für die erste Variation von Ω^* gibt daher wegen $H^* = 0$ in unserem Fall

(31)
$$
\delta \Omega^* = \lambda^{1/2} \delta \lambda \oint (\mathfrak{x}, d\mathfrak{x}, \mathfrak{y}) - \tfrac{1}{4} \oint (z_u \, du - z_v \, dv).
$$

Nun ist nach (8) und (30)

(32)
$$
z = \frac{(\mathfrak{x}_u \, \mathfrak{x}_v \, \mathfrak{x})}{F} \lambda^{1/2} \delta \lambda,
$$

und daraus folgt durch Ableitung mittels der Ableitungsgleichungen § 49 (2)

(33)
$$
z_u \, du - z_v \, dv = (\mathfrak{x}, d\mathfrak{x}, \mathfrak{y}) \lambda^{1/2} \delta \lambda.
$$

Setzen wir das Ergebnis (33) in (31) ein, so finden wir

(34)
$$
\delta \Omega^* = \tfrac{3}{4} (\lambda^{1/2} \delta \lambda) \oint (\mathfrak{x}, d\mathfrak{x}, \mathfrak{y})
$$

und weiter durch Integration nach λ zwischen den Grenzen 0, 1 wegen $\Omega(0) = 0$

$$
\Omega = \tfrac{1}{2} \oint (\mathfrak{x}, d\mathfrak{x}, \mathfrak{y}).
$$

Die Affinoberfläche eines einfach zusammenhängenden Stücks einer Affinminimalfläche läßt sich somit durch das Randintegral darstellen

$$(35) \qquad \boxed{\Omega = \tfrac{1}{2} \oint (\mathfrak{x}, d\mathfrak{x}, \mathfrak{y}).}$$

Die entsprechende Formel für die Minimalflächen hat *H. A. Schwarz* 1874 angegeben (1. Bd., § 94).

Da Ω von der Wahl des Ursprungs nicht abhängt, folgt aus (35)

$$2\,\Omega = \oint (\mathfrak{x} + \mathfrak{v}, d\mathfrak{x}, \mathfrak{y}) = 2\,\Omega + \oint (\mathfrak{v}, d\mathfrak{x}, \mathfrak{y})$$

oder

$$(36) \qquad \oint (\mathfrak{v}, d\mathfrak{x}, \mathfrak{y}) = 0,$$

wenn $\mathfrak{v}$ einen beliebigen bei der Integration festgehaltenen Vektor bedeutet. An Stelle von (36) können wir unter Verwendung des Vektorprodukts ebensogut auch schreiben

$$(37) \qquad \oint \mathfrak{y} \times d\mathfrak{x} = 0$$

oder endlich:

Auf einer Affinminimalfläche ist das Integral

$$(38) \qquad \int \mathfrak{y} \times d\mathfrak{x}$$

vom Weg unabhängig.

Man kann etwa mittels der Formel (18) für $\delta\Omega$ einsehen, daß diese Tatsache die Affinminimalflächen kennzeichnet. Unterwirft man nämlich eine Fläche einer Schiebung ($\delta\mathfrak{x} = $ konst.), so ist $\delta\Omega = 0$ und aus

$$(39) \qquad \oint \mathfrak{y} \times d\mathfrak{x} = 0$$

folgt das Verschwinden des ersten Randintegrals in (18). Wenn aber $\delta\mathfrak{x} = $ konst. ist, so haben wir nach (8) und § 49 (2)

$$(40) \qquad - \int (z_u\,du - z_v\,dv) = \int (\mathfrak{y}, d\mathfrak{x}, \delta\mathfrak{x}),$$

also verschwindet wegen (14) auch das zweite Randintegral in (18). Somit muß auch das Flächenintegral Null sein und, da der Rand beliebig zusammengezogen werden kann, folgt $H = 0$, wie behauptet war.

Wegen

$$(41) \qquad d(\mathfrak{y} \times \mathfrak{x}) = (d\mathfrak{y} \times \mathfrak{x}) + (\mathfrak{y} \times d\mathfrak{x})$$

sind die Bedingungen

$$(42) \qquad \oint \mathfrak{x} \times d\mathfrak{y} = 0, \qquad \oint \mathfrak{y} \times d\mathfrak{x} = 0$$

gleichwertig. Diese Formeln haben eine einfache *mechanische Deutung*: Denkt man sich in der Fläche $\mathfrak{x}(u, v)$ Spannungen wirksam, und zwar auf das Linienelement $d\mathfrak{x}$ die Spannung $d\mathfrak{y}$, so sagen die Formeln:

$$(43) \qquad \oint d\mathfrak{y} = 0, \qquad \oint \mathfrak{x} \times d\mathfrak{y} = 0$$

aus, daß Gleichgewicht herrscht. Denkt man sich das Krümmungsbild $\mathfrak{y}(u, v)$ ebenfalls in einem Spannungszustand, und zwar so, daß
dem Linienelement $d\mathfrak{y}$ der Spannungsvektor $d\mathfrak{x}$ entspricht, so herrscht
wegen

$$(44) \qquad \oint d\mathfrak{x} = 0, \qquad \oint \mathfrak{y} \times d\mathfrak{x} = 0$$

wieder Gleichgewicht. Jede der Flächen $\mathfrak{x}(u, v)$, $\mathfrak{y}(u, v)$, die nach
§ 49 (9) in entsprechenden Punkten parallele Tangentenebenen haben,
läßt sich als reziproker Kräfteplan zu den Spannungen in der andern
auffassen (vgl. den Schluß von § 94 des ersten Bandes).

Der Fläche

$$(45) \qquad \overline{\mathfrak{X}} = \int \mathfrak{y} \times d\mathfrak{x}$$

entspricht $(\mathfrak{x})$ durch „*Orthogonalität zusammengehöriger Linienelemente*“,
das heißt es ist identisch in u, v und du, dv

$$(46) \qquad d\mathfrak{x} \cdot d\overline{\mathfrak{X}} = 0.$$

Ferner steht $\mathfrak{y}$ auf der Tangentenebene von $\overline{\mathfrak{X}}$ senkrecht, denn es ist
$\mathfrak{y} \cdot d\overline{\mathfrak{X}} = 0$ oder ausführlich

$$(47) \qquad \mathfrak{y}\,\overline{\mathfrak{X}}_u = 0, \qquad \mathfrak{y}\,\overline{\mathfrak{X}}_v = 0.$$

Das Vorhandensein einer solchen Fläche $(\overline{\mathfrak{X}})$, *die der gegebenen
Fläche* $(\mathfrak{x})$ *durch Orthogonalität der Linienelemente derart entspricht, daß
die Tangentenebenen von* $(\overline{\mathfrak{X}})$, *zu den entsprechenden Affinnormalen von*
$(\mathfrak{x})$ *senkrecht stehen, ist für die Affinminimalflächen* $(\mathfrak{x})$ *kennzeichnend*[6].

Die Identität (46) besagt nämlich:

$$(48) \qquad \mathfrak{x}_u\,\overline{\mathfrak{X}}_u = 0, \qquad \mathfrak{x}_u\,\overline{\mathfrak{X}}_v + \mathfrak{x}_v\,\overline{\mathfrak{X}}_u = 0, \qquad \mathfrak{x}_v\,\overline{\mathfrak{X}}_v = 0$$

und aus (47) und (48) folgt

$$(49) \qquad \overline{\mathfrak{X}}_u = \lambda\,(\mathfrak{x}_u \times \mathfrak{y}), \qquad \overline{\mathfrak{X}}_v = \lambda\,(\mathfrak{x}_v \times \mathfrak{y}).$$

Durch doppelte Berechnung von $\overline{\mathfrak{X}}_{uv}$ ergibt sich

$$(50) \qquad \lambda_v\,(\mathfrak{x}_u \times \mathfrak{y}) + \lambda\,(\mathfrak{x}_u \times \mathfrak{y}_v) = \lambda_u\,(\mathfrak{x}_v \times \mathfrak{y}) + \lambda\,(\mathfrak{x}_v \times \mathfrak{y}_u).$$

Durch skalare Multiplikation mit $\mathfrak{y}$ folgt hieraus

$$(51) \qquad (\mathfrak{x}_u\,\mathfrak{y}_v\,\mathfrak{y}) = (\mathfrak{x}_v\,\mathfrak{y}_u\,\mathfrak{y})$$

und somit wegen der Ableitungsgleichungen § 49 (9) die Richtigkeit
unserer Behauptung $$H = 0.$$

§ 70. Gegenstück zum Problem von *Björling*[1].

Mittels des in § 52 eingeführten kontravarianten Vektors $\mathfrak{X}$ wollen
wir jetzt das auf einer Affinminimalfläche vom Wege unabhängige
Integral (38) ausdrücken. Es ist

$$(52) \qquad \mathfrak{y} \times d\mathfrak{x} = \mathfrak{y} \times \mathfrak{x}_u\,du + \mathfrak{y} \times \mathfrak{x}_v\,dv,$$

[6] Das hat *W. Krause* zuerst bemerkt, Dissertation, Hamburg 1922.

oder nach § 52 (41)

$$(53) \qquad \mathfrak{y} \times d\mathfrak{x} = - \mathfrak{X}_u \, du + \mathfrak{X}_v \, dv.$$

Insbesondere wird unter Beachtung von (21), nämlich $\mathfrak{X} = \mathfrak{U} + \mathfrak{B}$

$$(54) \qquad \int \mathfrak{y} \times d\mathfrak{x} = - \mathfrak{U} + \mathfrak{B}$$

bis auf unwesentliche Integrationskonstanten. Wegen (21) ist somit

$$(55) \qquad \boxed{\begin{aligned} 2\,\mathfrak{U} &= \mathfrak{X} - \int \mathfrak{y} \times d\mathfrak{x}, \\ 2\,\mathfrak{B} &= \mathfrak{X} + \int \mathfrak{y} \times d\mathfrak{x}. \end{aligned}}$$

Diese Gleichungen bilden ein Gegenstück zu einem System von Formeln für Minimalflächen, das *H. A. Schwarz* 1874 gefunden hat (erster Band, § 95 (26)).

Legen wir nun folgendes Randwertproblem vor:

Längs einer Kurve $\mathfrak{x}_0(t)$ sei ein Vektor $\mathfrak{y}_0(t)$ gegeben, und zwar sei

$$(56) \qquad (\mathfrak{y}_0 \, \mathfrak{x}_0{}' \, \mathfrak{y}_0{}') \neq 0 \qquad \left(\mathfrak{x}_0{}' = \frac{d\mathfrak{x}_0}{dt}, \ \mathfrak{y}_0{}' = \frac{d\mathfrak{y}_0}{dt} \right).$$

Man soll durch diese Kurve eine Affinminimalfläche legen, die die $\mathfrak{y}_0$ zu Affinnormalenvektoren hat.

Es entspricht das der Aufgabe *Björling*s (1844), durch eine Kurve eine Minimalfläche zu legen, wenn längs der Kurve noch die Flächen-normalen vorgeschrieben sind (erster Band, § 95). Wie wir nach *Schwarz* diese Aufgabe mittels seiner Formeln gelöst haben, so ist die Lösung unserer Aufgabe in den Formeln (55) enthalten.

Zunächst können wir uns nämlich längs der Kurve $\mathfrak{x}_0(t)$ den Vektor $\mathfrak{X}_0$ ermitteln, denn nach § 52 (43) steht $\mathfrak{X}$ auf der Tangenten-ebene an $\mathfrak{x}(u, v)$ und auf der an $\mathfrak{y}(u, v)$ und somit auf $\mathfrak{x}_0{}'$ und $\mathfrak{y}_0{}'$ senkrecht. Beachten wir noch die Normierung $\mathfrak{X}\mathfrak{y} = 1$ aus § 52 (37), so folgt

$$(57) \qquad \mathfrak{X}_0(t) = \frac{\mathfrak{x}_0{}' \times \mathfrak{y}_0{}'}{(\mathfrak{y}_0 \, \mathfrak{x}_0{}' \, \mathfrak{y}_0{}')}.$$

Wir können uns also durch Integration längs der Kurve $\mathfrak{x}_0(t)$ nach (55) die Vektoren $\mathfrak{U}(t)$, $\mathfrak{B}(t)$ berechnen und daraus nach (22) eine Fläche $\mathfrak{x}(u, v)$.

Dieses Verfahren versagt nur dann, wenn eine der berechneten Vektorfunktionen $\mathfrak{U}(t)$ oder $\mathfrak{B}(t)$ konstant ist. Dann ist aber nach (55)

$$(58) \qquad 2\,\mathfrak{U}_0{}' \mathfrak{x}' \mathfrak{x}_0{}' = 2\,\mathfrak{B}_0{}' \mathfrak{x}_0{}' = \mathfrak{X}_0{}' \mathfrak{x}_0{}' = 0.$$

Nehmen wir daher zunächst

$$(59) \qquad \mathfrak{X}_0{}' \mathfrak{x}_0{}' \neq 0$$

an, so wird durch (22) wirklich eine Fläche $\mathfrak{x}(u, v)$ bestimmt und wir haben zu zeigen, daß sie den geforderten Randbedingungen genügt und eine Affinminimalfläche ist.

In der Tat erfüllt

$$(60) \qquad \mathfrak{x}(u, v) = \int \{ (\mathfrak{X} \times \mathfrak{U}') \, du + (\mathfrak{W}' \times \mathfrak{X}) \, dv \}$$

die Randbedingungen für $u = v = t$, denn man findet wegen (55)

$$(61) \quad \mathfrak{x}(t, t) = \int \mathfrak{X}_0 \times \tfrac{1}{2} (\mathfrak{X}_0' - \mathfrak{y}_0 \times \mathfrak{x}_0') \, dt - \int \mathfrak{X}_0 \times \tfrac{1}{2} (\mathfrak{X}_0' + \mathfrak{y}_0 \times \mathfrak{x}_0') \, dt$$

und nach der Rechenregel

$$(62) \qquad \mathfrak{v}_1 \times (\mathfrak{v}_2 \times \mathfrak{v}_3) = (\mathfrak{v}_1 \mathfrak{v}_3) \, \mathfrak{v}_2 - (\mathfrak{v}_1 \mathfrak{v}_2) \, \mathfrak{v}_3$$

ergibt sich weiter

$$(63) \qquad \mathfrak{x}(t, t) = - \int (\mathfrak{X}_0 \mathfrak{x}_0') \, \mathfrak{y}_0 \, dt + \int (\mathfrak{X}_0 \mathfrak{y}_0) \, \mathfrak{x}_0' \, dt,$$

also nach (57)

$$(64) \qquad \mathfrak{x}(t, t) = \mathfrak{x}_0(t).$$

Ähnlich ergibt sich aus

$$\mathfrak{y} = \frac{\mathfrak{X}_u \times \mathfrak{X}_v}{(\mathfrak{X}_u \, \mathfrak{X}_v \, \mathfrak{X})} = \frac{\mathfrak{U}' \times \mathfrak{W}'}{(\mathfrak{U}', \mathfrak{W}', \mathfrak{U} + \mathfrak{W})}$$

(vgl. § 68 (21) und § 52 (43)) nach (55) und (62) zunächst

$$(65) \qquad \mathfrak{y}(t, t) = \frac{(\mathfrak{X}_0' \mathfrak{x}_0') \, \mathfrak{y}_0 - (\mathfrak{X}_0' \mathfrak{y}_0) \, \mathfrak{x}_0'}{(\mathfrak{X}_0' \mathfrak{x}_0') (\mathfrak{y}_0 \mathfrak{X}_0) - (\mathfrak{X}_0' \mathfrak{y}_0)(\mathfrak{x}_0' \mathfrak{X}_0)}.$$

Da nach (57)

$$\mathfrak{X}_0 \mathfrak{x}_0' = \mathfrak{X}_0 \mathfrak{y}_0' = \mathfrak{X}_0' \mathfrak{y}_0 = 0, \qquad \mathfrak{X}_0 \mathfrak{y}_0 = 1,$$

so ist

$$\mathfrak{y}(t, t) = \frac{(\mathfrak{x}_0' \mathfrak{X}_0')}{(\mathfrak{x}_0' \mathfrak{X}_0')} \cdot \mathfrak{y}_0(t),$$

und daher nach (59)

$$\mathfrak{y}(t, t) = \mathfrak{y}_0(t).$$

Ferner folgt aus den Formeln § 52 (43)

$$(66) \qquad \mathfrak{x}_0' \mathfrak{X}_0' = - 2 F \frac{du}{dt} \cdot \frac{dv}{dt},$$

somit ist nach (59) auch $F \neq 0$ und die Bedingung (23) erfüllt. Daher ist $\mathfrak{x}(u, v)$ auch Affinminimalfläche.

Falls $\mathfrak{X}_0' \mathfrak{x}_0' = 0$, ist die Aufgabe im allgemeinen widerspruchsvoll. $\mathfrak{x}_0(t)$ und $\mathfrak{y}_0(t)$ müssen weitere Bedingungen erfüllen. Wegen $\mathfrak{X}_0' \mathfrak{x}_0' + \mathfrak{X}_0 \mathfrak{x}_0'' = 0$ ist auch $\mathfrak{X}_0 \mathfrak{x}_0'' = 0$. Die Randkurve wird also zu einer Asymptotenlinie der Fläche $\mathfrak{x}(u, v)$ und daher muß längs $\mathfrak{x}_0(t)$ einer der Vektoren $\mathfrak{U}(t)$, $\mathfrak{W}(t)$ konstant werden. Sei etwa $\mathfrak{W}$ fest, so ist nach (55)

$$(67) \qquad \mathfrak{X}_0(t) + \int \mathfrak{y}_0 \times d\mathfrak{x}_0 = \text{konst.},$$

also

$$(68) \qquad \mathfrak{X}_0' + \mathfrak{y}_0 \times \mathfrak{x}_0' = 0 \,^{6a}),$$

und zweitens müssen nach (28) die Vektoren $\mathfrak{y}_0(t)$ zu einer festen Ebene parallel laufen. Dann lassen sich aber unendlich viele Flächen durch den Streifen legen.

[6a]) Diese Beziehung kommt im wesentlichen auf die von *Beltrami* und *Enneper* in § 48, Nr. 10 hinaus.

Es sei nämlich

$$(69) \qquad \mathfrak{X}(u, v) = \mathfrak{U}(u) + \mathfrak{B}(v),$$
$$\mathfrak{X}(u, 0) = \mathfrak{X}_0(u) = \mathfrak{U}(u)$$

und

$$(70) \qquad \mathfrak{y}_0 \mathfrak{B}'(0) = 0,$$

was nach (28) notwendig ist. Im übrigen kann $\mathfrak{B}(v)$ beliebig gewählt werden. Dann ist nach (60)

$$(71) \qquad \mathfrak{x}(u, 0) = \int \mathfrak{U} \times \mathfrak{U}'\, du$$

und nach (57), (58), (62) und (68) ähnlich wie bei (63) weiter

$$(72) \qquad \mathfrak{x}(u, 0) = \int (\mathfrak{U}\,\mathfrak{y}_0)\,\mathfrak{x}_0'\, du - \int (\mathfrak{U}\,\mathfrak{x}_0')\,\mathfrak{y}_0\, du = \mathfrak{x}_0(u).$$

Ferner ist nach einer ähnlichen Umformung wie bei (65)

$$(73) \qquad \mathfrak{y}(u, 0) = \frac{(\mathfrak{x}_0'\,\mathfrak{B}_0')}{(\mathfrak{x}_0'\,\mathfrak{B}_0')} \cdot \mathfrak{y}_0 = \mathfrak{y}_0, \qquad (\mathfrak{B}_0' = \mathfrak{B}'(0))$$

da $\mathfrak{x}_0 \mathfrak{B}_0'$ wegen (56) und (70) von Null verschieden ist. Wegen

$$(74) \qquad \mathfrak{x}_0'\,\mathfrak{B}_0' = \mathfrak{x}_u \mathfrak{x}_v = - F$$

(vgl. § 52 (43)) ist auch (23) erfüllt. —

Wenn $\mathfrak{y}'$ zu $\mathfrak{x}'$ parallel vorgegeben wird, so ist der Streifen nicht bis zur zweiten Ordnung vollständig bestimmt, und $\mathfrak{X}_0$ kann den Gleichungen

$$(75) \qquad \mathfrak{X}_0\,\mathfrak{y}_0' = 0,$$
$$\mathfrak{X}_0\,\mathfrak{y}_0 = 1$$

entsprechend zu

$$(76) \qquad \mathfrak{X}_0 = \frac{\mathfrak{w} \times \mathfrak{y}_0'}{(\mathfrak{w}\,\mathfrak{y}_0'\,\mathfrak{y}_0)}$$

gewählt werden, wo $\mathfrak{w}$ eine beliebige Vektorfunktion von t ist.

Dies haben wir zu berücksichtigen, wenn wir alle *Affinminimalflächen mit Drehsymmetrie* aufstellen wollen. Wir geben einen drehsymmetrischen Rand vor:

$$(77) \qquad \mathfrak{x}_0 = \begin{cases} r \cos t, \\ r \sin t, \\ \quad 0, \end{cases} \qquad \mathfrak{y}_0 = \begin{cases} a \cos t, \\ a \sin t, \\ \quad b, \end{cases}$$

wo r, a, b Konstante sind.

$$(78) \qquad \mathfrak{X}_0 = \begin{cases} c \cos t, \\ c \sin t, \\ \dfrac{1 - a\,c}{b} \end{cases}$$

(c bedeutet eine Konstante) ist die allgemeinste Möglichkeit $\mathfrak{X}_0(t)$ drehsymmetrisch und mit (75) verträglich anzunehmen. Nach (55) erhalten wir

$$(79) \quad 2\,\mathfrak{U} = \begin{cases} c\cos u + br\sin u, \\ c\sin u - br\cos u, \\ \dfrac{1-ac}{b} - aru, \end{cases} \qquad 2\,\mathfrak{B} = \begin{cases} c\cos v - br\sin v, \\ c\sin v + br\cos v, \\ \dfrac{1-ac}{b} + arv. \end{cases}$$

Die Flächen selbst erhält man am einfachsten, indem man die Substitution ausführt:

$$c = 2\,A\cos\alpha,$$
$$br = 2\,A\sin\alpha,$$
$$(80) \qquad ar = 2\,C,$$
$$\frac{1-ac}{b} = 2\,D + 2\,C\alpha,$$

und durch Einführung der neuen Parameter $u - \alpha$ und $v + \alpha$. Für die Meridiankurven der wesentlich verschiedenen Flächen erhält man die Parameterdarstellung

$$(81) \qquad \sqrt{x_1^2 + x_2^2} = 2\,P\sin\tau + Q\tau\sin\tau + Q\cos\tau$$
$$x_3 = R(\tau + \sin\tau\cos\tau).$$

Dabei bedeutet τ den Parameter und P, Q und R Konstante. Für $Q = 0$ erhält man, wie nur erwähnt sei, auf das Drehparaboloid abwickelbare Flächen[7]). $P = 0$, $Q = \pm 1$ ergibt die Evolutenfläche der Kettenfläche. Die Substitution (80) versagt, wenn $br = \pm ic$, denn es ergibt sich

$$\cos\alpha = \pm i\sin\alpha \quad \text{oder} \quad e^{\mp i\alpha} = 0,$$

was für kein α erfüllbar ist. In diesem Falle muß man unmittelbar von den Formeln (70) ausgehen und man erhält so Drehflächen mit den Meridiankurven

$$(82) \qquad \sqrt{x_1^2 + x_2^2} = (p + q\lg x_3)\sqrt{x_3}\,.$$

Insbesondere erhält man für $q = 0$ die Drehparaboloide.

§ 71. Flächen, die zugleich gewöhnliche und Affinminimalflächen sind.

Wir wollen in diesem Abschnitt wieder einmal aus der eigentlichen Affingeometrie heraustreten und uns die Frage vorlegen:

Welche Flächen sind Minimalflächen im gewöhnlichen Sinne des Wortes und gleichzeitig auch Affinminimalflächen?

---

[7]) Vgl. etwa *G. Darboux*, Comptes Rendus, Paris **140** (1905), S. 697 und Bulletin sciences math. (2) **29** (1905), S. 109. Ferner die Untersuchungen von *P. Franck* über Affinminimalflächen (paraboloidische Flächen); Jahresber. d. deutschen Mathematiker-Vereinigung **23** (1914), S. 350. Man hat nur zu zeigen, daß für die Flächen $Q = 0$, $\mathfrak{U}^2 = \mathfrak{B}^2 = $ konst. wird. Für $Q = 0$, $P = \pm 1$ wird $\mathfrak{U}^2 = \mathfrak{B}^2 = 0$.

Diese Aufgabe hat zuerst *P. Franck* gestellt. Die folgende hübsche Lösung stammt von *G. Thomsen*[8]).

Wir wollen eine Minimalfläche wie im § 92 des ersten Bandes so auf Asymptotenparameter u, v beziehen, daß die drei Grundformen der elementaren Flächentheorie die Gestalt annehmen

$$
\text{(83)} \qquad
\begin{aligned}
\mathrm{I} &= + \, d\mathfrak{x} \cdot d\mathfrak{x} = \frac{d u^2 + d v^2}{\mu^2}, \\
\mathrm{II} &= - \, d\mathfrak{x} \cdot d\xi = - \, 2 \, du \, dv, \qquad (\xi \, \xi_u \, \xi_v) = \mu^2, \\
\mathrm{III} &= + \, d\xi \cdot d\xi = \mu^2 \, (d u^2 + d v^2),
\end{aligned}
$$

wenn wir an Stelle des dort verwendeten λ hier lieber μ^2 schreiben. Nach der Formel § 64 (184), nämlich

$$
\text{(84)} \qquad \mathfrak{X} = \frac{\xi}{|K|^{1/4}},
$$

worin ξ den Einheitsvektor der Flächennormalen und $\overline{K}$ das *Gauß*ische Krümmungsmaß der Minimalfläche bedeutet, können wir uns jetzt den kontravarianten Vektor $\mathfrak{X}$ (§ 52) ermitteln. Da nach § 92 (17) des ersten Bandes

$$
\text{(85)} \qquad \overline{K} = - \, \mu^4
$$

ist, finden wir

$$
\text{(86)} \qquad \mathfrak{X} = \frac{\xi}{\mu}.
$$

Durch Spezialisierung der Formeln (137) von § 48 des ersten Bandes erhalten wir

$$
\text{(87)} \qquad
\begin{aligned}
\xi_{uu} &= + \frac{\mu_u}{\mu} \, \xi_u - \frac{\mu_v}{\mu} \, \xi_v - \mu^2 \, \xi, \\
\xi_{uv} &= + \frac{\mu_v}{\mu} \, \xi_u + \frac{\mu_u}{\mu} \, \xi_v \qquad * \qquad , \\
\xi_{vv} &= - \frac{\mu_u}{\mu} \, \xi_u + \frac{\mu_v}{\mu} \, \xi_v - \mu^2 \, \xi
\end{aligned}
$$

und somit durch Ableitung aus (86)

$$
\text{(88)} \qquad \mathfrak{X}_{uv} = \left(\frac{1}{\mu}\right)_{uv} \xi.
$$

Aus

$$
(\xi \, \xi_u \, \xi_v) = |K|^{3/4} (\mathfrak{X} \, \mathfrak{X}_u \, \mathfrak{X}_v) = - \, F \, |K|^{3/4}
$$

folgt

$$
F = + \frac{1}{\mu}.
$$

Wegen § 52 (42) erhalten wir somit für die mittlere Affinkrümmung H unserer Minimalfläche den einfachen Ausdruck

$$
\text{(89)} \qquad H = - \, \mu^2 \left(\frac{1}{\mu}\right)_{uv}
$$

---

[8]) *P. Franck,* Jahresber. der deutschen Mathematiker-Vereinigung **23** (1914), S. 51 u. f.; *G. Thomsen,* Hamburger Abhandlungen **2** (1923), S. 69—71.

und

$$(90) \qquad \left(\frac{1}{\mu}\right)_{uv} = 0$$

ist die Bedingung dafür, daß unsere Minimalfläche auch Affin-minimalfläche (§ 68) wird.

Die geometrische Bedeutung der gefundenen Bedingung (90) kann man beispielsweise dadurch aufdecken, daß man aus (87) sich die Determinanten $(\xi_u\,\xi_{uu}\,\xi_{uuu})$ und $(\xi_v\,\xi_{vv}\,\xi_{vvv})$ berechnet. Man erhält so

$$(91) \quad (\xi_u\,\xi_{uu}\,\xi_{uuu}) = (\xi_v\,\xi_{vv}\,\xi_{vvv}) = \mu^3\left(\frac{1}{\mu}\right)_{uv}(\xi\,\xi_u\,\xi_v) = \mu^5\left(\frac{1}{\mu}\right)_{uv}.$$

Darin steckt wegen (90) das Ergebnis:

Die Minimalflächen, die gleichzeitig Affinminimalflächen sind, werden dadurch gekennzeichnet, daß die sphärischen Bilder ihrer Asymptotenlinien ein Netz sich senkrecht schneidender Kreise bilden.

Um diese Flächen aufzustellen, brauchen wir also nur von einem orthogonalen Kreisnetz auf der Kugel auszugehen. Die Kreise werden von den Ebenen zweier Büschel ausgeschnitten, deren Achsen Polaren der Kugel sind. Nehmen wir das gemeinsame Lot dieser Polaren zur x_3·Achse, die x_1·Achse parallel zur einen, die x_2-Achse parallel zur zweiten Geraden, so können wir das Netz durch die Ebenen aus-schneiden

$$(92) \qquad x_1 = p\,(x_3 - c), \qquad x_2 = q\left(x_3 - \frac{1}{c}\right).$$

An Stelle von p, q führen wir die neuen Parameter u, v ein:

$$(93) \qquad p = \frac{1}{\sqrt{1-c^2}}\,\mathrm{tg}\,u, \qquad q = \frac{c}{\sqrt{1-c^2}}\,\mathrm{th}\,v.$$

Dabei sollen hier und im folgenden sh, ch und th die Hyperbel-funktionen bedeuten. So finden wir als Parameterdarstellung der Kugel $\xi^2 = 1$

$$(94) \qquad \xi = \begin{cases} +\sqrt{1-c^2}\,\dfrac{\sin u}{c\cos u + \mathrm{ch}\,v}, \\[2mm] -\sqrt{1-c^2}\,\dfrac{\mathrm{sh}\,v}{c\cos u + \mathrm{ch}\,v}, & 0 \leqq c < 1. \\[2mm] \dfrac{c\,\mathrm{ch}\,v + \cos u}{c\cos u + \mathrm{ch}\,v}; \end{cases}$$

Daraus ergibt sich

$$(95) \qquad \mathrm{III} = d\xi^2 = \frac{du^2 + dv^2}{(c\cos u + \mathrm{ch}\,v)^2}, \qquad \mu = \frac{\sqrt{1-c^2}}{c\cos u + \mathrm{ch}\,v}.$$

Vom sphärischen Bilde ist es jetzt leicht zur Urfläche $\mathfrak{x}(u, v)$ zu kommen. Die Ableitungsformeln *Weingarten*s aus § 46 des ersten Bandes vereinfachen sich nämlich für die Grundformen (83) zu

$$(96) \qquad \xi_u = \mu^2\,\mathfrak{x}_v, \qquad \xi_v = \mu^2\,\mathfrak{x}_u.$$

Setzt man hierin für ξ_u, ξ_v und μ die Werte aus (94) und (95) ein, so erhält man durch Integration die folgende Darstellung der gesuchten Flächen:

$$(97) \qquad \mathfrak{x} = \begin{cases} + \dfrac{1}{\sqrt{1-c^2}}\,(c\,v + \cos u\, \mathrm{sh}\,v), \\[2mm] - \dfrac{1}{\sqrt{1-c^2}}\,(u + c \sin u\, \mathrm{ch}\,v), \\[2mm] - \sin u\, \mathrm{sh}\,v. \end{cases}$$

Es sei erwähnt, daß diese bemerkenswerten Minimalflächen „adjungiert"[9]) sind zu den von *O. Bonnet* aufgefundenen[10]) mit ebenen Krümmungslinien. Die Asymptotenlinien u, $v =$ konst. dieser Flächen sind *W*-Kurven (§ 34). Die gewöhnlichen Krümmungslinien unserer Flächen sind die Kurven $u \pm v =$ konst. Die Affinkrümmungslinien lassen sich durch elliptische Integrale ausdrücken.

Ist die in der Fläche (97) auftretende Konstante c insbesondere gleich Null, so bekommen wir die gemeine Schraubenfläche (Wendelfläche). Lassen wir hingegen c gegen 1 rücken, so finden wir durch Grenzübergang aus (97) eine algebraische Minimalfläche, die man einfacher geradeswegs erhält.

Man geht nämlich auf der Kugel $\xi^2 = 1$ von einem Kreisnetz aus, das die Ebenen durch zwei senkrechte, die Kugel im selben Punkt berührende Tangenten ausschneiden. Dazu können wir die Formeln (10) § 91 im ersten Band, nämlich

$$(98) \qquad \xi = \begin{cases} \dfrac{2\,u}{1+u^2+v^2}, \\[2mm] \dfrac{2\,v}{1+u^2+v^2}, \\[2mm] \dfrac{1-u^2-v^2}{1+u^2+v^2} \end{cases}$$

verwenden. u, $v =$ konst. sind die beiden Kreisscharen. Aus (98) folgt

$$(99) \qquad d\xi^2 = \left(\frac{2}{1+u^2+v^2}\right)^2 (du^2 + dv^2), \qquad \mu = \frac{2}{1+u^2+v^2}.$$

Durch die entsprechende Rechnung wie vorhin findet sich zu diesem sphärischen Bild der Asymptotenlinien die folgende Minimalfläche

$$(100) \qquad \mathfrak{x} = \begin{cases} \tfrac{1}{2}v - \tfrac{1}{2}u^2 v + \tfrac{1}{6}v^3, \\[2mm] \tfrac{1}{2}u + \tfrac{1}{6}u^3 - \tfrac{1}{2}u v^2, \\[2mm] -\,u v. \end{cases}$$

Diese algebraische, und zwar rationale Minimalfläche ist zuerst von *A. Enneper*[11]) studiert worden und wird nach diesem Geometer benannt.

---

[9]) Vgl. 1. Band, § 102, Aufgabe 2.
[10]) *O. Bonnet*, Comptes Rendus, Paris **41** (1855), S. 1058.
[11]) Vgl. 1. Band, § 102, Aufgabe 3.

§ 72. Eine Kleinsteigenschaft des Ellipsoids.

Unter einer regulären Eifläche wollen wir hier eine geschlossene konvexe Fläche verstehen, die in jedem Punkt eine Tangentenebene besitzt und mit dieser nur einen Punkt, den Berührungspunkt, gemeinsam hat. Das von einer Eifläche umschlossene Gebiet nennen wir Eikörper, die Tangentenebenen nach *Minkowski* auch „*Stützebenen*".

In diesem Abschnitt wollen wir zeigen:

Zwischen dem Rauminhalt J eines Eikörpers $\Re$ und dem Inhalt V des größten in $\Re$ enthaltenen Tetraeders besteht die Beziehung

$$(101) \qquad 3\pi\sqrt{3}\,V - 2J \geqq 0,$$

und zwar ist das Gleichheitszeichen für die Ellipsoide kennzeichnend [12]).

Man sieht, daß dieser Satz das räumliche Gegenstück zu der im § 22 bewiesenen Eigenschaft der Ellipse ist. Auch die ersten Schritte des Beweises verlaufen hier ähnlich wie bei dem ebenen Problem, so daß wir uns zunächst mit kurzen Angaben begnügen können.

Symmetrisieren wir einen Eikörper $\Re$ zu $\Re^*$, und entsprechen dabei die beiden $\Re$ eingeschriebenen Tetraeder $\mathfrak{T}$ und $\overline{\mathfrak{T}}$ den beiden $\Re^*$ eingeschriebenen zueinander symmetrischen $\mathfrak{T}^*$ und $\overline{\mathfrak{T}}^*$, so gilt für ihre Inhalte

$$(102) \qquad T + \overline{T} = 2\,T^* = 2\,\overline{T}^*$$

und daraus folgert man:

(I) *Beim Symmetrisieren nimmt im allgemeinen der Inhalt des einbeschriebenen größten Vierflachs ab; d. h. entsteht der Eikörper $\Re^*$ aus dem Eikörper $\Re$ durch Steiners Symmetrisierung und sind V* und V die Inhalte der zugehörigen Größtvierflache, so ist*

$$(103) \qquad V \geqq V^*.$$

Ferner ergibt sich aus unserer Betrachtung die Bemerkung:

(II) *Ist $V = V^*$, so sind die einem Größtvierflach $\mathfrak{a}_1^* \mathfrak{a}_2^* \mathfrak{a}_3^* \mathfrak{a}_4^*$ von $\Re^*$ „entsprechenden" Vierflache $\mathfrak{a}_1 \mathfrak{a}_2 \mathfrak{a}_3 \mathfrak{a}_4$ und $\mathfrak{b}_1 \mathfrak{b}_2 \mathfrak{b}_3 \mathfrak{b}_4$ von $\Re$ ebenfalls Größtvierflache.*

Die Art dieses „Entsprechens", bei dem zugehörige Punkte in einer Parallelen zur Symmetrisierungsrichtung liegen, ergibt sich aus dem Vorhergehenden (§ 22) mit voller Deutlichkeit.

Für später wird uns auch noch folgende Bemerkung von Nutzen sein: Sind $\mathfrak{a}_1 \mathfrak{a}_2 \mathfrak{a}_3 \mathfrak{a}_4$ die Ecken eines Größtvierflachs von $\Re$, so können wegen der Größteigenschaft jenseits der Ebene durch eine Ecke z. B. $\mathfrak{a}_4$ parallel zur gegenüberliegenden Seitenfläche $\mathfrak{a}_1 \mathfrak{a}_2 \mathfrak{a}_3$ keine Punkte von $\Re$ liegen, also muß diese Ebene den Körper $\Re$ in $\mathfrak{a}_4$

---

[12]) *W. Blaschke*, Leipziger Berichte **69** (1917), S. 421—435.

berühren. Das heißt genauer: Sie muß eine „Stützebene" von $\Re$ sein. *Durch jede Ecke eines Größtvierflachs geht also eine Stützebene parallel zur gegenüberliegenden Seitenfläche.*

Für die Kugel $\mathfrak{S}$ vom Halbmesser r gilt für den Inhalt $J_\mathfrak{S}$ und den Inhalt $V_\mathfrak{S}$ des größten einbeschriebenen Vierflachs, das gleichseitig ist,

$$(104) \qquad J_\mathfrak{S} = \frac{4\pi}{3}\, r^3, \qquad V_\mathfrak{S} = \frac{8}{9\sqrt{3}}\, r^3$$

und daher

$$(105) \qquad 3\pi\sqrt{3}\, V_\mathfrak{S} - 2\, J_\mathfrak{S} = 0.$$

Daraus folgert man mit Hilfe des Satzes (I) wie in der Ebene unter Verwendung des Symmetrisierungsverfahrens die Richtigkeit der Ungleichheit (101).

(III) *Zwischen dem Inhalt J eines Eikörpers und dem Inhalt V des größten einbeschriebenen Vierflachs besteht die Beziehung*

$$(101) \qquad 3\pi\sqrt{3}\, V - 2J \geqq 0.$$

Es bleibt festzustellen, wann das Gleichheitszeichen gilt, oder wie wir kurz sagen wollen, welche Flächen „extreme Flächen" sind.

Zunächst stellen wir wieder ähnlich wie in § 22 fest:

(IV) *Jeder Punkt einer regulären, extremen Eifläche $\mathfrak{F}$ ist Eckpunkt eines Größtvierflachs von $\mathfrak{F}$.*

(V) *Ein Eikörper $\Re^*$, der durch Symmetrisierung aus einem extremen entsteht, ist wieder extrem,*
oder etwas anders gewendet:

(Va) *Bei jeder Symmetrisierung eines extremen Eikörpers bleibt V erhalten.*

Aber nun scheiden sich die Wege!

Gehen wir von einem Eikörper $\Re$ aus und symmetrisieren wir ihn an einer Ebene $\mathfrak{E}_1$ nach $\Re_1$! Dann neuerdings $\Re_1$ an einer zweiten Ebene $\mathfrak{E}_2$, die $\mathfrak{E}_1$ in einer Geraden $\mathfrak{A}$ trifft und mit $\mathfrak{E}_1$ einen Winkel einschließt, der ein irrationaler Teil eines vollen Winkels ist. Den so entstandenen Eikörper $\Re_2$ symmetrisieren wir wieder an $\mathfrak{E}_1$ und so fort. Auf diese Art entsteht aus dem ursprünglichen Körper $\Re$ durch abwechselndes Symmetrisieren an $\mathfrak{E}_1$ und $\mathfrak{E}_2$ eine unendliche Folge von Eikörpern $\Re_1$, $\Re_2$, $\Re_3$, ..., die, wie der Verfasser mittels seines Auswahlsatzes in seinem Buche „Kreis und Kugel" gezeigt hat[13]), gegen einen Eikörper $\Re^* = \lim \Re_n$ konvergieren, der die Schnittlinie $\mathfrak{A}$ von $\mathfrak{E}_1$ und $\mathfrak{E}_2$ zur Drehachse hat.

Man kann auch geradewegs von $\Re$ zu $\Re^*$ gelangen, wenn man bemerkt, daß jede Ebene senkrecht zur Achse $\mathfrak{A}$ alle Körper, also

---

[13]) *W. Blaschke,* „Kreis und Kugel", Leipzig 1916, S. 86 und folgende.

insbesondere $\mathfrak{K}$ und $\mathfrak{K}^*$ in inhaltsgleichen Eibereichen trifft, wie wiederum durch das Prinzip von *Cavalieri* aus der Erklärung von *Steiner*s Symmetrisierung unmittelbar hervorgeht[14]). Somit bekommt man folgende Konstruktionsvorschrift:

In jeder Ebene senkrecht zur Achse $\mathfrak{A}$ ersetze man den Schnitt-bereich des Eikörpers $\mathfrak{K}$ mit der Ebene durch eine inhaltsgleiche Kreis-scheibe um $\mathfrak{A}$. Alle diese Kreisscheiben erfüllen den Drehkörper $\mathfrak{K}^*$.

Dieser Übergang von $\mathfrak{K} \to \mathfrak{K}^*$ ist die Konstruktion, auf die *Schwarz* seinen Beweis der isoperimetrischen Haupteigenschaft der Kugel gegründet hat. Daß $\mathfrak{K}^*$ wieder ein Eikörper ist, was bei unserer Herleitung dieser Konstruktion sich sofort aus der ent-sprechenden Eigenschaft der Symmetrisierung ergibt, hat *H. Brunn* zuerst bewiesen[15]).

Wir bemerken noch,. daß $\mathfrak{K}$ und $\mathfrak{K}^*$ wieder nach *Cavalieri* inhaltsgleich sind und daß man infolge von (I) und durch den Grenz-übergang genau wie in § 22 einsieht, daß zwischen den zugehörigen Werten des Inhalts V der größten einbeschriebenen Vierflache die Beziehung $V \geq V^*$ gilt. Ferner folgt aus (V)

(VI) *Jeder Drehkörper $\mathfrak{K}^*$, der aus einem extremen Eikörper $\mathfrak{K}$ durch die Konstruktion von Schwarz entsteht, ist wieder extrem und es ist in diesem Falle stets $V = V^*$.*

Das Ziel, auf das wir zunächst lossteuern werden, ist der Beweis des Satzes:

(VII) *Jede Seitenebene jedes einer regulären extremen Eifläche ein-beschriebenen Größtvierflachs schneidet die Eifläche in einer Ellipse.*

Damit werden wir die Schwierigkeit im wesentlichen überwunden haben und dann leicht die Ellipsoide als die einzigen regulären ex-tremen Eiflächen erkennen.

Wir verwandeln unseren extremen Eikörper $\mathfrak{K}$ durch unbegrenzt wiederholte Anwendung der Symmetrisierung $\mathfrak{K} \to \mathfrak{K}_1 \to \mathfrak{K}_2 \to \mathfrak{K}_3 \cdots$ in einen Dreheikörper $\mathfrak{K}^* = \lim \mathfrak{K}_n$ mit lotrechter Drehachse $\mathfrak{A}$. Man stellt leicht fest, daß bei der Symmetrisierung wie bei der Konstruktion von *Schwarz* die Regularität der begrenzenden Eiflächen erhalten bleibt. Die $\mathfrak{K}^*$ begrenzende Eifläche $\mathfrak{F}^*$ hat also in ihrem „höchsten" Punkt $\mathfrak{n}^*$, dem einen der Schnittpunkte mit der lotrechten Drehachse $\mathfrak{A}$, eine einzige wagrechte Stützebene. Nach (VI) und (IV) ist $\mathfrak{n}^*$ Ecke (mindestens) eines Größtvierflachs von $\mathfrak{F}^*$ und wegen der Größteigenschaft ist zufolge der Bemerkung kurz nach (II) die $\mathfrak{n}^*$ gegenüberliegende

---

14) „Kreis und Kugel" S. 71, 87.

15) Wegen der Literatur verweisen wir auf ‚Kreis und Kugel" S. 40, 41, 104, 105. Die erste Veröffentlichung: *H. Brunn*, Kurven ohne Wendepunkte, München 1889, Th. Ackermann, S. 52.

Seitenfläche des Vierflachs zur Tangentenebene in $\mathfrak{n}^*$ parallel, also ebenfalls wagrecht.

Zunächst sei festgestellt:

(VIII) *Alle Größtvierflache von $\mathfrak{F}^*$, die eine Ecke in $\mathfrak{n}^*$ haben, haben die gegenüberliegende wagerechte Seitenebene $\mathfrak{N}$ gemein und gehen daher aus einem unter ihnen durch Drehung um die Achse $\mathfrak{A}$ hervor.*

Wegen der Größteigenschaft ist die gegenüberliegende Seiten-fläche eines solchen Vierflachs ein gleichseitiges Dreieck, das dem Parallelkreise einbeschrieben ist, den $\mathfrak{N}$ und $\mathfrak{F}^*$ gemein haben. Kon-struieren wir uns aber die Drehfläche $\mathfrak{D}$ um $\mathfrak{A}$, die aus allen Kreisen um $\mathfrak{A}$ besteht, deren einbeschriebene gleichseitige Dreiecke mit $\mathfrak{n}^*$ verbunden ein Vierflach des vorgeschriebenen Inhalts V ergeben, so findet man für den Meridian dieser Drehfläche $\mathfrak{D}$ die Beziehung

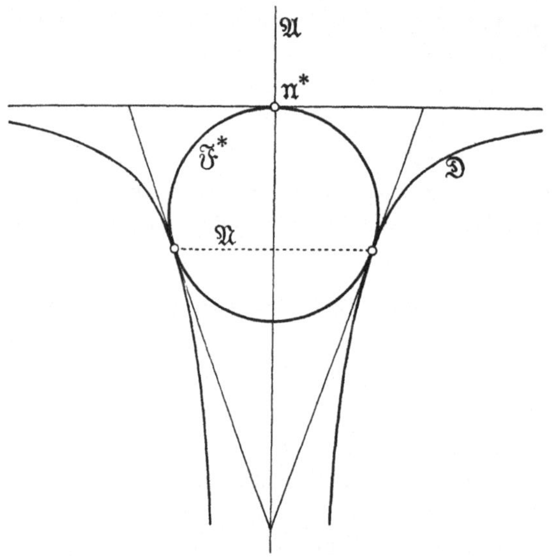

Fig. 36.

$$r^2 z = c^2, \quad c = \text{konst.}$$

wenn r den Halbmesser des Parallelkreises und z die Entfernung seiner Ebene von $\mathfrak{n}^*$ bedeutet. Diese Meridiankurve be-rührt wegen der Maxi-mumeigenschaft der $\mathfrak{F}^*$ einbeschriebenen Vier-flache die Meridiankurve von $\mathfrak{F}^*$ in $\mathfrak{N}$. Da längs der Meridiankurve von $\mathfrak{D}$

$$\frac{d^2 r}{d z^2} = \frac{3 c}{4} z^{-\frac{5}{2}} > 0$$

ist, so liegt wegen der entgegengesetzten Kon-vexität der Meridiane von $\mathfrak{F}^*$ und $\mathfrak{D}$ die eine Fläche $\mathfrak{F}^*$ ganz innerhalb, die andere $\mathfrak{D}$ ganz außerhalb des gemeinsamen Berührungskegels längs des Parallel-kreises in $\mathfrak{N}$ (vgl. die Figur 36). Nach der Erklärung von $\mathfrak{D}$ kann es somit wirklich in $\mathfrak{F}^*$ kein Größtvierflach mit der Ecke $\mathfrak{n}^*$ geben, das nicht $\mathfrak{N}$ zur Seitenebene hätte.

Jetzt richten wir unser Augenmerk wieder auf den ursprüng-lichen extremen Eikörper $\mathfrak{K}$, aus dem $\mathfrak{K}^*$ durch die Symmetrisie-rungen und den Grenzübergang entstanden ist. Dann können wir weiter nachweisen:

(IX) *Die Ebene $\mathfrak{N}$ ist auch Seitenebene eines Größtvierflachs des ursprünglichen Eikörpers $\mathfrak{K}$, dessen eine Ecke im höchsten Punkte $\mathfrak{n}$ von $\mathfrak{K}$ liegt.*

Betrachten wir nämlich eine Folge von Größtvierflachen $\mathfrak{V}_1$, $\mathfrak{V}_2$, $\mathfrak{V}_3$, ... der Eikörper $\mathfrak{K}_1$, $\mathfrak{K}_2$, $\mathfrak{K}_3$, ..., so daß $\mathfrak{V}_n$ den höchsten Punkt von $\mathfrak{K}_n$ zur Ecke hat, so haben alle diese Vierflache nach (Va) denselben Inhalt V. Wegen der Beschränktheit der Folge $\mathfrak{K}_1$, $\mathfrak{K}_2$, $\mathfrak{K}_3$, ... (konstruiert man um einen Punkt der Achse $\mathfrak{A}$ eine Kugel, die $\mathfrak{K}$ enthält, so enthält sie auch alle $\mathfrak{K}_n$) läßt sich aus der Folge $\mathfrak{V}_1$, $\mathfrak{V}_2$, $\mathfrak{V}_3$, ... eine Teilfolge $\mathfrak{V}_{\nu_1}$, $\mathfrak{V}_{\nu_2}$, $\mathfrak{V}_{\nu_3}$, ... herausgreifen, die gegen ein Größtvierflach $\mathfrak{V}^*$ von $\mathfrak{F}^*$ konvergiert. Da alle $\mathfrak{V}_n$ den höchsten Punkt von $\mathfrak{K}_n$ (für $n \geqq 2$ ist das $\mathfrak{n}^*$) zur Ecke haben, so haben alle diese $\mathfrak{V}_n$ eine wagrechte Seitenebene und $\mathfrak{V}^*$ hat die Ecke $\mathfrak{n}^*$, also nach (VIII) die Seitenebene $\mathfrak{N}$. Nach (II) entspricht jedem $\mathfrak{V}_{\nu_k}$ in $\mathfrak{K}_{\nu_k}$ ein Größtvierflach in den vorhergehenden Eikörpern mit derselben wagrechten Seitenebene, also insbesondere ein Größtvierflach $\mathfrak{V}^0_{\nu_k}$ in $\mathfrak{K}$. Beim Grenzübergang $k \to \infty$ strebt $\mathfrak{V}_{\nu_k}$ gegen das Größtvierflach $\mathfrak{V}^*$ mit der wagrechten Seitenebene $\mathfrak{N}$, also $\mathfrak{V}^0_{\nu_k}$ gegen ein Größtvierflach $\mathfrak{V}$ in $\mathfrak{K}$, das ebenfalls $\mathfrak{N}$ als Seitenebene hat, w. z. b. w.

(X) $\mathfrak{N}$ *schneidet $\mathfrak{F}$ in einer Ellipse.*

Wegen der Größteigenschaft von $\mathfrak{V}$ ist nämlich das Dreieck von $\mathfrak{V}$ in $\mathfrak{N}$ Größtdreieck des Schnittbereichs $\mathfrak{B}$ von $\mathfrak{N}$ mit $\mathfrak{K}$. Ebenso ist die Seitenfläche von $\mathfrak{V}^*$ in $\mathfrak{N}$ Größtdreieck des Parallelkreises $\mathfrak{B}^*$ von $\mathfrak{K}^*$ in $\mathfrak{N}$. Da $\mathfrak{V}$ und $\mathfrak{V}^*$ gleichen Inhalt V und gleiche Höhe haben, sind auch ihre Grundflächen, die beiden Größtdreiecke, flächengleich. Beim Eibereich $\mathfrak{B}$ besteht also zwischen Flächeninhalt F und Größtdreiecksfläche $\triangle$ dieselbe Beziehung wie bei dem zu $\mathfrak{B}$ flächengleichen Kreise $\mathfrak{B}^*$, nämlich

$$4\pi\triangle - 3\sqrt{3}\,F = 0,$$

und da der Rand von $\mathfrak{B}$ als ebener Schnitt der regulären Eifläche $\mathfrak{F}$ keine Ecken hat, so ist nach dem Satze von § 22 der Eibereich $\mathfrak{B}$ von einer Ellipse begrenzt.

(XI) *Die Stützebenen von $\mathfrak{F}$ längs der Ellipse in $\mathfrak{N}$ umhüllen einen Kegel.*

Um das zu zeigen, üben wir auf unsere Eifläche $\mathfrak{F}$ eine affine Umformung aus, die die Ellipse in $\mathfrak{N}$ in einen Kreis $\mathfrak{C}$ verwandelt und den höchsten Punkt $\mathfrak{n}$ von $\mathfrak{F}$ in die Drehachse dieses Kreises bringt. Auf die so transformierte Figur wenden wir dieselben Bezeichnungen an, wie auf die alte. Um dann in einem Punkt $\mathfrak{a}_1$ von $\mathfrak{C}$ die Stützebene an $\mathfrak{F}$ zu bestimmen, konstruieren wir das gleichseitige Dreieck $\mathfrak{a}_1 \mathfrak{a}_2 \mathfrak{a}_3$ in $\mathfrak{C}$ mit der Ecke $\mathfrak{a}_1$ (Fig. 37). Das Dreieck gibt, verbunden mit $\mathfrak{n}$, ein Größtvierflach von $\mathfrak{F}$, also ist die Stützebene in $\mathfrak{a}_1$ parallel zur Ebene durch $\mathfrak{n}\,\mathfrak{a}_2\,\mathfrak{a}_3$. Läßt man diese Ebene sich um die Drehachse des Kreises $\mathfrak{C}$ drehen, so beschreibt sie den Ort aller Tangentenebenen von $\mathfrak{F}$ längs $\mathfrak{C}$. Daraus folgt das behauptete Ergebnis (XI).

$\mathfrak{F}$ liegt also ganz innerhalb des von diesen Tangentenebenen längs $\mathfrak{C}$ umhüllten Drehkegels. Nun bemerke man: Liegt ein Ei-bereich innerhalb eines Kreises, dann ist das Größtdreieck des Ei-bereichs kleiner als das des Kreises.

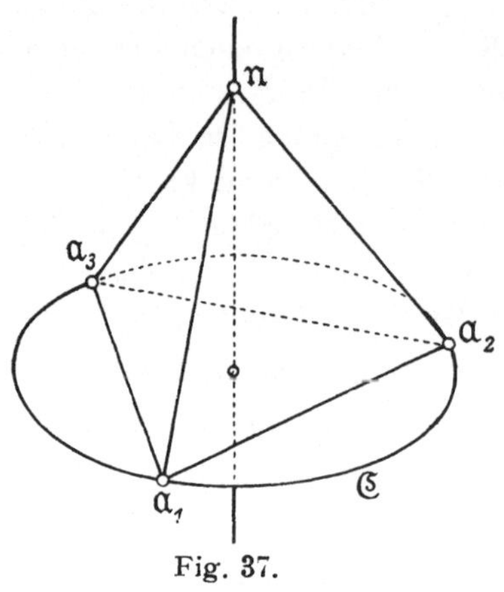

Nimmt man daher in einer wagrechten von $\mathfrak{N}$ verschiedenen Ebene einen Ei-bereich an, der mit $\mathfrak{N}$ zur selben Seite der Spitze $\mathfrak{n}$ und innerhalb des Drehkegels liegt, dann gibt ein Größtdrei-eck dieses Bereichs mit $\mathfrak{n}$ verbunden ein Vierflach, dessen Rauminhalt stets $< V$ ist. Daraus beweist man aber ganz ähnlich, wie vorhin (VIII) be-wiesen wurde:

(XII) *Alle Größtvierflache von $\mathfrak{F}$ mit der Ecke $\mathfrak{n}$ haben die gegenüberliegende Seitenebene $\mathfrak{N}$ gemein.*

Fig. 37.

Wenn man jetzt hinterher überlegt, daß die Lotrichtung beliebig gewählt werden kann, der Punkt $\mathfrak{n}$ auf $\mathfrak{F}$ also durch nichts aus-gezeichnet ist, so folgt aus (XII) und (X) die Richtigkeit der Be-hauptung (VII).

Nach allen diesen zahlreichen Vorbereitungen sind wir endlich in der Lage, unser Ziel zu erreichen:

(XIII) *Jede reguläre extreme Eifläche $\mathfrak{F}$ ist ein Ellipsoid.*

Es seien $\mathfrak{a}_k$ $(k = 1, 2, 3, 4)$ die Ecken eines $\mathfrak{F}$ einbeschriebenen Vierflachs vom größtmöglichen Inhalt V. Wir üben dann auf $\mathfrak{F}$ eine affine Transformation aus, die dieses Vierflach in ein gleichseitiges verwandelt. Jede Seitenebene des Vierflachs schneidet $\mathfrak{F}$ nach (VII) in einer Ellipse. Wegen der Größteigenschaft des Vierflachs ist z. B. die Tangentenebene (Stützebene) von $\mathfrak{F}$ in $\mathfrak{a}_1$ parallel zur gegen-überliegenden Seitenfläche $\mathfrak{a}_2\,\mathfrak{a}_3\,\mathfrak{a}_4$. Die Tangente an die Schnitt-ellipse $\mathfrak{C}_4$ der Ebene $\mathfrak{a}_1\,\mathfrak{a}_2\,\mathfrak{a}_3$ in $\mathfrak{a}_1$ ist daher parallel zu $\mathfrak{a}_2\,\mathfrak{a}_3$ (Fig. 38). Allgemein ist die Tangente an $\mathfrak{C}_4$ in jeder Ecke des Dreiecks $\mathfrak{a}_1\,\mathfrak{a}_2\,\mathfrak{a}_3$ zur gegenüberliegenden Dreieckseite parallel. Durch diese drei Punkte und die zugehörigen Tangenten ist aber $\mathfrak{C}_4$ schon bestimmt und wir sehen, daß im Fall des gleichseitigen Vierflachs $\mathfrak{C}_4$ der dem gleich-seitigen Dreieck $\mathfrak{a}_1\,\mathfrak{a}_2\,\mathfrak{a}_3$ umschriebene Kreis ist. Somit hat die Ei-fläche $\mathfrak{F}$ mit der dem gleichseitigen Vierflach $\mathfrak{a}_1\,\mathfrak{a}_2\,\mathfrak{a}_3\,\mathfrak{a}_4$ umschrie-benen Kugelfläche $\mathfrak{S}$ die in den vier Seitenebenen liegenden Kreise gemein.

Jetzt sieht man aber so ein, daß jeder weitere Punkt $\mathfrak{a}$ von $\mathfrak{F}$ auf $\mathfrak{S}$ liegt, daß also $\mathfrak{F}$ mit $\mathfrak{S}$ zusammenfällt: Aus der Konvexität von $\mathfrak{F}$ folgt, daß sicher einer der vier Punkte $\mathfrak{a}_k$ die Eigenschaft hat, durch die gegenüberliegende Seitenebene des Vierflachs nicht von $\mathfrak{a}$ getrennt zu werden. (Alle anderen Punkte des Raumes erfüllen näm-lich vier sich ins Unend-liche erstreckende drei-seitige Pyramiden mit den $\mathfrak{a}_k$ als Spitzen außerhalb $\mathfrak{F}$, deren Begrenzung man durch Verlängerung der Seitenebenen des Vierflachs erhält.) Es sei das etwa die Ecke $\mathfrak{a}_4$. Dann legen wir von $\mathfrak{a}$ aus eine Tan-gentenebene an den Dreh-kegel mit der Spitze $\mathfrak{a}_4$ und dem Kreis als Grund-fläche, der dem Dreieck $\mathfrak{a}_1 \mathfrak{a}_2 \mathfrak{a}_3$ einbeschrieben ist. Das ist möglich, denn dieser Kegel liegt innerhalb $\mathfrak{F}$, also $\mathfrak{a}$ außerhalb des Ke-gels. Diese Ebene schneide

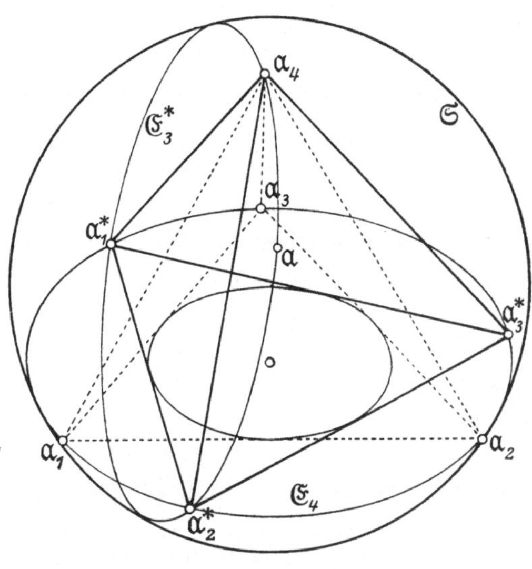

Fig. 38.

den dem Dreieck $\mathfrak{a}_1 \mathfrak{a}_2 \mathfrak{a}_3$ umschriebenen Kreis $\mathfrak{C}_4$ in den Punkten $\mathfrak{a}_1{}^* \mathfrak{a}_2{}^*$ (Fig. 38). Wir können dazu einen dritten Punkt $\mathfrak{a}_3{}^*$ auf $\mathfrak{C}_4$ so bestimmen, daß das Dreieck $\mathfrak{a}_1{}^* \mathfrak{a}_2{}^* \mathfrak{a}_3{}^*$ wieder gleichseitig wird. Dann geht das gleichseitige Vierflach mit den Ecken $\mathfrak{a}_1{}^* \mathfrak{a}_2{}^* \mathfrak{a}_3{}^* \mathfrak{a}_4$ durch Drehung aus dem alten Vierflach $\mathfrak{a}_1 \mathfrak{a}_2 \mathfrak{a}_3 \mathfrak{a}_4$ hervor, hat also wieder den größtmöglichen Inhalt V, ist somit wieder ein Größtvierflach von $\mathfrak{F}$.

Die umschriebene Kugel des neuen Vierflachs, das ist aber wieder die alte Kugel $\mathfrak{S}$, hat dann nach dem Früheren mit $\mathfrak{F}$ die Kreise in den Seitenebenen gemein. In der Seitenebene $\mathfrak{a}_1{}^* \mathfrak{a}_2{}^* \mathfrak{a}_4$ ist aber unser Punkt $\mathfrak{a}$ enthalten. Also liegt $\mathfrak{a}$ wirklich auf $\mathfrak{S}$.

Machen wir schließlich die angewandte affine Umformung wieder rückgängig, so verwandelt sich die Kugel $\mathfrak{S} = \mathfrak{F}$ in ein Ellipsoid. Damit ist der an der Spitze dieses Abschnitts mitgeteilte Satz der räumlichen Geometrie völlig bewiesen. Die beim Einzigkeitsbeweis verwendeten einschränkenden Voraussetzungen über die „Regularität" der betrachteten Eiflächen können beseitigt werden, ohne daß dadurch neue extreme Eiflächen zu den Ellipsoiden hinzukommen, wie *W. Groß*[16]) gezeigt hat.

---

[16]) *W. Groß*, Leipziger Berichte **70** (1918), S. 38—54.

§ 73. Isoperimetrie der Ellipsoide.

Das naheliegendste isoperimetrische Problem der Affingeometrie fragt nach den Eikörpern mit extremer Affinoberfläche bei gegebenem Rauminhalt. Die Antwort gibt der folgende Satz:

Ist Ω die Affinoberfläche eines positiv gekrümmten Eikörpers vom Rauminhalt V, so ist

$$(106) \qquad\qquad \Omega^2 \leqq 12\,\pi\,V.$$

Das Gleichheitszeichen gilt nur für die Ellipsoide[17]).

Im Gegensatz zur gewöhnlichen Oberfläche ist die Affinoberfläche — gerade wie die Affinlänge — nach oben beschränkt.

Daß nur Ellipsoide als Lösungen des Variationsproblems in Frage kommen (*Einzigkeitsbeweis*), beweisen wir mittels *Steiner*s Symmetrisierung, indem wir zeigen:

(I) *Aus jedem positiv gekrümmten Eikörper $\mathfrak{K}$ mit der Affinoberfläche Ω läßt sich durch geeignetes Symmetrisieren ein Eikörper $\mathfrak{K}^*$ mit größerer Affinoberfläche Ω^* ableiten, es sei denn, daß $\mathfrak{K}$ ein Ellipsoid ist[17]).*

Die Oberfläche $\mathfrak{F}$ von $\mathfrak{K}$ zerlegen wir in zwei Stücke $\mathfrak{S}$ und $\overline{\mathfrak{S}}$ mit der gemeinsamen Berandungskurve $\mathfrak{C}$, längs derer die Tangentenebenen an $\mathfrak{F}$ zur z-Achse eines rechtwinkligen kartesischen Koordinatenkreuzes (x, y, z) parallel laufen. Die Projektion von $\mathfrak{C}$ auf die xy-Ebene umschließt dort das konvexe Gebiet $\mathfrak{G}$. Die beiden Flächenteile stellen wir durch

$$(107) \qquad
\begin{aligned}
\mathfrak{S} &\ldots x,\, y,\ z = + z\,(x,\,y), \\
\overline{\mathfrak{S}} &\ldots x,\, y,\ z = - \bar{z}\,(x,\,y)
\end{aligned}$$

dar. Dann sei

$$(108) \quad L = \frac{\partial^2 z}{\partial x^2} = z_{xx}, \qquad M = \frac{\partial^2 z}{\partial x \partial y} = z_{xy}, \qquad N = \frac{\partial^2 z}{\partial y^2} = z_{yy}.$$

$$\overline{L} = \bar{z}_{xx}, \qquad\qquad \overline{M} = \bar{z}_{xy}, \qquad\qquad \overline{N} = \bar{z}_{yy}.$$

Es ist

$$(109) \qquad\qquad LN - M^2 > 0, \qquad \overline{L}\,\overline{N} - \overline{M}^2 > 0$$

und

$$(110) \qquad \Omega = \iint\limits_{\mathfrak{G}} \left(\sqrt[4]{LN - M^2} + \sqrt[4]{\overline{L}\,\overline{N} - \overline{M}^2} \right) dx\,dy,$$

wo die vierten Wurzeln positiv zu ziehen sind.

Die Symmetrisierung besteht darin, daß wir $\mathfrak{F}$ durch eine zur xy-Ebene symmetrische Fläche $\mathfrak{F}^*$ ersetzen, deren „obere" Hälfte $\mathfrak{S}^*$ wir durch

$$(111) \qquad\qquad \mathfrak{S}^* \ldots x,\, y,\, z^* = \frac{z\,(x,\,y) + \bar{z}\,(x,\,y)}{2}$$

darstellen können.

---

[17]) *W. Blaschke*, Leipziger Berichte **68** (1916), S. 218.

Danach ist

$$(112) \qquad L^* = \frac{L + \bar{L}}{2}, \qquad M^* = \frac{M + \bar{M}}{2}, \qquad N^* = \frac{N + \bar{N}}{2}$$

und

$$(113) \qquad \Omega^* = 2 \iint_{\mathfrak{G}} \sqrt[4]{L^* N^* - M^{*2}} \, dx \, dy.$$

Nun ist für positive a_i, b_i $(i = 1, 2)$

$$(114) \qquad \sqrt{(a_1 + b_1)(a_2 + b_2)} \geqq \sqrt{a_1 a_2} + \sqrt{b_1 b_2},$$

worin das Gleichheitszeichen nur gilt für

$$(115) \qquad a_1 : a_2 = b_1 : b_2.$$

Denn dividieren wir (114) durch $\sqrt{(a_1 + b_1)(a_2 + b_2)}$ und setzen

$$(116) \qquad \frac{a_i}{a_i + b_i} = \alpha_i \qquad (i = 1, 2),$$

so geht (114) in die bekannte Ungleichheit (vgl. (12) bis (16) in § 16)

$$(117) \qquad 1 \geqq \sqrt{\alpha_1 \alpha_2} + \sqrt{(1 - \alpha_1)(1 - \alpha_2)}$$

über. Daher folgt nacheinander immer unter Benutzung von (114) wegen (109) und (112)

$$(118) \qquad 2\sqrt{L^* N^*} \geqq \sqrt{LN} + \sqrt{\bar{L}\bar{N}}.$$

$$(119) \qquad 2\sqrt{L^* N^* - M^{*2}} \geqq \sqrt{LN - M^2} + \sqrt{\bar{L}\bar{N} - \bar{M}^2},$$

$$(120) \qquad 2\sqrt[4]{L^* N^* - M^{*2}} \geqq \sqrt{2\left(\sqrt{LN - M^2} + \sqrt{\bar{L}\bar{N} - \bar{M}^2}\right)}$$
$$\geqq \sqrt[4]{LN - M^2} + \sqrt[4]{\bar{L}\bar{N} - \bar{M}^2}.$$

Mithin ist

$$(121) \qquad \Omega^* \geqq \Omega.$$

Wann gilt in (121) das Gleichheitszeichen? Offenbar dann und nur dann, wenn es in (118), (119), (120) steht. Das heißt aber nach (115), wenn

$$L : N = \bar{L} : \bar{N},$$
$$(122) \quad (\sqrt{LN} + M) : (\sqrt{LN} - M) = (\sqrt{\bar{L}\bar{N}} + \bar{M}) : (\sqrt{\bar{L}\bar{N}} - \bar{M}),$$
$$\sqrt{LN - M^2} = \sqrt{\bar{L}\bar{N} - \bar{M}^2}$$

oder wenn

$$(123) \qquad L = \bar{L}, \qquad M = \bar{M}, \qquad N = \bar{N}$$

ist. Betrachten wir den oberen Teil von $\mathfrak{F}$ als gegeben, so besteht nach (123) und (108) für den unteren die Differentialgleichung

$$(124) \qquad \bar{z}_{xx} = L, \qquad \bar{z}_{xy} = M, \qquad \bar{z}_{yy} = N,$$

deren allgemeine Lösung nach § 50

$$(125) \qquad \bar{z} = z - ax - by - c$$

ist. Die Konstanten a, b, c bestimmen wir durch die Forderung, daß die Fläche $\overline{\mathfrak{S}}$ durch drei Punkte von $\mathfrak{C}$ gehen soll. Dann muß sie von selbst durch $\mathfrak{C}$ berandet werden. Längs $\mathfrak{C}$ muß

$$z = -\bar{z},$$

also

$$(126) \qquad 2z = ax + by + c$$

sein. $\mathfrak{C}$ ist eine ebene Kurve und nach (125) liegen die Mitten der zur z-Achse parallelen Sehnen von $\mathfrak{F}$ in der Ebene (126).

Somit läßt sich auf diesem Wege zu $\mathfrak{K}$ nur dann ein Körper $\mathfrak{K}^*$ mit größerer Affinoberfläche nicht zuordnen, wenn die Mitten aller zu irgendeiner Richtung parallelen Sehnen in einer Ebene liegen. Dann sind aber die Schwerlinien aller ebenen Schnitte von $\mathfrak{K}$ geradlinig, nach § 8 also die ebenen Schnitte alle Ellipsen; insbesondere ist auch $\mathfrak{C}$ eine Ellipse, und daher $\mathfrak{F}$ selbst ein Ellipsoid.

Den *Existenzbeweis* führen wir nach *A. Winternitz* [18]) mittels des folgenden Hilfssatzes:

(II) *Ist ein Eikörper $\mathfrak{K}'$ ganz in einem Ellipsoid $\mathfrak{K}''$ enthalten, so hat er kleinere Affinoberfläche als das Ellipsoid.*

Der Beweis gelingt uns durch Aufstellung einer merkwürdigen Ungleichheit zwischen Affinoberfläche Ω und gewöhnlicher Oberfläche O eines konvexen Körpers, nämlich

$$(127) \qquad \Omega^4 \leqq 4\pi O^3.$$

Das Gleichheitszeichen gilt nur für die Kugel. Sie ergibt sich durch zweimalige Anwendung der Ungleichheit von *Schwarz*, nämlich

$$\int f^2\, dx \int g^2\, dx \leqq \left(\int f g\, dx\right)^2$$

$$(128) \qquad \left(\frac{\int \sqrt[4]{K}\, dO}{\int dO}\right)^4 \leqq \left(\frac{\int \sqrt{K}\, dO}{\int dO}\right)^2 \leqq \frac{\int K\, dO}{\int dO}.$$

Das Gleichheitszeichen gilt hierin nur, wenn K konstant ist. Wegen

$$\int K\, dO = 4\pi \qquad \text{(Vgl. im ersten Band § 64 (101))}$$

ist (127) damit bewiesen. Wir bemerken noch, daß für die gewöhnlichen Oberflächen O', O'' von $\mathfrak{K}'$ und $\mathfrak{K}''$ die Ungleichheit $O' < O''$ besteht. Nun haben wir

$$(129) \qquad \Omega'^4 < 4\pi O'^3 < 4\pi O''^3 = \Omega''^4,$$

also

$$(130) \qquad \Omega' < \Omega''.$$

---

[18]) *A. Winternitz*, Hamburger Abhandlungen **1** (1922), S. **99**, ein verwickelterer Existenzbeweis bei *W. Blaschke* **69** (1917), S. 207—225.

Jetzt knüpfen wir wieder an *Groß* an, der auf einfache Weise gezeigt hat[19]), daß sich aus jedem Eikörper $\mathfrak{K}$ vom Inhalt V durch eine geeignete Folge hintereinander angewendeter Symmetrisierungen ein inhaltsgleicher Körper $\mathfrak{K}'$ herstellen läßt, der ganz innerhalb einer Kugel $\mathfrak{K}''$ vom Inhalt $V(1+\varepsilon)$ liegt (ε eine beliebige positive Zahl). Ist Ω, Ω', Ω'' die Affinoberfläche von $\mathfrak{K}$, $\mathfrak{K}'$ und $\mathfrak{K}''$, so folgt aus (I) und (II)

$$(131) \qquad \Omega \leqq \Omega' \leqq \Omega''.$$

Nun ist aber $\Omega''^2 = 12\pi V(1+\varepsilon)$, also

$$(132) \qquad \Omega^2 \leqq 12\pi V(1+\varepsilon)$$

und

$$(106) \qquad \Omega^2 \leqq 12\pi V.$$

Daß das Gleichheitszeichen nur für das Ellipsoid gilt *(Einzigkeitsbeweis)*, folgt wieder aus I.

§ 74. Eiflächen mit festem *H*.

Im Anschluß an die Überlegungen des vorigen Abschnittes läßt sich leicht zeigen:

Die Ellipsoide sind die einzigen überall elliptisch gekrümmten Eiflächen mit fester mittlerer Affinkrümmung[20]).

Die Flächen $H = $ konst. sind nämlich die Extremalen der behandelten isoperimetrischen Aufgabe und daraus werden wir folgern, daß sich die Affinoberfläche dieser Körper beim Symmetrisieren nicht ändert.

Stellen wir zunächst die Differentialgleichung für diese Extremalen auf, indem wir δV und $\delta\Omega$ in invarianter Form berechnen!

Ein Stück $\mathfrak{S}$ unserer Eifläche $\mathfrak{F}$ können wir sicher mit einem u^1, u^2-Netz bedecken. Der Kegel, der von den Strecken vom Ursprung nach den Punkten von $\mathfrak{S}$ erfüllt wird, hat dann bei geeigneter Vorzeichenwahl den Inhalt

$$(133) \qquad V_\mathfrak{S} = \tfrac{1}{3}\iint\limits_\mathfrak{S} (\mathfrak{x}\,\mathfrak{x}_1\,\mathfrak{x}_2)\,du^1\,du^2.$$

Wir werden nun eine Schar (analytischer) Abänderungen $\mathfrak{F}_\varepsilon^*$ von $\mathfrak{F}$ ins Auge fassen, die wieder Eiflächen sind, die sich also, da die Affinnormale niemals in die zugehörige Tangentenebene fällt, in der Form ansetzen lassen

$$(134) \qquad \mathfrak{x}^* = \mathfrak{x} + \nu\,\mathfrak{y}.$$

Das ist in der Tat für hinlänglich zu $\mathfrak{F}$ benachbarte Eiflächen möglich; denn durch jeden an $\mathfrak{F}$ genügend nahe gelegenen Punkt geht gerade

---

[19]) Vgl. im ersten Band § 99. Auf andre Art bewiesen bei *W. Blaschke*, Kreis und Kugel, Leipzig 1916.

[20]) *W. Blaschke*, Leipziger Berichte **69** (1917), S. 198.

eine einzige zu einem benachbarten Punkt von $\mathfrak{F}$ gehörige Affinnormale, weil das affine Krümmungsmaß K (§ 61) und die mittlere Affinkrümmung H auf einer elliptisch gekrümmten geschlossenen Fläche beschränkt und daher beide affinen Krümmungsradien R_1 und R_2 überall von Null verschieden sind. Dabei ist

$$(135) \qquad \nu = a\varepsilon + b\varepsilon^2 + \cdots,$$

wo die Koeffizienten der Potenzreihe nach ε Funktionen des Ortes auf $\mathfrak{F}$ sind.

Der Rauminhalt des Kegels, der den Aufpunkt mit dem Flächenstück $\mathfrak{S}^*$ auf $\mathfrak{F}_\varepsilon^*$ verbindet, das $\mathfrak{S}$ durch (134) entspricht, hat den Inhalt

$$(136) \qquad V_{\mathfrak{S}^*} = \tfrac{1}{3}\iint\limits_{\mathfrak{S}} (\mathfrak{x}^*\mathfrak{x}_1^*\mathfrak{x}_2^*)\, du^1\, du^2.$$

Setzen wir gemäß (134) und (135)

$$(137) \qquad \begin{aligned} \mathfrak{x}_1^* &= \mathfrak{x}_1 + \varepsilon\,(a\,\mathfrak{y})_1 + \cdots, \\ \mathfrak{x}_2^* &= \mathfrak{x}_2 + \varepsilon\,(a\,\mathfrak{y})_2 + \cdots, \end{aligned}$$

so wird

$$(138) \qquad (\mathfrak{x}^*\mathfrak{x}_1^*\mathfrak{x}_2^*) = (\mathfrak{x}\,\mathfrak{x}_1\,\mathfrak{x}_2) +$$
$$+ \varepsilon\{a(\mathfrak{y}\,\mathfrak{x}_1\,\mathfrak{x}_2) + (\mathfrak{x}\,(a\,\mathfrak{y})_1\,\mathfrak{x}_2) + (\mathfrak{x}\,\mathfrak{x}_1\,(a\,\mathfrak{y})_2)\} + \cdots.$$

Nun ist

$$(139)\ (\mathfrak{x},(a\mathfrak{y})_1,\mathfrak{x}_2) - (\mathfrak{x},(a\mathfrak{y})_2,\mathfrak{x}_1) = (\mathfrak{x},a\mathfrak{y},\mathfrak{x}_2)_1 - (\mathfrak{x},a\mathfrak{y},\mathfrak{x}_1)_2 + 2a(\mathfrak{y}\,\mathfrak{x}_1\,\mathfrak{x}_2).$$

Also haben wir, wenn wir noch in (138), (139) $(\mathfrak{y}\,\mathfrak{x}_1\,\mathfrak{x}_2) = G^{1/2}$ setzen,

$$(140) \qquad V_{\mathfrak{S}^*} = V_{\mathfrak{S}} +$$
$$+ \frac{\varepsilon}{3}\iint\limits_{\mathfrak{S}} \{3\,a\,G^{1/2} + (\mathfrak{x},a\mathfrak{y},\mathfrak{x}_2)_1 - (\mathfrak{x},a\mathfrak{y},\mathfrak{x}_1)_2\}\, du^1\, du^2 + \cdots.$$

Die Integrale über die beiden letzten Glieder kann man in ein Integral längs des Randes $\mathfrak{R}$ von $\mathfrak{S}$ verwandeln und erhält schließlich

$$(141) \qquad V_{\mathfrak{S}^*} = V_{\mathfrak{S}} + \varepsilon\iint\limits_{\mathfrak{S}} a\,G^{1/2}\, du^1\, du^2 + \frac{\varepsilon}{3}\int\limits_{\mathfrak{R}} (\mathfrak{x},a\mathfrak{y},d\mathfrak{x}) + \cdots.$$

Wir bemerken, daß

$$(142) \qquad G^{1/2}\, du^1\, du^2 = \sqrt[4]{LN - M^2}\, du^1\, du^2 = d\Omega$$

das Element der Affinoberfläche ist. Ferner: Wenn wir $V_{\mathfrak{F}}$ berechnen wollen, so brauchen wir nur die Integrale zu addieren über die Teilflächen $\mathfrak{S}_1, \mathfrak{S}_2, \ldots, \mathfrak{S}_n$, in die wir uns $\mathfrak{F}$ zerlegt denken. Dabei heben sich die Randintegrale weg, da jedes Randstück zweimal in entgegengesetztem Sinn vorkommt, und wir finden

$$(143) \qquad V_{\mathfrak{F}^*} = V_{\mathfrak{F}} + \varepsilon\int\limits_{\mathfrak{F}} a\, d\Omega + \cdots.$$

Führen wir noch schließlich die in der Variationsrechnung übliche Bezeichnung ein

$$(144) \qquad \left[\frac{d}{d\varepsilon} V_{\mathfrak{F}^*}\right]_{\varepsilon=0} = \delta V,$$

$$(145) \qquad a = \left[\frac{d}{d\varepsilon} \nu\right]_{\varepsilon=0} = \delta \nu,$$

so wird

$$(146) \qquad \boxed{\delta V = \int\limits_{\mathfrak{F}} \delta \nu \cdot d\Omega}$$

die „*erste Variation des Rauminhalts*".

Aus (19) ersieht man wegen $\delta \mathfrak{x} = \mathfrak{y} \cdot \delta \nu$, daß

$$(147) \qquad \delta \Omega = - \tfrac{3}{2} \int\limits_{\mathfrak{F}} \delta \nu \cdot H \cdot d\Omega$$

und somit

$$(148) \qquad \delta V + \lambda \delta \Omega = - \int\limits_{\mathfrak{F}} (1 + \tfrac{3}{2} \lambda H)\, \delta \nu\, d\Omega$$

und die Differentialgleichung von *Euler* und *Lagrange* für unsere Variationsaufgabe

$$(149) \qquad H = \text{konst.}$$

ist. Wir finden:

(I) *Die Extremalen des isoperimetrischen Problems der Affinoberfläche sind die Flächen fester mittlerer Affinkrümmung.*

Nun sei $\mathfrak{F}_{+1}$ eine extremale Eifläche und $\mathfrak{F}_{-1}$ die an der xy-Ebene gespiegelte Fläche. $\mathfrak{F}_{+1}$ und $\mathfrak{F}_{-1}$ denken wir uns wie im vorigen Abschnitt in je eine „obere" und „untere Hälfte" zerlegt. Sei

$$(150) \qquad \begin{aligned} \mathfrak{S}_{+1} &\ldots x, y, z = + z(x, y), \\ \overline{\mathfrak{S}}_{+1} &\ldots x, y, z = - \bar{z}(x, y), \end{aligned}$$

dann ist

$$(151) \qquad \begin{aligned} \mathfrak{S}_{-1} &\ldots x, y, z = + \bar{z}(x, y), \\ \overline{\mathfrak{S}}_{-1} &\ldots x, y, z = - z(x, y). \end{aligned}$$

Unter $\mathfrak{F}_\vartheta$ verstehen wir die Fläche, die aus den Teilen

$$(152) \qquad \begin{aligned} \mathfrak{S}_\vartheta &\ldots x, y, z = + \frac{1+\vartheta}{2} \cdot z(x, y) + \frac{1-\vartheta}{2} \cdot \bar{z}(x, y), \\ \overline{\mathfrak{S}}_\vartheta &\ldots x, y, z = - \frac{1+\vartheta}{2} \cdot \bar{z}(x, y) - \frac{1-\vartheta}{2} \cdot z(x, y) \end{aligned} \qquad (|\vartheta| \leqq 1)$$

besteht.

$L_\vartheta, M_\vartheta, N_\vartheta, \bar{L}_\vartheta, \overline{M}_\vartheta, \overline{N}_\vartheta$ sind lineare Funktionen von ϑ. Daraus erkennt man jedesmal mittels der Ungleichheit (114) ähnlich wie bei (118), (119), (120) nacheinander, daß

$$(153) \qquad \sqrt{L_\vartheta N_\vartheta}, \qquad \sqrt{L_\vartheta N_\vartheta - M_\vartheta^2}, \qquad \sqrt[4]{L_\vartheta N_\vartheta - M_\vartheta^2}$$

nach oben konvexe Funktionen von ϑ sind. Dasselbe gilt für die gequerten Größen und daher auch für

$$(154) \qquad \Omega_\vartheta = \int \left(\sqrt[4]{L_\vartheta N_\vartheta - M_\vartheta{}^2} + \sqrt[4]{\overline{L}_\vartheta \overline{N}_\vartheta - \overline{M}_\vartheta{}^2} \right) dx\, dy.$$

Nun ist aber

$$(155) \qquad \delta V_{+1} = \frac{d V_{+1}}{d\vartheta} = 0, \qquad \delta V_{-1} = \frac{d V_{-1}}{d\vartheta} = 0,$$

weil alle Flächen $\mathfrak{F}_\vartheta$ Eikörper mit gleichem Rauminhalt begrenzen. Wegen

$$(156) \qquad \delta V_{+1} + \lambda\, \delta \Omega_{+1} = 0, \qquad \delta V_{-1} + \lambda\, \delta \Omega_{-1} = 0$$

ist daher auch

$$(157) \qquad \delta \Omega_{+1} = \frac{d \Omega_{+1}}{d\vartheta} = 0, \qquad \delta \Omega_{-1} = \frac{d \Omega_{-1}}{d\vartheta} = 0.$$

Somit ist $\Omega_\vartheta = \Omega_{+1} = \text{konst.}$ und wir finden nach § 73

(II) *Bei Eiflächen fester mittlerer Affinkrümmung liegen die Mitten paralleler Sehnen immer in einer Ebene*
und

Die einzigen Eiflächen fester mittlerer Affinkrümmung sind die Ellipsoide.

Einen zweiten Beweis für dieses Ergebnis werden wir später (§ 77) erbringen.

§ 75. Bemerkungen und Aufgaben.

1. **Über Affinminimalflächen.** Man kann die Theorie dieser Flächen und die Formeln des § 68 auch so herleiten, daß man die allgemeine Formel für die Variation eines Doppelintegrals benutzt. Ist nämlich in leicht verständlicher Schreibweise

$$(158) \qquad \iint F\left(x_i, \frac{\partial x_i}{\partial u^k}, \frac{\partial^2 x_i}{\partial u^k \partial u^l} \right) du^1\, du^2,$$

das zu variierende Integral (statt u, v ist hier für den Augenblick u^1, u^2 geschrieben), so lauten die Differentialgleichungen von *Euler* und *Lagrange* so

$$(159) \qquad \frac{\partial F}{\partial x_i} - \sum_k \frac{\partial}{\partial u^k} \frac{\partial F}{\partial \frac{\partial x_i}{\partial u^k}} + \sum_{k,l} \frac{\partial^2}{\partial u^k \partial u^l} \frac{\partial F}{\partial \frac{\partial^2 x_i}{\partial u^k \partial u^l}} = 0.$$

In unserem Fall der Affinminimalflächen in Asymptotenparametern ((4) in § 68) lassen sich die drei Gleichungen vektoriell zusammenfassen:

$$(160) \qquad -\frac{\partial}{\partial u}(\mathfrak{x}_v \times \mathfrak{y}) + \frac{\partial}{\partial v}(\mathfrak{x}_u \times \mathfrak{y}) + \frac{\partial^2}{\partial u\, \partial v} \frac{\mathfrak{x}_u \times \mathfrak{x}_v}{F} = 0.$$

Durch eine kleine Umrechnung (§ 52 (39), (41)) erhält man daraus einfacher

$$(161) \qquad \frac{\partial}{\partial u}(\mathfrak{x}_v \times \mathfrak{y}) = \frac{\partial}{\partial v}(\mathfrak{x}_u \times \mathfrak{y}) = 0.$$

Das ist die für manche Zwecke vorteilhafte Form der Differentialgleichung $\mathfrak{X}_{uv} = 0$ der Affinminimalflächen (*H. Behnke*, 1921).

2. Besondere Affinminimalflächen. Man ermittle für die in § 68
durch die Forderung $(\mathfrak{U}\,\mathfrak{U}'\,\mathfrak{U}'') \neq 0$, $(\mathfrak{V}\,\mathfrak{V}'\,\mathfrak{V}'') \neq 0$ ausgeschlossene
Flächenklasse die zu (25) entsprechende integrallose Darstellung und
zeige, daß bei diesen Flächen eine oder beide Scharen von Asymptotenlinien der Bedingung $k' + t = 0$ (§ 29) genügen (*G. Thomsen*, 1923).

3. Konstruktion der auf das Drehparaboloid abwickelbaren Flächen.
Wenn man die Schiebkurven der Schiebfläche von § 68 als Kurven
mit den festen (elementaren) Windungen $+ 1 : \tau$, $- 1 : \tau$ annimmt, so
sind die durch die dort angegebene Konstruktion aus der Schiebfläche
entstehenden Affinminimalflächen zum Drehparaboloid mit dem Parameter $2\,i\,\tau$ isometrisch. *G. Darboux*, Théorie des surfaces **3** (1894),
S. 373.

4. Relative Minimalflächen. Es seien $\mathfrak{x}\,(u, v)$ und $\mathfrak{y}\,(u, v)$ zwei
Vektoren, die vom Ursprung nach Punkten hinführen, die auf zwei
Flächen $(\mathfrak{x})$ und $(\mathfrak{y})$ so beweglich sind, daß zu gleichen Parametern
u, v gehörige Punkte $\mathfrak{x}, \mathfrak{y}$ parallele Tangentenebenen besitzen. Dann
soll das Integral

$$(162) \qquad O = \int\!\!\int (\mathfrak{y}\,\mathfrak{x}_u\,\mathfrak{x}_v)\,du\,dv$$

als die „Relativoberfläche" der Fläche $(\mathfrak{x})$ bezüglich der Eichfläche $(\mathfrak{y})$
bezeichnet werden, in Anlehnung an die Geometrie *Minkowski*s. Vgl.
Ges. Abhandlungen, Bd. 2, S. 262. Für die erste Variation von O
findet man

$$\delta O = \oint (\delta \mathfrak{x},\, d\mathfrak{x},\, \mathfrak{y}) + \int\!\!\int \{(\mathfrak{y}\,\mathfrak{y}_u\,\mathfrak{x}_v) + (\mathfrak{y}\,\mathfrak{x}_u\,\mathfrak{y}_v)\}\,\delta h \cdot du\,dv.$$

Darin ist δh durch die Gleichung erklärt

$$(163) \qquad (\delta\mathfrak{x},\, \mathfrak{x}_u,\, \mathfrak{x}_v) = (\mathfrak{y},\, \mathfrak{x}_u,\, \mathfrak{x}_v)\,\delta h.$$

Die Extremalen des Variationsproblems $\delta O = 0$ fallen mit den von
E. Müller als „Relative Minimalflächen" bezeichneten Flächen zusammen
(Monatshefte für Math. **31** (1921), S. 3—19). Man zeige, daß sich
die Relativoberfläche einer Relativminimalfläche durch das Randintegral
darstellen läßt:

$$(164) \qquad O = \tfrac{1}{2} \oint (\mathfrak{x},\, d\mathfrak{x},\, \mathfrak{y}).$$

Diese Flächen sind dadurch gekennzeichnet, daß

$$\int \mathfrak{y} \times d\mathfrak{x} \quad \text{und daher} \quad \int \mathfrak{x} \times d\mathfrak{y}$$

auf ihnen nicht vom Wege abhängen. *W. Blaschke*, Jahresbericht der D. Mathematiker-Vereinigung **31** (1922), S. *41*. Vgl. hierzu auch 1. Bd., § 77 und im Folgenden § 77, S. 214 u. f.

5. Minimalhyperflächen nach *L. Berwald*. Die meisten Betrachtungen von § 68 lassen sich auf Hyperflächen im R_{n+1} übertragen. An Stelle von (18) tritt dann (vgl § 65)

$$(165) \quad \delta\Omega = \oint_{(n-1)} x^k \, d\omega_k + \frac{1}{n+2} \oint_{(n-1)} G^{ik} z_i \, d\omega_k - \frac{n(n+1)}{n+2} \int_{(n)} H z \, d\Omega.$$

Dabei ist $G = |G_{ik}| > 0$ angenommen; die Integrale $\oint_{(n-1)} \ldots d\omega_k$ sind über die $(n-1)$-dimensionale Begrenzung des betrachteten Stückes der Hyperfläche zu erstrecken. Ferner ist gesetzt

$$\frac{\partial z}{\partial u^i} = z_i \quad \text{und} \quad \sqrt{G} \begin{vmatrix} p^1 & p^2 & \cdots & p^n \\ d_1 u^1 & d_1 u^2 & \cdots & d_1 u^n \\ \cdot & \cdot \cdot \cdot \cdot \cdot \cdot \cdot & \cdot \\ d_{n-1} u^1 & d_{n-1} u^2 & \cdots & d_{n-1} u^n \end{vmatrix} = p^k \, d\omega_k,$$

wobei unter p^k ein willkürlicher Vektor und unter $d_1 u^i, \ldots, d_{n-1} u^i$ linear unabhängige Linienelemente der Hyperfläche verstanden sind.

6. *L. Berwald*s Verallgemeinerung einer Ungleichheit von *A. Winternitz* (vgl. § 73 (127)). Zwischen der Affinoberfläche

$$(166) \qquad \Omega = \int \sqrt{|G|} \, du^1 \, du^2 \ldots du^{n-1}$$

(vgl. § 65) und der gewöhnlichen Oberfläche eines Eikörpers im n-dimensionalen euklidischen Raum besteht die Ungleichheit

$$(167) \qquad \Omega^{n+1} \leqq \frac{n \pi^{\frac{n}{2}}}{1 \cdot 2 \ldots \frac{n}{2}} \cdot O^n,$$

oder

$$(168) \qquad \Omega^{n+1} \leqq \frac{2 \pi^{\frac{n-1}{2}}}{\frac{1}{2} \frac{3}{2} \ldots \frac{n-2}{2}} \cdot O^n,$$

je nachdem n gerade oder ungerade ist.

7. Ein konvergentes Verfahren. In § 72 auf S. 192 wurde der „Auswahlsatz für Eikörper" aus des Verfassers Büchlein „Kreis und Kugel" benutzt. Man beweise ohne dieses Hilfsmittel die in § 72 benötigte Tatsache: Durch wiederholte Symmetrisierungen, wobei die Symmetrisierungsrichtung stets zu einer Ebene parallel läuft, läßt sich ein konvergentes Verfahren herleiten, das einen beliebigen Eikörper in einen Drehkörper überführt. Verwandte Probleme in § 99 des ersten Bandes und in § 27, Aufgabe 13, S. 65 dieses zweiten Bandes.

8. Zwei Ungleichheiten von *L. Berwald* für Eiflächen. Ist $\underline{H}$ der kleinste Wert von H auf einer Eifläche mit der Affinoberfläche O und dem Rauminhalt V, so bestehen die Beziehungen

$$(169) \qquad 3\,\underline{H}\,V \leqq O, \qquad \underline{H}\,O \leqq 4\,\pi\,.$$

9. Zu *Minkowski*s Theorie von „Volumen und Oberfläche". Durchlaufen die Punkte $\mathfrak{x}_1$, $\mathfrak{x}_2$ unabhängig zwei Eikörper $\mathfrak{K}_1$, $\mathfrak{K}_2$, so durchläuft $\mathfrak{x} = \lambda_1\,\mathfrak{x}_1 + \lambda_2\,\mathfrak{x}_2$ einen dritten Eikörper $\mathfrak{K}$, wenn $\lambda_1 \geqq 0$, $\lambda_2 \geqq 0$ ist. Man setzt $\mathfrak{K} = \lambda_1\,\mathfrak{K}_1 + \lambda_2\,\mathfrak{K}_2$. Der Rauminhalt V von $\mathfrak{K}$ ergibt sich als kubische Form in λ_1, λ_2

$$V(\lambda_1, \lambda_2) = V_{111}\,\lambda_1^3 + 3\,V_{112}\,\lambda_1^2\,\lambda_2 + 3\,V_{122}\,\lambda_1\,\lambda_2^2 + V_{222}\,\lambda_2^3\,.$$

Die V_{ikl} nennt man die *gemischten Inhalte* der $\mathfrak{K}_i$. Nach *Brunn* und *Minkowski* hat V die Konvexitätseigenschaft

$$(170) \qquad \frac{d^2}{dt^2}\,V(1-t,\,t)^{1/3} \leqq 0; \qquad 0 < t < 1\,.$$

Danach ist

$$(171) \qquad V_{112}^2 \geqq V_{111}\,V_{122}, \qquad V_{122}^2 \geqq V_{112}\,V_{222}$$

und hieraus

$$(172) \qquad V_{112}^3 \geqq V_{111}^2\,V_{222}\,.$$

Soweit kann man diese Beziehungen mit den Mitteln *Minkowski*s (Mathematische Annalen **57**) recht einfach begründen. Der Einzigkeitsbeweis, daß nämlich nur bei gleichsinnig ähnlicher Lage von $\mathfrak{K}_1$, $\mathfrak{K}_2$ die Beziehung

$$(173) \qquad V_{112}^3 = V_{111}^2\,V_{222}$$

besteht, kann man mittels des Verfahrens von *Radon* und *Winternitz* (§ 27, Aufgabe 20) leichter führen, als das bei *Minkowski* geschieht.

In (172) steckt als Sonderfall die isoperimetrische Haupteigenschaft der Kugel. Nimmt man nämlich für $\mathfrak{K}_2$ die Einheitskugel, so folgt für $\mathfrak{K}_1$ die Ungleichheit (32) aus dem 1. Bd., § 99, nämlich

$$(174) \qquad O^3 - 36\,\pi\,V^2 \geqq 0\,.$$

Unbefriedigender liegen die Dinge bei folgendem Ergebnis *Minkowski*s (Mathematische Annalen **57**): Gibt man das *Gauss*ische Krümmungsmaß $\overline{K}$ einer Eifläche $\mathfrak{F}$ als Funktion der Normalenrichtung $\overline{K} = \overline{K}(\xi_1, \xi_2, \xi_3)$, so ist dadurch $\mathfrak{F}$ bis auf Schiebungen eindeutig bestimmt und es gibt zu jedem stetigen $K(\xi_1, \xi_2, \xi_3) > 0$, das den Bedingungen

$$(175) \qquad \int \frac{\xi_i}{K}\,d\omega = 0$$

genügt ($d\omega$ Element der Einheitskugel $\xi_1^2 + \xi_2^2 + \xi_2^2 = 1$), Eiflächen $\mathfrak{F}$. Affingeometrisch ausgedrückt: Man kann eine Eifläche bis auf Schiebungen eindeutig aus ihrem Krümmungsbild bestimmen. *Minkowski* führt diese Aufgabe auf ein Variationsproblem zurück. Das Vorhandensein einer Lösung dieses Variationsproblems läßt sich leicht mit Hilfe des Auswahlsatzes für Eikörper (*W. Blaschke,* Kreis und Kugel, Leipzig 1916) einsehen. Aber der Nachweis, daß diese Lösung der *Euler*schen Differentialgleichung genügt, scheint schwer zu sein. Bei *Minkowski* werden diese Schwierigkeiten dadurch umgangen, daß er zuerst eine entsprechende Frage für Polyeder löst und dann beliebige Eiflächen durch Polyeder annähert, ein Verfahren, das viele Abschätzungen nötig macht. Es wäre eine Untersuchung wünschenswert, die diesen schönen Satz über Eiflächen leichter zugänglich macht.

10. Eine Extremeigenschaft des Ellipsoids. Sei V der Rauminhalt eines Eikörpers $\mathfrak{K}$, den wir homogen mit Masse erfüllt denken. Zur Begrenzungsfläche von $\mathfrak{K}$ suchen wir die Fläche auf, die ihr durch die Polarität an der Einheitskugel entspricht, die den Schwerpunkt von $\mathfrak{K}$ zum Mittelpunkt hat. Für den Rauminhalt J des von der neuen Fläche begrenzten Eikörpers gilt dann die Formel

$$(176) \qquad\qquad J V \leqq \left(\frac{4\,\pi}{3}\right)^2.$$

Darin gilt nur dann die Gleichheit, wenn $\mathfrak{K}$ von einem Ellipsoid begrenzt wird. *W. Blaschke,* Leipziger Berichte **69** (1917) S. 306.

11. Weitere isoperimetrische Aufgaben. Die Fragen 22 von § 27 lassen zwei verschiedene Übertragungen auf die räumliche Geometrie zu. *Erstens:* Ein Eikörper $\mathfrak{K}$ mit vorgegebenem Rauminhalt soll so bestimmt werden, daß alle aus $\mathfrak{K}$ durch Schiebung entstehenden Eikörper, die einen festen Punkt enthalten, einen möglichst großen (oder möglichst kleinen) Raum bedecken. *Zweitens:* Mit $d\mathfrak{o}$ bezeichnen wir das *vektorielle Oberflächenelement* $(\mathfrak{x}_u \times \mathfrak{x}_v)\,du\,dv$ einer Fläche. Dann soll eine Eifläche $\mathfrak{F}$ gegebenen Inhalts so bestimmt werden, daß das dreimal über die ganze Eifläche erstreckte Integral

$$(177) \qquad\qquad J = \iiint\limits_{\mathfrak{F}\,\mathfrak{F}\,\mathfrak{F}} \left|(d\mathfrak{o}_1,\, d\mathfrak{o}_2,\, d\mathfrak{o}_3)\right|$$

ein Extrem wird.

7. Kapitel.

Besondere Flächen.

Als besondere affine Flächenklassen haben wir bisher die geradlinigen Flächen, die Schiebflächen und die Affinminimalflächen kennen gelernt. Geleitet von den Grundbegriffen der affinen Krümmungstheorie werden wir noch eine beachtenswerte Flächenklasse erklären und beschreiben, die Affinsphären. Dann wenden wir uns einigen Familien von Flächen zu, an die gleichzeitig zwei Forderungen gestellt werden, und bestimmen z. B. die geradlinigen Flächen mit fester Krümmung und die windschiefen Schiebflächen.

§ 76. Eigentliche Affinsphären.

Wenn man darauf ausgeht, das Gegenstück zur Kugel in der affinen Flächentheorie aufzusuchen, so kann man nach allen Flächen fragen, deren Affinnormalen durch einen festen Punkt $\mathfrak{o}$ hindurchlaufen. Wir wollen diese Flächen als *„eigentliche Affinsphären"* bezeichnen. In $\mathfrak{o}$ liegen alle affinen Hauptkrümmungsmittelpunkte der Fläche vereinigt. Falls alle Affinnormalen parallel laufen, also durch einen „uneigentlichen Punkt" hindurchgehen, wollen wir von einer *„uneigentlichen Affinsphäre"* reden. Wir werden im Gegensatz zu der entsprechenden Frage in der elementaren Flächentheorie finden, daß die Affinsphären noch von willkürlichen Funktionen abhängen, daß also nicht etwa die $\mathfrak{F}_2$, die nach § 40 Affinsphären sind, diese Flächenfamilie erschöpfen. Späterhin werden wir z. B. alle windschiefen Affinsphären ermitteln (§ 80).

Nach der geometrischen Erklärung der Affinkrümmungslinien (§ 61) ist auf einer (eigentlichen oder uneigentlichen) Affinsphäre *jede* Kurve Affinkrümmungslinie, also muß die quadratische Differentialform $\varkappa$ § 61 (161) identisch verschwinden. Daher ist nach § 60 (152) und § 61 (160), (161)

$$(1) \qquad C_{ik} = A_{ik,\,l}^{\,l} = 0.$$

Nach den Integrierbarkeitsbedingungen § 60 (155) ist daher für jede Affinsphäre die mittlere Affinkrümmung H fest und zufolge § 61 (166)

$$(2) \qquad \frac{1}{R_1} = \frac{1}{R_2} = \frac{1}{R} = H = \text{konst.}$$

Ist $H \neq 0$, so ist nach § 61 (156) der Schnittpunkt der Affinnormalen, in den hier die Hüllfläche der Affinnormalen entartet,

$$(3) \qquad \mathfrak{o} = \mathfrak{x} + R\,\mathfrak{y}$$

ein eigentlicher Punkt. Gleichung (3) sagt wegen $R = \text{konst.}$ aus: Die eigentlichen Affinsphären sind zu ihrem Krümmungsbild ähnlich und ähnlich gelegen. Diese Eigenschaft ist offenbar kennzeichnend.

Ist dagegen $H = 0$, so folgt wegen (1) aus den *Weingarten*schen Gleichungen § 60 (154), daß der Vektor der Affinnormalen fest und die Fläche eine uneigentliche Affinsphäre ist. Wir behandeln zunächst die eigentlichen Affinsphären.

In § 41 (53) hatten wir als Affinentfernung eines Punktes $\mathfrak{z}$ von der Flächenstelle $\mathfrak{x}$ den Ausdruck

$$(4) \qquad p = \frac{(\mathfrak{z} - \mathfrak{x},\ \mathfrak{x}_u,\ \mathfrak{x}_v)}{|\,L\,N - M^2\,|^{1/4}}$$

eingeführt und bemerkt, daß p bei festem $\mathfrak{z}$ dann einen Ruhwert, d. h. verschwindende Ableitungen hat, wenn $\mathfrak{z}$ auf der Affinnormalen von $\mathfrak{x}$ liegt. Wenden wir dies auf den Schnittpunkt $\mathfrak{z}$ der Affinnormalen einer Affinsphäre an, so finden wir: Alle Stellen einer eigentlichen Affinsphäre haben die Eigenschaft, von einem festen Punkt $\mathfrak{z}$ dieselbe Affinentfernung zu besitzen. Bei festem p und $\mathfrak{z}$ ist (4) eine für unsere Flächen kennzeichnende Differentialgleichung. Es ist dies ein hübsches Gegenstück zur Erklärung der Kugel als Ort aller Punkte gleichen Abstandes vom Kugelmittelpunkt.

Für Asymptotenparameter nehmen die Bedingungen (1) die Gestalt

$$(5) \qquad A_v = 0, \qquad D_u = 0$$

an. Daher kann man bei den nicht geradlinigen Affinsphären die Parameter $\overline{u}$, $\overline{v}$ auf den Asymptotenlinien so wählen, daß die kubische Grundform

$$\psi = A\,du^3 + D\,dv^3 = d\overline{u}^3 + d\overline{v}^3$$

wird. Dazu haben wir nur

$$\overline{u} = \int A^{1/3}\,du, \qquad \overline{v} = \int D^{1/3}\,dv$$

zu setzen, was für

$$J = \frac{A\,D}{F^3} \neq 0$$

immer möglich ist.

Schreiben wir statt $\bar{u}$ und $\bar{v}$ wieder u und v, so ist für unsere Affinsphäre

$$(6) \qquad \begin{aligned} A &= 1, & D &= 1, \\ J &= F^{-3}, & F &= J^{-1/3} \end{aligned}$$

und wenn wir noch den Mittelpunkt $\mathfrak{o}$ der Affinsphäre zum Ursprung wählen, so vereinfachen sich die Ableitungsgleichungen § 49 (2) zu

$$(7) \qquad \left(\frac{\mathfrak{x}_u}{F}\right)_u = \frac{\mathfrak{x}_v}{F^2}, \qquad \mathfrak{x}_{uv} = -RF\mathfrak{x}, \qquad \left(\frac{\mathfrak{x}_v}{F}\right)_v = \frac{\mathfrak{x}_u}{F^2} \qquad (R = \text{konst.})$$

Als Integrierbarkeitsbedingungen für die Gleichungen (7) finden wir [vgl. § 49 (6)]

$$S - J = H = \text{konst.}$$

oder ausführlich geschrieben

$$-\frac{1}{F}\frac{\partial^2 \log F}{\partial u\, \partial v} - \frac{1}{F^3} = H.$$

Dafür können wir auch wegen (6)

$$(8) \qquad \frac{2}{F}\frac{\partial^2 \log J}{\partial u\, \partial v} = 6\,(H + J)$$

und in allgemeinen Parametern

$$(9) \qquad \boxed{\varDelta \log J = G^{ik}\,(\log J)_{ik} = 6\,(H + J)}$$

schreiben. Denn die Gleichung (9) ist invariant und geht durch Einführung von Asymptotenparametern in (8) über.

Aber auch für positiv gekrümmte nicht analytische Affinsphären gilt diese Gleichung. Man bestätigt dies am bequemsten durch Einführung von Parametern u^1, u^2, die in einem Flächenpunkt $\mathfrak{x}_0$ bis zur 5. Ordnung isotherm (Bd. 1, § 71) bezüglich der quadratischen Grundform φ sind, für die mithin die Entwicklungen von G_{12} und $G_{11} - G_{22}$ in diesem Punkte mit Gliedern 3. Grades in u^1, u^2 beginnen. Dabei setzen wir also die Existenz isothermer Parameter nicht voraus. Alsdann wird im Flächenpunkt $\mathfrak{x}_0$ bis auf Ableitungen 3. Ordnung

$$G_{11} = G_{22}, \qquad G_{12} = 0$$

und bis auf Ableitungen 2. Ordnung wegen der Apolaritätsbedingungen § 58 (119)

$$A_{111} = -A_{122}, \qquad A_{112} = -A_{222}.$$

Die Gleichungen (1) nehmen die Gestalt:

$$A_{111,1} = A_{222,2}, \qquad A_{111,2} = -A_{222,1}$$

an. Nun bestätigt man durch Ausrechnen mittels der Formel 1. Bd., § 49 (138) für das Krümmungsmaß einer quadratischen Form und des Ausdruckes § 58 (120) für J, daß

$$[G^{ik}\,(\log J)_{ik}]_0 = \frac{1}{G_{11}}\{(\log J)_{u^1 u^1} + (\log J)_{u^2 u^2}\}_0 = 6\,S_0$$

und daher Gleichung (9) in $\mathfrak{x}_0$ mit dieser sicher richtigen Gleichung identisch ist.

Die Affinsphären sind zuerst von *G. Tzitzéica* unter dem Namen S-Flächen behandelt worden[1]).

§ 77. Eiflächen mit geraden Schwerlinien.

Mittels der Formel (9) gelingt es leicht zu zeigen:

Jede eigentlich-affinsphärische Eifläche ist ein Ellipsoid[2]).

Unter einer Eifläche ist dabei eine durchweg fünfmal stetig differenzierbare, überall elliptisch gekrümmte ($L N - M^2 > 0$), geschlossene Fläche verstanden.

Zum Beweis sind einige Betrachtungen über Vorzeichen erforderlich. Zunächst ist immer $J \geqq 0$, was man etwa daraus ersehen kann, daß für den Fall der kanonischen Entwicklung § 41 (49)

$$x_3 = \tfrac{1}{2}(x_1{}^2 + x_2{}^2) + \frac{c}{6}(x_1{}^3 - 3\,x_1\,x_2{}^2) + \cdots$$

nach § 46 (135) die Beziehung

$$J = \frac{c^2}{2} \qquad\qquad (c \text{ reell})$$

gilt. Wenn wir andererseits die Flächenparameter u^1, u^2 so normieren, daß

$$\varphi = G_{ik}\,du^i\,du^k > 0$$

für unsere elliptisch gekrümmte Fläche positiv-definit ausfällt und die Wurzel $|\,L N - M^2\,|^{1/4}$ positiv ziehen, so bedeutet $\mathfrak{y}$ nach § 40 die *innere* Affinnormale, das heißt die Affinnormale, die auf die Seite der Tangentenebene weist, auf der die Eifläche liegt. Ferner liegt der Krümmungsmittelpunkt $\mathfrak{o}$ im Innern der Eifläche. Sonst müßte es nämlich Punkte der Eifläche geben, deren Affinnormale in der Tangentenebene liegt, was wegen

$$(\mathfrak{y}\,\mathfrak{x}_1\,\mathfrak{x}_2) = |\,L N - M^2\,|^{1/4} > 0$$

unmöglich ist. Also ist R in der Formel (3) positiv.

Daraus werden wir nun folgern, daß identisch $J = 0$ ist. Sonst müßte nämlich J die Differentialgleichung (9) erfüllen, und das ist unmöglich. Wegen $R > 0$ und $J \geqq 0$ ist nämlich die rechte Seite von (9) überall > 0, während andererseits die Funktion J und $\log J$ auf der Eifläche an einer Stelle $\mathfrak{x}_0$ einen Größtwert erreichten und

---

[1]) *G. Tzitzéica*: Comptes Rendus, Paris **145** (1907), S. 132—133 und **146** (1908), S. 165—166, Atti 4. Congresso, Roma (1908) II, S. 304—308, Rendiconti di Palermo **25** (1908), S. 180—187 und **28** (1909), S. 210—216.

[2]) *W. Blaschke*: Leipziger Berichte **69** (1917), S. 167 und **70** (1918), S. 27.

daher bei $\mathfrak{x}_0$ die linke Seite von (9) negativ werden müßte. Denn wenn eine Funktion f an der Stelle $\mathfrak{x}_0$ einen Größtwert annimmt, so ist Δf in $\mathfrak{x}_0$ sicher ≤ 0. Zunächst müssen in $\mathfrak{x}_0$ die ersten Ableitungen von f verschwinden und in $\mathfrak{x}_0$ wird

$$\Delta f = G^{ik} f_{ik} = \frac{G_{22} f_{u^1 u^1} - 2 G_{12} f_{u^1 u^2} + G_{11} f_{u^2 u^2}}{G}.$$

Wählen wir nun etwa die positiv definite Form φ so, daß an der Stelle $\mathfrak{x}_0$ die Koeffizienten G_{ik} die Werte $1, 0, 1$ annehmen, so wird in $\mathfrak{x}_0$

$$G^{ik} f_{ik} = f_{u^1 u^1} + f_{u^2 u^2}$$

und dieser Ausdruck ist, da f einen Größtwert haben soll, wegen $f_{u^1 u^1} \leq 0$, $f_{u^2 u^2} \leq 0$ wirklich ≤ 0.

J muß also auf unserer Fläche identisch null sein und nach § 42 (78) gibt es zu jedem Punkt der Fläche eine mindestens in 3. Ordnung berührende Fläche 2. Ordnung. Somit ist nach *H. Maschke* (§ 44) die Fläche von 2. Ordnung, wofern sie analytisch ist. Diese Beschränkung auf analytische Flächen werden wir später (§ 84) noch beseitigen können.

Bisher ist also gezeigt: Die gesuchten Flächen müssen $\mathfrak{F}_2$ sein. Da sie außerdem Eiflächen sind, so bleiben nur die Ellipsoide übrig und diese haben wirklich die gewünschte Eigenschaft, Affinsphären zu sein.

Nach einem Satz des vorigen Abschnittes können wir unser Ergebnis so fassen:

Die einzigen Eiflächen, deren Stellen von einem festen Punkt die gleiche Affinentfernung haben, sind die Ellipsoide.

Endlich ist nach einer geometrischen Deutung der Affinnormalen von Flächen elliptischer Krümmung, die wir in § 43 gegeben hatten, auch noch folgende unmittelbar anschauliche Fassung unseres Ergebnisses möglich:

Ein Eikörper mit lauter geradlinigen Schwerlinien wird notwendig von einem Ellipsoid begrenzt[2]).

Sind nämlich die Schwerlinien, das heißt die Verbindungslinien der Schwerpunkte paralleler ebener Schnitte des Eikörpers geradlinig, so folgt aus ihrer statischen Deutung sofort, daß sie alle durch einen Punkt $\mathfrak{o}$ des Eikörpers, nämlich durch den Schwerpunkt des homogen mit Masse erfüllten Körpers gehen. Nach der erwähnten Deutung der Affinnormalen als Tangenten an die Schwerlinien gehen nun sicher alle Affinnormalen durch den Punkt $\mathfrak{o}$ und somit kommt die neue Behauptung auf den bewiesenen Satz zurück.

Noch eine Bemerkung! Vielleicht ließe sich zeigen: Jede elliptisch gekrümmte Fläche mit geraden Schwerlinien ist eine $\mathfrak{F}_2$, etwa wie wir den entsprechenden Satz der ebenen Geometrie in § 7 bewiesen hatten. Mit anderen Worten: Vielleicht läßt sich die Voraussetzung der geschlossenen konvexen Fläche durch die schwächere Forderung der elliptischen Krümmung ersetzen. Indessen scheint zur Prüfung dieser Vermutung zumindesten ein erheblicher Aufwand an Rechnung nötig, und wir wollen uns daher mit der engeren Fassung begnügen.

———

Beachten wir noch das Verhältnis des jetzt bewiesenen Einzigkeitssatzes (*die Ellipsoide einzige affinsphärische Eiflächen*) zu dem von § 74 (*die Ellipsoide einzige Eiflächen mit festem H*)! Unser jetziger Satz ist, da für eine Affinsphäre $H = 1 : R =$ konst. ist, in dem früheren als Sonderfall enthalten. Aber wir wollen zeigen, daß man umgekehrt auch aus unserm neuen Satz leicht auf die Richtigkeit des alten schließen kann.

Dazu benutzen wir die Formel § 59 (137), die sich wegen § 60 (146) auch so schreiben läßt

$$(10) \qquad \boxed{\frac{1}{2}\, \Delta\, w = -\, H\, w - 1}\,,$$

wenn Δ *Beltrami*s zweiten Differenziator zur quadratischen Grundform $G_{ik}\, du^i\, du^k$ bedeutet. Wir haben zu zeigen, daß für eine Eifläche $\mathfrak{F}$ aus $H =$ konst. folgt $w =$ konst. H kann auf einer geschlossenen Fläche $\mathfrak{F}$ nicht identisch verschwinden, denn an der Stelle von $\mathfrak{F}$, wo w seinen kleinsten Wert annimmt, kann Δw nicht gleich -2 werden, sondern ist notwendig ≥ 0. Für festes $H \neq 0$ ist aber

$$(11) \qquad w = -\,\frac{1}{H} + \mathfrak{c}\,\mathfrak{X},$$

wo $\mathfrak{c}$ einen beliebigen festen Vektor bedeutet, eine auf der ganzen Eifläche $\mathfrak{F}$ stetige Lösung der Differentialgleichung (10). Es ist nämlich $\mathfrak{c}\,\mathfrak{X} = Z$ eine Lösung der zugehörigen homogenen Gleichung

$$(12) \qquad \frac{1}{2}\, \Delta Z = -\, H Z\,,$$

denn aus § 59 $(134)_3$ folgt durch Multiplikation mit G^{ik}

$$\Delta \mathfrak{X} = -\, 2\, H \mathfrak{X}\,.$$

Um zu zeigen, daß (11) die allgemeinste auf ganz $\mathfrak{F}$ stetige Lösung der Gleichung (12) ist, brauchen wir nur zu zeigen, daß $Z = \mathfrak{c}\,\mathfrak{X}$ die allgemeinste Lösung der homogenen Gleichung (12) ergibt.

Falls dies bewiesen wäre, könnten wir in (11) aber auch ohne weiteres $\mathfrak{c} = 0$ setzen, denn das bedeutet nur eine Verlegung des Ursprungs. Damit wäre dann unsere Behauptung bewiesen, daß für eine Eifläche aus $H =$ konst. bei geeigneter Wahl des Ursprungs folgt: $w =$ konst.

Es kommt also alles darauf an, folgenden Satz zu beweisen, bei dem wir von der besonderen Annahme $H =$ konst. absehen:

Die einzigen auf einer Eifläche überall stetigen Lösungen der Differentialgleichung

$$(12) \qquad \varDelta Z + 2\,HZ = 0$$

haben die Form

$$Z = \mathfrak{c}\,\mathfrak{X} \qquad\qquad (\mathfrak{c} = \text{konst.}).$$

Wir wollen zeigen, daß diese Behauptung nur eine andre Ausdrucksweise ist für den im ersten Band, § 77 bewiesenen Satz von der „Starrheit" der Eiflächen. Zu dem Zweck suchen wir die Einhüllende $\mathfrak{z}\,(u^1,\,u^2)$ der Ebenen

$$\mathfrak{z}\,\mathfrak{X}\,(u^1,\,u^2) = Z\,(u^1,\,u^2).$$

Dann folgt durch Ableitung

$$(13) \qquad \mathfrak{z}\,\mathfrak{X}_i = Z_i.$$

Setzen wir $\mathfrak{z}$ in der Form an

$$\mathfrak{z} = X^i \mathfrak{x}_i + Z\mathfrak{y},$$

so erhalten wir durch skalare Multiplikation mit $\mathfrak{X}_k$ wegen $\mathfrak{X}_k\,\mathfrak{x}_i = -\,G_{ik}$ und $\mathfrak{X}_k\,\mathfrak{y} = 0$ (vgl. § 59) die Beziehung

$$\mathfrak{z}\,\mathfrak{X}_k = -\,X^i G_{ik} = -\,X_k.$$

Somit ist nach (13)

$$\mathfrak{z} = -\,Z^i \mathfrak{x}_i + Z\mathfrak{y}.$$

Daraus folgt unter Beachtung der Ableitungsgleichungen § 59 (134)

$$\mathfrak{z}_k = (Z B_k^l - Z_k^l - Z^i A_{ik})\,\mathfrak{x}_l.$$

Berechnen wir hieraus den Ausdruck $\mathfrak{x}_1 \times \mathfrak{z}_2 - \mathfrak{x}_2 \times \mathfrak{z}_1$, so finden wir

$$\mathfrak{x}_1 \times \mathfrak{z}_2 - \mathfrak{x}_2 \times \mathfrak{z}_1 = (Z B_l^l - Z_l^l)\,\mathfrak{x}_1 \times \mathfrak{x}_2 = -\,(\varDelta Z + 2\,HZ)\,\mathfrak{x}_1 \times \mathfrak{x}_i.$$

Demnach stimmt die Differentialgleichung (12) mit folgender Forderung an $\mathfrak{z}\,(u^1,\,u^2)$ überein (vgl. 1. Bd., § 77 (16)):

$$(14) \qquad \mathfrak{x}_1 \times \mathfrak{z}_2 = \mathfrak{x}_2 \times \mathfrak{z}_1.$$

Im ersten Band war aber in § 77 gezeigt worden, daß der Ort eines Punktes $\mathfrak{z}$, der mit einer Eifläche durch (14) verbunden ist, notwendig auf einen Punkt zusammenschrumpft: $\mathfrak{z} = \mathfrak{c}$.

Somit ist wirklich

$$Z = \mathfrak{c}\,\mathfrak{X},$$

wie behauptet war.

§ 78. Uneigentliche Affinsphären.

Die uneigentlichen Affinsphären gehören zu den Affinminimalflächen $(H = 0)$. Wir können somit die in § 68 entwickelte Integrationstheorie auf den vorliegenden Fall anwenden. Wegen $\mathfrak{y} = \mathfrak{y}_0$ $=$ konst. haben wir für den Vektor $\mathfrak{X}$ die lineare Gleichung

$$\mathfrak{X}\,\mathfrak{y}_0 = 1 ,$$

die wir durch geeignete Achsenwahl auf die Form

$$X_3 = 1$$

bringen können. Wir setzen also etwa

$$(15) \qquad X_1 = U_1 + V_1 , \qquad X_2 = U_2 + V_2 , \qquad X_3 = 1$$

und erhalten aus § 68 (22) für unsere Fläche die folgende auf die Asymptotenlinien bezügliche Parameterdarstellung

$$(16) \qquad \begin{cases} x_1 = V_2 - U_2 , \\ x_2 = U_1 - V_1 , \\ x^3 = (V_1 U_2 - V_2 U_1) + \int U_1 \cdot dU_2 - U_2 \cdot dU_1 \\ \qquad\qquad + \int V_2 \cdot dV_1 - V_1 \cdot dV_2 . \end{cases}$$

Setzen wir insbesondere

$$\begin{aligned} U_2 &= u , & V_2 &= v , \\ U_1 &= U'(u) , & V_1 &= V'(v) , \end{aligned}$$

so wird einfacher

$$(17) \qquad \begin{cases} x_1 = v - u , \quad x_2 = U' - V' , \\ x_3 = (u\,V' - v\,U') + 2\,(U - V) - u\,U' + v\,V' . \end{cases}$$

Damit ist eine integrallose Darstellung der uneigentlichen Affinsphären gewonnen. Die Differentialgleichung unserer Flächenklasse läßt sich, wenn man die Flächen in der Form $x_3 = x_3(x_1, x_2)$ darstellt, so schreiben

$$(18) \qquad \frac{\partial^2 x_3}{\partial x_1{}^2} \frac{\partial^2 x_3}{\partial x_2{}^2} - \left(\frac{\partial^2 x_3}{\partial x_1 \partial x_2}\right)^2 = \text{konst.} \neq 0 .$$

Daß man diese Gleichung integrallos auflösen kann, ist schon mehrfach bemerkt worden[3]).

§ 79. Eine Kennzeichnung der Affinsphären.

Ist auf einer Fläche $\dfrac{1}{R_1} = \dfrac{1}{R_2} = \dfrac{1}{R} =$ *konst., so ist sie eine Affinsphäre oder eine geradlinige Fläche mit fester Affinkrümmung.*

---

[3]) Vgl. etwa *G. Darboux*: Surfaces **3** (1894), S. 273—274; *É. Goursat*: Bulletin société mathémat. de France **24** (1896), S. 43—51; *G. Scheffers*: Math. Zeitschrift **5** (1919), S. 112—117.

Nach § 61 (166) ist nämlich $C_1^1 C_2^2 - C_2^1 C_1^2$ gleich Null oder für Asymptotenparameter

$$\frac{1}{4}\left(\frac{1}{R_1} - \frac{1}{R_2}\right)^2 = \frac{A_v D_u}{F^4} = 0 .$$

Bei analytischen Flächen muß also wenigstens einer der Faktoren etwa $A_v = 0$ sein. Dann folgt aus $H =$ konst, und den Integrierbarkeitsbedingungen § 49 (11), falls

$$J = \frac{A D}{F^3} \neq 0, \quad \text{also} \quad A \neq 0$$

ist, auch $D_u = 0$. Die *Weingarten*schen Gleichungen § 49 (9) nehmen daher die Gestalt

$$\mathfrak{y}_u = - H \mathfrak{x}_u, \qquad \mathfrak{y}_v = - H \mathfrak{x}_v$$

an, und es wird, falls $H \neq 0$ ist,

$$\mathfrak{o} = \mathfrak{x} + R \mathfrak{y} \qquad\qquad (\mathfrak{o}\ \text{fest})$$

oder, falls $H = 0$ ist,

$$\mathfrak{y} = \mathfrak{y}_0 = \text{konst.}$$

Der Fall $J = 0$ wird im nächsten Abschnitt besprochen werden. — Aus dem Beweis folgt, daß auch die Gleichungen (1) S. 209 die Affinsphären kennzeichnen.

§ 80. Windschiefe Flächen.

Eine geradlinige Fläche mit $LN - M^2 \neq 0$, also eine geradlinige Fläche, die keine Torse ist, nennt man kurz „*windschief*". Wir wollen jetzt die entwickelte Theorie auf diese besonders einfache Flächenfamilie anwenden und werden dabei als Asymptotenlinien $u =$ konst. die geradlinigen Erzeugenden wählen. $v =$ konst. ist dann die zweite Schar der im allgemeinen krummlinigen Asymptotenlinien. Es sei dann etwa $M > 0$. Aus den Ableitungsformeln § 49 (2) ersehen wir: Dafür, daß die v-Linien ($u =$ konst.) gerade sind, daß also

$$(19) \qquad\qquad \mathfrak{x}_v \times \mathfrak{x}_{vv} = 0$$

wird, ist notwendig und hinreichend, daß D identisch verschwindet. Nach § 49 (4) folgt daraus

$$(20) \qquad\qquad J = 0$$

und nach § 49 (11)

$$(21) \qquad\qquad H_v = 0 .$$

Längs der Erzeugenden ist also $H = S$ [vgl. § 49 (6)] unveränderlich Nach § 61 (166) ist wegen $C_1^1 C_2^2 - C_1^2 C_2^1 = \frac{A_v D_u}{F^4} = 0$

$$(22) \qquad\qquad \frac{1}{R_1} = \frac{1}{R_2} = \frac{1}{R} = H ,$$

also nach § 61 (165)

(23)
$$K = H^2$$

und die Differentialform der affinen Krümmungslinien entartet zu [vgl. § 63 (c 2)]

(24)
$$\varkappa = - \frac{A_v}{F}\, du^2.$$

Die beiden affinen Krümmungslinien fallen also bei einer nicht affin-sphärischen Fläche mit ihren geradlinigen Erzeugenden zusammen, und die von den Affinnormalen umhüllte Fläche $(\mathfrak{z})$ entartet, da R längs der Erzeugenden fest, also nach § 61 (157) und (159) $d\mathfrak{z} = 0$ ist, im allgemeinen in eine Kurve.

Die Ableitungsgleichungen *Weingarten*s § 49 (9) werden zu:

(25)
$$\mathfrak{y}_u = - H\mathfrak{x}_u + \frac{A_v}{F^2}\mathfrak{x}_v, \qquad \mathfrak{y}_v = - H\mathfrak{x}_v,$$

und da $\mathfrak{x}_v$ längs einer Erzeugenden $u = $ konst. seine Richtung behält, so sind die Parameterlinien $u = $ konst. auch auf dem Krümmungsbild $(\mathfrak{y})$ geradlinig. Nun war $G_{11}^* G_{22}^* - G_{12}^{*2} = - F^2 H^2$ [vgl. § 62 (173)]. Das Krümmungsbild einer windschiefen Fläche ist also im allgemeinen wieder windschief, und zwar entsprechen sich die Erzeugenden auf $(\mathfrak{x})$ und $(\mathfrak{y})$.

Wir wollen jetzt die windschiefen Flächen mit festem H bestimmen. Die erste Gleichung § 49 (11) nimmt die Gestalt an

(26)
$$\left(\frac{A_v}{F}\right)_v = 0.$$

Diese Gleichung ist erfüllt, wenn A_v identisch Null ist. Dann ist unsere Fläche wegen $A_v = 0$, $D = 0$ und daher auch $D_u = 0$ eine Affinsphäre.

Wir wollen zunächst den allgemeinen Fall $A_v \neq 0$ betrachten. Dann ist $A_v : F$ nach (26) nur von u abhängig und wir können durch geeignete Wahl des Parameters u erreichen, daß

(27)
$$a A_v = F \qquad\qquad (a = \text{konst.})$$

wird. Ferner sei zunächst $H \neq 0$.

Untersuchen wir nun die vom Krümmungsmittelpunkt $\mathfrak{z}(u)$ der Fläche beschriebene Kurve! Es ist wegen (27) und nach den Ableitungsgleichungen (25) und § 49 (2)

(28)
$$\mathfrak{z} = \mathfrak{x} + R\mathfrak{y},$$

(29)
$$\begin{cases} \mathfrak{z}' = \dfrac{1}{a}\dfrac{R}{F}\mathfrak{x}_v, \\[2mm] \mathfrak{z}'' = \dfrac{1}{a} R\left[\left(\dfrac{1}{F}\right)_u \mathfrak{x}_v + \mathfrak{y}\right], \\[2mm] \mathfrak{z}''' = \dfrac{1}{a}\left[-\mathfrak{x}_u + R\left\{\dfrac{1}{aF} + \left(\dfrac{1}{F}\right)_{uu}\right\}\mathfrak{x}_v + RF\left(\dfrac{1}{F}\right)_u \mathfrak{y}\right]. \end{cases}$$

Daraus folgt

$$(\mathfrak{z}'\mathfrak{z}''\mathfrak{z}''') = -\frac{1}{a^3}R^2. \tag{30}$$

Die Determinante ist konstant, das heißt u ist nach § 29 (24) der Affinlänge unserer Kurve $\mathfrak{z}(u)$ proportional.

Wegen $R \neq 0$ sind die Vektoren $\mathfrak{z}'$, $\mathfrak{z}''$ und $\mathfrak{z}'''$ linear unabhängig; wir können daher den Vektor $(\mathfrak{x} - \mathfrak{z})$ linear homogen durch sie ausdrücken und finden aus (28), (29) und (30)

$$\mathfrak{x} = \mathfrak{z} - a\left(\frac{F_u}{F}\mathfrak{z}' + \mathfrak{z}''\right),$$

und, wenn wir noch die neuen Parameter

$$u = u, \qquad r = -a\frac{F_u}{F}$$

einführen, so wird

$$\mathfrak{x} = \mathfrak{z} + r\mathfrak{z}' - a\mathfrak{z}''.$$

Jetzt gelingt es leicht, ausgehend von einer beliebigen unebenen Kurve $(\mathfrak{z})$, die allgemeinsten nicht affinsphärischen windschiefen Flächen mit festem $H \neq 0$ aufzubauen. Den Parameter u auf der Kurve $\mathfrak{z}(u)$ wählen wir so, daß die Determinante

$$(\mathfrak{z}'\mathfrak{z}''\mathfrak{z}''') = c \neq 0 \tag{31}$$

einen festen Wert c bekommt und setzen

$$\mathfrak{x} = \mathfrak{z} + r\mathfrak{z}' + a\mathfrak{z}'' \qquad\qquad (a = \text{konst.} \neq 0). \tag{32}$$

Wir behaupten:

Durch (32) *wird die allgemeinste nicht affinsphärische windschiefe Fläche* $\mathfrak{x}(u,r)$ *mit festem* $H \neq 0$ *dargestellt.*

Zum Nachweis dieser Behauptung zeigen wir zunächst, daß die Affinnormalen von $\mathfrak{x}(u,r)$ durch $\mathfrak{z}(u)$ gehen. Es ist

$$\begin{cases} \mathfrak{x}_u = \mathfrak{z}' + r\mathfrak{z}'' + a\mathfrak{z}''', \\ \mathfrak{x}_r = \mathfrak{z}' \end{cases} \tag{33}$$

und, wenn wir wegen (31) [vgl. § 29 (28)] die Formel

$$\mathfrak{z}^{\mathrm{IV}} = k^*\mathfrak{z}'' + t^*\mathfrak{z}' \tag{34}$$

ansetzen,

$$\begin{cases} \mathfrak{x}_{uu} = at^*\mathfrak{z}' + (1 + ak^*)\mathfrak{z}'' + r\mathfrak{z}''', \\ \mathfrak{x}_{ur} = \mathfrak{z}'', \\ \mathfrak{x}_{rr} = 0. \end{cases} \tag{35}$$

Daraus erhält man

$$\begin{cases} L = (\mathfrak{x}_u\,\mathfrak{x}_r\,\mathfrak{x}_{uu}) = c\{a(1 + ak^*) - r^2\}, \\ M = (\mathfrak{x}_u\,\mathfrak{x}_r\,\mathfrak{x}_{ur}) = ca, \\ N = (\mathfrak{x}_u\,\mathfrak{x}_r\,\mathfrak{x}_{rr}) = 0. \end{cases} \tag{36}$$

Die Division durch

$$|LN - M^2|^{1/4} = |ac|^{1/2}$$

gibt die Koeffizienten E, F, G der quadratischen Grundform

$$\varphi = E\,du^2 + 2F\,du\,dr + G\,dr^2 = \frac{(L\,du + 2M\,dr)\,du}{|ac|^{1/2}},$$

$$(37) \qquad E = \frac{\{a(1 + ak^*) - r^2\}\,c}{|ac|^{1/2}}, \qquad F = \frac{ac}{|ac|^{1/2}}, \qquad G = 0.$$

Für den Vektor $\mathfrak{y}$ der Affinnormalen ist nach § 40 (21)

$$(38) \qquad \begin{aligned} \mathfrak{y} &= \frac{1}{2}\,\frac{1}{\sqrt{EG - F^2}}\left\{\frac{\partial}{\partial u}\frac{G\mathfrak{x}_u - F\mathfrak{x}_r}{\sqrt{EG - F^2}} + \frac{\partial}{\partial r}\frac{E\mathfrak{x}_r - F\mathfrak{x}_u}{\sqrt{EG - F^2}}\right\} = \\ &= \frac{1}{F}\,\mathfrak{x}_{ur} - \frac{1}{2}\,\frac{E_r}{F^2}\,\mathfrak{x}_r = \frac{r\mathfrak{z}' + a\mathfrak{z}''}{aF} = \frac{\mathfrak{x} - \mathfrak{z}}{aF}. \end{aligned}$$

Darin liegt, daß die Affinnormalen der Fläche (32) durch $\mathfrak{z}(u)$ gehen und daß

$$(39) \qquad\qquad R = -aF = -\frac{a^2 c}{|ac|^{1/2}}$$

wird. Somit ist tatsächlich H längs unserer windschiefen Fläche $\mathfrak{x}(u, r)$ unveränderlich.

Für eigentlich affinsphärische windschiefe Flächen kann man eine ähnliche Darstellung angeben. Ist nämlich

$$\mathfrak{x}(u, r) = r\mathfrak{z}' + \bar{\mathfrak{z}}$$

eine Affinsphäre, so ist, wie wir zeigen wollen,

$$\mathfrak{x}^*(u, r) = \mathfrak{z} + r\mathfrak{z}' + \bar{\mathfrak{z}}$$

eine Fläche mit konstantem H von der bisher betrachteten Art. Nach Voraussetzung gilt nämlich bei geeigneter Wahl des Ursprungs

$$a \cdot \mathfrak{y} = \mathfrak{x}. \qquad\qquad (a = \text{konst.})$$

Ferner ist wegen

$$(40) \qquad\qquad \mathfrak{x}_r^* = \mathfrak{x}_r, \qquad \mathfrak{x}_u^* \times \mathfrak{x}_r^* = \mathfrak{x}_u \times \mathfrak{x}_r$$

auch $M^* = M$, $L_r^* = L_r$ und durch eine ähnliche Rechnung wie in Formel (35) bis (38) findet man $\mathfrak{y}^* = \mathfrak{y}$ und daher

$$(41) \qquad\qquad a\mathfrak{y} = a \cdot \mathfrak{y}^* = \mathfrak{x}^*(u, r) - \mathfrak{z}(u),$$

worin die Behauptung enthalten ist. Daher folgt aus (31), (32), daß eine eigentliche windschiefe Affinsphäre in die Form

$$(42) \qquad\qquad \mathfrak{x}(u, r) = r\mathfrak{z} + \mathfrak{z}', \qquad (\mathfrak{z}\mathfrak{z}'\mathfrak{z}'') = \text{konst.} \neq 0$$

gebracht werden kann. Man bestätigt leicht, daß alle Flächen (42) wirklich Affinsphären sind und findet so:

Durch (42) *wird die allgemeinste windschiefe eigentliche Affin-sphäre dargestellt.* Die Darstellung (42) ist von *J. Radon* angegeben worden[4]).

Es bleiben jetzt noch die windschiefen Flächen zu ermitteln, auf denen H identisch verschwindet. Man kann zu ihnen durch Betrachtung der Fläche $\mathfrak{X}(u, v)$ (§ 52) gelangen. Aus $D = 0$ folgt wegen § 52 (42) $\mathfrak{X}_v \times \mathfrak{X}_{vv} = 0$, das heißt die v-Linien auf $\mathfrak{X}(u, v)$ sind geradlinig. Im Falle $H = 0$ ist nach § 68 (21) $\mathfrak{X} = \mathfrak{U} + \mathfrak{V}$, also $\mathfrak{X}(u, v)$ eine Schiebfläche und wegen der Geradlinigkeit der v-Linien ein Zylinder. Wir können deshalb ansetzen

$$(43) \qquad \mathfrak{U} = \{U_1, U_2, U_3\} \qquad \mathfrak{V} = \{0, 0, v\}$$

und finden nach § 68 (22)

$$(44) \quad \begin{cases} x_1 = - v U_2 + \int (U_2 U_3' - U_3 U_2')\, du, \\ x_2 = v U_1 + \int (U_3 U_1' - U_1 U_3')\, du, \\ x_3 = * + \int (U_1 U_2' - U_2 U_1')\, du, \end{cases}$$

daraus ist
$$\mathfrak{x}_v = \{- U_2, + U_1, 0\}.$$

Daher ist $\mathfrak{x}(u, v)$ eine windschiefe Fläche mit der Richtebene $x_3 = 0$, das heißt: Die Erzeugenden liegen zu der Ebene $x_3 = 0$ parallel.

Betrachten wir jetzt uneigentliche geradlinige Affinsphären. Auch hier können wir $\mathfrak{V} = \{0, 0, v\}$ setzen. $\mathfrak{X}(u, v)$ muß nach § 78 eine Ebene sein. Sei etwa

$$X_2 = U_2 = 1.$$

Setzt man dies in (44) ein und vereinfachen wir

$$U_1 = u, \qquad U_3 = f'(u),$$

so finden wir

$$(45) \quad \begin{cases} x_1 = - v + f', \\ x_2 = u v - u f' + 2 f, \\ x_3 = - u \end{cases}$$

oder

$$(46) \qquad x_2 = x_1 x_3 + g(x_3).$$

Auf diese einfache Normalform kann man durch eine affine Transformation (mit der Determinante ± 1) jede windschiefe uneigentliche Affinsphäre bringen.

§ 81. *Lies* $\mathfrak{F}_2$.

Einige Eigenschaften der Flächen, insbesondere der zuletzt betrachteten, können wir uns noch besser veranschaulichen, wenn wir mit *A. Demoulin*[5]) eine 1878 durch *S. Lie*[6]) in die Flächentheorie

---

[4]) *J. Radon:* Leipziger Berichte **70** (1918), S. 153.

[5]) *A. Demoulin:* Comptes Rendus **147**, Paris (1908), S. 493—496, S. 565 bis 568.

[6]) *S. Lie:* Gesammelte Abhandlungen **3** (1922), S. 718 (Brief an *F. Klein*).

eingeführte, jedem Flächenpunkt zugeordnete Fläche 2. Ordnung heranziehen.

Betrachten wir eine auf ihre Asymptotenlinien bezogene hyperbolisch gekrümmte Fläche $\mathfrak{x}(u, v)$ und auf ihr eine Asymptotenlinie $v = v_0$. Dann bilden die Geraden durch die Punkte $\mathfrak{x}(u, v_0)$ mit der Richtung $\mathfrak{x}_v(u, v_0)$ eine geradlinige Fläche $\mathfrak{W}^u$. Durch drei benachbarte Erzeugende von $\mathfrak{W}^u$ ist eine $\mathfrak{F}_2$ bestimmt, die $\mathfrak{F}_2{}^u$ heißen soll. In dieser Weise ist jedem Flächenpunkt u_0, v_0 eine $\mathfrak{F}_2{}^u$ zugeordnet, und wenn man in dieser Überlegung die Parameterlinien vertauscht, auch eine $\mathfrak{F}_2{}^v$. Wir wollen nun zunächst die Behauptung von *Lie* bestätigen, daß diese beiden $\mathfrak{F}_2$ zusammenfallen $(\mathfrak{F}_2{}^u = \mathfrak{F}_2{}^v)$.

Wir stellen $\mathfrak{W}^u$ durch zwei Parameter u, p dar:

$$\bar{\mathfrak{x}} = \mathfrak{x} + p\,\mathfrak{x}_v.$$

Die Asymptoten dieser Fläche längs der Erzeugenden $u = u_0$, die von dieser Erzeugenden verschieden sind, bilden offenbar eine Schar von geradlinigen Erzeugenden der $\mathfrak{F}_2{}^u$. Stellen wir daher die Differentialgleichung der zweiten Schar von Asymptotenlinien auf $\mathfrak{W}^u$ auf! Es ist nach § 49 (2) und (9)

$$\begin{aligned}
\bar{\mathfrak{x}}_u &= \mathfrak{x}_u + p\,\mathfrak{x}_{uv} = \mathfrak{x}_u + F p\,\mathfrak{y}, \\
\bar{\mathfrak{x}}_p &= \mathfrak{x}_v; \\
\bar{\mathfrak{x}}_{uu} &= \left(\frac{F_u}{F} - F H p\right)\mathfrak{x}_u + \left(\frac{A}{F} + \frac{A_v}{F} p\right)\mathfrak{x}_v + F_u p\,\mathfrak{y}, \\
\bar{\mathfrak{x}}_{up} &= F\,\mathfrak{y}, \\
\bar{\mathfrak{x}}_{pp} &= 0.
\end{aligned}$$

Daraus berechnen sich die Determinanten

$$(\bar{\mathfrak{x}}_u\,\bar{\mathfrak{x}}_p\,\bar{\mathfrak{x}}_{uu}) = F^3 H p^2, \qquad (\bar{\mathfrak{x}}_u\,\bar{\mathfrak{x}}_p\,\bar{\mathfrak{x}}_{up}) = F^2, \qquad (\bar{\mathfrak{x}}_u\,\bar{\mathfrak{x}}_p\,\bar{\mathfrak{x}}_{pp}) = 0$$

und für die gewünschte Differentialgleichung erhalten wir

$$F H p^2\,du + 2\,dp = 0.$$

Somit ergibt sich für die $\mathfrak{F}_2{}^u$ mittels der Parameter u, p, q die Darstellung

$$(47) \qquad \begin{aligned}
\mathfrak{z} &= \bar{\mathfrak{x}} + q\left\{\bar{\mathfrak{x}}_u + \bar{\mathfrak{x}}_p\,\frac{dp}{du}\right\} \\
&= \mathfrak{x} + p\,\mathfrak{x}_v + q\left\{\mathfrak{x}_u + F p\,\mathfrak{y} - \frac{F H p^2}{2}\,\mathfrak{x}_v\right\}.
\end{aligned}$$

Wir setzen

$$(48) \qquad \mathfrak{z} - \mathfrak{x} = x\,\mathfrak{x}_u + y\,\mathfrak{x}_v + z\,\mathfrak{y}$$

und führen damit die Fläche *begleitende Koordinaten x, y, z* ein. So haben wir

$$x = q, \qquad y = \left(1 - \frac{F H}{2}\,p q\right)p, \qquad z = F p q.$$

Entfernt man aus den drei Gleichungen p und q, so erhält man für die *Lie-*$\mathfrak{F}_2{}^u$ die einfache Gleichung

$$(49) \qquad H z^2 - 2 z + 2 F x y = 0.$$

Diese Gleichung ist in u und v symmetrisch. Vertauscht man also in unserer Überlegung u und v, so erhält man genau dieselbe Gleichung für die $\mathfrak{F}_2{}^v$, und damit ist der gewünschte Nachweis erbracht.

An Stelle der Gleichung (49) kann man auch die folgende Parameterdarstellung der *Lie-*$\mathfrak{F}_2$ treten lassen:

$$(50) \qquad
\begin{aligned}
x &= \frac{2\,\lambda}{H\,\lambda\,\mu + 2\,F}, \\[2mm]
y &= \frac{2\,\mu}{H\,\lambda\,\mu + 2\,F}, \\[2mm]
z &= \frac{2\,\lambda\,\mu}{H\,\lambda\,\mu + 2\,F}.
\end{aligned}$$

Nach ihrer Erklärung ist die *Lie-*$\mathfrak{F}_2$ *projektiv* invariant mit der Fläche verbunden. Zu *affinen* Beziehungen aber kommen wir, wenn wir die affinen Eigenschaften der *Lie-*$\mathfrak{F}_2$ mit denen der Fläche in Verbindung bringen. So ist wegen $(\mathfrak{h}\,\mathfrak{x}_u\,\mathfrak{x}_v) = F$ und (49) das Halbachsenprodukt der *Lie-*$\mathfrak{F}_2$ gleich $(1 : H)^4$.

Ferner sieht man aus (49), daß die *Lie-*$\mathfrak{F}_2$ für $H = 0$ ein Paraboloid ist und umgekehrt. Deswegen hatte *P. Franck* die Affinminimalflächen „paraboloidische Flächen" genannt.

Für den Mittelpunkt $\mathfrak{z}$ der *Lie-*$\mathfrak{F}_2$ folgt aus (49), wenn $H \neq 0$ ist,

$$(51) \qquad x = 0, \qquad y = 0, \qquad z = \frac{1}{H} = \frac{2\,R_1\,R_2}{R_1 + R_2}$$

und für $H = 0$ ist es der uneigentliche Punkt der Geraden $x = 0$, $y = 0$, der Affinnormalen. Nennt man die affinen Hauptkrümmungsmittelpunkte $\mathfrak{o}_1$ und $\mathfrak{o}_2$, so ergibt sich für das Doppelverhältnis

$$\text{Doppelverhältnis } (\mathfrak{x},\,\mathfrak{z},\,\mathfrak{o}_1,\,\mathfrak{o}_2) = -1.$$

Der Mittelpunkt der Lie-$\mathfrak{F}_2$ *liegt auf der Affinnormalen und wird durch die affinen Hauptkrümmungsmittelpunkte vom Flächenpunkt harmonisch getrennt (Demoulin).*

Für den Mittelpunkt $\mathfrak{z}$ der *Lie-*$\mathfrak{F}_2$ haben wir ferner nach (51)

$$(52) \qquad \mathfrak{z} = \mathfrak{x} + \frac{\mathfrak{h}}{H}.$$

Durch Ableitung folgt daraus nach § 49 (9)

$$(53) \qquad
\begin{cases}
\mathfrak{z}_u = \dfrac{A_v}{F^2 H}\,\mathfrak{x}_v + \left(\dfrac{1}{H}\right)_u \mathfrak{h}, \\[3mm]
\mathfrak{z}_v = \dfrac{D_u}{F^2 H}\,\mathfrak{x}_u + \left(\dfrac{1}{H}\right)_v \mathfrak{h}.
\end{cases}$$

Der Mittelpunkt der Lie-$\mathfrak{F}_2$ ist dann und nur dann unbeweglich, wenn die Fläche $\mathfrak{x}(u, v)$ eine Affinsphäre ist.

Stellen wir noch die Gleichung der Tangentenebene an die vom Mittelpunkt $\mathfrak{z}$ der *Lie*-$\mathfrak{F}_2$ im allgemeinen ($A_v \neq 0$, $D_u \neq 0$) durchlaufene Fläche auf! Wir können den Vektor $\mathfrak{t}$ zu einem Punkt der Tangentenebene darstellen in der Form

$$\mathfrak{t} = \mathfrak{z} + \alpha \, \mathfrak{z}_u + \beta \, \mathfrak{z}_v .$$

Einsetzen der Werte (52), (53) für die Vektoren $\mathfrak{z}, \mathfrak{z}_u, \mathfrak{z}_v$ ergibt

$$\mathfrak{t} = \mathfrak{x} + \beta \, \frac{D_u}{F^2 H} \, \mathfrak{x}_u + \alpha \, \frac{A_v}{F^2 H} \, \mathfrak{x}_v + \left[\frac{1}{H} + \alpha \left(\frac{1}{H} \right)_u + \beta \left(\frac{1}{H} \right)_v \right] \mathfrak{y} .$$

Durch Übergang zu den begleitenden Koordinaten x, y, z gemäß (48) und durch Entfernung der α, β erhält man als Gleichung der Tangentenebene

$$(54) \qquad \frac{F^2 H_v}{D_u} \, x + \frac{F^2 H_u}{A_v} \, y + H \, z = 1 .$$

§ 82. Über die Einhüllenden der *Lie*-$\mathfrak{F}_2$.

Es sollen jetzt einige Ergebnisse über die Einhüllenden der zu einer Fläche gehörigen *Lie*-$\mathfrak{F}_2$ bewiesen werden, die *A. Demoulin*[7] 1908 mitgeteilt hat. Um die Einhüllende mit möglichst wenig Rechnung zu finden, stellen wir zunächst die Bedingungen dafür auf, daß ein Punkt $\mathfrak{z}$, dessen begleitende Koordinaten x, y, z bezüglich eines Flächenpunktes durch die Formeln (48) gegeben sind, ruht. Wir finden durch Ableitung dieser Formeln für $\mathfrak{z}_u, \mathfrak{z}_v = 0$ unter Berücksichtigung der Ableitungsgleichungen § 49 (2) und (9) folgende „*Ruhbedingungen*"

$$(55) \quad \begin{aligned} x_u &= -1 - \frac{F_u}{F} x + H z , & x_v &= - \frac{D}{F} y - \frac{D_u}{F^2} z , \\ y_u &= \qquad - \frac{A}{F} x - \frac{A_v}{F^2} z , & y_v &= -1 - \frac{F_v}{F} y + H z , \\ z_u &= \qquad - F y , & z_v &= - F x . \end{aligned}$$

Um nun die Hüllflächen der *Lie*-$\mathfrak{F}_2$, die zu einer Fläche $\mathfrak{x}(u, v)$ gehören, zu ermitteln, hat man die Gleichung der *Lie*-$\mathfrak{F}_2$ nach den Flächenparametern u, v bei festgehaltenen laufenden Koordinaten $\mathfrak{z}_u, \mathfrak{z}_v = 0$ abzuleiten. Das kommt darauf hinaus, daß man die Gleichung (49) in den begleitenden Koordinaten x, y, z unter Benutzung der Ruhbedingungen (55) ableitet. So erhält man durch Teilableitung nach u

$$(56) \qquad H_u z^2 - 2 \frac{A_v}{F} x z - 2 A x^2 = 0$$

---

[7] *A. Demoulin*: Comptes Rendus, Paris **147** (1908), S. 493—496.

und durch Teilableitung nach v

$$(57) \qquad H_v z^2 - 2\frac{D_u}{F} yz - 2Dy^2 = 0.$$

Jede dieser Gleichungen stellt ein Ebenenpaar vor. Die erste ein Ebenenpaar durch die y-Achse, die auf der *Lie*-$\mathfrak{F}_2$ liegt, schneidet im übrigen aus der *Lie*-$\mathfrak{F}_2$ ein Geradenpaar aus, das im Falle $H_u \neq 0$ in der Parameterdarstellung (50) durch die Werte

$$(58) \qquad \mu_{1,2} = \frac{A_v}{FH_u} \pm \sqrt{\left(\frac{A_v}{FH_u}\right)^2 + \frac{2A}{H_u}}$$

bei veränderlichem λ gegeben wird. Entsprechend schneidet das andere Ebenenpaar durch die x-Achse die *Lie*-$\mathfrak{F}_2$ für $H_v \neq 0$ überdies in den Geraden

$$(59) \qquad \lambda_{1,2} = \frac{D_u}{FH_v} \pm \sqrt{\left(\frac{D_u}{FH_v}\right)^2 + \frac{2D}{H_v}}.$$

Außer im Flächenpunkt $\mathfrak{x}$ selbst berührt die *Lie*-$\mathfrak{F}_2$ das Hüllgebilde also in den vier Punkten des windschiefen Vierecks mit den Ecken λ_1,μ_1; λ_1,μ_2; λ_2,μ_1; λ_2,μ_2 (Fig. 39). Wir bemerkten schon, daß die *Lie*-$\mathfrak{F}_2$ mit der Fläche $\mathfrak{x}(u,v)$ nicht nur affin, sondern sogar projektiv invariant verbunden ist. Das gefundene windschiefe Viereck *Demoulin*s ist daher ebenfalls projektiv invariant mit jedem Punkt unserer Fläche verknüpft.

Die Geraden $\lambda = \lambda_{1,2}$ schneiden die x-Achse in den Punkten $\mu = 0$,

$$x_{1,2} = \frac{\lambda_{1,2}}{F}, \qquad y = 0, \qquad z = 0$$

mit dem Mittelpunkt

$$(60) \quad x = \frac{D_u}{F^2 H_v}, \qquad y = 0, \qquad z = 0.$$

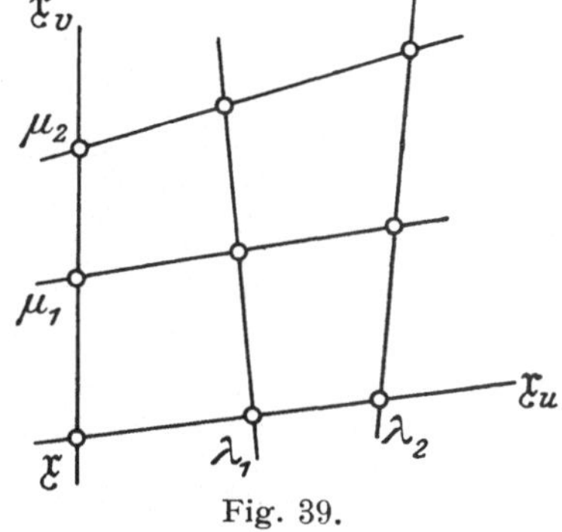

Fig. 39.

Ebenso findet sich für den Mittelpunkt der von den Geraden $\mu = \mu_{1,2}$ auf der y-Achse bestimmten Strecke:

$$(61) \qquad x = 0, \qquad y = \frac{A_v}{F^2 H_u}, \qquad z = 0.$$

Diese beiden Punkte (60) und (61) liegen auch auf der Tangentenebene (54) der Mittelpunktfläche $\mathfrak{z}(u,v)$ der *Lie*-$\mathfrak{F}_2$.

Nur im Falle $H = $ konst. fällt stets eine der Ecken von *Demoulin*s Viereck auf die Affinnormale. Von den sonstigen Sonderfällen wäre besonders der zu beachten, wo das Viereck stets zu einem Punkt $\bar{\mathfrak{x}}$ zusammenschrumpft ($\lambda_1 = \lambda_2$, $\mu_1 = \mu_2$), was für

$$(62) \qquad A_v^{\,2} + 2F^2 A H_u = 0, \qquad D_u^{\,2} + 2F^2 D H_v = 0$$

eintritt. Die $Lie\text{-}\mathfrak{F}_2$ der Fläche $(\mathfrak{x})$ ist dann gleichzeitig $Lie\text{-}\mathfrak{F}_2$ im entsprechenden Punkt der Fläche $(\bar{\mathfrak{x}})$, wie *Demoulin* bemerkt hat. Indessen gehört diese Untersuchung mehr in die *projektive* Flächentheorie.

Übrigens findet man mittels der Ruhbedingungen auch sofort die Berührungspunkte der Ebenen $x = 0$ und $y = 0$ mit den umhüllten Flächen; nämlich

$$(63) \qquad x = 0, \qquad y = -\frac{D_u}{FDH}, \qquad z = \frac{1}{H}$$

und

$$(64) \qquad x = -\frac{A_v}{FAH}, \qquad y = 0, \qquad z = \frac{1}{H}.$$

Diese beiden Punkte fallen dann und nur dann mit dem Mittelpunkt $x = 0$, $y = 0$, $z = 1 : H$ der $Lie\text{-}\mathfrak{F}_2$ zusammen, wenn $A_v = D_u = 0$, die Fläche also eine Affinsphäre ist.

§ 83. Die $Lie\text{-}\mathfrak{F}_2$ bei windschiefen Flächen.

Bei den windschiefen Flächen ($D = 0$, $H_v = 0$, vgl. (19) und (21)), fallen alle zu derselben Erzeugenden der Fläche gehörigen $Lie\text{-}\mathfrak{F}_2$ zusammen. Das kann man ohne Rechnung aus der Konstruktion der $Lie\text{-}\mathfrak{F}_2$ in § 81 entnehmen. Die $Lie\text{-}\mathfrak{F}_2$ ist nämlich nichts anderes als die $\mathfrak{F}_2$ durch drei benachbarte Erzeugende unserer windschiefen Fläche. Der Mittelpunkt (52) der $Lie\text{-}\mathfrak{F}_2$ fällt mit dem affinen Krümmungsmittelpunkt zusammen.

Vier benachbarte Erzeugende unserer windschiefen Fläche haben im allgemeinen zwei gemeinsame Transversalen, zwei vierpunktig unsere Fläche berührende Tangenten, die wir „*Ruhtangenten*" der Fläche nennen wollen. Sie treffen die Erzeugenden in den sogenannten „Wendeknoten" („flecnode") *A. Cayleys*[8]). Zwei benachbarte $Lie\text{-}\mathfrak{F}_2$ haben offenbar zwei Ruhtangenten gemeinsam. Sie gehören also dem Umhüllungsgebilde der $Lie\text{-}\mathfrak{F}_2$ an. Ist die $Lie\text{-}\mathfrak{F}_2$ durch die Parameterdarstellung (50) gegeben, so entsprechen die beiden Ruhtangenten nach (58) den Parameterwerten

$$(58) \qquad \mu_{1,2} = \frac{A_v}{FH_u} \pm \sqrt{\left(\frac{A_v}{FH_u}\right)^2 + \frac{2A}{H_u}}.$$

Sie beschreiben im allgemeinen zwei mit unserer windschiefen Fläche projektiv-invariant verbundene geradlinige Flächen, die zuerst von *A. Voss* untersucht worden sind[9]).

---

[8]) *A. Cayley*: Mathematical Papers **2**, S. 29 und *E. J. Wilczynski*: Projective Differential Geometry of curves and ruled surfaces, Leipzig 1906, S. 150.
[9]) *A. Voss*: Mathematische Annalen **8** (1875), S. 54—135.

Der Mittelpunkt

$$(61) \qquad x = 0, \qquad y = \frac{A_v}{F^2 H_u}, \qquad z = 0$$

der Strecke, die von den beiden Ruhtangenten auf der Erzeugenden $x = 0$, $z = 0$ ausgeschnitten wird, liegt gleichzeitig auf der Tangente an die Kurve $\mathfrak{z}(u)$, die der Mittelpunkt der *Lie*-$\mathfrak{F}_2$ beschreibt, denn nach (52) und (53) ist

$$(65) \qquad \mathfrak{z} + \frac{H}{H_u}\mathfrak{z}_u = \mathfrak{x} + \frac{A_v}{F^2 H_u}\mathfrak{x}_v.$$

Bestimmen wir noch die von den Asymptotenebenen $x = 0$ unserer windschiefen Fläche umhüllte Kurve $(\mathfrak{p})$! Man findet durch zweimalige Ableitung aus

$$(66) \qquad x = 0$$

unter Beachtung der Ruhbedingungen (55)

$$(67) \quad \text{(a)} \qquad \frac{F_u}{F}x - Hz = -1,$$

$$\text{(b)} \qquad \left\{\left(\frac{F_u}{F}\right)_u - \left(\frac{F_u}{F}\right)^2\right\}x + FHy - F\left(\frac{H}{F}\right)_u z = \frac{F_u}{F}.$$

(66) und (67a) ergeben zusammen die Tangente $x = 0$, $z = R = 1 : H$ an die Kurve $(\mathfrak{p})$, auf welcher der Mittelpunkt $(x = 0,\ y = 0,\ z = R)$ der *Lie*-$\mathfrak{F}_2$ gelegen ist. Beachten wir noch (67b), so finden sich für die begleitenden Koordinaten von $(\mathfrak{p})$, falls $H \neq 0$ ist, die Werte

$$(68) \qquad x = 0, \qquad y = -\frac{R_u}{F}, \qquad z = R.$$

Die Punkte $\mathfrak{p}$ und $\mathfrak{z}$ fallen also dann und nur dann zusammen, wenn $R = 1 : H$ längs unserer windschiefen Fläche fest bleibt.

Bei festem H und der Normierung (27) bekommt die Gleichung (56) zur Bestimmung der Einhüllenden der *Lie*-$\mathfrak{F}_2$ die Form

$$(69) \qquad \left(\frac{1}{a} + A x\right)x = 0$$

und wir erhalten für die Ruhtangenten in (50) die Parameterwerte

$$(70) \qquad \mu_1 = \infty, \qquad \mu_2 = -aA.$$

Die dem ersten Parameterwert entsprechende Erzeugende $(x = 0,\ z = 2R)$ der *Lie*-$\mathfrak{F}_2$ läuft zur Erzeugenden $(x = 0,\ z = 0)$ unserer windschiefen Fläche parallel. Umgekehrt haben nach (58) auch nur die windschiefen Flächen mit festem H eine Schar von Ruhtangenten, die der zugehörigen Flächenerzeugenden parallel laufen. Daraus kann man leicht schließen:

Die windschiefen Flächen, die in (32) *zwei entgegengesetzten Werten der Konstanten a entsprechen, bestehen jede aus Ruhtangenten der anderen.*

Die zweite Ruhtangente

$$z + A\,x = 0, \qquad A^2 H x + 2 F y = -2 A$$

schneidet die Erzeugenden $x = 0,\ z = 0$ in

$$x = 0, \qquad y = -\frac{A}{F}, \qquad z = 0.$$

Bei windschiefen Affinsphären $(A_v = 0)$ fallen nach (49) und (56) die beiden Ruhtangenten in die zur Erzeugenden $(x = 0,\ z = 0)$ parallele Gerade $x = 0,\ z = 2 R$ zusammen.

Schließlich übersieht man sogleich, daß bei den windschiefen Flächen mit Richtebene $H = 0$ ist; denn die durch drei zu einer festen Ebene benachbarte Erzeugende bestimmte $Lie\text{-}\mathfrak{F}_2$ ist ein Paraboloid, die Fläche also eine „paraboloidische", eine Affinminimalfläche.

§ 84. Die $\mathfrak{F}_2$ *Lie*s und der Satz *Maschke*s.

In § 44 hatten wir den Satz von *Maschke* bewiesen, der besagt: Eine analytische Fläche, die an jeder Stelle von einer $\mathfrak{F}_2$ in 3. Ordnung berührt wird, ist selbst eine $\mathfrak{F}_2$. Hierfür wollen wir jetzt einen neuen Beweis erbringen, der den Vorteil hat, daß man die Flächen nicht als analytisch, sondern nur als genügend oft differenzierbar anzunehmen braucht.

Wenn wir die Torsen $(L N - M^2 = 0)$ von vornherein von unsrer Betrachtung ausschließen — für diese läßt sich nämlich der Satz ziemlich einfach bestätigen —, so können wir unsrer Behauptung auch die folgende von *G. Pick* stammende[10]) Fassung geben:

Die einzigen Flächen, auf denen die kubische Grundform identisch verschwindet, sind die $\mathfrak{F}_2$.

Daß auf einer $\mathfrak{F}_2$ die kubische Grundform identisch Null ist, kann man durch eine kleine Rechnung nachprüfen. Wenn sich aber eine Fläche mit einer $\mathfrak{F}_2$ an einer Stelle in 3. Ordnung berührt, so müssen dort die Koeffizienten der kubischen Form der Fläche, die ja nur von Ableitungen bis zur 3. Ordnung abhängen, mit denen der $\mathfrak{F}_2$ übereinstimmen, also ebenfalls alle gleich Null sein.

Zum Beweis des Satzes von *Maschke* und *Pick* genügt es zu zeigen: Sind alle $A_{ikl} = 0$, so fallen die $Lie\text{-}\mathfrak{F}_2$ in den verschiedenen Flächenpunkten alle miteinander zusammen. Um das einzusehen, wollen wir einige Formeln der letzten Abschnitte (§ 81 und 82) auf beliebige Flächenparameter umschreiben. Ausgehend von der betrachteten Fläche $\mathfrak{x}\,(u^1, u^2)$ stellen wir einen beliebigen Punkt [vgl. (48)] in der Form dar

$$(71) \qquad\qquad \mathfrak{z} - \mathfrak{x} = \mathfrak{x}_i\,X^i + \mathfrak{y}\,Z,$$

---

[10]) *G. Pick*: Leipziger Berichte **69** (1917), S. 130.

bezeichnen also jetzt die begleitenden Koordinaten mit X^1, X^2, Z. Dann nimmt die Formel (49) für die *Lie*-$\mathfrak{F}_2$ die folgende symmetrische Gestalt an

$$(72) \qquad H Z^2 - 2 Z + G_{ik} X^i X^k = 0,$$

und wir werden uns die *Lie*-$\mathfrak{F}_2$ in diesem Abschnitt durch diese Formel (72) erklärt denken.

Dafür, daß der Punkt $\mathfrak{z}$ im Raum festliegt, gewinnen wir aus (71) unter Benutzung der Ableitungsgleichungen § 59 (137) durch kovariantes Differenzieren die Ruhbedingungen [vgl. (55)]

$$(73) \qquad \begin{aligned} - X_r^l &= G_r^l + A_{ir}^l X^i + B_r^l Z, \\ - Z_r &= G_{ir} X^i = X_r. \end{aligned}$$

Wenn wir gleich hier unsere Annahme $A_{ikl} = 0$ zur Geltung bringen, so haben wir nach der zweiten Formel § 60 (152) $C_{ik} = 0$ und somit nach der ersten $B_{ik} = - H G_{ik}$. Demnach vereinfachen sich unsere Ruhbedingungen so

$$(74) \qquad - X_r^l = G_r^l (1 - H Z), \qquad - Z_r = X_r.$$

Leiten wir jetzt die Gleichung (72) der *Lie*-$\mathfrak{F}_2$ unter Benutzung dieser Ruhbedingungen nach u^r ab und beachten wir dabei, daß wegen $C_{ik} = 0$ und § 60 (155) $H_r = 0$, also H fest ist, so hebt sich alles weg. Es bleibt also jeder Punkt der *Lie*-$\mathfrak{F}_2$ in Ruhe, w. z. b. w.

§ 85. Schiebflächen.

Bisher sahen wir uns bei der Bestimmung besonderer Flächen immer vor die Aufgabe gestellt, bekannte Differentialgleichungen zu integrieren. Wenn wir besondere Schiebflächen aufsuchen wollen, haben wir gerade das Umgekehrte zu tun: eine Differentialgleichung aufzustellen, deren Lösungen gegeben sind. Denn wenn wir mit Hilfe der expliziten Darstellung der Schiebflächen

$$\mathfrak{x}(s, t) = \mathfrak{x}_1(s) + \mathfrak{x}_2(t)$$

etwa alle windschiefen Schiebflächen bestimmen wollen, so werden wir auf verwickelte Funktionalgleichungen geführt, deren Behandlung aussichtslos erscheint.

Die Differentialgleichungen der Schiebflächen ergeben sich in Gestalt eines Systems von zwei simultanen Differentialgleichungen 5. Ordnung, und zwar in folgender Weise[11]).

Lassen sich zwei Kurvenscharen auf einem Flächenstück als Parameterkurven $u^1 = $ konst., $u^2 = $ konst. einführen, so wollen wir die beiden Kurvenscharen zusammen ein „Kurvennetz" nennen. Jede quadratische Differentialform

$$T_{ik} du^i du^k = 0 \qquad\qquad (T_{ik} = T_{ki})$$

---

[11]) *K. Reidemeister*: Hamburger Abhandlungen **1** (1922), S. 127—138.

hat als Nullinien ein Kurvennetz, wenn $T_{11} T_{22} - T_{12}^2$ nicht identisch verschwindet, und umgekehrt entspricht jedem Kurvennetz eine bis auf einen skalaren Faktor bestimmte Differentialform mit nicht verschwindender Determinante.

Läßt sich also eine Fläche $\mathfrak{x}(u^1, u^2)$ bei geeigneter Parameterwahl

$$\mathfrak{x}(s, t) = \mathfrak{x}_1(s) + \mathfrak{x}_2(t)$$

schreiben, so gibt es auf ihr eine Differentialform

$$(75) \qquad \tau = T_{ik}\, du^i\, du^k,$$

welche die Schiebkurven $\mathfrak{x}_1(s) + \mathfrak{x}_2(t_0)$ und $\mathfrak{x}_1(s_0) + \mathfrak{x}_2(t)$ zu Nullinien hat. Bedeutet $\varDelta^*$ den zweiten Differenziator *Beltramis* bezüglich τ, ist also (21, IV)

$$\varDelta^* \mathfrak{x} = \frac{1}{\sqrt{T_{11} T_{22} - T_{12}^2}} \left\{ \left(\frac{T_{11} \mathfrak{x}_2' - T_{12} \mathfrak{x}_1'}{\sqrt{T_{11} T_{22} - T_{12}^2}} \right)_{u_2} + \left(\frac{T_{22} \mathfrak{x}_1' - T_{12} \mathfrak{x}_2'}{\sqrt{T_{11} T_{22} - T_{12}^2}} \right)_{u_1} \right\},$$

so muß

$$\varDelta^* \mathfrak{x} = 0$$

sein. Denn für die Nullinien von τ als Parameterkurven wird

$$\varDelta^* \mathfrak{x} = \frac{2}{T_{12}} \mathfrak{x}_{st} = 0.$$

Wenn umgekehrt eine Differentialform τ auf der Fläche vorhanden ist, deren zweiter Differenziator auf $\mathfrak{x}$ angewandt Null ergibt, so brauchen wir nur die Nullinien von τ als Parameterkurven einzuführen, um $\mathfrak{x}$ als Schiebfläche zu erkennen.

Die Formen φ und τ sind apolar zueinander, das heißt es ist

$$(76) \qquad T_{ik} G^{ik} = 0,$$

was man für die Lösungen von $\tau = 0$ als Parameterkurven ($T_{11} = T_{22} = 0$, $G_{12} = 0$) bestätigt.

Für Asymptotenparameter u, v ($G_{11} = 0$, $G_{22} = 0$, $G_{12} = F > 0$) muß also $T_{12} = 0$ sein und wir können sagen: Die auf Asymptotenparameter u, v bezogene Fläche $\mathfrak{x}(u, v)$ ist dann und nur dann eine Schiebfläche, wenn es zwei Funktionen $T_{11}(u, v)$ und $T_{22}(u, v)$ gibt, für die

$$(77) \qquad \left(\frac{T_{11} \mathfrak{x}_v}{\sqrt{T_{11} T_{22}}} \right)_v + \left(\frac{T_{22} \mathfrak{x}_u}{\sqrt{T_{11} T_{22}}} \right)_u = 0$$

oder zwei Funktionen $\bar{x}(u, v)$, $\bar{y}(u, v)$, für die

$$(78) \qquad \bar{x}\bar{y} = 1, \qquad (\bar{x}\mathfrak{x}_v)_v + (\bar{y}\mathfrak{x}_u)_u = 0$$

ist. Mittels der Gleichungen § 49 (2) finden wir durch Ausdifferenzieren von (78), daß als Koeffizienten von $\mathfrak{x}_u$ und $\mathfrak{x}_v$

$$(\bar{x} F)_v + \bar{y} A = 0, \qquad (\bar{y} F)_u + \bar{x} D = 0$$

sein müssen. Setzen wir weiter:

$$(79) \qquad x = (\bar{x} F)^2, \qquad y = (\bar{y} F)^2,$$

so finden wir als notwendige und hinreichende Bedingungen für Schiebflächen, daß die Gleichungen

$$(80) \qquad x_v = - 2\,A\,F, \qquad y_u = - 2\,D\,F, \qquad x\,y = F^4$$

integrierbar sind. — Diese Bedingung versagt nur für Zylinder.

Als erste Integrierbarkeitsbedingung ergibt sich durch zweifache
Berechnung von x_{uv}

$$(81) \qquad \Phi(x,y) = \left(\frac{D}{F^3}\right)_v x - 2\left(\frac{2\,A\,D}{F^2} - (\lg F)_{uv}\right) + \left(\frac{A}{F^3}\right)_u y = 0.$$

Die Gleichungen (80) besitzen ja natürlich im allgemeinen nur singu-
läre Lösungen (denn jeder Lösung entspricht eine Form τ) und es
fragt sich, wann dies der Fall ist. Setzen wir $x \cdot \Phi(x,y) = \Phi_1(x)$,
$y \cdot \Phi(x,y) = \Phi_2(y)$, indem wir jedesmal $x\,y$ durch F^4 ersetzen, so folgt
durch Differenzieren, daß für Lösungen x, y von (80) auch die Gleichungen

$$(82) \qquad \begin{aligned} \Psi_1(x) &= \frac{\partial \Phi_1}{\partial v} + \frac{\partial \Phi_1}{\partial x} x_v = \frac{\partial \Phi_1}{\partial v} - \frac{\partial \Phi_1}{\partial x} \cdot 2\,A\,F = 0, \\[2mm] \Psi_2(y) &= \frac{\partial \Phi_2}{\partial u} + \frac{\partial \Phi_2}{\partial y} y_u = \frac{\partial \Phi_2}{\partial u} - \frac{\partial \Phi_2}{\partial y} 2\,D\,F = 0 \end{aligned}$$

erfüllt sein müssen. $\Psi_1(x) = 0$ und $\Psi_2(y) = 0$ sind wieder quadratische Gleichungen in x oder y, die man durch Multiplikation mit y
oder x leicht in lineare Gleichungen in x und y

$$(83) \qquad \Psi_1(x) \cdot y = \Psi_{11}(x,y), \qquad \Psi_2(y) \cdot x = \Psi_{22}(x,y)$$

verwandeln kann.

Die drei Geraden der x, y-Ebene $\Phi = 0$, $\Psi_{11} = 0$, $\Psi_{22} = 0$
und die Hyperbel $x\,y = F^4$ müssen also durch ein und denselben
Punkt gehen. Setzen wir demnach die Wurzeln $x_{1,2}$ von $\Phi_1(x)$ und die
entsprechenden Werte $y_{1,2}$ in Ψ_{11} und Ψ_{22} ein, so muß

$$(84) \qquad \Psi_{11}(x_i, y_i) = 0, \qquad \Psi_{22}(x_i, y_i) = 0$$

für $i = 1$ oder $i = 2$ erfüllt sein.

Ist andererseits dies der Fall, so gibt es einen Punkt x, y auf
$x\,y = F^4$, für den sowohl $\Phi_1(x) = 0$ wie $\Psi_1(x) = 0$, $\Phi_2(y) = 0$ wie
$\Psi_2(y) = 0$ erfüllt ist. Dann folgen durch Differenzieren von Φ_1 nach
v und von Φ_2 nach u die Gleichungen (82) und daraus, falls

$$\frac{\partial \Phi_1}{\partial x} \neq 0, \qquad \frac{\partial \Phi_2}{\partial y} \neq 0$$

ist, die Gleichungen (80).

Ist dagegen $\partial \Phi_1 : \partial x = 0$, so hat Gleichung (81) zwei zusammenfallende Wurzeln $x_1 = x_2$ und ihre Diskriminante Δ ist gleich Null.
Dann ist auch $y_1 = y_2$ und

$$\Phi_1(x) = \overline{\Phi}_1{}^2(x), \qquad \Phi_2(y) = \overline{\Phi}_2{}^2(y).$$

An Stelle von (82) treten die Gleichungen

$$(85) \qquad \overline{\Psi}_1(x) = \frac{\partial \overline{\Phi}_1}{\partial v} + \frac{\partial \overline{\Phi}_1}{\partial x} x_v = \frac{\partial \overline{\Phi}_1}{\partial v} - \frac{\partial \overline{\Phi}_1}{\partial x} 2\,AF = 0\,,$$

$$\overline{\Psi}_2(x) = \frac{\partial \overline{\Phi}_2}{\partial u} + \frac{\partial \overline{\Phi}_2}{\partial y} y_u = \frac{\partial \overline{\Phi}_2}{\partial u} - \frac{\partial \overline{\Phi}_2}{\partial y} 2\,DF = 0\,.$$

Als Integrierbarkeitsbedingungen erhalten wir, daß die Determinanten $\overline{\varDelta}_1$ und $\overline{\varDelta}_2$ aus den Koeffizienten von $\overline{\Phi}_1$, $\overline{\Psi}_1$ und $\overline{\Phi}_2$, $\overline{\Psi}_2$ verschwinden.

Ist nun wirklich die Determinante $\varDelta$ von (81) und $\overline{\varDelta}_1$, $\overline{\varDelta}_2$ gleich Null, so folgt wieder, daß die Gleichungen

$$\overline{\Phi}_1(x) = 0\,, \qquad \overline{\Phi}_2(y) = 0\,; \qquad \overline{\Psi}_1(x) = 0\,, \qquad \overline{\Psi}_2(y) = 0$$

für einen Punkt x, y erfüllt sind und daraus durch Differenzieren wieder die Gleichungen (85). Es ist

$$(86) \qquad \left(\frac{\partial \overline{\Phi}_1}{\partial x}\right)^2 = \left(\frac{D}{F^3}\right)_v\,, \qquad \left(\frac{\partial \overline{\Phi}_2}{\partial y}\right)^2 = \left(\frac{A}{F^3}\right)_u\,.$$

Falls beide Ausdrücke von Null verschieden sind, erfüllen x, y mit den Gleichungen (85) auch die Gleichungen (80). Ist dagegen etwa

$$\left(\frac{D}{F^3}\right)_v = 0\,,$$

so folgt aus dem Verschwinden von $\varDelta$

$$2\,\frac{AD}{F^2} - (\lg F)_{uv} = 0$$

und daraus wegen (81) und $y \neq 0$

$$\left(\frac{A}{F^3}\right)_u = 0\,,$$

das heißt die Gleichungen (80) sind integrierbar.

Wir haben also gefunden:

Je nachdem die Diskriminante $\varDelta$ der Gleichung (81) *von Null verschieden oder gleich Null ist, sind die Gleichungen* (81) *und* (84) *oder die Gleichungen* (81) *und* (85) *die notwendigen und hinreichenden Bedingungen dafür, daß* $\mathfrak{x}(u, v)$ *eine Schiebfläche ist.*

Man sieht nun sofort, daß wirklich im allgemeinen durch ein Flächenelement 4. Ordnung Schiebflächen hindurchgehen. Denn die Gleichungen (85) und die Integrierbarkeitsbedingungen § 49 (11) können z. B. bei beliebig bis zur 3. Ordnung bestimmten $F(u, v)$ und beliebig bis zur 1. Ordnung bestimmten A und D als Bedingungsgleichungen für die zweiten Ableitungen von A und D aufgefaßt werden.

Es sei nur erwähnt, daß sich aus unserem Ansatz auch Differentialgleichungen für die Flächen ergeben, die auf zwei Arten, und für solche, die auf drei oder mehr Arten Schiebflächen sind (§ 37), das heißt für die es entsprechend zwei oder mehr quadratische Formen τ gibt. Für die ersteren ist notwendig und hinreichend, daß die Geraden $\Phi = 0$, $\Psi_{11} = 0$, $\Psi_{22} = 0$ der x, y-Ebene zusammenfallen; für die letzteren, daß die Koeffizienten von Φ sämtlich gleich Null sind.

§ 86. Bestimmung der windschiefen Schiebflächen[12]).

Mit Hilfe der gewonnenen Kennzeichnung der Schiebflächen lassen sich alle analytischen windschiefen Schiebflächen bestimmen.

Die Differentialgleichung der windschiefen Flächen ist bekanntlich (§ 80)

$$J = \frac{AD}{F^3} = 0.$$

Sei etwa $D = 0$, so folgt aus (80)

$$(87) \qquad y_u = 0, \qquad x = \frac{F^4}{y(v)}, \qquad \left(\frac{F^4}{y(v)}\right)_v = -2AF.$$

Die Integrierbarkeitsbedingungen § 49 (11) nehmen hier wegen § 49 (6) die Gestalt an

$$(88) \qquad \begin{aligned} S_v &= 0, \\ S_u &= -\frac{1}{F}\left(\frac{A_v}{F}\right)_v. \end{aligned}$$

S ist also eine Funktion von u allein. Die Gleichung § 49 (5) oder

$$(89) \qquad -\frac{1}{F}(\log F)_{uv} = S(u)$$

können wir aber leicht allgemein integrieren. Es ist nämlich die sogenannte *Differentialgleichung Liouvilles*[13]), und, falls $S(u)$ nicht identisch gleich Null ist,

$$F = \frac{-2\,U'(u)\,V'(v)}{S(u)\,[U(u) + V(v)]^2}$$

die allgemeine Lösung, wenn $U(u)$ und $V(v)$ willkürliche Funktionen und U', V' die Ableitungen nach u bzw. v bedeuten. Wir denken uns nun die Parameter so normiert, daß $U(u) = u$ und $V(v) = v$ und daher

$$F = \frac{S^*(u)}{(u + v)^2}$$

wird, wobei $S^*(u) = -\dfrac{2}{S(u)}$ ist.

Diesen Wert setzen wir in (87) ein. Sei

$$y^*(v) = \frac{1}{y(v)},$$

---

[12]) Dieser Abschnitt und die drei folgenden rühren im wesentlichen von *K. Reidemeister* her.

[13]) Vgl. z. B. *C. Jordan*: Cours d'analyse (1887) III, Kap. 3, Nr. 277.

dann wird

$$A = \frac{4\,S*^3(u)\,y*(v)}{(u+v)^7} + \cdots$$

Die Punkte mögen die Glieder mit höheren Potenzen von $(u+v)$ andeuten. Daraus folgt

$$\frac{1}{F}\left(\frac{A_v}{F}\right)_v = \frac{6\cdot 28\,S*(u)\,y*(v)}{(u+v)^5} + \cdots .$$

Setzen wir diesen Wert in (88) ein, multiplizieren mit $(u+v)^5$ und setzen dann $(u+v)=0$, so folgt

$$S*(u)\cdot y*(\overset{\bullet}{-}\,u) = 0,$$

und da $y*(v)$ sowie $S*(u)$ sicher von Null verschieden sein müssen, so folgt, daß die Annahme $S(u) \neq 0$ zu verwerfen und überall

$$S(u) \equiv 0$$

sein muß. Dann folgt aber aus (89)

$$F = U(u)\,V(v),$$

wo $U(u)$ und $V(v)$ wieder willkürliche Funktionen bedeuten, und die Parameter lassen sich so normieren, daß $F = 1$ wird. Aus (88) folgt dann $A_{vv} = 0$ und aus der Gleichung (81) folgt hier, weil $D = 0$ und $(\log F)_{uv} = 0$, sofort $A_u = 0$, also ist

$$A = a\,v + b.$$

Unsere Flächen müssen also nach der Bemerkung am Schluß des vorigen Abschnittes auf mehr als zwei Weisen Schiebflächen sein.

Für die gefundenen A und F lassen sich aber die Gleichungen § 49 (2) leicht integrieren. Setzen wir die geradlinige Fläche in der Form an

$$\mathfrak{x}(u,v) = \mathfrak{x}_1*(u) + \lambda(u,v)\,\mathfrak{x}_2*(u).$$

$\lambda(u,v)$ sei so gewählt, daß die Kurven $v = \text{konst.}$ Asymptotenlinien werden. Dann muß

$$\mathfrak{x}_{vv} = \lambda_{vv}\,\mathfrak{x}_2* = 0, \qquad \lambda = \varphi(u) + v\,\psi(u)$$

sein. Das heißt wir können $\mathfrak{x}(u,v) = \mathfrak{x}_1(u) + v\cdot\mathfrak{x}_2(u)$ setzen und finden

$$(90) \qquad \mathfrak{x}_{uu} = \mathfrak{x}_1'' + v\mathfrak{x}_2'' = (av+b)\,\mathfrak{x}_2,$$
$$\mathfrak{x}_1'' = b\mathfrak{x}_2, \qquad \mathfrak{x}_2'' = a\mathfrak{x}_2, \qquad \mathfrak{x}_1{}^{IV} = a\mathfrak{x}_1'',$$

und, falls $b \neq 0$ ist,

$$M = \frac{1}{b^2}(\mathfrak{x}_1'\,\mathfrak{x}_1''\,\mathfrak{x}_1''') = 1.$$

Der Vergleich dieser Gleichung mit § 29 (24) zeigt, daß für $b \neq 0$ die Lösungen gewundene Kurven sind und der Parameter u zu ihrer Affinlänge proportional ist. Der Vergleich von (90) und § 29 (28) zeigt, daß die Kurven feste Affinkrümmung und verschwindende Affinwindung haben, also kubische Parabeln [§ 31 (88)], gewöhnliche [§ 31 (85)] oder hyperbolische [§ 31 (86)] Schraubenlinien sind.

Bedeutet $\mathfrak{x}_1$ einen der Vektoren § 31 (85, 86, 88), so bestätigt man leicht, daß

$$\frac{\mathfrak{x}_1(u) + v\,\mathfrak{x}_1''(u) + \mathfrak{x}_1(-u) + v\,\mathfrak{x}_1''(-u)}{2}$$

bei festem v die x_2-Achse durchläuft, und da die Kurven nach § 32 zu den W-Kurven von *S. Lie* und *F. Klein* gehören, muß das Entsprechende für alle Geraden der Fläche gelten. Die Flächen $\mathfrak{x}_1 + v\mathfrak{x}_1''$ sind also die Sehnenmittenflächen der Kurven $\mathfrak{x}_1 + v\mathfrak{x}_1''$ ($v =$ konst.).

Ist $b = 0$, so findet man als Lösungen von (90) wegen

$$M = (\mathfrak{x}_1'\,\mathfrak{x}_2\,\mathfrak{x}_2') \neq 0$$

für $a = k^2$

$$(91) \qquad \mathfrak{x}_1 = \{\,cu, 0, 0\,\}, \qquad \mathfrak{x}_2 = \{\,0, \cos ku, \sin ku\,\}$$

und für $a' = -k^2$

$$(92) \qquad \mathfrak{x}_1 = \{\,cu, 0, 0\,\}, \qquad \mathfrak{x}_2 = \{\,0, \operatorname{ch} ku, \operatorname{sh} ku\,\},$$

wo ch und sh Hyperbelfunktionen bedeuten und $c \neq 0$ eine Konstante ist.

Die durch (91) und (92) bestimmten geradlinigen Flächen stimmen mit den Sehnenmittenflächen der Kurven § 31 (85) und § 31 (86) überein.

Für $a = 0$ und $b = 0$ verschwindet die kubische Differentialform identisch und $\mathfrak{x}(u, v)$ wird nach dem Satz von *Maschke* (§ 44, § 84) eine $\mathfrak{F}_2$ und zwar wegen $S = H = 0$ ein elliptisches oder hyperbolisches Paraboloid. Ihre Schiebkurven sind ebene Parabeln. Die Fläche

$$\mathfrak{x}(u, v) = \left\{\frac{u}{k},\ v \cos k u,\ v \sin k u\right\}$$

erkennt man als „Wendelfläche". Die Sehnenmittenfläche der kubischen Parabel ist *Cayleys windschiefe Fläche 3. Ordnung*

$$x_1{}^3 + 3\,x_1 x_2 - 2\,x_3 = 0\,.$$

Wenn wir die Vektoren $\mathfrak{x}_1''$ und $\mathfrak{x}_1'''$ als Haupt- und Binormalen-Vektoren der Kurve $\mathfrak{x}_1(u)$ bezeichnen, so können wir unser Ergebnis folgendermaßen zusammenfassen:

Die windschiefen Schiebflächen sind die Sehnenmittenflächen der gewundenen Kurven fester Affinkrümmung und verschwindender Affinwindung und das elliptische und hyperbolische Paraboloid. Sie lassen sich alle auf unendlich viele Arten als Schiebflächen erzeugen. Die ersteren sind Sehnenmittenflächen ihrer gewundenen Asymptotenlinien. Die Geradenschar wird von den Affinhauptnormalen der Asymptotenlinien gebildet. Die Affinnormalen der Fläche fallen mit den Affinbinormalen der Asymptotenlinien zusammen.

§ 87. Die affinsphärischen Schiebflächen.

Im vorigen Abschnitt haben wir drei affinsphärische Schiebflächen kennengelernt, nämlich die beiden Paraboloide und die windschiefe Fläche *Cayleys*. Wir wollen nunmehr zeigen:

Es gibt keine eigentlich affinsphärischen Schiebflächen (K. Reidemeister). Die uneigentlich affinsphärischen Schiebflächen haben, abgesehen von den beiden Paraboloiden die Gestalt (E. Artin)

$$(93) \qquad \mathfrak{x} = \mathfrak{x}_1(u) + \mathfrak{x}_2(v),$$

wo

$$(93) \qquad \mathfrak{x}_1 = \begin{cases} (1+\alpha)\,u^3, \\ \qquad\quad u^2, \\ (1-\alpha)\,u; \end{cases} \qquad \mathfrak{x}_2 = \begin{cases} (1-\alpha)\,v^3, \\ \qquad\quad v^2, \\ (1+\alpha)\,v. \end{cases}$$

Es sei nämlich $J \neq 0$, dann können wir nach (6) auf der Affinsphäre solche Asymptotenparameter wählen, daß $A = D = 1$ wird. Alsdann muß F der Differentialgleichung (9)

$$(9) \qquad S - J = -\frac{1}{F}(\log F)_{uv} - \frac{1}{F^3} = H = \text{konst.}$$

genügen. Wir müssen untersuchen, ob sich zwei Funktionen $x,\ y$ aus

$$(94) \qquad x_v = -2F, \qquad y_u = -2F, \qquad xy = F^4$$

bestimmen lassen.

Die erste Integrierbarkeitsbedingung (81) sieht hier so aus

$$\left(\frac{1}{F^3}\right)_v x - 2\left(\frac{2}{F^2} - (\log F)_{uv}\right) + \left(\frac{1}{F^3}\right)_u y = 0$$

oder, wenn wir (9) beachten und $H = 3H^*$ setzen,

$$F_v\, x + 2F^2(1 + H^* F^3) + F_u\, y = 0.$$

Wegen $xy = F^4$ ist auch

$$(95) \qquad \begin{aligned} F_v\, x^2 + 2F^2(1 + H^* F^3)\,x + F_u\, F^4 &= 0, \\ F_u\, y^2 + 2F^2(1 + H^* F^3)\,y + F_v\, F^4 &= 0. \end{aligned}$$

Hierin ist im allgemeinen

$$F_u \neq 0, \qquad F_v \neq 0.$$

Denn wäre etwa identisch $F_u = 0$, so folgte aus (9)

$$1 + F^3 H = 0,$$

also auch $F_v = 0$ und daher aus (94)

$$(96) \qquad F^2(1 + H^* F^3) = 0.$$

Das gibt einen Widerspruch, sowohl für $H = 0$ als auch für $H \neq 0$. Als zusammengehörige Lösungen findet man daher

$$(97) \qquad \begin{aligned} x_{1,2} &= F^2 \frac{1}{F_v}\left\{-(1 + H^* F^3) \pm \sqrt{(1 + H^* F^3)^2 - F_u F_v}\right\}, \\ y_{1,2} &= F^2 \frac{1}{F_u}\left\{-(1 + H^* F^3) \mp \sqrt{(1 + H^* F^3)^2 - F_u F_v}\right\}. \end{aligned}$$

Durch Differentiation der Gleichungen (95) nach v bzw. u unter Beachtung von (9) folgt

$$F_{uu} = \frac{1}{y_{1,2}^2}\{-10\,H^*F^4F_u\,y_{1,2} - F^3[FF_{uv} + 4\,F_uF_v - 4\,(1+H^*F^3)]\},$$

$$F_{vv} = \frac{1}{x_{1,2}^2}\{-10\,H^*F^4F_v\,x_{1,2} - F^3[FF_{uv} + 4\,F_uF_v - 4\,(1+H^*F^3)]\}.$$

Durch Erweiterung mit $x_{1,2}^2$ oder $y_{1,2}^2$ ergibt sich ferner

$$(98)\quad\begin{aligned}F_{uu} &= \frac{1}{F^5}\{-10\,H^*F^5F_u\,x_{1,2} - [FF_{uv} + 4\,F_uF_v - 4\,(1+H^*F^3)]\,x_{1,2}^2\},\\ F_{vv} &= \frac{1}{F^5}\{-10\,H^*F^5F_v\,y_{1,2} - [FF_{uv} + 4\,F_uF_v - 4\,(1+H^*F^3)]\,y_{1,2}^2\},\end{aligned}$$

wozu noch durch Umformung von (9)

$$(99)\qquad F_{uv} = \frac{1}{F}\{F_uF_v - F^3H - 1\}$$

kommt.

Um zu entscheiden, ob es affinsphärische Schiebflächen mit $J \neq 0$ gibt, müssen wir nun untersuchen, wann diese Gleichungen (98), (99) integrierbar sind. Die Berechnung der Integrierbarkeitsbedingungen ist offenbar recht umständlich. Aber wir können uns die Arbeit wesentlich erleichtern. Wir setzen

$$(100)\qquad F_uF_v = Z.$$

Beachten wir die Gleichungen (97) und (98), so erkennt man, daß

$$(101)\quad\begin{aligned}F_{uu}F_v^2 &= \Phi_1(F,Z) = \Phi_{11} + \Phi_{12}\sqrt{\varDelta},\\ F_{uv} &= \Phi_2(F,Z),\\ F_{vv}F_u^2 &= \overline{\Phi}_1(F,Z) = \Phi_{11} - \Phi_{12}\sqrt{\varDelta},\\ \varDelta &= (1+H^*F^3)^2 - F_uF_v\end{aligned}$$

ist, und findet daher durch doppelte Berechnung von F_{uuv} und F_{vvu} als Integrierbarkeitsbedingungen, daß zwei Polynome in F und Z gleich Null sein müssen:

$$(102)\qquad \Psi_1(F,Z) = 0, \qquad \Psi_2(F,Z) = 0.$$

Ψ_1 und Ψ_2 verschwinden nicht identisch. Man bestätigt das leicht für $H = 0$ durch Berechnung von

$$\frac{\Psi_1(F,Z)}{Z-1}$$

für $Z \to 1$.

Haben Ψ_1 und Ψ_2 keinen gemeinsamen Teiler, so folgt aus (102) $F = $ konst. und damit wie vorher wegen (96) und (99) ein Widerspruch: Die Gleichungen (98) und (99) wären in der Tat unvereinbar.

Haben dagegen Ψ_1 und Ψ_2 einen gemeinsamen Teiler $\Psi(F,Z)$, in welchem Z vorkommt, so folgt durch Differenzieren von

$$\Psi(F,Z) = 0$$

nach u und v unter Benutzung von (99)

$$F_{uu}\,F_v{}^2 = F_{vv}\,F_u{}^2\,,$$

also muß in (101)

$$\Phi_{12}\,\sqrt{\varDelta} = 0$$

sein. Sowohl die Annahme $\varDelta = 0$ als auch $\Phi_{12} = 0$ führt aber für $H \neq 0$ auf einen Widerspruch, wenn wir F_{uu} und F_{vv} aus den letzteren Gleichungen berechnen und die Werte mit den durch (101) bestimmten vergleichen.

Es sei zunächst $\varDelta = 0$, also

$$(103) \qquad F_u\,F_v = (1 + H^*\,F^3)^2.$$

Dann ist nach (97)

$$(104) \qquad x = -\,\frac{F^2\,(1 + H^*\,F^3)}{F_v}, \qquad y = -\,\frac{F^2\,(1 + H^*\,F^3)}{F_u}.$$

Daraus folgt durch Differentiation nach u und v unter Benutzung von (93)

$$F_{vv} = \frac{5\,H^*\,F^2\,F_v{}^2}{1 + H^*\,F^3}, \qquad F_{uu} = \frac{5\,H^*\,F^2\,F_u{}^2}{1 + H^*\,F^3},$$

also

$$F\,F_{uu}\,F_v{}^2 = 5\,H^*\,F^3\,(1 + H^*\,F^3)^3\,.$$

Dagegen nimmt die erste Gleichung (98) unter Berücksichtigung von (99) und (104) die Gestalt an

$$F\,F_{uu}\,F_v{}^2 =$$
$$= (1 + H^*\,F^3)\{10\,H^*\,F^3\,F_u\,F_v - (5\,F_u\,F_v - 5 - 7\,H^*\,F^3)(1 + H^*\,F^3)\}$$

oder, wenn wir noch (103) beachten,

$$F\,F_{uu}\,F_v{}^2 = (1 + H^*\,F^3)(7\,H^*\,F^3 + 12\,H^{*2}\,F^6 + 5\,H^{*3}\,F^9).$$

Es sei nun zweitens $\Phi_{12} = 0$, also [vgl. (98)]

$$(105) \qquad 5\,F_u\,F_v = (1 + H^*\,F^3)(5 + 7\,H^*\,F^3)\,.$$

Dann ist nach (98) und (99)

$$(106) \quad 5\,F\,F_{uu}\,F_v{}^2 = 50\,H^*\,F^3\,(1 + H^*\,F^3)\,F_u\,F_v$$
$$- 5\,(5\,F_u\,F_v - 5 - 7\,H^*\,F^3)\{2\,(1 + H^*\,F^3)^2 - F_u\,F_v\}.$$

Andererseits folgt durch Differenzieren von (105) mittels (99)

$$(107) \quad 5\,F\,F_{uu}\,F_v{}^2 = \{3\,H^*\,F^3\,(5 + 7\,H^*\,F^3) + 21\,H^*\,F^3\,(1 + H^*\,F^3)$$
$$+ 5\,(H\,F^3 + 1 - F_u\,F_v)\}\,F_u\,F_v\,.$$

Unter Beachtung von (105) erkennt man, daß der Koeffizient von $H^*\,F^3$ in (106) 25 ist, dagegen in (107) 39. Wir gelangen also beidemal für $H \neq 0$ zu einem Widerspruch.

Für $H = 0$ aber findet man in beiden Fällen $F_u \cdot F_v = 1$, $F_{uu} = F_{uv} = F_{vv} = 0$, also $F = au + bv$ mit $ab = 1$. Hier sind in der Tat

$$x = -\,\frac{F^2}{b}, \qquad y = -\,\frac{F^2}{a}$$

Lösungen von (94). Die Ableitungsgleichungen § 49 (2) lassen sich leicht unter Beachtung $\mathfrak{y} = $ konst. integrieren und führen, wenn man die Schiebkurven als Parameterkurven wählt, auf die in (93) angegebenen Flächen, wie *E. Artin* bemerkt hat.

Für $\alpha \neq 0$ sind die Flächen (93) nicht geradlinig. Der Fall $\alpha = 0$, die windschiefe Fläche *Cayley*s, entspricht der Ausartung $a \rightarrow 0$.

§ 88. Neue Kennzeichnung der eigentlichen Affinsphären.

Mit dem soeben abgeleiteten Satz läßt sich die folgende Behauptung beweisen:

Eine Fläche mit festen endlichen affinen Hauptkrümmungsradien ist eine eigentliche Affinsphäre oder eine windschiefe Fläche mit fester Affinkrümmung.

Wenn $R_1 = R_2$ ist, haben wir den Satz schon in § 79 bewiesen. Wir setzen daher $R_1 \neq R_2$ voraus. Ist nun bei einer auf die Affinkrümmungslinien (§ 61) bezogenen Fläche $\mathfrak{x}(s, t)$ R_1 und R_2 konstant, so folgt aus § 61 (156) und (159) für die Evoluten $\mathfrak{z}_i$ für $i = 1, 2$ die Beziehung $d\mathfrak{z}_i = 0$, wenn wir längs der affinen Krümmungslinien vorwärtsschreiten, d. h. die affinen Evolutenflächen entarten in Kurven oder Punkte. Da beide Umhüllungsgebilde im Endlichen liegen, so ist dann wegen $\mathfrak{z}_i = \mathfrak{x} + R_i \mathfrak{y}$

$$(108) \qquad \mathfrak{x}(s, t) = \frac{\mathfrak{z}_1(s)\, R_2 - \mathfrak{z}_2(t)\, R_1}{R_2 - R_1}$$

und der zugehörige Affinnormalenvektor

$$(109) \qquad \mathfrak{y}(s, t) = \frac{\mathfrak{z}_2 - \mathfrak{z}_1}{R_2 - R_1}.$$

Man sieht hieraus: Wenn $\mathfrak{z}_1$ oder $\mathfrak{z}_2$ in einen Punkt zusammenschrumpft, entartet die Fläche $\mathfrak{x}(s, t)$ in eine Kurve. Wir benutzen nun die Gleichungen § 62 (174) und

$$G_{11}^* G_{22}^* - G_{12}^{*2} = G K$$

in § 62. Da $G = \pm (\mathfrak{y} \mathfrak{x}_s \mathfrak{x}_t)^2$ und hier insbesondere $\mathfrak{y}_{st} = 0$ und K fest ist, wird daraus

$$(\mathfrak{y}_{ss} \mathfrak{y}_s \mathfrak{y}_t)(\mathfrak{y}_{tt} \mathfrak{y}_s \mathfrak{y}_t) = C (\mathfrak{y} \mathfrak{y}_s \mathfrak{y}_t)^2 (\mathfrak{y} \mathfrak{x}_s \mathfrak{x}_t)^2 \qquad (C = \text{konst.})$$

und nach (108) und (109)

$$(110) \qquad (\mathfrak{z}_1'' \mathfrak{z}_1' \mathfrak{z}_2')(\mathfrak{z}_2'' \mathfrak{z}_1' \mathfrak{z}_2') = c (\mathfrak{z}_1 - \mathfrak{z}_2, \mathfrak{z}_1', \mathfrak{z}_2')^4.$$

Darin ist c eine von den R_i abhängige Konstante und die Striche bedeuten Ableitungen nach s oder t.

Die Funktionalgleichung sagt aber aus: Das Krümmungsbild (109) unserer Fläche ist eine eigentliche Affinsphäre. In der Tat! Es sei:

$$(111) \quad \mathfrak{y}^*(s, t) = \lambda_0(s, t)\,[\mathfrak{z}_1(s) - \mathfrak{z}_2(t)] + \lambda_1(s, t)\,\mathfrak{z}_1'(s) + \lambda_2(s, t)\,\mathfrak{z}_2'(t)$$

der Affinnormalenvektor des Krümmungsbildes. Da allgemein

$$(\mathfrak{y}\,\mathfrak{x}_1\,\mathfrak{x}_2)^4 = |\,L\,N - M^2\,|,$$

muß hier

(112) $$(\mathfrak{z}_1{}'', \mathfrak{z}_1{}', \mathfrak{z}_2{}')\,(\mathfrak{z}_2{}'', \mathfrak{z}_1{}', \mathfrak{z}_2{}') = c^*\,(\mathfrak{y}^*, \mathfrak{z}_1{}', \mathfrak{z}_2{}')^4$$

sein (wo c^* nur von R_1 und R_2 abhängt, also konstant ist) und nach (110), (111) und (112) muß λ_0 eine Konstante sein. Schließlich folgt aus

$$\mathfrak{y}_s{}^* = (+\,\lambda_0 + \lambda_{1s})\,\mathfrak{z}_1{}' + \lambda_{2s}\,\mathfrak{z}_2{}' + \lambda_1\,\mathfrak{z}_1{}'',$$
$$\mathfrak{y}_t{}^* = (-\,\lambda_0 + \lambda_{2t})\,\mathfrak{z}_2{}' + \lambda_{1t}\,\mathfrak{z}_1{}' + \lambda_2\,\mathfrak{z}_2{}''$$

unter Berücksichtigung der auf das Krümmungsbild $\mathfrak{y}$ an Stelle von $\mathfrak{x}$ angewandten Gleichungen § 49 (9)

$$\lambda_1 = 0, \qquad \lambda_2 = 0\,.$$

Also ist $\mathfrak{y}^*$ zu $\mathfrak{y}$ proportional: Die Affinnormalen von $\mathfrak{y}\,(s,t)$ gehen sämtlich durch einen Punkt und $\mathfrak{y}\,(s,t)$ wäre eine eigentliche Affinsphäre, die zugleich Schiebfläche ist. Solche Flächen gibt es aber nach dem Ergebnis des vorhergehenden Abschnittes nicht. Also gibt es auch keine Flächen mit festen, aber verschiedenen affinen Hauptkrümmungsradien, und damit ist der aufgestellte Satz bewiesen.

§ 89. *W*-Flächen.

Zum Schlusse wollen wir die nicht-parabolischen Flächen bestimmen, die als Ganzes durch inhaltstreue Affinitäten so in sich fortgeschoben werden können, daß dabei im allgemeinen jeder Punkt in jeden übergeht; also Flächen, die eine „transitive Gruppe" inhaltstreuer Affinitäten gestatten. Sie gehören zu den *W*-Flächen[14]), die eine transitive Gruppe projektiver Transformationen zulassen. Alle *W*-Flächen sind von *S. Lie* auf Grund seiner allgemeinen Gruppentheorie bestimmt worden.

Bei unseren Flächen müssen alle affinen Invarianten fest sein. Wir untersuchen daher die Flächen mit $J = \text{konst.}$, $K = \text{konst.}$, $H = \text{konst.}$ auf die geforderte Eigenschaft hin.

1. Es sei zunächst $J \neq 0$ und

a) $K \neq 0$. Dann ist die Fläche nach § 88 eine eigentliche Affinsphäre und daher bei geeigneter Normierung der Asymptotenparameter nach § 76

$$A = 1, \qquad D = 1, \qquad R_1 = R_2 = R = -\,F^3 = \text{konst.}$$

---

[14]) Diese Benennung wird häufig auch in ganz anderem Sinne gebraucht, nämlich für die insbesondere von *J. Weingarten* untersuchten Flächen mit einer Abhängigkeit zwischen ihren (elementaren) Hauptkrümmungen.

Wählen wir den Krümmungsmittelpunkt der Affinsphäre zum Ursprung,
so ist

$$\mathfrak{y} = -\frac{1}{R}\mathfrak{x} = F^{-3}\mathfrak{x}$$

und daher nach § 19 (2)

$$\mathfrak{x}_{uu} = \frac{1}{F}\mathfrak{x}_{v}, \qquad \mathfrak{x}_{uv} = F^{-2}\mathfrak{x}, \qquad \mathfrak{x}_{vv} = \frac{1}{F}\mathfrak{x}_{u}.$$

Als Lösungen findet man, wenn ε eine dritte Einheitswurzel bedeutet

$$(113) \qquad \mathfrak{x} = \left\{ e^{F^{-1}(u+v)},\ e^{F^{-1}(\varepsilon u + \varepsilon^2 v)},\ e^{F^{-1}(\varepsilon^2 u + \varepsilon v)} \right\}.$$

Mittels einer komplexen Affinität kann man dafür auch setzen

$$(114)\ \mathfrak{x} = \left\{ e^{F^{-1}(u+v)},\ \frac{e^{F^{-1}(\varepsilon u + \varepsilon^2 v)} + e^{F^{-1}(\varepsilon^2 u + \varepsilon v)}}{2},\ \frac{e^{F^{-1}(\varepsilon u + \varepsilon^2 v)} - e^{F^{-1}(\varepsilon^2 u + \varepsilon v)}}{2i} \right\}.$$

Um reelle Punkte zu erhalten, sind in (113) die Parameter u, v konjugiert imaginär, in (114) reell zu wählen. Für (113) ist

$$(115) \qquad\qquad x_1 x_2 x_3 = 1,$$

für (114)

$$(116) \qquad\qquad x_1 (x_2^2 + x_3^2) = 1.$$

Aus den letzten Gleichungen kann man sofort ablesen, daß die zweite
Fläche die Transformationen

$$x_1^* = a\,x_1, \qquad x_2^* = \frac{x_1}{a}\cos b + \frac{x_2}{a}\sin b, \qquad x_3^* = -\frac{x_1}{a}\sin b + \frac{x_2}{a}\cos b$$

und die erste die Transformationen

$$x_1^* = a\,x_1, \qquad x_2^* = b\,x_2, \qquad x_3^* = \frac{1}{ab}x_3$$

gestattet, und diese Transformationen führen jeden Flächenpunkt in
jeden über.

b) Es sei $K = 0$ und $H \neq 0$. Dann führen wir die Affinkrümmungslinien als Parameterkurven ($s = $ konst., $t = $ konst.) ein. So wird nach
§ 61 (165) oder § 63 (6)

$$K = H^2 + C_1^1 C_2^2$$

und daher wegen § 60 (153) in § 59 (132) [vgl. wieder § 63 (6)]

$$\mathfrak{y}_s = 2H\mathfrak{x}_s, \qquad \mathfrak{y}_t = 0.$$

Also ist $\mathfrak{y} = \mathfrak{y}(s)$, $\mathfrak{x}_s = \mathfrak{x}_s(s)$ und daher

$$\mathfrak{x}(s,t) = 2R\,\mathfrak{y}(s) + \mathfrak{z}(t).$$

Wir behaupten nun, daß $\mathfrak{x}(s,t)$ abwickelbar ist. Denn ist $\mathfrak{z}(t)$ gewunden, so lassen sich die Kurven

$$\mathfrak{y}(s_0) + \mathfrak{z}(t) \qquad \text{und} \qquad \mathfrak{y}(s_1) + \mathfrak{z}(t)$$

nur durch eine Schiebung ineinander überführen. $\mathfrak{y}(s)$ muß also eine
eingliedrige Gruppe von Schiebungen gestatten, also eine Gerade sein,
und $\mathfrak{x}(s,t)$ wäre ein Zylinder.

Ist aber $\mathfrak{z}(t)$ eine ebene Kurve, so möge die Hüllkurve der Affinnormalen selbst in der Ebene $x_1 = 0$, die Kurven $2\,R\,\mathfrak{y}(s_0) + \mathfrak{z}(t)$ also in Ebenen $x_1 = $ konst. liegen. Wenn nun die Fläche längs einer Kurve $2\,R\,\mathfrak{y}(s) + \mathfrak{z}(t_0)$ in sich verschoben wird, so werden die Affinnormalen längs dieser Kurve nur untereinander vertauscht, und daher bleibt bei solchen Affinitäten ein Punkt von $\mathfrak{z}(t)$ fest. Wäre nun $\mathfrak{z}(t)$ eine gekrümmte ebene W-Kurve, so müßte sie als ganzes und .daher alle Punkte der Ebene $x_1 = 0$ in Ruhe bleiben. Folglich ist bei allen diesen Affinitäten $x_1{}^* = x_1$ und alle Kurven $2\,R\,\mathfrak{y}(s_0) + \mathfrak{z}(t)$, lägen in einer Ebene $x_1 = $ konst., $\mathfrak{x}(s,t)$ wäre also eine Ebene. Wäre aber $\mathfrak{z}(t)$ eine Parabel, die nicht als Ganzes in Ruhe bliebe, so können wir den Festpunkt als Ursprung und Parabeltangente und konjugierten Durchmesser als x_2- und x_3-Achse nehmen. Alsdann muß die zugehörige Affinität für die Ebene $x_1 = 0$ so lauten

$$x_2{}^* = c^t\,x_2\,, \qquad x_3{}^* = c^{2t}\,x_3\,,$$

und daher die flächentreue Affinität selbst

$$x_1{}^* = c^{-3t}\,x_1\,, \qquad x_2{}^* = a(t)\,x_1 + c^t\,x_2\,, \qquad x_3{}^* = b(t)\,x_1 + c^{2t}\,x_3\,.$$

Die Bahnkurven dieser Gruppe sind aber gewunden. Es ist nämlich

$$(\mathfrak{x}^{*\prime}\,\mathfrak{x}^{*\prime\prime}\,\mathfrak{x}^{*\prime\prime\prime}) = \alpha\,x_1^3 + \beta\,x_1^2 + \gamma\,x_1\,,$$

wobei

$$\gamma = -\,108\,x_2\,x_3$$

ist. Wenn aber $\mathfrak{y}(s)$ gewunden wäre, so folgte wie vorhin, daß $\mathfrak{z}(t)$ im Widerspruch zu unserer Annahme eine Gerade sein müßte.

Ist neben $K = 0$ auch $H = 0$, so ist die Fläche nach § 79 eine uneigentliche Affinsphäre und daher bei geeigneter Parameterwahl $J = F^{-3} = $ konst. Also ist $S = 0$ und wegen (9) müßte auch $J = 0$ sein, was unmöglich ist.

2. Es sei $J = 0$.

a) Ist $K \neq 0$ und die Fläche keine Affinsphäre, so beschreiben die Krümmungsmittelpunkte nach § 80 eine gewundene Kurve $\mathfrak{z}(t)$. Dieses muß eine Kurve mit festen Affinkrümmungen sein. Bei diesen Flächen gibt es aber keine Affinität, welche die Fläche und eine Gerade der Fläche in sich überführt. Dabei würden nämlich die Affinnormalen längs der Geraden nur untereinander vertauscht. Dabei bliebe der zugehörige Krümmungsmittelpunkt und damit (vgl. § 32) die ganze Kurve $\mathfrak{z}(t)$ fest. Jede Affinität aber, die alle Punkte einer gewundenen Kurve fest läßt, ist die Identität.

Ist die Fläche eine eigentliche windschiefe Affinsphäre, auf der die kubische Grundform nicht identisch verschwindet, so überzeugt man sich leicht, daß die gewundenen Asymptotenlinien nicht zueinander affin sein können. Wegen $S = $ konst. $\neq 0$ ist nämlich bei geeigneter Parameterwahl [vgl. § 86 (89)]

$$F = \frac{\text{konst.}}{(u+v)^2}.$$

Nach der entwickelten Darstellung der windschiefen Affinsphären ist daher — der Parameter u ist hier nur anders normiert —

$$\mathfrak{x}(u, v) = \frac{-2}{u+v} \cdot \mathfrak{z} + \mathfrak{z}',$$

wobei die Kurven $v = $ konst. die Schar der gewundenen Asymptotenlinien liefert.

Ist $A = D = 0$ auf der Fläche, so findet man die Mittelpunkt-$\mathfrak{F}_2$, die bekanntlich zu unserer Flächenklasse gehören.

b) Ist nun $K = 0$, also auch $H = 0$, so ist wegen § 49 (6) auch $S = 0$ und daher die Flächen mit den in § 85 bestimmten windschiefen Schiebflächen identisch. Man rechnet leicht nach, daß die gewundenen Asymptotenlinien von *Cayleys* windschiefer Fläche durch inhaltstreue Affinitäten ineinander übergeführt werden können und die Flächen somit die geforderte Eigenschaft besitzen. Auch bei den Paraboloiden läßt sich das leicht bestätigen. Die $\mathfrak{F}_2$ und die windschiefe Fläche *Cayleys* werden auch durch eine Gruppe nicht inhaltstreuer Affinitäten in sich übergeführt.

Die gewundenen Asymptotenlinien der Wendelfläche $\mathfrak{x}(u, v) = \{u, v \sin u, v \cos u\}$ und ihrer imaginär transformierten $\mathfrak{x}(u, v) = \{u, v \operatorname{sh} u, v \operatorname{ch} u\}$ werden durch die nicht raumtreuen Affinitäten

$$x_1{}^* = x_1, \qquad x_2{}^* = c\, x_2, \qquad x_3{}^* = c\, x_3$$

ineinander übergeführt.

Als nicht parabolisch gekrümmte W-Flächen der raumtreuen Affinitäten haben sich also die $\mathfrak{F}_2$, *die windschiefe Fläche Cayleys und die beiden Affinsphären* $x_1 x_2 x_3 = 1$ *und* $x_1(x_2{}^2 + x_3{}^2) = 1$ *ergeben.*

§ 90. Ein affines Gegenstück zur Unverbiegbarkeit der Kugel [15].

Zu guter Letzt noch eine Aufgabe aus der Differentialgeometrie im Großen!

Bedeutet $\mathfrak{x}(u, v)$ den Vektor, der vom Ursprung nach einem auf einer Fläche beweglichen Punkt hinführt, so haben wir in der *affinen* Flächentheorie die zweite *Gauß*sche Grundform der *elementaren* Flächentheorie, nämlich

$$(117) \qquad (\mathfrak{x}_u \mathfrak{x}_v\, d^2 \mathfrak{x}) = L\, du^2 + 2\, M\, du\, dv + N\, dv^2,$$

---

[15] *W. Blaschke*: Hamburger Abhandlungen **1** (1922), S. 151—156.

so normiert:

$$(118) \qquad E\,du^2 + 2\,F\,du\,dv + G\,dv^2 = \frac{L\,du^2 + 2\,M\,du\,dv + N\,dv^2}{(LN - M^2)^{\frac{1}{4}}}$$

und erhielten auf diese Weise eine gegenüber inhaltstreuen Affinitäten und gleichsinnigen Parametersubstitutionen invariante Differentialform, das affine Gegenstück zum Bogenelement. Da eine Fläche 2. Ordnung in sich selbst inhaltstreu affin transformiert werden kann, ebenso wie man im besonderen eine Kugel in sich selbst verdrehen kann, so ist auf einer solchen Fläche das *Gauß*sche Krümmungsmaß S unserer affinen Grundform (118) konstant. Erinnern wir uns nun des Satzes von *H. Liebmann* (1. Bd., § 75), der besagt, daß die Kugeln die einzigen geschlossenen Flächen festen (gewöhnlichen) Krümmungsmaßes sind! Es fragt sich, ob die Ellipsoide die einzigen geschlossenen Flächen mit festem S sind. Hier soll nun wenigstens folgendes bewiesen werden:

Ein Ellipsoid läßt außer inhaltstreuen Affinitäten keine weiteren stetigen Formänderungen zu, bei denen S erhalten bleibt.

Früher haben wir einen anderen Satz *Liebmann*s (1. Bd., § 76) übertragend gezeigt, daß die Ellipsoide die einzigen Eiflächen sind, längs derer die „mittlere Affinkrümmung" H fest ist (§ 74).

Es sei $\mathfrak{x}(u, v)$ eine Einheitskugel, die auf ein isothermes Parametersystem u, v bezogen ist. Dann gelten die Formeln [vgl. etwa 1. Bd., § 110 (135)].

$$
\mathfrak{x}_{uu} = +\frac{\lambda_u}{\lambda}\,\mathfrak{x}_u - \frac{\lambda_v}{\lambda}\,\mathfrak{x}_v - \lambda^2\,\mathfrak{x},
$$

$$(119) \qquad \mathfrak{x}_{uv} = +\frac{\lambda_v}{\lambda}\,\mathfrak{x}_u + \frac{\lambda_u}{\lambda}\,\mathfrak{x}_v \qquad * \qquad,$$

$$
\mathfrak{x}_{vv} = -\frac{\lambda_u}{\lambda}\,\mathfrak{x}_u + \frac{\lambda_v}{\lambda}\,\mathfrak{x}_v - \lambda^2\,\mathfrak{x},
$$

$$(120) \qquad (\mathfrak{x}\,\mathfrak{x}_u\,\mathfrak{x}_v) = -\lambda^2,$$

$$(121) \qquad \left(\frac{\partial^2}{\partial u^2} + \frac{\partial^2}{\partial v^2}\right)\log\lambda = -\lambda^2.$$

Wir betrachten eine Nachbarfläche $\mathfrak{x}^*(u, v; \varepsilon)$ zu unsrer Kugel, indem wir setzen

$$(122) \qquad \mathfrak{x}^* = (1 + p)\,\mathfrak{x}, \qquad p = \varepsilon\,h(u, v), \qquad \varepsilon \to 0.$$

Durch Ableitung folgt daraus

$$(123) \qquad \mathfrak{x}_u^* = p_u\,\mathfrak{x} + (1 + p)\,\mathfrak{x}_u, \qquad \mathfrak{x}_v^* = p_v\,\mathfrak{x} + (1 + p)\,\mathfrak{x}_v$$

und weiter nach (119)

$$
\mathfrak{x}_{uu}^* = \left\{p_{uu} - (1 + p)\,\lambda^2\right\}\mathfrak{x} + \left\{2\,p_u + (1 + p)\,\frac{\lambda_u}{\lambda}\right\}\mathfrak{x}_u - (1 + p)\,\frac{\lambda_v}{\lambda}\,\mathfrak{x}_v,
$$

$$(124)\ \ \mathfrak{x}_{uv}^* = p_{uv}\,\mathfrak{x} + \left\{p_v + (1 + p)\,\frac{\lambda_v}{\lambda}\right\}\mathfrak{x}_u + \left\{p_u + (1 + p)\,\frac{\lambda_u}{\lambda}\right\}\mathfrak{x}_v,$$

$$
\mathfrak{x}_{vv}^* = \left\{p_{vv} - (1 + p)\,\lambda^2\right\}\mathfrak{x} - (1 + p)\,\frac{\lambda_u}{\lambda}\,\mathfrak{x}_u + \left\{2\,p_v + (1 + p)\,\frac{\lambda_v}{\lambda}\right\}\mathfrak{x}_v.
$$

Hieraus ergeben sich für die Determinanten, wenn man Glieder, die in ε mindestens quadratisch sind, vernachlässigt, die Ausdrücke

$$L^* = (\mathfrak{x}_u^* \, \mathfrak{x}_v^* \, \mathfrak{x}_{uu}^*) = \lambda^2 \left\{ \lambda^2 + 3\,p\,\lambda^2 + \frac{\lambda_u}{\lambda}\,p_u - \frac{\lambda_v}{\lambda}\,p_v - p_{uu} \right\},$$

$$(125) \quad M^* = (\mathfrak{x}_u^* \, \mathfrak{x}_v^* \, \mathfrak{x}_{uv}^*) = \lambda^2 \left\{ \quad * \quad\quad * \quad \frac{\lambda_v}{\lambda}\,p_u + \frac{\lambda_u}{\lambda}\,p_v - p_{uv} \right\},$$

$$N^* = (\mathfrak{x}_u^* \, \mathfrak{x}_v^* \, \mathfrak{x}_{vv}^*) = \lambda^2 \left\{ \lambda^2 + 3\,p\,\lambda^2 - \frac{\lambda_u}{\lambda}\,p_u + \frac{\lambda_v}{\lambda}\,p_v - p_{vv} \right\};$$

$$(126) \quad \left\{ L^* N^* - M^{*2} \right\}^{\frac{1}{4}} = W^* = \lambda^2 \left\{ 1 + \frac{3}{2}\,p - \frac{1}{4}\,\varDelta\,p \right\}.$$

Darin bedeutet

$$(127) \qquad\qquad \varDelta\,p = \frac{p_{uu} + p_{vv}}{\lambda^2}$$

den zweiten Differenziator von *Beltrami*. Wir finden weiter

$$E^* = \frac{L^*}{W^*} = \lambda^2 \left\{ 1 + \frac{3}{2}\,p + \frac{1}{4}\,\varDelta\,p \right\} - p_{uu} + \frac{\lambda_u}{\lambda}\,p_u - \frac{\lambda_v}{\lambda}\,p_v,$$

$$(128) \quad F^* = \frac{M^*}{W^*} = \qquad\qquad * \qquad\qquad - p_{uv} + \frac{\lambda_v}{\lambda}\,p_u + \frac{\lambda_u}{\lambda}\,p_v,$$

$$G^* = \frac{N^*}{W^*} = \lambda^2 \left\{ 1 + \frac{3}{2}\,p + \frac{1}{4}\,\varDelta\,p \right\} - p_{vv} - \frac{\lambda_u}{\lambda}\,p_u + \frac{\lambda_v}{\lambda}\,p_v.$$

Für das *Gauß*sche Krümmungsmaß S^* der affinen Grundform

$$(129) \qquad\qquad E^*\,du^2 + 2\,F^*\,du\,dv + G^*\,dv^2$$

unsrer Fläche $\mathfrak{x}^*(u, v; \varepsilon)$ ergibt sich daraus, wenn man etwa die Formel von *Frobenius* (1. Bd., § 49)

$$(130) \quad S^* = -\frac{1}{4\,W^{*4}} \begin{vmatrix} E^* & E_u^* & E_v^* \\ F^* & F_u^* & F_v^* \\ G^* & G_u^* & G_v^* \end{vmatrix} - \frac{1}{2\,W^*} \left\{ \frac{\partial}{\partial v}\,\frac{E_v^* - F_u^*}{W^*} + \frac{\partial}{\partial u}\,\frac{G_u^* - F_v^*}{W^*} \right\}$$

heranzieht, bis auf Glieder 1. Ordnung in ε (einschließlich) der Ausdruck

$$(131) \qquad \boxed{\; S^* = 1 - \frac{3}{2}\,p - \varDelta\,p - \frac{1}{8}\,\varDelta\,\varDelta\,p. \;}$$

Darin bedeutet

$$(132) \qquad\qquad \varDelta\,\varDelta\,p = \frac{1}{\lambda^2} \left(\frac{\partial^2}{\partial u^2} + \frac{\partial^2}{\partial v^2} \right) \varDelta\,p.$$

Die Formel (131) oder

$$(133) \qquad\qquad \delta\,S = -\frac{3}{2}\,p - \varDelta\,p - \frac{1}{8}\,\varDelta\,\varDelta\,p$$

gilt wegen ihres invarianten Charakters allgemein, wenn die Ausgangsfläche irgendeine $\mathfrak{F}_2$ mit $S = 1$ ist, $\varDelta$ den zweiten Differenziator *Beltrami*s bezüglich der affinen quadratischen Grundform dieser Fläche und p die Variation in Richtung der Affinnormalen bedeutet, d. h. im Falle einer $\mathfrak{F}_2$: in der Durchmesserrichtung.

Soll nun $S^* = 1$ oder $\delta S = 0$ sein, so muß p der Differentialgleichung genügen

$$(134) \qquad 12\,p + 8\,\varDelta p + \varDelta\varDelta p = 0.$$

Wir haben also eine auf unsrer ganzen Kugelfläche $\mathfrak{x}(u,v)$ stetige Lösung dieser linearen homogenen partiellen Differentialgleichung 4. Ordnung zu suchen. Wir denken uns p nach „*Kugelfunktionen*" entwickelt (vgl. 1. Bd., § 79)

$$(135) \qquad p = \sum_0^\infty p_n,$$

d. h. nach auf der ganzen Kugel stetigen Lösungen der Differentialgleichung

$$(136) \qquad \varDelta p_n = - n(n+1)\,p_n.$$

Dann finden wir durch Einsetzen der Reihenentwicklung für p in (134) mittels (136)

$$(137)\quad 12\,p + 8\,\varDelta p + \varDelta\varDelta p = p_0 + \sum_1^\infty \{12 - 8n(n+1) + n^2(n+1)^2\}\,p_n$$

$$= p_0 + \sum_1^\infty (n-1)(n-2)(n^2 + 5n + 6)\,p_n = 0.$$

Wir bemerken, daß die Zahlenfaktoren nur bei p_1 und p_2 Null sind. Da die Entwicklung nach Kugelfunktionen eindeutig ist, muß nach (137) p_n für $n = 0, 3, 4, 5, \ldots$ identisch verschwinden. Somit hat die allgemeine auf der ganzen Kugel eindeutige und stetige Lösung von (134) die Form

$$(138) \qquad p = p_1 + p_2,$$

wo p_1 und p_2 willkürliche Kugelflächenfunktionen 1. und 2. Ordnung bedeuten.

Man kann die Lösung (138) von (134) auch anders gewinnen, ohne über die Entwickelbarkeit (135) von p nach Kugelfunktionen und deren gliedweise Differenzierbarkeit (137) etwas vorauszusetzen. Bekanntlich gilt nämlich für zwei auf der ganzen Kugel zweimal stetig differenzierbare Funktionen die Formel *Green*s (1. Bd., § 68)

$$(139) \qquad \int \varphi \cdot \varDelta \psi \cdot d\omega = \int \psi \cdot \varDelta \varphi \cdot d\omega,$$

wobei die Integration über alle Oberflächenelemente $d\omega$ der Einheitskugel zu erstrecken ist. Soll nun p eine stetige Lösung von (134) oder

$$(134) \qquad p = -\frac{2}{3}\,\varDelta\left(p + \frac{1}{8}\,\varDelta p\right)$$

sein, so gilt für jede Kugelflächenfunktion p_n nach (134), (139) und (136)

$$\int p_n\, p\, d\omega = -\frac{2}{3}\int p_n \cdot \varDelta\left(p + \frac{1}{8}\,\varDelta p\right)\cdot d\omega = -\frac{2}{3}\int\left(p + \frac{1}{8}\,\varDelta p\right)\cdot \varDelta p_n \cdot d\omega$$

$$= +\frac{2n(n+1)}{3}\left\{\int p_n\, p\, d\omega + \frac{1}{8}\int p_n \cdot \varDelta p \cdot d\omega\right\}$$

$$= +\frac{2n(n+1)}{3}\cdot\left(1 - \frac{n(n+1)}{8}\right)\int p_n\, p\, d\omega$$

oder $\qquad \{12 - 8\,n\,(n+1) + n^2(n+1)^2\} \int p\,p_n\,d\omega = 0.$

Somit besteht für alle Kugelfunktionen p_n die Orthogonalitätsbeziehung

$$(140) \qquad \int p\,p_n\,d\omega = 0 \quad \text{für} \quad n = 0, 3, 4, \ldots$$

und, da die Kugelfunktionen ein *vollständiges Orthogonalsystem*[16]) bilden, ergibt sich hieraus neuerdings die Darstellung (138) der stetigen Lösungen von (134).

Jetzt ist aber leicht zu sehen, daß die gefundenen Lösungen (138) von (134) genau den Formänderungen der Einheitskugel $\mathfrak{x}\,(u,v)$ entsprechen, bei denen diese einer inhaltstreuen Affinität unterworfen wird. In der Tat! Eine solche Affinität hat die Gestalt

$$x_i^* = \gamma_i + \sum_{k=1}^{3} (\delta_{ik} + \alpha_{ik})\,x_k;$$

$$(141) \qquad \begin{aligned} \alpha_{ik} &= \varepsilon\,a_{ik}, \quad \varepsilon \to 0; \\ \delta_{ik} &= 0 \ \text{für} \ i \neq k, \ = 1 \ \text{für} \ i = k; \\ |\delta_{ik} + \alpha_{ik}| &= 1 + \sum_{i=1}^{3} \alpha_{ii} + \ldots = 1, \\ \sum \alpha_{ii} &= 0. \end{aligned}$$

Der Verrückungsvektor

$$(142) \qquad \delta x_i = \gamma_i + \sum \alpha_{ik}\,x_k$$

hat daher in Richtung des Einheitsvektors x_i die Komponente

$$(143) \qquad p = \sum_i x_i\,\delta x_i = \sum_i \gamma_i\,x_i + \sum_{ik} \alpha_{ik}\,x_i\,x_k.$$

Dieses Polynom fällt aber wegen $\alpha_{11} + \alpha_{22} + \alpha_{33} = 0$ genau mit der gefundenen Lösung (138) zusammen. Der Definitionsbereich einer Kugelflächenfunktion p_n läßt sich nämlich bekanntlich von der Einheitskugel aus so auf den umgebenden Raum erweitern, daß sie durch eine Form n-ten Grades in den x_i dargestellt wird, die der Differentialgleichung von *Laplace*

$$(144) \qquad \left(\frac{\partial^2}{\partial x_1^2} + \frac{\partial^2}{\partial x_2^2} + \frac{\partial^2}{\partial x_3^2} \right) p_n = 0$$

genügt. Diese Bedingung gibt für p_1 keine und für p_2 genau die Beschränkung $\alpha_{11} + \alpha_{22} + \alpha_{33} = 0$.

§ 91. Aufgaben und Bemerkungen.

1. Zum Satz von *Maschke*. Man beweise den Satz von *Maschke* (§ 84) für Torsen.

---

[16]) Daß die Kugelflächenfunktionen die „*Vollständigkeitseigenschaft*" haben, folgt etwa aus der gleichen Eigenschaft der Polynome von *Legendre*. Diese wiederum daraus, daß diese Polynome alle „Eigenfunktionen" einer Differentialgleichung bilden.

2. Affingesimsflächen. Flächen mit einer Schar ebener Eigenschattengrenzen (vgl. § 45) heißen nach *E. Salkowski* „Affingesimsflächen". Man bestimme insbesondre die Flächen, deren ebene Schattengrenzen Affinkrümmungslinien sind und zwar so, daß die Affinnormalen längs dieser Kurven in derselben Ebene wie diese liegen. *E. Salkowski.*

3. Geometrische Deutung von *H*. Ist p der Abstand des Mittelpunktes der *Lie*-$\mathfrak{F}_2$ eines Flächenpunktes $\mathfrak{x}$ von der Tangentenebene der Fläche in $\mathfrak{x}$, so hat man zwischen dem *Gauß*schen Krümmungsmaß $\overline{K}$ unserer Fläche und ihrer mittleren Affinkrümmung H die Beziehung

$$(145) \qquad\qquad H = |\overline{K}|^{\frac{1}{4}} \frac{1}{p}.$$

P. Franck, Math. Zeitschrift **11** (1921), S. 297.

4. Über geradlinige Flächen. Eine windschiefe Fläche soll bestimmt werden, von der eine Kurve als Ort der Mittelpunkte ihrer *Lie*-$\mathfrak{F}_2$ vorgeschrieben ist.

5. Ein Satz von *G. Koenigs* über ebene Kurvennetze, die Zentralriß der Asymptotenlinien einer Fläche sind. Aus der Betrachtung der *Lie*-$\mathfrak{F}_2$ folgt sofort: Projiziert man die Asymptotenlinien einer Fläche von $\mathfrak{x}(u, v)$ zentral aus einem Punkt $\mathfrak{p}$ auf eine Ebene, so entsteht ein Kurvennetz $\overline{\mathfrak{x}}(u, v)$ mit folgender Eigenschaft: die drei Geraden durch $\overline{\mathfrak{x}}(u, v)$, $\overline{\mathfrak{x}}(u + h, v)$, $\overline{\mathfrak{x}}(u + k, v)$ mit den Richtungen $\overline{\mathfrak{x}}_v(u, v)$, $\overline{\mathfrak{x}}_v(u + h, v)$, $\overline{\mathfrak{x}}_v(u + k, v)$ und die drei durch $\overline{\mathfrak{x}}(u, v)$, $\overline{\mathfrak{x}}(u, v + h)$, $\overline{\mathfrak{x}}(u, v + k)$ mit den Richtungen $\overline{\mathfrak{x}}_u(u, v)$, $\overline{\mathfrak{x}}_u(u, v + h)$, $\overline{\mathfrak{x}}_u(u, v + k)$ bilden für $h \to 0$, $k \to 0$ die Tangenten eines Kegelschnitts, nämlich der Projektion der *Lie*-$\mathfrak{F}_2$ in $\mathfrak{x}(u, v)$ aus $\mathfrak{p}$ auf die Ebene. Hat umgekehrt ein ebenes Kurvennetz diese Eigenschaft, so gibt es immer Flächen dazu, aus deren Asymptotenlinien das Netz durch Projektion entsteht. *G. Koenigs*, Comptes rendus, Paris **114** (1892), S. 55; *G. Darboux*, Théorie des surfaces **4** (1896), Nr. 876—878; *H. Liebmann*, Mathematische Zeitschrift **14** (1922), S. 159—168.

6. Eine Kennzeichnung des Ellipsoids. Ist auf einer Eifläche das Affinkrümmungsmaß fest und positiv, so ist die Eifläche notwendig ein Ellipsoid. *W. Blaschke:* Leipziger Berichte **70** (1918), S. 35.

7. Die Affinsphären als Projektivminimalflächen. Die Affinsphären gehören zu den Extremalen des projektiv-invarianten Variationsproblems

$$(146) \qquad\qquad \delta \int\!\int J \cdot d\Omega = 0.$$

Vgl. Aufgabe 8 in § 67. *H. Behnke* 1921.

8. Transformationstheorie der Affinsphären. Man übertrage die zunächst für Flächen festen Krümmungsmaßes ausgebildete „Transformationstheorie" (vgl. etwa das kürzlich erschienene Werk von *L. P. Eisenhart*, Transformations of surfaces, Princeton 1923) auf die Affinsphären. Vgl. dazu *H. Jonas*, Annali di matematica (3) **30** (1921), S. 223—255.

9. **Eikörper mit Mittelpunkt.** Wird ein Eikörper $\Re$ von jeder Ebene durch einen Punkt $\mathfrak{o}$ in zwei inhaltsgleiche Teile zerspalten, so ist $\mathfrak{o}$ Mittelpunkt von $\Re$. Vgl. *P. Funk*, Mathematische Annalen **77** (1916), S. 129—135. Dieser Satz ist gleichwertig mit dem folgenden: Wird ein Eikörper $\Re$ von jeder Ebene durch $\mathfrak{o}$ in einem Eibereich geschnitten, der homogen belegt $\mathfrak{o}$ zum Schwerpunkt hat, so ist $\mathfrak{o}$ Mittelpunkt von $\Re$, *W. Blaschke*, Leipziger Berichte **69** (1917), S. 413. Zum Beweise verwendet man am einfachsten Kugelflächenfunktionen.

10. **Windschiefe Schiebflächen.** *K. Brauner* hat, wie in einer Arbeit in den Wiener Monatsheften für Mathematik und Physik ausgeführt werden soll, diese Flächen auf folgende Weise geometrisch bestimmt. Ordnet man auf zweien ihrer geradlinigen Erzeugenden zwei Punkte derselben Schiebkurve einander zu, so entsteht zwischen den Punkten dieser Erzeugenden und damit auch zwischen den Ebenen durch die Erzeugenden als Tangentenebenen in zugeordneten Punkten eine in der Regel zwei-zweideutige Abbildung. Wegen der Erzeugung der Schiebflächen schneiden sich zwei solche zugeordnete Tangentenebenen in zwei Punkten einer Schiebkurve in einer Geraden, die zu den Tangenten an die anderen Schiebkurven durch diese Punkte parallel läuft. Die uneigentlichen Geraden der Tangentenebenen in unsern beiden Erzeugenden bilden ein Paar zwei-zweideutig zugeordneter Strahlenbüschel der uneigentlichen Ebene, erzeugen also als Durchschnittsort entsprechender Strahlen eine Kurve vierter Ordnung auf den Tangentenflächen einer Schar von Schiebkurven. Beachtet man, daß nach *Lie* jede Schiebfläche die uneigentliche Ebene in Geraden schneidet, so erkennt man, daß die beiden Büschel eine Gerade zweimal entsprechend gemein haben, daß also die Kurve vierter Ordnung in eine doppelt zählende Gerade und einen Kegelschnitt zerfällt. Die uneigentlichen Punkte der Tangenten an eine Schiebkurve der Fläche liegen somit auf einem Kegelschnitt.

Zum Schluß noch eine kleine Sammlung ungelöster Fragen.

11. **Eikörper mit gemeinsamen Schwerlinien.** Man bestimme alle Paare von Eikörpern mit der Eigenschaft, daß jede Ebene, die beide schneidet, sie in Eibereichen mit gemeinsamem Schwerpunkt trifft. Vgl. § 14.

12. Ausgezeichnete Stellen einer Eifläche. Kann man etwas aussagen über die Mindestzahl von Punkten einer Eifläche, in denen *Pick*s Invariante J verschwindet?

13. Eikörper, die sich aus Strecken linear aufbauen lassen. Auf S. 207 haben wir die Linearkombination von Eikörpern erklärt. Damit sich ein Eikörper aus endlich vielen Strecken in dieser Weise herstellen läßt, ist notwendig und hinreichend, daß er von einem Vielflach begrenzt wird, von dessen endlich vielen Seitenflächen jede einen Mittelpunkt hat. So ist in der Fig. 40 ein solcher aus vier Strecken zusammengesetzter Eikörper gezeichnet. Es fragt sich nun: Kann man die Eiflächen im unendlich Kleinen kennzeichnen, die Eikörper begrenzen, die durch positive Linearkombination unendlich vieler Strecken entstanden sind? Vgl. *W. Blaschke* u. *K. Reidemeister*, Jahresbericht der Dtsch. Mathematikervereinigung **31** (1921), S. 81, 82. Weiter könnte man ebenso nach der Kennzeichnung der Eikörper fragen, die durch positive Linearkombination aus Tetraedern entstehen. In der Ebene kann man leicht zeigen, daß man *jeden* Eibereich in dieser Weise aus Dreiecken gewinnen kann.

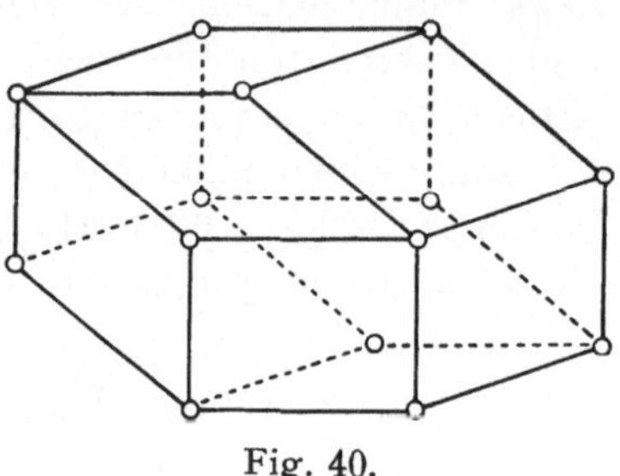

Fig. 40.

Felix Klein, Gesammelte mathematische Abhandlungen.
In drei Bänden.

I. Band: **Liniengeometrie — Grundlegung der Geometrie — Zum Erlanger Programm.** Herausgegeben von **R. Fricke** und **A. Ostrowski.** (Von F. Klein mit ergänzenden Zusätzen versehen). Mit einem Bildnis. 1921. GZ. 18

II. Band: **Anschauliche Geometrie — Substitutions-Gruppen und Gleichungstheorie — Zur mathematischen Physik.** Herausgegeben von **R. Fricke** und **H. Vermeil.** (Von F. Klein mit ergänzenden Zusätzen versehen). Mit 185 Textfiguren. 1922. GZ. 18

III. Band: **Elliptische Funktionen,** insbesondere Modulfunktionen, hyperelliptische und Abelsche Funktionen, Riemannsche Funktionentheorie und automorphe Funktionen. Anhang: Verschiedene Verzeichnisse. Herausgegeben von **R. Fricke, H. Vermeil** und **E. Bessel-Hagen.** (Von F. Klein mit ergänzenden Zusätzen versehen.) Mit 138 Textfiguren. 1923. GZ. 24

Theorie der reellen Funktionen. Von Dr. **Hans Hahn,** Professor der Mathematik an der Universität Bonn. In zwei Bänden. Erster Band: Zweite Auflage. In Vorbereitung.

Darstellung und Begründung einiger neuerer Ergebnisse der Funktionentheorie. Von Dr. **Edmund Landau,** o. ö. Professor der Mathematik an der Universität Göttingen. Mit 11 Textfiguren. 1916. GZ. 4.8

Formeln und Lehrsätze zum Gebrauche der elliptischen Funktionen. Nach Vorlesungen und Aufzeichnungen des Herrn K. Weierstraß bearbeitet und herausgegeben von **H. A. Schwarz,** Professor an der Universität Göttingen. I. Enthaltend Bogen 1—12. Zweite Ausgabe. 1893. GZ. 10

Einleitung in die Mengenlehre. Eine gemeinverständliche Einführung in das Reich der unendlichen Größen. Von Dr. **A. Fraenkel,** Professor an der Universität Marburg (Lahn). Zweite, neubearbeitete Auflage. Mit 13 Textabbildungen. Erscheint Anfang Sommer 1923.

Lehrbuch der darstellenden Geometrie. Von Dr. **W. Ludwig,** o. Professor an der Technischen Hochschule Dresden.

Erster Teil: **Das rechtwinklige Zweitafelsystem, Vielflache, Kreis, Zylinder, Kugel.** Mit 58 Textfiguren. 1919. GZ. 4.5

Zweiter Teil: **Das rechtwinklige Zweitafelsystem. Kegelschnitte, Durchdringungskurven, Schraubenlinie.** Mit 50 Textfiguren. 1922. GZ. 4.5

Dritter Teil: In Vorbereitung.

Lehrbuch der darstellenden Geometrie. In zwei Bänden. Von Dr. **Georg Scheffers,** o. Professor an der Technischen Hochschule Berlin.

Erster Band: Zweite, durchgesehene Auflage. Unveränderter Neudruck. Mit 404 Textfiguren. 1922. Gebunden GZ. 14

Zweiter Band: Mit 396 Textfiguren. 1920. GZ. 11; gebunden GZ. 14

Koordinaten-Geometrie. Von Dr. **Hans Beck,** Professor an der Universität Bonn. I. Band: **Die Ebene.** Mit 47 Textabbildungen. 1919. GZ. 20; gebunden GZ. 23
